教育部高等学校电子信息类专业教学指导委员会规划教材

高等学校电子信息类专业系列教材

Principles of Optics, Second Edition

光学原理

（第2版）

沈常宇　金尚忠　编著

Shen Changyu　Jin Shangzhong

U0286026

清华大学出版社

北京

内 容 简 介

本书系统地阐述了经典光学原理的理论体系及现代光学技术的发展与应用,是在第 1 版的基础上修订而成的。本书由两部分组成,上部分为几何光学及典型光学系统,包括第 1～4 章,系统地介绍了光学发展简史、几何光学基本原理、光学系统的光阑及像差和典型光学仪器的基本原理。与第 1 版相比第 3 章增加了光阑的计算内容,通过定量计算,不但巩固和加强了各种光阑的概念,而且充分衔接第 4 章中放大镜、显微镜、望远镜的计算和应用。像差方面重点修改了原来球差部分内容,增加了复合透镜消球差的具体例子、无球差齐明点及齐明透镜等。下半部分为物理光学,包括第 5～10 章,其主要内容包括物理光学基础、光波的干涉、光的衍射、光的偏振与晶体光学基础、傅里叶光学及全息术以及光的度量、吸收、散射和色散等。

本教材参照教育部教学指导委员会的基本教学要求编写而成,在注重基本理论阐述的同时,加强理论与工程实践的结合,并充分考虑当前光学原理教学过程中所需要掌握的重点和难点教学,每章都提出了具体的学习目标,并针对每章的重点和难点,给出了丰富的例题分析和解答。

本书可作为高等学校光电信息科学与工程、电子科学与技术、电子信息工程、测控技术与仪器等相关专业的光学及光学工程类课程教材,也可作为从事光电技术、仪器仪表技术、精密测量、检测技术等工程技术人员的参考书。

图书在版编目(CIP)数据

光学原理/沈常宇,金尚忠编著.—2 版.—北京:清华大学出版社,2017(2023.1重印)
(高等学校电子信息类专业系列教材)
ISBN 978-7-302-47015-1

Ⅰ.①光… Ⅱ.①沈… ②金… Ⅲ.①光学—高等学校—教材 Ⅳ.①O43

中国版本图书馆 CIP 数据核字(2017)第 102021 号

责任编辑:盛东亮
封面设计:李召霞
责任校对:梁 毅
责任印制:刘海龙

出版发行:清华大学出版社
　　　　网　　址:http://www.tup.com.cn,http://www.wqbook.com
　　　　地　　址:北京清华大学学研大厦 A 座　　　　　　邮　编:100084
　　　　社 总 机:010-83470000　　　　　　　　　　　　邮　购:010-62786544
　　　　投稿与读者服务:010-62776969,c-service@tup.tsinghua.edu.cn
　　　　质量反馈:010-62772015,zhiliang@tup.tsinghua.edu.cn
　　　　课件下载:http://www.tup.com.cn,010-83470236
印 装 者:三河市龙大印装有限公司
经　　销:全国新华书店
开　　本:185mm×260mm　　　印　张:18　　　　　　字　数:436 千字
版　　次:2013 年 6 月第 1 版　2017 年 9 月第 2 版　　印　次:2023 年 1 月第 8 次印刷
定　　价:45.00 元

产品编号:070696-01

序
FOREWORD

我国电子信息产业销售收入总规模在 2013 年已经突破 12 万亿元,行业收入占工业总体比重已经超过 9%。电子信息产业在工业经济中的支撑作用凸显,更加促进了信息化和工业化的高层次深度融合。随着移动互联网、云计算、物联网、大数据和石墨烯等新兴产业的爆发式增长,电子信息产业的发展呈现了新的特点,电子信息产业的人才培养面临着新的挑战。

(1)随着控制、通信、人机交互和网络互联等新兴电子信息技术的不断发展,传统工业设备融合了大量最新的电子信息技术,它们一起构成了庞大而复杂的系统,派生出大量新兴的电子信息技术应用需求。这些"系统级"的应用需求,迫切要求具有系统级设计能力的电子信息技术人才。

(2)电子信息系统设备的功能越来越复杂,系统的集成度越来越高。因此,要求未来的设计者应该具备更扎实的理论基础知识和更宽广的专业视野。未来电子信息系统的设计越来越要求软件和硬件的协同规划、协同设计和协同调试。

(3)新兴电子信息技术的发展依赖于半导体产业的不断推动,半导体厂商为设计者提供了越来越丰富的生态资源,系统集成厂商的全方位配合又加速了这种生态资源的进一步完善。半导体厂商和系统集成厂商所建立的这种生态系统,为未来的设计者提供了更加便捷却又必须依赖的设计资源。

教育部 2012 年颁布了新版《高等学校本科专业目录》,将电子信息类专业进行了整合,为各高校建立系统化的人才培养体系,培养具有扎实理论基础和宽广专业技能的、兼顾"基础"和"系统"的高层次电子信息人才给出了指引。

传统的电子信息学科专业课程体系呈现"自底向上"的特点,这种课程体系偏重对底层元器件的分析与设计,较少涉及系统级的集成与设计。近年来,国内很多高校对电子信息类专业课程体系进行了大力度的改革,这些改革顺应时代潮流,从系统集成的角度,更加科学合理地构建了课程体系。

为了进一步提高普通高校电子信息类专业教育与教学质量,贯彻落实《国家中长期教育改革和发展规划纲要(2010—2020 年)》和《教育部关于全面提高高等教育质量若干意见》(教高【2012】4 号)的精神,教育部高等学校电子信息类专业教学指导委员会开展了"高等学校电子信息类专业课程体系"的立项研究工作,并于 2014 年 5 月启动了《高等学校电子信息类专业系列教材》(教育部高等学校电子信息类专业教学指导委员会规划教材)的建设工作。其目的是为推进高等教育内涵式发展,提高教学水平,满足高等学校对电子信息类专业人才培养、教学改革与课程改革的需要。

本系列教材定位于高等学校电子信息类专业的专业课程,适用于电子信息类的电子信息工程、电子科学与技术、通信工程、微电子科学与工程、光电信息科学与工程、信息工程及其相近专业。经过编审委员会与众多高校多次沟通,初步拟定分批次(2014—2017 年)建设约 100 门课程教材。本系列教材将力求在保证基础的前提下,突出技术的先进性和科学的前沿性,体现创新教学和工程实践教学;将重视系统集成思想在教学中的体现,鼓励推陈出新,采用"自顶向下"的方法编写教材;将注重反映优秀的教学改革成果,推广优秀的教学经验与理念。

为了保证本系列教材的科学性、系统性及编写质量,本系列教材设立顾问委员会及编审委员会。顾问委员会由教指委高级顾问、特约高级顾问和国家级教学名师担任,编审委员会由教育部高等学校电子信息类专业教学指导委员会委员和一线教学名师组成。同时,清华大学出版社为本系列教材配置优秀的编辑团队,力求高水准出版。本系列教材的建设,不仅有众多高校教师参与,也有大量知名的电子信息类企业支持。在此,谨向参与本系列教材策划、组织、编写与出版的广大教师、企业代表及出版人员致以诚挚的感谢,并殷切希望本系列教材在我国高等学校电子信息类专业人才培养与课程体系建设中发挥切实的作用。

吕志伟 教授

第2版前言

FOREWORD

　　为适应"十三五"高等学校教学改革需要,《光学原理(第 2 版)》针对作为"十一五"浙江省重点建设教材的《光学原理(第 1 版)》进行了修订,使光学原理的教学内容和课程体系更适应于光电类及相近专业的教学要求。

　　修订的指导思想仍然是在注重论述光学的基本原理的同时,紧密联系光学工程实践问题,并努力注重工具的应用。

　　本书修订后仍由上下两部分组成,上部分为几何光学及典型光学系统,下半部分为物理光学。

　　第 3 章中各节原结构为光阑的分类,孔径光阑、入瞳及出瞳,视场光阑、入射窗和出射窗,渐晕光阑,远心光路,其中各部分内容不是并立关系,内容有重复。现修改为光阑的分类、光阑的计算、远心光路三部分。在"光阑的计算"中,通过定量计算,不但巩固和加强"光阑的分类"中的概念,而且与后续内容(包括第 4 章放大镜、显微镜、望远镜等)衔接较好,补充了"像方远心光路"的概念。像差概念很多,我们注重掌握球差和位置色差,理解子午慧差、畸变和倍率色差,了解弧矢慧差及正弦差、像散、场曲等。3.3 节结构修改为轴上点球差,轴外点像差,像散和场曲,畸变,色差,波像差。重点修改了原来球差部分内容,增加了复合透镜消球差的具体例子、无球差齐明点及齐明透镜等。正弦差作为慧差的一个特例,减少了较多内容;色差部分补充后面要用的 D 光、F 光、C 光以及阿贝数等概念。在 4.2.2 节中,原线视场推导只针对像在无限远,给出的物方线视场与像方视场角的关系只适用像在无限远、渐晕系统 50% 的情况,本版进行了修订,给出了有限远、无限远以及各种渐晕情况下的视场推导,获得了任意成像位置、任意渐晕情况推导的普适公式,并获得了按成像于明视距离和成像于无限远两种情况推导任意渐晕时的直接计算公式。显微镜中的光束限制部分中,修改后视场部分扩展到渐晕问题,并补充相关重要公式。下部分物理光学中,在第 5～8 章中,对概念的完整性、印刷错误以及部分例题和习题进行了增删,物理光学基础一章的叙述更加简明易懂;光的偏振及晶体光学基础一章中关于光波和光线在晶体中的传播的解释及计算更加清晰明了。

　　本书由中国计量大学沈常宇和金尚忠编著,浙江大学冯华君教授主审。参加编写的有中国计量大学沈常宇(第 1、2、5、6 章),中国计量大学金尚忠、李晨霞(第 10 章),中国计量大学董前民(第 8 章),华南理工大学葛鹏(第 4 章),浙江大学雷华(第 7 章),中国计量大学李劲松(第 9 章),中国计量大学沈为民(第 3 章及第 4 章修改部分)。本书由沈常宇和金尚忠定稿。此外,中国计量大学井旭峰、张艳、李晓艳、楼俊、李晨霞、孔明审阅了本书,并提出了许多宝贵意见,在此一并致谢。

　　本书可作为高等学校光电信息科学与工程、电子科学与技术、光信息科学与技术、光学、仪器仪表类专业的教材,亦可作为物理和测控技术及仪器专业的选修课教材,也可作为从事光学、光电技术、仪器仪表技术和精密测量及检测技术的工程技术人员的参考书。

由于作者水平有限,衷心希望广大读者对书中的不足之处给予批评指正。

编　者

2017 年 7 月

第1版前言
FOREWORD

本书是"十一五"浙江省重点建设教材,是根据高等教育教材规划以及经典光学原理内容的更新和反映现代光学技术和科技的发展和应用的原则编写而成的。本书注重基本理论的论述,加强理论与工程实践的结合,并充分考虑当前光学原理教学过程中重点和难点,每章都提出了具体的学习目标,并针对每章的重点和难点,进行了例题分析和详解。

本书由上下两部分组成,上半部分为应用光学,共4章,系统地介绍了光学发展简史、几何光学基本原理和成像理论、光学系统的光阑及像差和典型光学仪器的基本原理;下半部分为物理光学,主要为波动光学的基本内容,共6章,主要内容包括物理光学基础、光的电磁理论、光的干涉、光的衍射、光的偏振与晶体光学基础、傅里叶光学及全息术以及光的度量、吸收、散射和色散等。

本书由中国计量学院沈常宇和金尚忠编著,浙江大学冯华君教授主审。参加编写的有中国计量学院沈常宇(第1、2、5、6章和附录),中国计量学院金尚忠(第10章),中国计量学院李晨霞(3.1,3.2节),中国计量学院孔明(3.3,3.4节),中国计量学院董前民(第8章),华南理工大学葛鹏(第4章),华南理工大学雷华(第7章),中国计量学院李劲松(第9章)。本书由沈常宇和金尚忠定稿。此外,中国计量学院李晨霞、井绪峰、楼俊、张艳、李晓艳、沈为民审阅了本书,并提出了许多宝贵意见,在此一并致谢。

本书可作为高等学校光电信息科学与工程、光信息科学与技术、电子科学与技术、仪器仪表类和其他相近专业的教材,亦可作为物理和测控技术及仪器专业的选修课教材或者参考书,也可作为从事光学、光电技术、仪器仪表技术和精密测量及检测技术的工程技术人员的参考书。

由于作者水平有限,衷心希望广大读者对书中的不足之处给予批评指正。

编 者

2013 年 1 月

目 录
CONTENTS

绪　　论

光学是物理学中最古老的一门基础学科,内容广泛,包括光的产生、传播和接收以及应用、光与物质的相互作用等。近半个世纪以来,它以令人惊讶的发展速度成为当前科学领域中最活跃的前沿阵地之一。光学的起源是怎样的? 光学是怎么发展的? 现在发展到了什么阶段? 先了解一下光学的历史以及发展过程、光学的研究范畴以及光学的研究方法,对于光学基本知识的学习大有益处。

1.1　光学发展简史

光学的起源和力学等一样,可以追溯到 3000 年前甚至更早的时期。在中国,墨翟(公元前 468—公元前 376,见图 1.1.1)及其弟子所著《墨经》记载了光的直线传播和光在镜面上的反射等现象,并具体分析了物、像的正倒及大小关系。无论从时间还是科学性来讲,《墨经》可以说是世界上较为系统的关于光学知识的最早记录。约 100 多年后,古希腊数学家欧几里得(Euclid,约公元前 330—公元前 275)在其著作中研究了平面镜成像问题,提出了光的反射定律,指出反射角等于入射角,但他同时提出了将光当作类似触须的投射学说。

图 1.1.1　墨翟(公元前 468—公元前 376)

从墨翟开始的 2000 多年的漫长岁月构成了光学发展的萌芽期,这期间光学发展缓慢,东西方科学发展均受到很大压抑。这期间有克莱门德(Cleomedes,公元 50 年)和托勒密(C. Ptolemy,公元 90 年)研究了光的折射现象,最先测定了光通过两种介质分界面时的入射角和折射角。阿拉伯学者阿勒·哈增(Al Hazen,965—1038 年)写过一本《光学全书》,研究了球面镜和抛物面镜的性质,并对人眼的构造及视觉作用作了详尽的叙述;中国的沈括(1031—1095 年)撰写的《梦溪笔谈》对光的直线传播及球面镜成像做了比较深入的研究,并说明了月相的变化规律及月食的成因。法国的培根(R. Bacon,公元 1214—1294)提出了用透镜矫正视力和采用透镜组构成望远镜的想法,并描述了透镜焦点的位置。

到 17 世纪,在经历了文艺复兴的大潮之后,科学在欧洲又进入一个蓬勃发展的时期,1621 年斯涅耳(W. Snell,1591—1626 年)从实验中发现了折射定律,而笛卡儿(R. Descartes,1596—1650)第一个把它归纳成解析表达式。1657 年费马(P. de Fermat,1601—1665)提出了最小时间原理,并说明由此可推出光的反射和折射定律,至此几何光学的基础已基本奠定。

人们对光学真正的深入实验和研究始于 17 世纪,荷兰的李普赛(H. Lippershey, 1587—1619)在 1608 年发明了第一架望远镜;17 世纪初,简森(Z. Janssen,1588—1632)和冯特纳(P. Fontana,1580—1656)最早制作了复合显微镜。1607 年,伽利略(G. Galilei, 1564—1642)试图测定光从一个山峰传到另一个山峰所用的时间。他让山顶上的人打开手中所持灯的遮光罩,作为发光的开始。又命第二个山峰上的人看到对方的灯光后立即打开己方灯的遮光罩。这样测定第一山峰上的人自发出光信号到看到对方灯光的时间间隔,便得到光在两个山峰间来回一次所需的时间。但是由于人的反应及动作时间远大于光运行所需的时间,伽利略的实验没有成功。1610 年伽利略用自制的望远镜观察星体,发现了绕木星运行的卫星,给哥白尼关于地球绕日运转的日心说提供了强有力的证据。关于光的本性的认识,格里马第(F. M. Grinmaldi,1618—1663)首次注意到衍射现象。他发现光在通过细棒等障碍物时违背了直线传播的规律,在物体阴影的边缘出现蓝绿色亮、暗交替的或变化的彩色条纹。胡克(R. Hooke,1635—1703)和玻意耳(R. Boyle,1652—1691)各自独立地发现了现称为牛顿环的在白光下薄膜的彩色干涉图样,胡克还明确主张光由振动组成,每一振动产生一个球面并以高速向外传播,这可以认为是波动说的发端。到 17 世纪 60 年代末期,丹麦的巴塞林(E. Bartholin,1625—1698)发现了光经过方解石时的双折射现象。17 世纪 70 年代荷兰的惠更斯(C. Huygens,1629—1695,见图 1.1.2)进一步发现了光的偏振性质。1690 年惠更斯在其著作《论光》中阐述了光的波动说,并提出了后来以他的名字命名的惠更斯原理。

1672 年,牛顿(I. Newton,1643—1727,见图 1.1.3)进行了白光的实验,发现白光通过棱镜时,会在光屏上形成按一定次序排列的彩色光带;于是他认为白光由各种色光复合而成,各色光在玻璃中受到不同程度的折射而被分解成许多组成部分。反之,把各种组成部分复合起来会重新得到原来的白光,并通过棱镜的形状和折射率来进行了定量的描述,使对颜色的解释摆脱了主观视觉的印象而上升到客观的色光特征;综合这些现象以及解释,1704年,身为英国皇家学会会长的牛顿出版了自己一生中最重要的著作之一《光学》,提出了光的微粒流学说。他认为微粒从光源飞出,在真空或者均匀物质内由于惯性匀速直线运动,并以此解释了反射和折射定律。而在解释牛顿环时,却遇到了困难,同时这种学说也难以解释光绕过障碍物后所发生的衍射现象。但是牛顿的巨大声望使得微粒说在整个 18 世纪占据统治地位。

图 1.1.2　惠更斯(1629—1695)　　　图 1.1.3　牛顿(1643—1727)

光的理论在 18 世纪实际上没有什么进展,鉴于当时的认识水平,人们只能把光与两种传递能量的机械运动相类比,分别提出了关于光本性的两种学说:微粒说和波动说。光的微粒说由笛卡儿提出,得到牛顿的支持。它很容易解释直线传播定律和反射定律,也可以借助媒质对光微粒有作用力的假定去解释折射定律,得到光在折射率较大的媒质中传播速度比较快的结论。然而,微粒说对干涉、衍射、偏振等现象解释相当勉强,以致牛顿不得不在微粒说中添加了"振动"因素,认为光在传播途中会受到媒质振动的影响。另外,与牛顿同时代的惠更斯综合了胡克等人的思想,于 1678 年比较系统地提出了光的波动说。该学说认为,光是一种特殊媒质——"以太"的波动。通过与机械波相比,波动说很容易定性的说明干涉和衍射的现象;如果加上惠更斯所作的"子波假设",它也能定向地解释反射定律和折射定律。不过,由此导出的结论与微粒说相反,认为光在折射率较大的媒质中传播速度较慢。因为当时还不能在地面上测定光速,一时无法判断哪个结论正确。尽管总的来说波动说比微粒说显得更合理些,但一方面由于牛顿在科学界的威望,另一方面波动说当时还不能定量地说明干涉和衍射现象,甚至不能圆满地解释直线传播规律,使得多数科学家在 17 世纪和 18 世纪采纳了光的微粒学说。但是随着光的干涉、衍射和偏振等光的波动现象的发现,以惠更斯为代表的波动学说逐步提出来了。1801 年,托马斯·杨(T. Young,1773—1829,见图 1.1.4)最先用干涉原理解释了白光照射下薄膜颜色的由来和用双缝显示了光的干涉现象,并且第一次成功地测定了光的波长。1808 年,马吕斯(E. L. Malus,1775—1812)偶然发现光在两种介质面上反射时的偏振现象,随后菲涅尔和阿拉贡(D. Arago,1786—1853)对光的偏振现象和偏振光的干涉进行了研究。1815 年,菲涅尔(A. J. Fresnel,1788—1827,见图 1.1.5)在并不了解杨氏工作的情况下,吸收了惠更斯的子波思想,并补充以干涉原理,提出了惠更斯-菲涅尔原理,成功地解释了衍射现象。1818 年他以自己关于衍射的论文参加了法国科学院举行的征文竞赛,该原理用波动理论圆满地解释了光的直线传播规律,定量地给出了圆孔等衍射图形的强度分布。当时微粒说的支持者泊松(S. D. Poisson,1781—1840)根据菲涅尔的理论,导出圆屏的阴影中央将出现亮斑的结论,他认为这很荒谬,试图以此否定波动说;然而,阿拉贡很快用实验证明了这个亮斑确实存在,使菲涅尔的理论获得了意外强有力的支持,由此引出了"泊松亮斑"的轶事,它为波动说的正确性提供了一个有力证据。1817 年,杨氏明确指出,光波是一种横波(这次之前,惠更斯、菲涅尔等也曾有此设想),使一度被牛顿视为波动说障碍之一的偏振现象转化为波动说的一个佐证。至此,波动说的优势已是十分明显。1850 年傅科(J. Foucault,1819—1868)用旋转镜法测定光速,确定光在水中的速度比空气中要小(这是波动说所预言的结果),宣告波动说对微粒说取得了决定性的胜利。1873 年,英国的麦克斯韦(J. C. Maxwell,1831—1879,见图 1.1.6)在总结法拉第(M. Faraday,1791—1867)等人对电磁作用研究的基础上,加入了自己的假设,发表了"电磁论",提出了后人所称的"麦克斯韦方程组"。根据该方程组,麦克斯韦预言,电磁场可以向外发射、传播,形成电磁波。他利用电磁学方法测到的数据,计算出电磁波的传播速度,发现在误差范围内该速度与实测的光速相同。以此为主要依据,麦克斯韦认为光波是一种电磁波。这就是光的电磁波理论。1888 年,德国人赫兹(H. R. Hertz,1857—1894)发现了射频范围

图 1.1.4 托马斯·杨(1773—1829)　　图 1.1.5 菲涅尔(1788—1827)　　图 1.1.6 麦克斯韦(1831—1879)

内的电磁波(波长约 10m),测出其传播速度与光速相同,并证明它和光一样能发生反射、折射、衍射、干涉和偏振等现象。这样,麦克斯韦的理论由于得到实验的有力支持而被广泛接受,波动说看来已达到了尽善尽美的境界。

到 19 世纪中叶,波动说已被普遍接受,但人们对光波动的实质认识存在两个错误。其一,无论是惠更斯、托马斯·杨以及菲涅尔等,都认为光是一种机械波,伴随着某种实物的机械振动;其二,大家都认为光波必须依赖假想媒质"以太"才能传播。以太假设是惠更斯机械波动说的必然要求,后来麦克斯韦"借用"以太的概念,作为电磁波的载体。为了解释各种光学现象,人们被迫赋予以太许多奇怪的性质。例如,以太应该充斥在整个空间,渗入到一切可透光的物质中,它必须十分稀薄,不阻碍物体运动,这种类似于气体的性质,使惠更斯最初认为光波像声波一样是一种纵波。当偏振现象使人们意识到光是一种横波以后,又不得不给以太加上了类似于固体的性质。例如它不能被压缩,同时具有很大的切变模量。因为只有这样才不会传递纵波,只传递快速、高频的横波。尽管很难想象这种具有气体和固体两种性质的"物质",但还是不能说它不存在。以太理论的根本困难在于确定以太与运动媒质之间究竟有无相对的运动。19 世纪后期的迈克耳逊—莫雷(A. A. Michelson,1852—1931,见图 1.1.7,E. W. Morley,1838—1923,见图 1.1.8)实验发现不能察觉地球与以太之间的任何相对运动,以太被地球完全曳引。1879 年,麦克斯韦去世前不久,建议用干涉方法测定地球与以太的相对速度。为此,美国的迈克耳逊设计了著名的"迈克耳逊干涉仪"。

在 19 世纪末和 20 世纪初,当人们的研究深入到光与物质的相互作用这一领域时,却困惑地发现许多问题是无法用波动学说加以解释,其中最著名的难点是黑体辐射能谱与经典理论的矛盾、光电效应以及氢原子光谱,当时极有声望的物理学家开尔文(W. T. Kelvin,1824—1907)在世纪之交的一次著名演讲中曾把它称为笼罩在物理学上空的三朵乌云。为解释这些问题,1900 年,德国的普朗克(M. Planck,1858—1947)提出了"量子假设",认为物体的发光过程是量子化的,即发光能量必然是某一单元能量的整数倍,单元能量的大小正比于所发射光波的频率 ν,比例系数是一个普适常数 h——普朗克常数。量子化假设能够很好地说明黑体的辐射规律。1905 年爱因斯坦(A. Einstein,1879—1955,见图 1.1.9)将它发展为光子学说,并用它成功地解释了光电效应。这样,光的粒子说似乎又复活了,但这种粒子已经完全不同于牛顿时期的粒子概念。1913 年,丹麦的波尔(N. Bohr,1885—1962)结合原子的行星模型和普朗克假设,提出波尔原子模型,成功地说明了氢原子的分立光谱线。1924年德布罗意(L. de Broglie,1892—1987)提出物质波概念,认为每一粒子的运动都与一定波长的波动相联系,此假说很快就被电子通过金属箔的衍射实验所证实。在此基础上,奥地利的薛定谔(E. Schrödinger,1871—1961)建立了"薛定谔方程",奠定了量子力学的基础。在20 年代中期,海森堡(W. K. Heisenberg,1901—1976)、狄拉克(P. Dirac,1902—1984)和玻

图 1.1.7 迈克耳逊(1852—1931)　　图 1.1.8 莫雷(1838—1923)　　图 1.1.9 爱因斯坦(1879—1955)

恩(M.Born,1882—1970)等人建立了量子力学,其中光的波动性与粒子性在新的形式下得到了统一。这样就可以用经典的模型去处理大多数的光学问题,例如对于光与物质微粒相互作用的过程,可以使用粒子模型;对于光的传播过程可以使用波动模型。

从20世纪60年代起,随着激光的问世,光学与许多学科领域相结合,形成了现代光学的新的阵地,并且派生了很多新的分支学科,如激光光学、信息光学、非线性光学、导波光学等。

爱因斯坦曾在1916年预言:在组成物质的原子中,有不同数量的粒子(电子)分布在不同的能级上,高能级上的粒子受到某种光子的激发,会从高能级跃迁到低能级上,相应地会辐射出与激发它的光相同性质的光——受激辐射。在一定条件下,如果能使原子和分子的受激辐射去激发其他粒子,造成连锁反应,雪崩似的获得放大效果,就可能获得单色性极强的辐射。

1950年,中学教师阿·卡斯特勒同让·布罗塞尔发明"光泵激"技术。这一发明后来被用来发射激光,阿·卡斯特勒在1966年获得诺贝尔物理学奖。1951年查尔斯·汤斯(C. H. Townes,见图1.1.10)教授成功地制造出了世界上第一个"微波激射器",即"受激辐射的微波放大器"。由于这项研究花费了大量的资金,因此这项成果被戏称为"钱泵"。1958年,汤斯和他的学生阿瑟·肖洛(见图1.1.11,1981年获得诺贝尔物理学奖)在《物理评论》杂志上发表了他们的"发明"——关于"受激辐射的光放大"的论文。为此,汤斯于1964年获得诺贝尔物理学奖。1960年7月,梅曼(T. H. Maiman,见图1.1.12)用红宝石制成世界上第一台可见光的激光器。激光的英文表达为 Light Amplification by Stimulated Emission of Radiation(受激辐射激发的光放大),缩写为 LASER,最初的中文名称为音译的"镭射"、"莱塞"等。1964年由钱学森(见图1.1.13)取名为"激光"。此后,随着激光技术的发展,加之激光的高亮度、高单色性、高方向性的特性,激光物理、激光技术以及激光应用等方面都取得了巨大的发展。目前激光广泛应用于光通信、光存储、光信息处理、光生物、材料制备与加工、光谱学、医疗育种、激光武器以及激光核聚变等领域。

图 1.1.10 汤斯(1915—2015) 图 1.1.11 阿瑟·肖洛(1921—)

图 1.1.12 梅曼(1927—) 图 1.1.13 钱学森(1911—2009)

　　光学从发展过程来看可以分为经典光学和现代光学。经典光学通常意义上所说的是应用光学和物理光学,主要包括几何光学的基本原理、几何光学成像、典型的光学系统和仪器、波动光学,其中波动光学又包括光的电磁理论,光的干涉、衍射和偏振等。

　　现代光学主要包括激光技术、信息光学、非线性光学、导波光学等。其中激光技术包括原子发光机理、激光的产生原理和应用等;信息光学的核心是光学信息处理,它是把数学、电子技术和通信理论与光学结合起来,给光学引入了频谱、空间滤波、载波、线性变换及相关运算等概念,也称为"傅里叶光学"。光在介质中传播的过程实质是光与物质相互作用的一个过程,在这个过程中,如果介质对光的响应呈现线性关系,其光学现象属于线性光学范畴;这时,光在介质中的传播满足独立传播原理和线性叠加原理。如果介质对光的响应呈现非线性关系,光学现象就属于非线性光学范畴;这时,光在介质中传播时有可能产生新的频率,不同频率的光波之间会产生相互作用,此时独立传播原理和线性叠加原理不再成立。主要的非线性现象包括双光子吸收、受激拉曼散射、受激布里渊散射、光学参量振荡、自聚焦、光孤子、自感应透明、自陡峭现象、光学悬浮、光折变、非线性光学相位共轭、光学分叉、光学混沌、多光子原子电离等。

　　通常人们把光学纤维和其他导波光学器件的研究分属于两个不同的领域,即纤维光学和集成光学,但它们的理论基础却是相同的,这就是导波光学。它以光的电磁理论为基础,研究光波在光学波导中的传播、散射、偏振、衍射等效应,成为各种光波导器件及光纤技术的理论基础。目前又发展出很多新的领域,如光纤光学、非线性光学、光纤传感、光纤器件等。导波光学中应用最广泛的莫过于光纤光学及器件。1966年,33岁的高锟博士(见图1.1.14,2009年诺贝尔物理学奖)首次提出,直径仅几微米的透明玻璃纤维有可能作为导光与光信号传输的有效手段。1970年,美国康宁玻璃公司首次拉制出了第一根可实用的光纤。目前,光纤已成功地用于光通信、光网络、

图1.1.14　高锟(1933—　　)

微光夜视仪、工业和医用内窥镜及安全监测系统和高灵敏度非接触测量。光纤制导已成为加强现代军事装备的关键技术之一。光纤还可以做成各种有源微型器件,如光纤激光器、光纤放大器、光纤倍频器等。

　　特别值得指出的是,现代科学的发展使各学科及其分支的互相渗透越来越强。导波光学、电子学及通信理论与技术的综合使得光通信得到迅速发展和应用。非线性光学、信息光学及集成光学等理论与技术的综合可能会导致新一代计算机——光计算机的诞生,它具有大容量、高速度、并行处理等优点,并可部分实现人脑的功能(如学习和联想),它的成功将意味着现代科学技术产生又一重大突破。

　　光学的发展是一部内容丰富、精彩纷呈的历史。通过这些简略的回顾,也可看出:人类认识的发展是无限的,而对光学的认识仍然谈不上结束,爱因斯坦倾其一生都在思考"光子是什么?"(All these fifty years of conscious brooding have brought me no nearer to the answer to the question,"**What are light quanta**?" Nowadays every Tom,Dick and Harry thinks he knows it,but he is mistaken. ——**Albert Einstein**)至今人们仍然无法给出最终的定论,人们还需要继续对光及其应用进行深入探索,同时跟光学相关的新学科、新发现还在源源不断涌出;爱因斯坦的疑问还将继续存在,人们对光的本性、规律以及光与物质相互作用的研究还将不断继续。

1.2 本书的内容和知识框图

光学的研究内容十分广泛,它包括光的本性,光的发射、传播、接收以及光与物质相互作用的规律及其应用。光学的每一项研究进展,都曾经对物理学乃至整个科学技术的发展产生过重大的作用。光学既是物理学中最古老的一门基础学科,又是当前科学领域中最活跃的前沿阵地之一,具有强大的生命力和不可限量的前途。在本书的讨论中,将它分为上下两部分,上半部分为应用光学,主要包括几何光学基本原理和应用;下半部分为物理光学,主要包括波动光学的基本内容。应用光学中以光线为概念研究光的传播,其基本实验规律为光的直线及反射、折射定律;在这些基本定律基础之上进一步研究几何光学成像的概念、典型光学系统以及光路计算等。波动光学中把光看作是在空间中连续分布的波动,其主要内容包括光的电磁理论、光的干涉、光的衍射、光的偏振等。

本教材光学知识框图如图 1.2.1 所示。

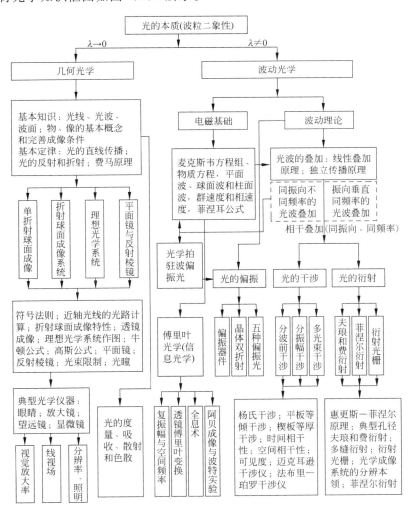

图 1.2.1 本教材光学知识框图

第 2 章

几何光学基本原理

学习目标

掌握几何光学的直线传播定律、独立传播定律、反射定律和折射定律,理解光线、光波和波面的概念,熟悉费马原理和马吕斯定律及其应用;理解成像的基本概念和完善成像条件,理解虚物和虚像的实质以及形成方式;掌握符号法则、单折射球面成像以及几何光线作图求像;理解理想光学系统的基点和基面;掌握理想光学系统成像,掌握高斯公式和牛顿公式及其应用;掌握理想光学系统的组合和求像;掌握平面镜成像以及棱镜的转像;理解反射棱镜的等效和展开。

几何光学是以光线概念为基础,用几何的方法研究光在介质中的传播和成像规律。在几何光学中,把物体(或光源)看成是几何点的集合,把它发出的光束看成是互相关联的无数几何光线的集合,这些几何光线传播的路径和方向代表了能量传播的路径和方向。但由于光的波粒二象性,这种几何光线并不能严格反映真正的光场,而只是一种近似处理方法,几何光学是波动光学当光波波长趋向于零时的极限情况。本章主要介绍几何光学的基本定律、成像的基本概念、光学系统的光路计算、球面光学成像系统和理想光学系统。

2.1 几何光学的基本定律

2.1.1 光线、光波与波面

就本质而言,光是一种电磁波。把电磁波按其频率或波长的顺序排列起来形成电磁波谱,如图 2.1.1 上部所示,其覆盖了从 γ 射线到长波无线电波的一个广大范围。光波波长的范围为 1mm~10nm,其中人眼可以感受的可见光只占其中很窄的一个谱带,通常取波长为 $\lambda=380\sim760\text{nm}(1\text{nm}=10^{-9}\text{m})$ 范围,或等价地表示为频率 $\nu=(3.9-7.9)\times10^{14}\text{Hz}$。在可见光范围内,随着波长从短波到长波,所引起的视觉颜色也逐渐从紫色过渡到红色,如图 2.1.1 下部所示。具有单一波长的光称为单色光,而由不同单色光混合而成的光称为复色光。单色光只是理想中的光源,现实中并不存在。激光可以近似地看成一种单色光源,但同样存在一定的光谱宽度。通常意义上所说的光学波段,除可见光外,还包括波长小于紫光波长的紫外线和波长大于红光波长的红外线。

光源及光线:能够辐射光能量的物体称为发光体或者光源,发光体可以看作是由许多发光点所组成,每个发光点都向四周辐射光能量。在几何光学中,通常将发光点发出的光抽

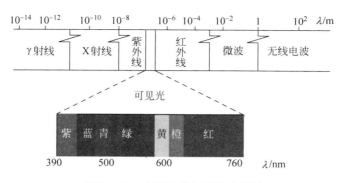

图 2.1.1 电磁波谱与可见光范围

象为携带能量并带有方向的几何线,称为光线。

光波:光就本质而言是一种电磁波,因此,从发光体辐射出来的光都称为光波。

波面:发光体发出的光在介质中向四周传播时,在某一时刻引起介质粒子在其平衡位置振动时相位相同的点构成的等相位面称为波面。

光的传播也可以称为等相位面的传播。在各向同性介质中,波面上任意一点的光的传播方向总是和波面的法线方向重合;也就是说光是沿着波面法线方向传播的。

光波按波面的形状可分为平面光波和球面光波等;相应的与平面光波对应的光线相互平行,称为平行光束;与球面光波对应的光线相交于球面光波的球心,称为同心光束,这些同心光束按照发散和会聚特性可分为发散同心光束和会聚同心光束,如图 2.1.2 所示。

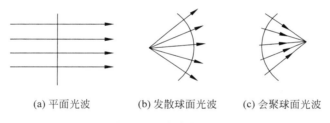

(a) 平面光波　　　　(b) 发散球面光波　　　(c) 会聚球面光波

图 2.1.2　光线与波面

2.1.2　几何光学的基本定律

几何光学是以下面三个基本实验定律为基础建立起来的,它也是各种光学仪器设计的理论依据,包括光的直线传播定律、光的独立传播定律、光的反射和折射定律。

(1) 光的直线传播定律:光在均匀介质中沿直线传播。注意,光线只在均匀介质中沿直线传播,在非均匀介质中光线将因为折射而弯曲。如当太阳光在密度不均匀的大气中传播时,容易出现海市蜃楼现象。

局限性:当光经过尺寸与其波长接近的小孔、狭缝或者障碍物时,将发生衍射现象,光线不再沿直线传播。

(2) 光的独立传播定律:不同光源发出的光在空间某点相遇时,彼此互不影响,即每一束光的传播方向及其他性质(如频率、波长、偏振状态等)都不会因为另一束光的存在而发生改变。交汇点处光强度是各束光强度的简单叠加,离开交汇点后,各光束仍按原来方向传播。

局限性:光的独立传播定律没有考虑光的波动性质,后面学习物理光学会知道,在交汇点各光束有可能发生干涉现象,而不是各束光强度简单的叠加。

(3) 光的反射和折射定律:当光入射到透明、均匀、各向同性的两种介质的分界面上时,一般情况下,一部分光从界面上反射,形成反射光线;一部分光将进入另一介质,形成折射光线,如图 2.1.3 所示。将入射线与入射点处界面法线构成的平面称为入射面,入射线、反射线、折射线与界面法线的夹角分别称为入射角、反射角和折射角。实验证明各光线满足下述规律:

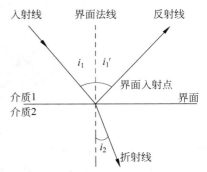

图 2.1.3   光的反射和折射

光的反射定律:反射光线位于入射面内,反射光线和入射光线分居法线两侧,反射角等于入射角,即

$$i_1' = i_1 \qquad (2.1.1)$$

光的折射定律:折射光线位于入射面内,折射光线与入射光线分居法线两侧,入射角的正弦与折射角的正弦之比与入射角大小无关,仅由两种介质的性质决定,为常数,等于折射光所在介质的折射率 n_2 与入射光所在介质的折射率 n_1 之比,即

$$\frac{\sin i_1}{\sin i_2} = \frac{n_2}{n_1} \qquad 或 \qquad n_1 \sin i_1 = n_2 \sin i_2 \qquad (2.1.2)$$

光在真空中的传播速度为一恒量,记为 $c = 299792458 \text{m/s}$,约等于 $3 \times 10^8 \text{m/s}$。在介质中,光的传播速度将会减小。

折射率:折射率是表征透明介质光学性质的重要参数,介质的折射率是用来描述介质中光速相对于真空中光速减慢程度的物理量,有

$$n = \frac{c}{v} \qquad (2.1.3)$$

对于折射率不同的两种介质,习惯上称折射率较大者为光密介质,称折射率较小者为光疏介质。显然,当光线从光疏介质经界面进入光密介质时,折射角小于入射角,折射线靠近法线;当光线从光密介质经界面进入光疏介质时,折射角大于入射角,折射线远离法线。

介质折射率还与入射光波长相关,如图 2.1.4 所示,一束白光入射到同一介质时,波长不一样,折射角也各不相同。

漫射:当光线入射的界面粗糙时,各入射点处法线不平行,即使入射光是平行的,反射光和折射光也向各方向分散开来,这种现象称为漫反射和漫折射,统称漫射,如图 2.1.5 所示。实际上,任何界面都或多或少存在着漫射现象。在光强度检测或者光谱检测的时候经常要用到漫射,如当前 LED 照明光源的强度和光谱测量就是利用光源的光照射到内壁涂覆高反射率的硫酸钡粉末的积分球产生漫射来进行测量的。

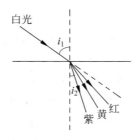

图 2.1.4   不同波长的不同折射角

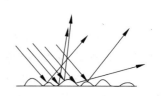

图 2.1.5   漫射

2.1.3　费马原理——光线传播的普遍规律

许多科学家采用不同的数学工具来解释和证明折反射定律。其中费马原理用光程的观点来描述光的传播规律,具有普遍意义。

光程:在均匀介质中,光在介质中通过的几何路程 l 与该介质折射率 n 的乘积为光程 s,

$$s = nl \tag{2.1.4}$$

由 $n = c/v$ 和 $l = vt$,上式可改写成

$$s = ct \tag{2.1.5}$$

光在某种介质中的光程等于同一时间内光在真空中所走过的几何路程。利用光程概念,可将光在介质中通过的几何路程折算到在真空中通过的路程,从而便于直接用真空中光速 c 来计算光在不同介质中通过一定几何路程所需时间。

费马原理:光从一点传播到另一点,期间无论经过多少次折射和反射,其光程为极值。也就是说,光沿着光程为极值(极大、极小或者常量)的路径传播。因此,费马原理也称为光程极值原理。

光的直线传播定律、光的反射定律以及光的折射定律均可归纳于费马原理之中。

下面从费马原理来导出光的反射定律。

设两种透明均匀各向同性介质的界面是平面,折射率分别为 n_1 和 n_2,光线通过定点 A 经界面反射而通过定点 B(见图 2.1.6)。取 O 点为坐标原点,分界面取作 x 轴,过 O 点作 x 轴垂线为 y 轴,z 轴垂直于入射面,则 A 点的坐标为 $(x_1, y_1, 0)$,B 点的坐标为 $(x_2, y_2, 0)$,C 点坐标为 $(x, 0, 0)$,则由 A 点到 B 点的光程为

$$\begin{aligned} s &= n_1 \overline{AC} + n_1 \overline{CB} \\ &= n_1 \sqrt{(x-x_1)^2 + y_1^2} + n_1 \sqrt{(x-x_2)^2 + y_2^2} \end{aligned} \tag{2.1.6}$$

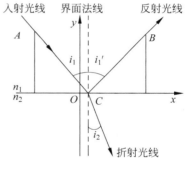

图 2.1.6　光的反射和折射

根据费马原理,实际光线光程的一阶变化率应为 0,故有

$$\frac{\partial s}{\partial x} = \frac{n_1(x-x_1)}{\sqrt{(x-x_1)^2 + y_1^2}} + \frac{n_1(x-x_2)}{\sqrt{(x-x_2)^2 + y_2^2}} = 0 \tag{2.1.7}$$

有

$$\frac{n_1(x-x_1)}{\sqrt{(x-x_1)^2 + y_1^2}} = \frac{n_1(x_2-x)}{\sqrt{(x-x_2)^2 + y_2^2}} \tag{2.1.8}$$

而

$$\frac{x-x_1}{\sqrt{(x-x_1)^2 + y_1^2}} = \sin i_1, \quad \frac{x_2-x}{\sqrt{(x-x_2)^2 + y_2^2}} = \sin i_1' \tag{2.1.9}$$

所以可得到相应于极小光程的 C 点所满足的关系

$$i_1' = i_1 \tag{2.1.10}$$

即反射角等于入射角。

利用上述方法,也可由费马原理推导出光的折射定律,有兴趣的同学可以自行推导。

2.2 物、像的基本概念和完善成像条件

各种光学仪器中的光学系统由一系列的折射和反射表面所组成,这些表面可以是球面、平面或者非球面,但主要是折射球面。各表面曲率中心均在同一直线上的光学系统称为共轴光学系统,这条直线称为光轴。实际仪器中,大部分光学系统都属于共轴光学系统。

物点和像点:若以 A 点为顶点的入射光束经过某一个光学系统后,变为以 A' 为顶点的出射光束,则称 A 为物点, A' 为像点, A' 为物点 A 经过光学系统所成的像。

物像的虚实:若物像点由实际光线相交而成,则物像称为实物和实像;若物像点由光线的延长线相交而成,则物像称为虚物和虚像。实物可能成虚像,虚物也可能成实像,如图 2.2.1 所示。

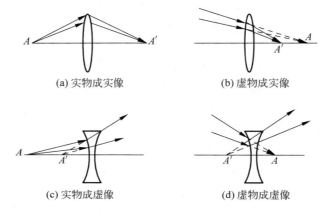

(a) 实物成实像　　　　　　　　(b) 虚物成实像

(c) 实物成虚像　　　　　　　　(d) 虚物成虚像

图 2.2.1　物像的虚实关系

注意:虚物不能通过人为的设置,且不能独立存在,它只能是通过前面另外一个系统给出。

一个成像的光学系统将现实空间分成两部分,记两侧空间介质折射率分别为 n 和 n',入射的同心光束在其中传播的空间为物空间, n 为物方折射率;出射的同心光束在其中传播的空间为像空间, n' 为像方折射率。物空间和像空间都可以在 $[-\infty, +\infty]$ 的整个空间内。

完善成像:一个被照明的物体(或者自身发光的物体)可以看成是无数多个发光点或者物点组成,每个物点发出一个球面波,与之对应的是一束以物点为中心的同心光束,如果该同心光束经过光学系统后仍为一球面波,对应的出射光束仍为同心光束,则称为该同心光束的中心为物点经过光学系统所成的完善像点;物体上每个点经过光学系统后所成的完善像点的集合就是该物体经过光学系统后的完善像。

完善成像的条件:入射波面为球面波(同心光束)时,出射波面也为球面波(同心光束)。

共轭:对于某一光学系统来说,某一位置上的物会在一个相应的位置成一个清晰的像,物与像是一一对应的,这种关系称为物与像的共轭。

2.3　单折射球面成像

复杂的共轴球面系统是由许多单球面组成的,光线经过光学系统时逐面进行折射,光线光路计算也应是逐面进行,因此单个折射球面成像是光学系统成像的基础。

2.3.1　符号法则

如图 2.3.1 所示,球形折射面是折射率为 n 和 n' 两种介质的分界面,O 为球面顶点,C 为球心,OC 为球面曲率半径,以 r 表示。

在包含光轴的平面(常称为子午面)内,入射到球面的光线,可由两个参量来决定其位置:一个是顶点 O 到光线与光轴的交点 A 的距离,以 L 表示,称为物方截距;另一个是入射光线与光轴的夹角 $\angle DAO$,以 U 表示,称为物方孔径角。光线 AD 经过球面折射以后,交光轴于

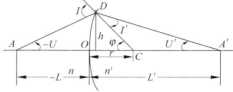

图 2.3.1　单折射球面成像

A' 点。光线 DA' 的确定方法也和 AD 相似,取决于 $L'=A'O$ 和 $U'=\angle DA'O$ 两个参量,称为像方截距和像方孔径角。为了确切地描述光路的各种量值和光组的结构参量,并使以后导出的公式具有普遍适用性,必须对各种量值作符号上的规定,即符号法则:

(1) 沿轴线段(如 L、L' 和 r):规定光线的方向自左向右,以折射面顶点 O 为原点,由顶点到光线与光轴交点或球心的方向和光线传播方向相同,其值为正,反之为负。因此,图中 L 为负,L'、r 为正。

(2) 垂轴线段(如光线矢高 h):以光轴为基准,在光轴以上为正,在光轴以下为负。

(3) 光线与光轴的夹角(如 U、U'):用由光轴转向光线所形成的锐角度量,顺时针为正,逆时针为负。

(4) 光线与法线的夹角(如入射角 I、折射角 I'、反射角 I''):由光线以锐角方向转向法线,顺时针为正,逆时针为负。

(5) 光轴与法线的夹角(如 φ):由光轴以锐角方向转向法线,顺时针为正,逆时针为负。

(6) 折射面间隔(用 d 表示):由前一面的顶点到后一面的顶点,顺光线方向为正,逆光线方向为负。在折射系统中,d 恒为正。

这里,符号规则是人为规定的,但一经规定,必须严格遵守。只有如此,才能使某一情况下推导的公式具有普遍性。图中各量均用绝对值表示,因此,凡是负值的量,图中量的符号前均加负号。

2.3.2　单个折射球面的光路计算公式

下面按照符号法则,讨论已知球面曲率半径 r、介质折射率 n 和 n' 及光线物方坐标 L 和 U,求像方光线坐标 L' 和 U'。如图 2.3.1 所示,在三角形 ADC 中,应用正弦定律,有

$$\sin I = (L-r)\frac{\sin U}{r} \tag{2.3.1}$$

在 D 点应用折射定律,有

$$\sin I' = \frac{n}{n'}\sin I \tag{2.3.2}$$

由图 2.3.1 可知,$\varphi = U + I = U' + I'$,由此得像方孔径角 U',有

$$U' = U + I - I' \tag{2.3.3}$$

在 $\triangle A'DC$ 中应用正弦定律,可得像方截距为

$$L' = r\left(1 + \frac{\sin I'}{\sin U'}\right) \tag{2.3.4}$$

　　根据上面系列公式可由已知的 L 和 U,求得相应的 L' 和 U'。由于折射面具有轴对称性,故以 A 为顶点、$2U$ 为顶角的圆锥面上的所有光线经折射后,均会聚于 A' 点。似乎 A' 就是 A 经过该折射球面所成的像,但事实并非如此。从式(2.3.4)可以看出,当 L 一定时,L' 是 U 的函数,因此,同一物点发出的不同孔径的光线,经过折射后具有不同的 L' 值,即不交光轴于同一点,如图 2.3.2 所示。即同心光束经折射后,出射光束不再是同心光束,这表明,单个折射球面对轴上物点成像是不完善的,这种现象称为"球差"。

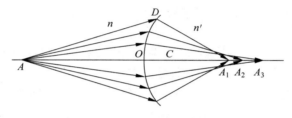

图 2.3.2　球差

2.3.3　近轴光线的光路计算

　　当孔径角 U 很小时,I、I' 和 U' 都很小,这时,光线在光轴附近很小的区域内,这个区域叫做近轴区,近轴区内的光线叫做近轴光线。由于近轴光线的有关角度都很小,在式(2.3.1)~式(2.3.4)中,将角度的正弦值用其相应弧度值来代替,并用相应小写字母表示,则有

$$i = \frac{l - r}{r}u \tag{2.3.5}$$

$$i' = \frac{n}{n'}i \tag{2.3.6}$$

$$u' = u + i - i' \tag{2.3.7}$$

$$l' = r\left(1 + \frac{i'}{u'}\right) \tag{2.3.8}$$

在近轴区内,有

$$l'u' = lu = h \tag{2.3.9}$$

据此,综合式(2.3.5)~式(2.3.9),可得

$$n'\left(\frac{1}{r} - \frac{1}{l'}\right) = n\left(\frac{1}{r} - \frac{1}{l}\right) = Q \tag{2.3.10}$$

$$n'u' - nu = (n' - n)\frac{h}{r} \tag{2.3.11}$$

$$\frac{n'}{l'} - \frac{n}{l} = \frac{n'-n}{r} \qquad (2.3.12)$$

式(2.3.10)中的 Q 称为阿贝不变量。该式表明,对于单个折射球面,物空间与像空间的阿贝不变量 Q 相等,随共轭点的位置而异。

由这组公式可知,在近轴区内,对一给定的 l 值,不论 u 为何值,l' 均为定值。这表明,轴上物点在近轴区内以细光束成像是完善的,这个像通常称为高斯像。通过高斯像点且垂直于光轴的平面称为高斯像面,其位置由 l' 决定。这样一对构成物像关系的点称为共轭点。

式(2.3.12)表明了物、像位置的关系,已知物体位置 l,可求出其共轭像的位置 l',反之,已知像的位置 l',就可求出与之共轭的物体位置 l。

2.3.4　单折射球面成像特性

上节讨论了轴上点经过单个折射球面的成像,主要涉及物像位置关系。当讨论有限大小的物体经过折射球面乃至球面光学系统成像时,除了物像位置关系外,还涉及像的放大与缩小、像的正倒与虚实等成像特征。以下均在近轴区予以讨论。

1. 垂轴放大率 β

在近轴区内,垂直于光轴的平面物体可以用子午面内的垂轴小线段 AB 表示,经球面折射后所成像 $A'B'$ 垂直于光轴 AOA'。由轴外物点 B 发出的通过球心 C 的光线 BC 必定通过 B' 点,因为 BC 相当于轴外物点 B 的光轴(称为辅轴)。如图 2.3.3 所示,令 $AB=y$,$A'B'=y'$,则定义垂轴放大率 β 为像的大小与物体的大小之比,即

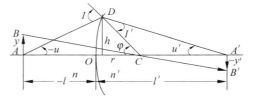

图 2.3.3　单折射球面成像

$$\beta = \frac{y'}{y} \qquad (2.3.13)$$

由于 $\triangle ABC$ 相似于 $\triangle A'B'C$,则有

$$-\frac{y'}{y} = \frac{l'-r}{r-l}$$

利用式(2.3.10),得

$$\beta = \frac{y'}{y} = \frac{nl'}{n'l} \qquad (2.3.14)$$

由此可见,垂轴放大率仅取决于共轭面的位置。在一对共轭面上,β 为常数,故像与物相似。

根据 β 的定义式(2.3.13),可以确定物体的成像特性,即像的正倒、虚实、放大与缩小:

(1) 若 $\beta>0$,即 y' 与 y 同号,表示成正像;反之,y' 与 y 异号,表示成倒像。

(2) 若 $\beta>0$,即 l' 和 l 同号,物像虚实相反;反之,l' 和 l 异号,物像虚实相同。

(3) 若 $|\beta|>1$,则 $|y'|>|y|$,成放大的像;反之,$|y'|<|y|$ 成缩小的像。

2. 轴向放大率 α

轴向放大率表示光轴上一对共轭点沿轴向移动量之间的关系,它定义为物点沿光轴作微小移动 dl 时,所引起的像点移动量 dl' 与物点移动量 dl 之比,用 α 来表示轴向放大率,即

$$\alpha = \frac{\mathrm{d}l'}{\mathrm{d}l} \tag{2.3.15}$$

对于单个折射球面,将式(2.3.12)两边微分,得

$$-\frac{n'\mathrm{d}l'}{l'^2} + \frac{n\mathrm{d}l}{l^2} = 0$$

于是得轴向放大率

$$\alpha = \frac{\mathrm{d}l'}{\mathrm{d}l} = \frac{nl'^2}{n'l^2} \tag{2.3.16}$$

这就是轴向放大率的计算公式,它与垂轴放大率的关系为

$$\alpha = \frac{n'}{n}\beta^2 \tag{2.3.17}$$

由此可得出两个结论:

① 折射球面的轴向放大率恒为正,当物点沿轴向移动时,其像点沿光轴同方向移动;

② 轴向放大率与垂轴放大率不等,空间物体成像时要变形,比如一个正方体成像后,将不再是正方体。

3. 角放大率 γ

近轴区内,角放大率定义为一对共轭光线与光轴的夹角 u' 与 u 之比值,用 γ 来表示,即

$$\gamma = \frac{u'}{u} \tag{2.3.18}$$

利用 $l'u' = lu$,得

$$\gamma = \frac{l}{l'} = \frac{n}{n'}\frac{1}{\beta} \tag{2.3.19}$$

角放大率表示折射球面将光束变宽或变细的能力。上式表明,角放大率只与共轭点的位置有关,而与光线的孔径角无关。

垂轴放大率、轴向放大率与角放大率三者之间不是孤立的,而是密切联系的,即

$$\alpha\gamma = \frac{n'}{n}\beta^2 \frac{n}{n'\beta} = \beta \tag{2.3.20}$$

由 $\beta = \dfrac{y'}{y} = \dfrac{nl'}{n'l} = \dfrac{nu}{n'u'}$,得

$$nuy = n'u'y' = \mathrm{J} \tag{2.3.21}$$

上式表明,实际光学系统在近轴区成像时,在物像共轭面内,物体的大小 y、成像光束的孔径角 u 与物体所在介质的折射率 n 的乘积为一常数 J,称为拉格朗日—赫姆霍兹不变量,简称拉赫不变量,它是表征光学系统性能的一个重要参数。

光学系统中角放大率等于正一倍($+1^\times$)的一对共轭点称为节点。若光学系统位于空气中,或者物空间与像空间的介质具有相同折射率时,则根据式(2.3.19)有 $\gamma = 1/\beta$。当 $\beta = 1$ 时(对应的共轭点为物方和像方主点),$\gamma = 1$(意味着主点即节点),这意味着在这种情况下过主点的入射光线经过系统后出射方向不变。在一般的作图法求像中,光学系统的物空间和像空间的折射率是相等的,如此可利用过主点的共轭光线方向不变这一性质;若光学系统的物空间和像空间的折射率不相等,则过主点的共轭光线方向要发生改变,作图时要注意。

2.3.5   近轴条件下球面反射镜的物像关系

反射定律可由折射定律在 $n' = -n$ 时导出。因此,在折射面的公式中,只要使 $n' = -n$,

便可直接得到反射球面的相应公式。

1. 球面反射镜的物像位置公式

将 $n' = -n$ 代入式(2.3.12)，可得球面反射镜的物像位置公式为

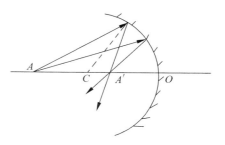

图 2.3.4 球面反射成像

$$\frac{1}{l'} + \frac{1}{l} = \frac{2}{r} \qquad (2.3.22)$$

从上式可以看出，对于 r 一定的球面，给定一个 l 值，唯一地对应了一个 l'，表明这是一个理想像点，如图 2.3.4 所示。

2. 球面反射镜的焦距

在后面的理想光学系统焦距推导中，我们可知，当 $l = -\infty$ 时，可得球面反射镜的焦距（感兴趣的同学可自行推导）

$$f' = \frac{r}{2} \qquad (2.3.23)$$

对凸球面反射镜，$r > 0$，则 $f' > 0$；对凹球面反射镜，$r < 0$，则 $f' < 0$。

3. 球面反射镜的放大率公式

同样，可以得到球面反射镜的三种放大率公式：

$$\left. \begin{aligned} \beta &= -\frac{l'}{l} \\ \alpha &= -\beta^2 \\ \gamma &= -\frac{1}{\beta} \end{aligned} \right\} \qquad (2.3.24)$$

上式表明，球面反射镜的轴向放大率永为负值，当物体沿光轴移动时，像总以相反的方向沿轴移动。当物体经偶数次反射时，轴向放大率为正。

4. 球面反射情况下的拉赫不变量

将 $n' = -n$ 代入(2.3.21)式，得球面反射时的拉赫不变量

$$J = uy = -u'y' \qquad (2.3.25)$$

当物体处于球面反射镜的球心时，$l' = l = r$，并由式(2.3.24)得球心处的放大率为 $\beta = -1, \alpha = -1, \gamma = 1$。

2.4 折射球面成像系统

对于一个折射球面成像系统来说，其总是由单个折射球面组合而成的。因此，利用单个折射球面成像关系，并且找到相邻两个球面之间的光路关系，就可以解决整个光学系统的光路计算并获得成像特性。

1. 过渡公式

一个完整的光学系统，可以看作由 k 个光学面组成，把整个光学空间分解成 $k+1$ 个不同的空间，这样可以将整个光学系统表示为：

① 光学面的曲率半径分别为 $r_1, r_2, \cdots, r_k$；

② 相邻面的间隔分别为 $d_1, d_2, \cdots, d_{k+1}$；

③ 由光学面分解的 $k+1$ 个空间的折射率分别为 $n_1,n_2,\cdots,n_k,n_{k+1}$。

第 i 面和第 $i+1$ 面间的光路图如 2.4.1 所示。

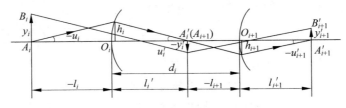

图 2.4.1　折射球面成像系统

显然,某一面的像方空间就是其后一面的物方空间,因此,该面的像就是其后一面的物。所以有

$$\left.\begin{array}{l} n_2 = n_1',n_3 = n_2',\cdots,n_k = n_{k-1}' \\ u_2 = u_1',u_3 = u_2',\cdots,u_k = u_{k-1}' \\ y_2 = y_1',y_3 = y_2',\cdots,y_k = y_{k-1}' \end{array}\right\} \tag{2.4.1}$$

后一面的物距与前一面的像距之间的关系由图可得

$$l_2 = l_1' - d_1, \quad l_3 = l_2' - d_2,\cdots,l_k = l_{k-1}' - d_{k-1} \tag{2.4.2}$$

式(2.4.1)和式(2.4.2)即为共轴球面光学系统近轴光路计算的过渡公式。

式(2.4.1)的第二式与式(2.4.2)对应项相乘,并利用 $l'u'=lu=h$,有

$$h_2 = h_1 - d_1 u_1', \quad h_3 = h_2 - d_2 u_2',\cdots,h_k = h_{k-1} - d_{k-1} u_{k-1}' \tag{2.4.3}$$

上式为光线入射高度的过渡公式。

2. 成像放大率

利用过渡公式,很容易证明系统的放大率为各面放大率之乘积,即

$$\left.\begin{array}{l} \beta = \dfrac{y_k'}{y_1} = \dfrac{y_1'}{y_1}\dfrac{y_2'}{y_2}\cdots\dfrac{y_k'}{y_k} = \beta_1\beta_2\cdots\beta_k \\[2mm] \alpha = \dfrac{\mathrm{d}l_k'}{\mathrm{d}l_1} = \dfrac{\mathrm{d}l_1'}{\mathrm{d}l_1}\dfrac{\mathrm{d}l_2'}{\mathrm{d}l_2}\cdots\dfrac{\mathrm{d}l_k'}{\mathrm{d}l_k} = \alpha_1\alpha_2\cdots\alpha_k \\[2mm] \gamma = \dfrac{u_k'}{u_1} = \dfrac{u_1'}{u_1}\dfrac{u_2'}{u_2}\cdots\dfrac{u_k'}{u_k} = \gamma_1\gamma_2\cdots\gamma_k \end{array}\right\} \tag{2.4.4}$$

可以证明

$$\beta = \frac{n_1}{n_k'}\frac{l_1'l_2'\cdots l_k'}{l_1 l_2\cdots l_k} \tag{2.4.5}$$

$$\left.\begin{array}{l} \beta = \dfrac{n_1 u_1}{n_k' u_k'} \\[2mm] \alpha = \dfrac{n_k'}{n_1}\beta^2 \\[2mm] \gamma = \dfrac{n_1}{n_k'}\dfrac{1}{\beta} \end{array}\right\} \tag{2.4.6}$$

三个放大率之间的关系仍有 $\alpha\gamma=\beta$。因此,整个系统各放大率公式及其相互关系与单个折射面完全相同,这表明,单个折射面的成像特性具有普遍意义。

2.5　理想光学系统

前面讨论了在近轴区域内,光学系统能够成完善的像;在几何光学成像中,假定存在一个光学系统,它对于任意空间、任意宽的光束成完善像则这个光学系统称理想光学系统;理想光学系统理论是在 1841 年由高斯提出来的,所以理想光学系统理论又被称为"高斯光学"。

2.5.1　理想光学系统基本概念

在理想光学系统中,任何一个物点发出的光线在系统的作用下所有的出射光线必然相交于一点。由光路的可逆性和折、反射定律中光线方向的确定性,可得出每一个物点对应于唯一的一个像点。通常将这种物像对应关系称作"共轭"。如果光学系统的物空间和像空间都是均一透明介质,则入射光线和出射光线均为直线,根据光线的直线传播定律,由符合点对应点的物像空间关系可推论出直线成像为直线、平面成像为平面的性质。这种点对应点、直线对应直线、平面对应平面的成像变换称为共线成像。

1. 理想光学系统的基本模型构成

一对主点(H,H')和主平面,一对焦点(F,F')和焦平面,通常称为共轴理想光系统的基点和基面,如图 2.5.1 所示,其代表一个理想光学系统。不同的光学系统只表现为这些基点和基面的相对应的位置不同、焦距不等而已。根据理想光学系统的基点和基面性质,可求得物空间任意物体的像点位置和大小。

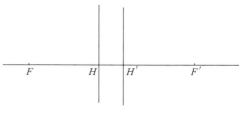

图 2.5.1　理想光学系统的模型图

2. 基点和基面的获得

一条平行于光轴的入射光线(也可以称为无限远轴上物点发出的光线),它通过理想光学系统(由于是一个未知基点位置的理想光学系统,所以如图 2.5.2 所示)后,出射光线交光轴于 F'。由理想光学系统的成像理论可知,F' 就是无限远轴上物点的像点,称为像方焦点。过 F' 作垂直于光轴的平面,称为像方焦平面,这个焦平面就是无限远处垂直于光轴的物平面共轭的像平面。对于轴外物点发出的平行光线,将会聚于像方焦平面上的某一点,如图 2.5.3 所示。

对于物方的焦点和焦平面,如果轴上某一物点 F,和它共轭的像点位于轴上无限远,则 F 成为物方焦点。通过 F 且垂直于光轴的平面成为物方焦平面,它和无限远垂直于光轴的像平面共轭。

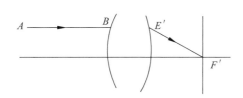

图 2.5.2　理想光学系统的像方焦点

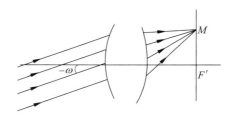

图 2.5.3　无限远轴外物点发出的光束

在图 2.5.2 中,将入射光线 AB 与出射光线 $E'F'$ 方向延长,则两条光线必相交于一点,设此点为 Q',如图 2.5.4 所示,过 Q' 作垂直于光轴的平面交平面于 H' 点,则 H' 称为像方主点,$Q'H'$ 平面称为像方主平面,从主点 H' 到焦点 F' 之间的距离称为像方焦距,通常用 f' 表示,其符号遵从符号规则,像方焦距 f' 的起算原点是像方主点 H'。类似地可以获得理想光学系统的物方基点和基面,如图 2.5.5 所示。

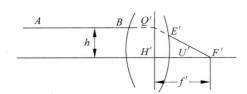

图 2.5.4 理想光学系统的像方基点

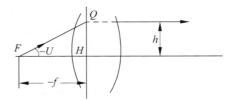

图 2.5.5 理想光学系统的物方参数

3. 理想光学系统求解问题

对于一个理想光学系统而言,其所要涉及的求解一般有两个方面:

(1) 求解系统本身的基点和基面的位置(H、H'、F 和 F');

(2) 已知理想光学系统的 H、H'、F 和 F',用作图法或计算的方法求出像的位置和大小。

2.5.2 理想光学系统的物像关系

1. 理想光学系统的光路基本性质

无论是求解系统本身的基点和基面的位置(H、H'、F 和 F');或者是已知理想光学系统的 H、H'、F 和 F',求解像的位置和大小;都要利用理想光学系统的一些基本性质进行求解。这些基本性质如下:

(1) 平行于光轴入射的物方光线,它经过系统后必过像方焦点。

(2) 过物方焦点的入射光线,它经过系统后平行于光轴出射。

(3) 倾斜于光轴入射的平行光束经过系统后会交于像方焦平面上的某一点。

(4) 自物方焦平面上某一点发出的光束经系统后成倾斜于光轴的平行光束出射。

(5) 共轭光线在主平面上的投影高度相等。

(6) 物点和像点必定是同心光束的交点,如果是实线相交,则构成实物(像),反之,则构成虚物(像)。光轴上的物点其像必在光轴上。

(7) 过主点光线方向不变(在物方和像方折射率相等的情况下)。

2. 用作图法求像

利用上述的基本性质,在已知一个理想光学系统的主点(主面)和焦点的位置时,对物空间给定的点、线和面,可以通过画图追踪典型光线轨迹的办法求出像的方法称为图解法求像。下面将介绍一些典型的作图法求像方法:

注意:作图时先看光组的正负,注意物方焦点 F 和像方焦点 F' 的位置。

(1) 正光组作图:已知 F 和 F',求轴上点 A 的像。

方法 1:过 F 作物方焦平面,与 A 点发出的光线交于 N,以 N 为辅助物,从 N 点作平行与光轴的直线,经过光组后交于像方焦点 F',则 AN 光线过光组后与辅助光线平行,与光轴

的交点即是 A',如图 2.5.6 所示。

方法 2:过 F 作辅助线,过光组后与光轴平行,交像方焦平面于 N',则 A 点射出的与辅助光线平行的光线过光组后过 N' 点,与光轴交点即是 A',如图 2.5.7 所示。

图 2.5.6   图 2.5.7

方法 3:过 A 作垂直于光轴的辅助物 AB,按照前面的方法求出 B',由 B' 作光轴的垂线,则交点 A' 就是 A 的像,如图 2.5.8 所示。

方法 4:利用过主点光线方向不变,作过主点的辅助光线。同时利用物方焦平面上发出的光线过光组后平行射出的性质。然后作平行辅助光线的出射光线,如图 2.5.9 所示。

图 2.5.8   图 2.5.9

(2) 负光组轴上点作图:已知 F 和 F',求轴上点 A 的像。

方法 1:作一条投射光线 AQ,过 Q 点平行光轴投射到像方主平面,获得等高的 Q' 点,过物方主点 H 作一条平行于 AQ 的辅助线 RH,过像方焦点 F' 作一个辅助的像方焦平面,过像方主平面 H' 作一条平行于 RH 的平行线,反向延长 $H'R'$ 交辅助的像方焦平面于 N 点,连接 NQ' 交光轴于 A',根据物方平行光线出射后反向延长线会聚于像方焦平面上一点的性质,可知 A' 即为 A 的像点,如图 2.5.10 所示。

方法 2:作一条投射光线 AQ,同时做一个辅助焦平面 FN,延长 AQ 到 N,注意 QN 连线为虚线。过 N 作一条平行于光轴的辅助线 NR,交物方主平面于 R,同时利用主面上投射高度相等原则获得 R' 点,过 R' 连接 F',获得 $R'F'$ 辅助线,过 Q 点平行光轴投射到像方主平面,获得等高的 Q' 点,利用物方焦平面一点发出的光线过光组后平行射出特性,过 Q' 点作平行于 $R'F'$ 的光线交光轴于 A' 点,获得 A 的像,如图 2.5.11 所示。

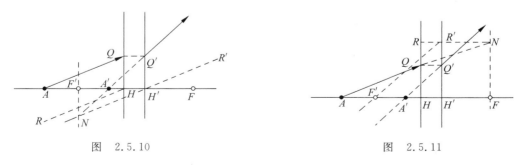

图 2.5.10   图 2.5.11

方法 3：作一个辅助物 AB，过 B 点作平行于光轴的辅助线分别交物方主平面和像方主平面于 Q 和 Q' 点，连接 $Q'F'$；连接 BH，过 H' 作 BH 的平行线交 $Q'F'$ 于 B' 点，B' 即为 B 的像点，过 B' 作光轴的垂线，交光轴于 A' 点，获得 A 的像点 A'，如图 2.5.12 所示。

上面对正负理想光学系统的作图方法做了较为详细的介绍，看似复杂，实际都是利用前面所讲的一些基本性质进行的作图。在理想光学系统中，经常要接触到薄透镜成像作图；在求解薄透镜作图时，同样可以应用上述方法，一般而言，正负薄透镜分别如图 2.5.13 所示，它们的物方主点和像方主点重合，因此作图更为简单一些。

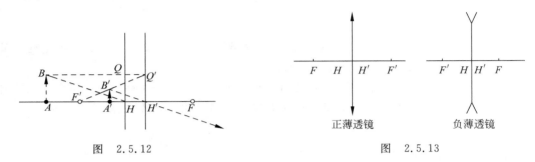

图   2.5.12

图   2.5.13

3. 用解析法求像

如图 2.5.14 所示，有一垂轴物体 AB，其高度为 $-y$，它被一已知的光学系统成一正像 $A'B'$，其高度为 y'，怎样根据已知的光学系统参数求出像的位置等参数呢？下面推导理想光学系统的物像关系公式。

按照物(像)位置表示中坐标原点选取的不同，解析法求像的公式有两种，其一为牛顿公式，它是以焦点为坐标参考点的；其二为高斯公式，它是以主点为坐标参考点的。分别如图 2.5.14 所示。

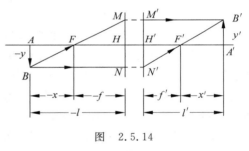

图   2.5.14

1) 牛顿公式

物和像的位置相对于光学系统的焦点确定，即以物点 A 到物方焦点的距离 AF 为物距，以符号 x 表示；以像点 A' 到像方焦点 F' 的距离作为像距，用 x' 表示。物距和像距 x' 的正负号是以相应焦点为原点确定的，如果由 F 到 A 或由 F' 到 A' 的方向与光线传播方向一致，则为正，反之为负。在图 2.5.14 中，$x<0$，$x'>0$。

由两对相似三角形 $\triangle BAF$ 和 $\triangle FHM$ 以及 $\triangle H'N'F'$ 和 $\triangle F'A'B'$ 可得

$$\frac{y'}{-y}=\frac{-f}{-x}, \quad \frac{y'}{-y}=\frac{x'}{f'} \tag{2.5.1}$$

从而可得

$$xx'=ff' \tag{2.5.2}$$

这个以焦点为原点的物像位置公式称为牛顿公式，其垂轴放大率公式为

$$\beta=\frac{y'}{y}=-\frac{f}{x}=-\frac{x'}{f'} \tag{2.5.3}$$

2）高斯公式

物和像的位置也可以相对光学系统的主点来确定。以 l 表示物点 A 到物方主点 H 的距离，l' 表示像点 A' 到像方主点 H' 的距离。l 和 l' 的正负以相应的主点为坐标原点来确定，如果由 H 到 A 或 H' 到 A' 的方向与光线传播方向一致，则为正值，反之为负值。图 2.5.4 中 $l<0,l'>0$。可得 l、l' 与 x、x' 间的关系为

$$x = l - f \quad x' = l' - f'$$

代入牛顿公式得

$$lf' + l'f = ll'$$

两边同除以 ll' 有

$$\frac{f'}{l'} + \frac{f}{l} = 1 \tag{2.5.4}$$

这就是以主点为原点的物像公式的一般形式，称为高斯公式。其相应的垂轴放大率公式为

$$\beta = \frac{y'}{y} = -\frac{f}{f'}\frac{l'}{l} \tag{2.5.5}$$

当光学系统的物空间和像空间的介质相同时，物方焦距和像方焦距有简单关系 $f' = -f$，则式(2.5.4)和式(2.5.5)可写成

$$\frac{1}{l'} - \frac{1}{l} = \frac{1}{f'} \tag{2.5.6}$$

$$\beta = \frac{l'}{l} \tag{2.5.7}$$

由垂轴放大率公式可知，垂轴放大率随物体位置而异，某一垂轴放大率只对应一个物体位置。在同一对共轭面上，β 是常数。

通过上述推导可知，对于一个理想光学系统，只要已知焦点、主点位置以及焦距的大小，即可通过上述公式研究任意位置物体的成像的位置、大小、正倒和虚实等性质。

4. 理想光学系统的组合

通常情况下，一个光学系统可能由一个或几个理想光学系统组成。这时求像就需要连续应用物像公式于每一系统。在计算过程中，必须搞清楚每个系统直接的连接和物像关系，称之为过渡公式。如图 2.5.15 所示，物点 A_1 被第一光组成像于 A_1'，它同时也是第二个光组的物 A_2。前一光组的像方主平面到后一光组的物方主平面之间的距离称为主面间隔，用 d 表示；它以前一个光组的像方主点为原点，方向与光线的方向一致，则为正；反之为负。前一光组的像方焦点到后一光组的物方焦点之间的距离称为光学间隔，用 Δ 表示，它以前

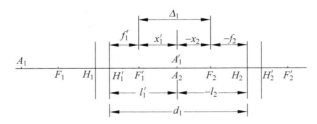

图 2.5.15 理想光学系统的组合

一个光组的像方焦点为原点,方向与光线的方向一致,则为正;反之为负。根据图 2.5.15 有如下的过渡关系:$l_2 = l_1' - d_1$,$x_2 = x_1' - \Delta_1$,$\Delta_1 = d_1 - f_1' + f_2$。

上述过渡公式和两个间隔的关系只是反映了光学系统由两个光组组成的情况,若光学系统由 i 个光组组成,则推广到一般的过渡公式为

$$l_i = l_{i-1}' - d_{i-1} \tag{2.5.8}$$

$$x_i = x_{i-1}' - \Delta_{i-1} \tag{2.5.9}$$

$$\Delta_i = d_i - f_i' + f_{i+1} \tag{2.5.10}$$

前面讨论了 i 个光组组合的过渡关系,也就意味着已知物求像时需要逐步挨个光组进行求像;由牛顿公式或者高斯公式可知,如果已知整个光学系统的像方焦距,则可以有公式直接得出物像位置关系。因此对于一个复杂系统,若是能知道其像方焦距大小,亦可以不用进行逐步求解,而直接获得物像位置关系;因此下面将介绍多个光组组合情况下,其系统焦距的公式的推导,从而简化求解过程。

1)两个光组组合

假定两个已知光学系统的焦距分别为 f_1、f_1' 和 f_2、f_2',如图 2.5.16 所示。F、F' 表示组合系统的物方焦点和像方焦点。

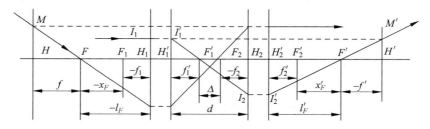

图 2.5.16　两光组组合

首先求像方焦点 F' 的位置,根据焦点的性质,平行于光轴入射的光线,通过第一个系统后,一定通过 F_1',然后在通过第二个光学系统,其出射光线与光轴的交点就是组合系统像方焦点 F'。F_1' 和 F' 对第二个光学系统来讲是一对共轭点。应用牛顿公式,并考虑到符号规则有

$$x_F' = -\frac{f_2 f_2'}{\Delta} \tag{2.5.11}$$

这里 x_F' 是由 F_2' 到 F' 的距离。上述计算是针对第二个系统作的,x_F' 的起算原点是 F_2'。利用上式就可求得系统像方焦点 F' 的位置。

至于物方焦点 F 的位置,据定义经过 F 点的光线通过整个系统后一定平行于光轴,所以它通过第一个系统后一定经过 F_2 点,再对第一个系统利用牛顿公式有

$$x_F = \frac{f_1 f_1'}{\Delta} \tag{2.5.12}$$

这里 x_F 指 F_1 到 F 的距离,坐标原点是 F_1。利用此式可求得系统的物方焦点 F 的位置。

焦点位置确定后,只要求焦距,主平面位置随之也就确定了。由前述的定义知,平行于光轴的入射光线和出射光线的延长线的交点 M',一定位于像方主平面上。由图 2.5.16 知:

$$\Delta M'F'H' \sim \Delta I_2'H_2'F', \quad \Delta I_2 H_2 F_1' \sim \Delta I_1' H_1' F_1'$$

所以

$$\frac{H'F'}{F'H_2'} = \frac{H_1'F_1'}{F_1'H_2}$$ (2.5.13)

得像方焦距和物方焦距分别为

$$f' = -\frac{f_1'f_2'}{\Delta} \quad f = \frac{f_1 f_2}{\Delta}$$ (2.5.14)

两个系统间相对位置有时用两主平面之间的距离 d 表示。d 的符号规则是以第一系统的像方主点 H_1' 为起算原点，计算到第二个系统的物方主点 H_2'，顺光路为正。

由图 2.5.16 得

$$d = f_1' + \Delta - f_2$$ (2.5.15)

代入焦距公式(2.5.14)，并考虑两个系统位于同一种介质(例如空气)中时，有 $f_2' = -f_2$，可得

$$\frac{1}{f'} = \frac{1}{f_1'} + \frac{1}{f_2'} - \frac{d}{f_1' f_2'}$$ (2.5.16)

根据 $l_F' = f_2' + x_F'$，$l_F = f_1 + x_F$，并利用式(2.5.15)，可得

$$l_F' = f'\left(1 - \frac{d}{f_1'}\right)$$ (2.5.17)

$$l_F = -f'\left(1 + \frac{d}{f_2}\right)$$ (2.5.18)

由图 2.5.16，可得

$$l_H' = f'\left(-\frac{d}{f_1'}\right)$$ (2.5.19)

$$l_H = -f'\left(\frac{d}{f_2}\right)$$ (2.5.20)

这里需要再提醒一下，对于两个或者两个以上子系统组合而成的光学系统：

① l_F'，l_H' 分别表示的是最后一个子系统的像方主点到整个系统的像方焦点和像方主点到其之间的距离，符号根据符号法则确定。

② l_F，l_H 分别表示的是第一个子系统的物方主点到整个系统的物方焦点和物方主点到其之间的距离，符号根据符号法则确定。

2) 三个光组组合(正切算法)

针对多于两个光组组合的系统，逐步计算较为麻烦，下面介绍一种基于光线追迹办法来求组合系统焦距的方法。

为求出组合系统的焦距，可以追迹一条投射高度为 h_1 的平行于光轴的光线。只要计算出最后的出射光线与光轴的夹角(称为孔径角)U_k，则

$$f' = \frac{h_1}{\tan U_k'}$$ (2.5.21)

这里下标 k 表示该系统中的光组数目；投射高度 h_1 是入射光线在第一个光组主面上的投射高度，如图 2.5.17 所示。

对任意一个单独的光组来说，将高斯公式两边同时乘以共轭点的光线在其上的投射高度 h 有

$$\frac{h}{l'} - \frac{h}{l} = \frac{h}{f'}$$

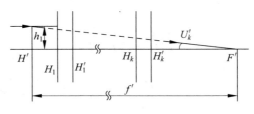

图 2.5.17　正切算法

因有 $\dfrac{h}{l'} = \tan U'$，$\dfrac{h}{l} = \tan U$，所以

$$\tan U' = \tan U + \frac{h}{f'} \tag{2.5.22}$$

利用过渡公式和 $\tan U'_{i-1} = \tan U_i$，容易得到同一条计算光线在相邻两个光组上的投射高度之间的关系为

$$h_i = h_{i-1} - d_{i-1}\tan U'_{i-1} \tag{2.5.23}$$

其中 k 是光组序号。例如将式(2.5.22)和式(2.5.23)连续用于三个光组的组合系统，任取 h_1，并令 $\tan U_1 = 0$，则有

$$\left.\begin{aligned}
\tan U'_1 &= \tan U_2 = \frac{h_1}{f'_1} \\
h_2 &= h_1 - d_1\tan U'_1 \\
\tan U'_2 &= \tan U_3 = \tan U_2 + \frac{h_2}{f'_2} \\
h_3 &= h_2 - d_2\tan U'_2 \\
\tan U'_3 &= \tan U_3 + \frac{h_3}{f'_3}
\end{aligned}\right\} \tag{2.5.24}$$

这个算法称为正切算法，利用它可以将三个或者三个以上的光组组合焦距的大小、位置、主面等的位置求出来。

注意：正切算法的思想就是光线追迹的思想，追迹一条平行光线，它入射到光学系统，出射之后，与光轴有一个交点，该交点即整个光组的像方焦点。求出了这一点的位置，便可以由主面位置公式和焦点位置公式得出其他基点的位置坐标。

2.5.3　透镜成像

以两个折射曲面为边界、中间充满一定透明材料的光学系统称为透镜，透明材料多为光学玻璃。透镜按其对光线的作用可分为两类，对光线有会聚作用的称为会聚透镜，又称为正透镜(或凸透镜)，形状为中央部分比边缘部分厚；对光线有发散作用的称为发散透镜，称为负透镜(或凹透镜)，形状为中央部分比边缘部分薄，如图 2.5.18 所示。

把透镜的两个折射球面看作是两个单独的光组，可以求得透镜的成像公式和焦距的表达式。

设透镜材料的折射率为 n，两侧介质为空气，折射率为 1，透镜厚度为 d，两球面曲率半径为 r_1 和 r_2，物距和像距为 l 和 l'。

可得出透镜的焦距公式为

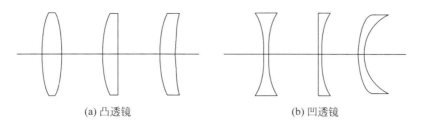

(a) 凸透镜　　　　　　　　　　(b) 凹透镜

图 2.5.18　透镜

$$f' =- f = \frac{nr_1 r_2}{(n-1)\left[n(r_2 - r_1) + (n-1)d\right]} \qquad (2.5.25)$$

若该透镜为薄透镜,即设透镜厚度为 $d=0$,有

$$f' =- f = \frac{r_1 r_2}{(r_2 - r_1)(n-1)} \qquad (2.5.26)$$

类似地,可以获得薄透镜在空气中的垂轴放大率公式为

$$\beta = \frac{l'}{l} \qquad (2.5.27)$$

2.6　平面反射镜与反射棱镜

　　光学系统中,除了共轴球面系统外,还经常要用到平面系统,如平面反射镜和反射棱镜等。平面系统的主要作用是缩小仪器的体积,改变光路方向,变倒像为正像等。

2.6.1　平面反射镜

　　平面反射镜又称为平面镜,是光学系统中最简单而且也是唯一能成完善像的光学零件。如图 2.6.1 所示,PP' 为一平面反射镜,由物点 A 发出的同心光束被平面镜反射,其中任意一条光线 AO 经反射后沿 OB 方向射出,另一条光线 AP 垂直于镜面入射,并由原路反射。显然,反射光线 PA 和 BO 延长线的交点 A' 就是物点 A 经平面反射镜所成的虚像。根据反射定律 $\angle AON = \angle BON$,可得 $AP = A'P$。像点 A' 对平面镜 PP' 而言和物点 A 对称。因光线 AO 是任意的,所以由 A 点发出的同心光束,经平面镜反射后,成为一个以 A' 点为顶点的同心光束。这就是说,平面镜能对物体成完善像。

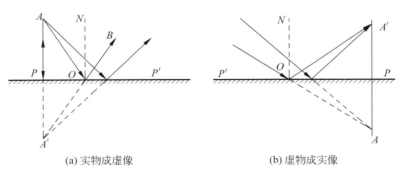

(a) 实物成虚像　　　　　　　　　(b) 虚物成实像

图 2.6.1　平面镜成像

单个平面镜成像具有以下性质：

(1) 像与物对称于平面镜，即像距与物距的值相等。

(2) 像与物的大小相等、虚实相反，成"镜像"。即如果物体为右手系，经过平面镜一次成像，则变为左手系，如图 2.6.2 所示。

若经奇数个平面镜反射，则最终像和物成"镜像"；若经偶数个平面镜反射，则最终像与物完全一致。它们与共轴球面系统组合后，可改变光路方向，但不会改变像的大小和形状，也不影响像的清晰度。

(3) 当物体旋转时，其像反方向旋转相同的角度。

(4) 当入射光线方向不变，而平面镜转动 α 角时，反射光线将转动 2α 角，如图 2.6.3 所示。P' 是表示平面镜 P 转过 α 角以后的位置，AO 为入射光线，NO 为平面镜转动前入射点的法线，$A'O$ 为平面镜转动前的反射光线。当平面镜绕入射点 O 顺时针转动 α 角时，其入射点法线为 $N'O$，反射光线为 $A''O$、$A'O$ 和 $A''O$ 之间有下列关系：

$$\alpha = \angle POP' = \angle NON' = \angle AON' - \angle AON$$
$$= \frac{1}{2}(\angle AOA'' - \angle AOA') = \frac{1}{2}\angle A'OA''$$
$$\angle A'OA'' = 2\alpha \tag{2.6.1}$$

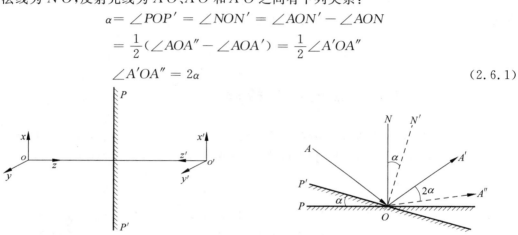

图 2.6.2　单个平面镜成像　　　　　图 2.6.3　平面镜转动成像

2.6.2　平行平板

平行平板是由两个相互平行的折射平面构成的光学元件，如分划板、测微平板、保护玻璃等。下一节还将证明，反射棱镜展开后，其在光路中的作用等效于一个平行玻璃平板。下面讨论平行平板的特性。

1. 平行平板的成像特性

如图 2.6.4 所示，轴上点 A_1 发出一孔径角为 U_1 的光线 A_1D，经平行平板两表面折射后，其出射光线的延长线与光轴相交于 A_2'，出射光线的孔径角为 U_2'。设平行平板位于空气中，平板玻璃的折射率为 n，光线在两折射面上的入射角和折射角分别为 I_1、I_1' 和 I_2、I_2'。因为两折射平面平行，则有 $I_2 = I_1'$，由折射定律，得

$$\sin I_1 = n \sin I_1' = n \sin I_2 = \sin I_2' \tag{2.6.2}$$

所以

$$I_2' = I_1, \quad U_2' = U_1 \tag{2.6.3}$$

即出射光线平行于入射光线，亦即光线经平行平板后方向不变。这时

$$\gamma = \frac{\tan U_2'}{\tan U_1} = 1, \quad \beta = 1/\gamma = 1, \quad \alpha = \beta^2 = 1 \tag{2.6.4}$$

这表明,平行平板是个无光焦度的光学元件,不会使物体放大或缩小,在光学系统中对总光焦度无贡献。

由图 2.6.4 可知,出射光线与入射光线不重合,产生侧向位移 $\Delta T = DG$ 和轴向位移 $\Delta L' = A_1 A_2'$。在 $\triangle DEG$ 和 $\triangle DEF$ 中,DE 为公用边,所以

$$\Delta T = DG = DE\sin(I_1 - I_1') = \frac{d}{\cos I_1'}\sin(I_1 - I_1') \tag{2.6.5}$$

将 $\sin(I_1 - I_1')$ 用三角公式展开,并注意 $\sin I_1 = n\,\sin I_1'$,得侧向位移

$$\Delta T = d\sin I_1\left(1 - \frac{\cos I_1}{n\,\cos I_1'}\right) \tag{2.6.6}$$

轴向位移由图 2.6.4 中关系,可得

$$\Delta L' = \frac{DG}{\sin I_1} = d\left(1 - \frac{\cos I_1}{n\,\cos I_1'}\right) \tag{2.6.7}$$

应用折射定律 $\sin I_1 / \sin I_1' = n$,代入得

$$\Delta L' = d\left(1 - \frac{\tan I_1'}{\tan I_1}\right) \tag{2.6.8}$$

该式表明,轴向位置 $\Delta L'$ 随入射角 I_1(即孔径角 U_1)的不同而不同,即轴上点发出不同孔径的光线径平行平板后与光轴的交点不同,亦即同心光束经平行平板后变成了非同心光束。因此,平行平板不能成完善像。

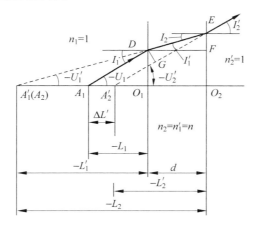

图 2.6.4　平行平板的成像特性

计算出光线经过平行平板的轴向位移 $\Delta L'$ 后,像点 A_2' 相对于第二面的距离 L_2' 可按图中的几何关系由下式直接给出,而不需要再逐面进行光线的光路计算

$$L_2' = L_1 + \Delta L' - d \tag{2.6.9}$$

2. 平行平板的等效光学系统

平行平板在近轴区内以细光束成像时,由于 I_1 及 I_1' 都很小,其余弦值可用 1 代替,于是由式(2.6.7)得近轴区内的轴向位移为

$$\Delta l' = d(1 - 1/n) \tag{2.6.10}$$

该式表明,在近轴区内,平行平板的轴向位移只与其厚度 d 和折射率 n 有关,与入射角无关。因此,平行平板在近轴区以细光束成像是完善的。这时,不管物体位置如何,其像可认为是由物体移动一个轴向位移而得到的。

利用这一特点,在光路计算时,可以将平行玻璃平板简化为一个等效空气平板。如图 2.6.5 所示,入射光线 PQ 经玻璃平板 $ABCD$ 后,出射光线 HA' 平行于入射光线。过 H 点作光轴的平行线,交 PA 于 G,过 G 作光轴的垂直 EF。将玻璃平板的出射平面及出射光路 HA' 一起沿光轴平移 $\Delta l'$,即 CD 与 EF 重合,出射光线在 G 点与入射光线重合,A' 与 A 重合。这表明,光线经过玻璃平板的光路与无折射的通过空气层 $ABEF$ 的光路完全一样。这个空气层就称为平行玻璃平板的等效空气平板,其厚度为

$$\bar{d} = d - \Delta l' = d/n \tag{2.6.11}$$

引入等效空气平板的作用在于,如果光学系统的会聚或发散光路中有平行玻璃平板(包括由反射棱镜展开的平行玻璃平板),可将其等效为空气平板,这样可以在计算光学系统的外形尺寸时简化对平行玻璃平板的处理,只需计算出无平行玻璃平板时(即等效空气平板)的像方位置,然后再沿光轴移动一个轴向位移 $\Delta l'$,就得到有平行玻璃平板时的实际像面位置,即

$$l_2' = l_1' - d + \Delta l' \tag{2.6.12}$$

而无须对平行玻璃平板逐面进行计算。因此,在进行光学系统外形尺寸计算时,将平行玻璃平板用等效空气平板取代后,光线无折射地通过等效空气平板,只需考虑平行玻璃平板的出射面或入射面的位置,而不必考虑平行玻璃平板的存在。

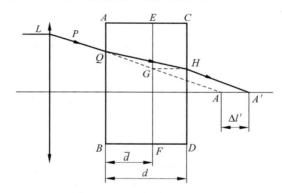

图 2.6.5 平行平板的等效作用

2.6.3 反射棱镜

将一个或多个反射面磨制在同一块玻璃上的光学元件称为反射棱镜,在光学系统中主要用于折转光路、转像、倒像和扫描等。如图 2.6.6 所示为一个二次反射棱镜。在反射面上,若所有入射光线不能全部发生全反射,则必须在该反射面上镀以金属反射膜,如银、铝等,以减少反射面的光能损失。光学系统的光轴在棱镜中的部分称为棱镜的光轴,一般为折线。如图 2.6.6 中的 AO_1、O_1O_2 和 O_2B。每经过一次反射,光轴就折转一次。反射棱镜的工作面为两个折射面和若干个反射面,光线从一个折射面入射,从另一个折射面

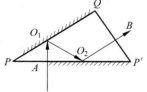

图 2.6.6 二次反射棱镜

出射。因此,两个折射面分别称为入射面和出射面。大部分反射棱镜的入射面和出射面都
与光轴垂直。工作面之间的交线称为棱镜的棱;垂直于棱的平面叫主截面,在光路中,所取
主截面与光学系统的光轴重合,因此又叫光轴截面。

1. 反射棱镜类型

1) 简单棱镜

简单棱镜只有一个主截面,它所有的工作面都与主截面垂直。根据反射面数的不同,又
分为一次反射棱镜、二次反射棱镜和三次反射棱镜。

一次反射棱镜相当于单块平面镜,对物成镜像,如图 2.6.7 所示。图 2.6.7(a)所示为
等腰直角棱镜,它使光轴折转 $90°$。图 2.6.7(b)所示的等腰棱镜可以使光轴转折任意角度,
反射面角度的确定只需使反射面的法线方向处于入射光轴与出射光轴夹角的平分线上。这
两种棱镜的入射面和出射面都与光轴垂直,在反射面上的入射角大于临界角,发生全反射。
图 2.6.7(c)所示的棱镜叫做道威棱镜,它是由直角棱镜去掉多余的直角部分而成的,其入
射面和出射面与光轴不垂直,但出射光轴与入射光轴方向不变。

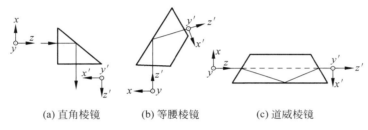

(a) 直角棱镜   (b) 等腰棱镜   (c) 道威棱镜

图 2.6.7 一次反射棱镜

二次反射棱镜相当于一个双面镜系统,其出射光线与入射光线的夹角取决于两反射面
的夹角。常用的二次反射棱镜如图 2.6.8 所示,其中图(a)和图(b)为最常用的两种棱镜,称

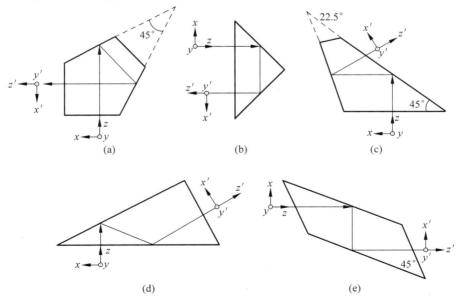

(a)   (b)   (c)

(d)   (e)

图 2.6.8 常用的二次反射棱镜

为五角棱镜(常用来代替一次反射直角棱镜避免镜像)和二次反射直角棱镜(常用来组成棱镜倒像系统),图(c)和图(d)为半五角棱角和30°直角棱镜(常用于显微镜观察系统,使垂直向上的光轴折转为便于观察的方向),图(e)斜方棱镜(常用于双目仪器中,以调整目距)。

2) 屋脊棱镜

如果需得到物体的一致像,而又不想增加反射棱镜时,可用交线位于棱镜光轴面内的两个相互垂直的反射面取代其中一个反射面,使垂直于主截面的坐标被两个相互垂直的反射面依次反射而改变方向,从而得到物体的一致像(偶数次反射成像),如图2.6.9所示。这两个相互垂直的反射面叫做屋脊面,带有屋脊面的棱镜称为屋脊棱镜。常用的屋脊棱镜有直角屋脊棱镜、半五角屋脊棱镜、五角屋脊棱镜、斯密特屋脊棱镜等。

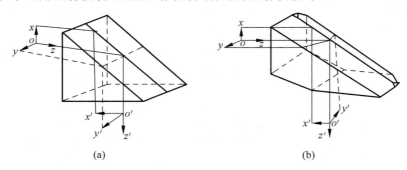

(a)　　　　　　　　　　(b)

图 2.6.9　屋脊棱镜

3) 立方体角锥棱镜

这种棱镜是由立方体切下一个角而形成的,如图2.6.10所示。其中三个反射工作面相互垂直,底面是一个等腰三角形,为棱镜的入射面和出射面。立方角锥棱镜的重要特性在于,光线以任意方向从底面入射,经过三个直角面依次反射后,出射光线始终平行于入射光线。当立方角锥棱镜绕其顶点旋转时,出射光线方向不变,仅产生一个位移。

立方角锥棱镜用途之一是和激光测距仪配合使用。激光测距仪发出一束准直激光束,经位于测站上的立方角锥棱镜反射,原方向返回,由激光测距仪的接收器接收,从而解算出测距仪到测站的距离。

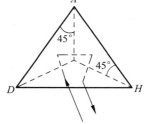

图 2.6.10　立方体角锥棱镜

4) 复合棱镜

由两个以上棱镜组合起来形成复合棱镜,可以实现一些特殊的或单个棱镜难以实现的功能。下面介绍几种复合棱镜。

(1) 分光棱镜如图2.6.11所示,一块镀有半透半反膜的直角棱镜与另一块尺寸相同的直角棱镜胶合在一起,可以将一束光分成光强相等的两束光,且这两束光在棱镜中的光程相等。

(2) 分色棱镜如图2.6.12所示,白光经过分色棱镜后被分解为红、绿、蓝三束单色光。其中,a面镀反蓝透红紫介质膜,b面镀反红透绿介质膜。分色棱镜主要用于彩色摄像机中。

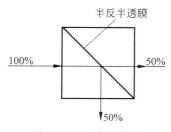

图 2.6.11　分光棱镜

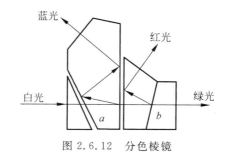

图 2.6.12　分色棱镜

5）转像棱镜

如图 2.6.13 所示为转像棱镜，其主要特点是出射光轴与入射光轴平行，实现完全倒像，并能折叠很长的光路在棱镜中，可用于望远镜系统中实现倒像。

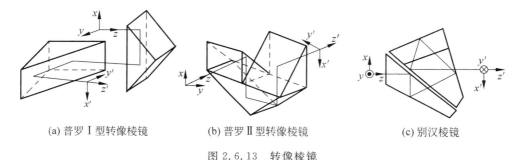

(a) 普罗Ⅰ型转像棱镜　　　(b) 普罗Ⅱ型转像棱镜　　　(c) 别汉棱镜

图 2.6.13　转像棱镜

2. 棱镜系统的成像方向判断

实际光学系统中使用的平面镜系统有时是比较复杂的，正确判断棱镜系统的成像方向对于光学系统设计是至关重要的。如果判断不正确，使整个光学系统成镜像或倒像，会给观察者带来错觉，甚至出现操作上的失误。上面已对常用的各种棱镜的光路折转和成像方向进行了讨论，这里归纳为如下判断原则：

（1）$O'z'$ 坐标轴和光轴的出射方向一致。

（2）垂直于主截面的坐标轴 $O'y'$ 视屋脊面的个数而定，如果有奇数个屋脊面，则其像坐标轴方向与物坐标轴 Oy 方向相反；没有屋脊面或屋脊面个数为偶数，则像坐标轴方向与 Oy 坐标轴方向一致。

（3）平行于主截面的坐标轴 $O'x'$ 的方向视反射面个数（屋脊面算 2 个反射面）而定。如果物坐标系为右手坐标系，当反射面个数为偶数，$O'x'$ 坐标轴按右手坐标系确定；而当反射面个数为奇数时，$O'x'$ 坐标轴依左手坐标系确定。

如果是复合棱镜，且各光轴面不在一个平面内，则上述原则在各光轴面内均适用，且按上述原则在各自光轴面内判断坐标方向。但是光学系统常常是由透镜和棱镜组成的，因此，还必须考虑透镜系统的成像特性，即透镜系统成像的正倒问题。整个光学系统成像的正倒是由透镜成像特性和棱镜转像特性所共同决定的。

3．反射棱镜的等效作用与展开

1）棱镜的等效作用与展开方法

反射棱镜有两个折射面和若干个反射面组成，而所起的作用相当于平面镜，主要是折转光路和转像的作用。如果不考虑棱镜的反射面作用，光线在两折射面间的行为可等效于一个平行平板。下面将以一次反射棱镜为例，说明棱镜的等效作用和展开过程。

如图 2.6.14 所示，平行光经透镜成像在其焦点 F' 处，如果在其像方放一平面镜 PQ，与光轴成 $45°$ 角，则光路折转 $90°$，像点位于 F'' 上。如果将平面镜 PQ 换成直角棱镜 PQR，则由于入射面 PR 和出射面 RQ 的折射，像点将平移一段距离至 A''，且对成像质量有一定的影响。而平面镜成完善像，在光路计算中可以不予考虑。如果在光路中去掉反射作用，即把反射以后的光路沿 PQ 翻转 $180°$，则光路被"拉"直，棱镜的出射面 RQ 翻转后位于 QR'。因此，用棱镜代替平面镜，就相当于在光路中增加了一块平行玻璃平板。在光路计算中，常用一个等效平行玻璃平板来取代光线在反射棱镜两折射面之间的光路，这种做法称为棱镜的展开。棱镜展开方法是：在棱镜主截面内，按反射面的顺序，以反射面与主截面的交线为轴，依次按反射面的顺序作镜像，便可得到棱镜的等效平行平板。需要说明的是，若棱镜位于非平行光路中，则要求光轴与两折射面垂直，否则，展开的平行平板不垂直光轴，引起侧向位移，影响光学系统成像质量。

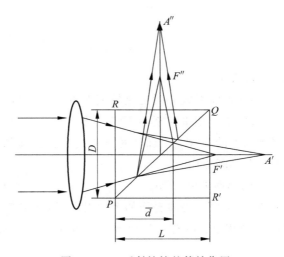

图 2.6.14 反射棱镜的等效作用

在光路计算中，常要求出棱镜光轴长度，即棱镜等效平板厚度 L。设棱镜的口径为 D，则棱镜光轴长度 L 与口径 D 之间的关系为

$$L = KD \tag{2.6.13}$$

式中：K 决定于棱镜的结构形式，与棱镜的大小无关，因此称为棱镜的结构参数。

2）几种典型棱镜的展开

一次反射直角棱镜、二次反射直角棱镜、道威棱镜、五角棱镜、等腰棱镜、半五角棱镜和斯密特棱镜的展开如图 2.6.15 所示，它们的光轴长度和结构参数 K 如表 2.6.1 所示。

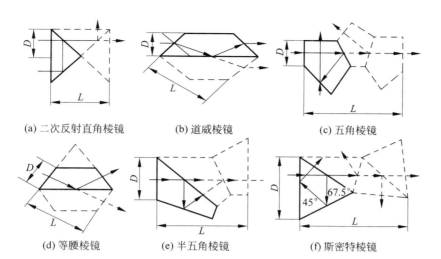

(a) 二次反射直角棱镜　　(b) 道威棱镜　　(c) 五角棱镜

(d) 等腰棱镜　　(e) 半五角棱镜　　(f) 斯密特棱镜

图 2.6.15　几种典型反射棱镜的展开过程

表 2.6.1　几种典型棱镜的光轴长度和结构参数

棱镜类型	光轴长度（L）	结构参数（K）
一次反射直角棱镜	D	1
二次反射直角棱镜	$2D$	2
道威棱镜	$3.448D$	3.448
五角棱镜	$3.414D$	3.414
等腰棱镜	$D\tan(\beta/2)$（β 为棱镜顶角）	$\tan(\beta/2)$
半五角棱镜	$1.707D$	1.707
斯密特棱镜	$2.414D$	2.414

2.7　例题解析

例题 2-1　一厚度为 200mm 的平行平板玻璃（设 $n=1.5$），下面放一直径为 1mm 的金属片。若在玻璃板上盖一圆形的纸片，要求在玻璃板上方任何方向上都看不到该金属片，问纸片的最小直径应为多少？

解　如例题 2-1 图所示，要在玻璃板上方任何方向上都看不到该金属片，即要求找出金属片最边缘发生全反射的光线，有：

$$n_1\sin I_1 = n_2\sin I_2$$

可得

$$\sin I_2 = \frac{1}{n_2} = 0.666\,66$$

$$\cos I_2 = \sqrt{1 - 0.666\,66^2} = 0.745\,356$$

设所需纸片的最小直径为 $2x+1$mm，因此有，

$$x = 200 \times \tan I_2 = 200 \times \frac{0.666\,66}{0.745\,356} = 178.88$$

$$L = 2x + 1 = 358.77\text{mm}$$

例题 2-1 图

例题 2-2　一束平行细光束入射到一半径 $r=30\text{mm}$、折射率 $n=1.5$ 的玻璃球上,求其会聚点的位置。如果在凸面镀反射膜,其会聚点应在何处?如果在凹面镀反射膜,则反射光束在玻璃中的会聚点又在何处?反射光束经前表面折射后,会聚点又在何处?说明各会聚点的虚实。

解　(1)利用 $\dfrac{n'}{l'}-\dfrac{n}{l}=\dfrac{n'-n}{r}$,如例题 2-2 图(a)所示,先考虑前表面折射,将 $r_1=30\text{mm}$,$n_1=1$,$n_1'=1.5$,$l_1=\infty$ 代入得

$$l_1'=\frac{n_1'}{n_1'-n}r=3r=90\text{mm}$$

像在折射球面的右方,为实像(光线会聚到像点);再考虑后表面折射,将 $r_2=-30\text{mm}$,$n_2=1.5$,$n_2'=1$,$l_2=l_1'-d_1=30\text{mm}$ 代入得

$$\frac{1}{l_2'}-\frac{1.5}{30}=\frac{1-1.5}{-30},\quad 得\ l_2'=15\text{mm}$$

像在球体后表面的右方,为实像(虚物成实像)。

(2)如例题 2-2 图(b)所示,前表面镀反射膜

利用 $\dfrac{1}{l'}+\dfrac{1}{l}=\dfrac{2}{r}$ 得 $l'=\dfrac{r}{2}=15\text{mm}$,$\beta=-\dfrac{l'}{l}\rightarrow+0$,实物成虚像。

(3)后表面镀反射膜,如例题 2-2 图(c)所示,

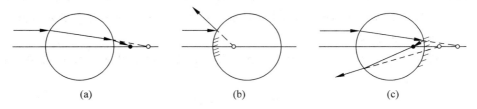

(a)　　　　　(b)　　　　　(c)

例题 2-2 图

此时前表面折射同(1),但后表面为反射,应代入反射镜公式

$\dfrac{1}{l_2'}+\dfrac{1}{l_2}=\dfrac{2}{r_2}$,得 $l_2'=-10\text{mm}$。

光线射向前表面,经前表面折射成像 $l_3=l_2'-d_2=-10+60=50$,$r_3=30\text{mm}$,$n_3=1.5$,$n_3'=1$。故 $\dfrac{1}{l_3'}-\dfrac{1.5}{50}=\dfrac{1-1.5}{r_3}$ 得 $l_3'=75\text{mm}$ 实物成虚像。

例题 2-3　一个薄透镜对某一物体成实像,放大率为 $-1^{\times}$,今以另一个薄透镜紧贴在第

一个透镜上,则见像向透镜方向移动了 20mm,放大率为原先的 3/4 倍,求两块透镜的焦距为多少?

解 设第一种情况成像时物距和像距分别为 l_1 和 l_1',第二种情况成像时物距和像距分别为 l_2 和 l_2',由题意可知,$l_1=-l_1'=l_2$。第二种情况成像时,$l_2'=l_1'-20$,$\beta_2=-3/4=\dfrac{l_2'}{l_2}$,可得

$$l_1=-l_1'=l_2=-80\text{mm}, \quad l_2'=60\text{mm}$$

第一种情况成像时,有 $\dfrac{1}{l_1'}-\dfrac{1}{l_1}=\dfrac{1}{f_1'}$,可得

$$f_1'=40\text{mm}$$

第二种情况成像时,可将两块透镜看作一个整体,先利用 $\dfrac{1}{l_2'}-\dfrac{1}{l_2}=\dfrac{1}{f'}$,可得

$$f'=\dfrac{240}{7}\text{mm}$$

利用公式 $\dfrac{1}{f'}=\dfrac{1}{f_1'}+\dfrac{1}{f_2'}-\dfrac{d}{f_1'f_2'}$,由于 $d=0$,所以有

$$f_2'=240\text{mm}$$

例题 2-4 如例题 2-4 图 1 所示一薄透镜,ABC 为已知的一条穿过该透镜的光线的轨迹,用作图法求出任意一条光线 DE 穿过透镜后的轨迹。

解 用作图法求解光线无非是利用几条基本关系:平行于光轴入射的物方光线,它经过系统后必过像方焦点;过物方焦点的入射光线,它经过系统后平行于光轴出射;倾斜于光轴入射的平行光束经过系统后会交于像方焦平面上的某一点;自物方焦平面

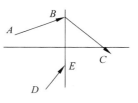

例题 2-4 图 1

上某一点发出的光束经系统后成倾斜于光轴的平行光束出射;共轭光线在主平面上的投影高度相等。物点和像点必定是同心光束的交点,如果是实线相交,则构成实物(像),反之,则构成虚物(像)。光轴上的物点其像必在光轴上。过主点光线方向不变。

首先,作一条过光心且平行于 AB 的光线,交 BC 于 G 点。过 G 点作垂直于光轴的辅助线交光轴于 F' 点,F' 点即为该透镜的像方焦点。GF' 平面即为该透镜的像方焦平面,接下来可以过光心作一条平行于 DE 的辅助光线,它将与 GF' 交于一点 H,根据轴外平行光性质,DE 入射光线也将过点 H,从而可获得 DE 光线的出射光线 EH,如例题 2-4 图 2 所示。

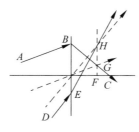

例题 2-4 图 2

例题 2-5 两个薄透镜的焦距为 $f_1'=50\text{mm}$,$f_2'=100\text{mm}$ 相距 50mm。若一个高为 25mm 的物体位于第一个透镜前 150mm 处,求最后所成像的位置和大小。

解 利用解析法求像,对于两个薄透镜组成的光学系统,可以采用逐步成像法结合过渡公式求解,也可以利用组合公式成像求解,同时还可以采用正切算法来进行计算。

解法 1:采用逐步成像法计算,根据高斯公式 $\frac{1}{l_1'} - \frac{1}{l_1} = \frac{1}{f_1'}$,可得

$$\frac{1}{l_1'} - \frac{1}{-150} = \frac{1}{50}, \quad 得到 \ l_1' = 75\text{mm}$$

由过渡公式 $l_2 = l_1' - d = 75 - 50 = 25\text{mm}$,再次运用高斯公式 $\frac{1}{l_2'} - \frac{1}{l_2} = \frac{1}{f_2'}$,可得

$$\frac{1}{l_2'} - \frac{1}{25} = \frac{1}{100}, \quad 得到 \ l_2' = 20\text{mm}$$

可知像位于第二个透镜的右边 20mm 位置。

下面求像的大小,根据 $\beta = \beta_1\beta_2 = \frac{l_1'}{l_1}\frac{l_2'}{l_2} = \frac{75}{-150} \times \frac{20}{25} = -\frac{2}{5}$,所以像的大小为

$$h' = 25 \times \left| -\frac{2}{5} \right| = 10\text{mm},为倒像。$$

解法 2:采用组合公式求解,难点在于物体相对于整个系统的物距的确定,以及整个系统的主点的确定。

根据公式 $\frac{1}{f'} = \frac{1}{f_1'} + \frac{1}{f_2'} - \frac{d}{f_1'f_2'}$,有

$$\frac{1}{f'} = \frac{1}{50} + \frac{1}{100} - \frac{50}{50 \times 100}, \quad 得到 \ f' = 50\text{mm}$$

利用公式 $l_H = -f'\left(\frac{d}{f_2'}\right)$ 和 $l_H' = f'\left(-\frac{d}{f_1'}\right)$ 可得组合系统的物方和像方主点相对于第一个透镜和第二个透镜的位置,有

$$l_H = -f'\left(\frac{d}{f_2'}\right) = -50 \times \frac{50}{-100} = 25\text{mm}$$

$$l_H' = f'\left(-\frac{d}{f_1'}\right) = -50 \times \frac{50}{50} = -50\text{mm}$$

所以物体对于组合系统的物距为 -175mm,利用高斯公式 $\frac{1}{l_1'} - \frac{1}{l_1} = \frac{1}{f_1'}$,可得

$$\frac{1}{l'} - \frac{1}{-175} = \frac{1}{50}, \quad 有 \ l' = 70\text{mm}$$

所以像位于第二个透镜的右边 20mm 位置。

$$根据 \ \beta = \frac{l'}{l} = \frac{70}{-175} = -\frac{2}{5}$$

所以最后像的大小为 $h' = 25 \times \left| -\frac{2}{5} \right| = 10\text{mm}$,为倒像。

例题 2-6 一平凸薄透镜($n=1.5$),焦距为 50mm,然后在凸面镀反射膜,一高为 5mm 的物体位于透镜前 150mm 处,如例题 2-6 图所示。求经过该透镜所成像的位置、大小、正倒和虚实。

解 采用单折射球面成像逐步成像法计算,先求透镜

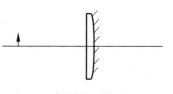

例题 2-6 图

球面的半径,以透镜中心为原点,从左向右为正方向:根据 $\dfrac{1}{f'}=(n-1)\left(\dfrac{1}{r_1}-\dfrac{1}{r_2}\right)$,可得 $r_2=-25\mathrm{mm}$。

先计算光线经过第一面成像透射,有

$$n'_1=1.5,\quad n_1=1$$
$$r_1=\infty,\quad l_1=-150$$
$$\frac{n'_1}{l'_1}-\frac{n_1}{l_1}=\frac{n'_1-n_1}{r_1}$$

可得 $l'_1=-225\mathrm{mm}$,$\beta_1=\dfrac{n_1 l'_1}{n'_1 l_1}=\dfrac{1\times(-225)}{1.5\times(-150)}=1$。

然后计算光线经过第二面成像反射,有

$$n'_2=-1.5,\quad n_2=1.5$$
$$r_2=-25,\quad l_2=l'_1=-225$$
$$\frac{1}{l'_2}+\frac{1}{l_2}=\frac{2}{r_2}$$

可得 $l'_2=-13.24\mathrm{mm}$,$\beta_2=\dfrac{n_2 l'_2}{n'_2 l_2}=-0.059$。

然后再计算光线从透镜中折射出来的情况

$$n'_3=1,\quad n_3=1.5$$
$$r_3=\infty,\quad l_3=-l'_2=13.24$$
$$\frac{n'_3}{l'_3}-\frac{n_3}{l_3}=\frac{n'_3-n_3}{r_3}$$

可得 $l'_3=8.82\mathrm{mm}$,$\beta_3=\dfrac{n_3 l'_3}{n'_3 l_3}=1$。

对于整个系统而言,

$$\beta=\beta_1\beta_2\beta_3=-0.059$$
$$y'=\beta y=-0.059\times 5=-0.295\mathrm{mm}$$

所以,像位于透镜前 8.82mm 处,大小为 0.295mm,是一个倒立缩小的实像。

习题

2.1 由费马原理证明光的折射定律。

2.2 已知真空中的光速为 $3\times10^8\mathrm{m/s}$,求光在水($n=1.33$)、冕牌玻璃($n=1.51$)、火石玻璃($n=1.65$)、加拿大树胶($n=1.53$)、金刚石($n=2.42$)等介质中的光速。

2.3 无穷远发出的近轴光线通过透明球体而成像在右半球面的顶点处,请问该透明球体的折射率应为多少?

2.4 某光学系统的物方焦距为 $-100\mathrm{mm}$,像方焦距为 $150\mathrm{mm}$,求像方介质的折射率是物方介质折射率的多少倍?

2.5 一直径为 400mm,折射率为 1.5 的玻璃球中有两个小气泡,一个位于球心,另一个位于第一面与球心之间的 1/2 半径处。从左向右沿两气泡连线方向观察,问看到的气泡在何处？ 如果在水($n=1.33$)中观察,看到的气泡又在何处？

2.6 一个高为 5cm 的物体放在球面镜前 10cm 处形成 1cm 高的虚像。求该镜子的曲率半径,并判断此镜子为凸面镜还是凹面镜。

2.7 如习题 2.7 图所示,半径均为 r 的凸凹两个面镜顶点之间的距离为 $2r$,在两镜之间的光轴上放置点光源 Q,若点光源发出的光束先经过凸面镜成像,再经过凹面镜反射成像在原来点光源 Q 处,求点光源 Q 应当放置在光轴什么位置？

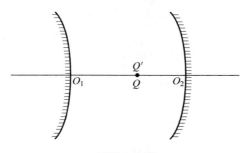

习题 2.7 图

2.8 如习题 2.8 图所示为一理想光学系统,已知点光源 A 及其像点 A',请用作图法求 B 的像的位置。

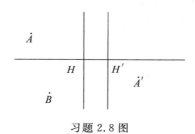

习题 2.8 图

2.9 作图,已知物 A,求其像的位置。

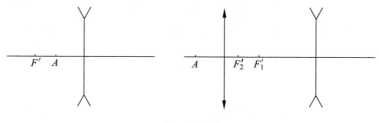

习题 2.9 图

2.10 已知物体 AB 及其所成像,求薄透镜的焦点位置。

习题 2.10 图

2.11　请用作图法求组合系统的像方焦点位置。

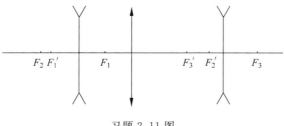

习题 2.11 图

2.12　已知空气中薄透镜成像,虚物 AB 的共轭虚像为 $A'B'$,求物 CD 的像 $C'D'$。

习题 2.12 图

2.13　试以两个薄透镜组按下列要求组成光学系统:

(1) 两透镜组间间距不变,物距任意而倍率不变。

(2) 物距不变,两透镜组间间距任意改变而倍率不变。问该两透镜组焦距间关系,求组合焦距的表达式。

2.14　有一个物方、像方介质相同的光学系统对物成与物相同大小的倒立像,如果当物远离系统移动时像变小,则当物靠近系统匀速移动时,求像移动的速度是变快还是变慢?

2.15　有三个薄透镜,其焦距分别为 $f'_1=100\text{mm}$,$f'_2=50\text{mm}$,$f'_3=-50\text{mm}$,其间隔 $d_1=10\text{mm}$,$d_2=10\text{mm}$,求组合系统的基点位置。

2.16　一双凸薄透镜两球面的曲率半径均为 100cm,一高为 2cm 的物体在光轴上距透镜 20cm。透镜材料折射率为 1.5,物方为空气 $n=1.0$,像方为水,折射率为 1.33,求物体经透镜所成的像并作图。

2.17　一光学系统由一透镜和平面镜组成,如习题 2.17 图所示,平面镜 MM 与透镜光轴垂直交于 D 点,透镜位置未知,透镜前方离平面镜 600mm 有一物体 AB,经透镜和平面镜后,所成虚像 $A''B''$ 至平面镜的距离为 150mm,且像高为物高的一半,试分析透镜焦距的正负,确定透镜的位置和焦距,并画出光路图。

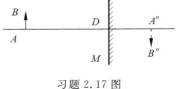

习题 2.17 图

2.18　试判断如习题 2.18 图所示各棱镜或棱镜系统的转像情况,设输入为右手系,画出相应输出坐标系。

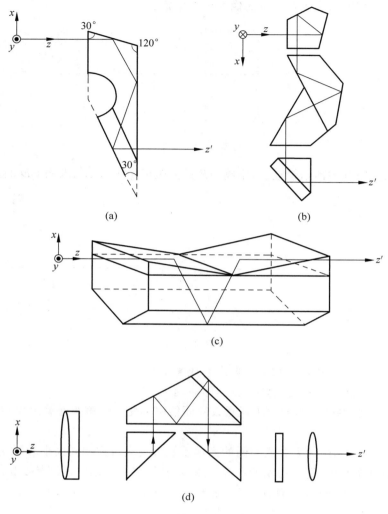

习题 2.18 图

第 3 章

光阑与像差

学习目标

理解光阑的概念；掌握孔径光阑、入瞳、出瞳、视场光阑、渐晕和渐晕系数的概念；了解入射窗和出射窗的概念；理解孔径光阑、视场光阑和渐晕光阑之间的关系以及它们的作用；理解物方远心光路及光学系统景深的概念；了解像差的定义、分类和像差的消除方法；掌握各种像差的定义、性质以及危害等。

前面论述了理想光学系统及平面系统的成像规律。除了平面镜外，现实中的光学系统只有在傍轴近似或者细光束条件下成像才是完善的。因此在实际成像时，有必要对光束进行限制来得到完善图像。另外，光学系统不同，对参与成像的光束位置和宽度要求也不同。在光学系统中对光束有限制作用的可以是透镜的边缘、框架或者特别设置的带孔屏障，我们将这些统称为光阑。光阑有限制光束孔径和限制视场这两个方面的作用，同时它又影响着像差、像的亮暗、景深、分辨本领等。本章将以光阑的基本概念为基础，介绍光瞳、渐晕以及像差等的基本概念及应用。

3.1 光阑

3.1.1 光阑的分类

光阑是光学系统中限制成像光束和成像范围的元件，如透镜边缘、框架或者系统中的带孔屏障等。如果光学系统中安放光阑的位置与光学元件的某一面重合，则光学元件的边框就是光阑。

实际光学系统中的光阑，按其作用可分为以下几种：

1. 孔径光阑

一般说来，不同的光阑对光束的限制程度不同，其中对光束限制程度最大的光阑，即真正决定着通过光学系统的光束孔径的光阑，称为孔径光阑（简称孔阑）。在任何光学系统中，孔径光阑都是存在的。例如，照相机中的光圈就是这种光阑。

2. 视场光阑

它是限制物平面上或物空间中最大成像范围的光阑（简称视阑），一般设置在实像平面或者中间像平面上。例如，照相机的底片框就是视场光阑。

3. 渐晕光阑

这种光阑使得本来能通过上述两种光阑的轴外点成像光束只有部分能通过，使得轴外点成像光束宽度比轴上成像光束宽度要小,造成像平面边缘部分比像面中心暗,这种现象称为"渐晕"。有这种作用的光阑通常称为"渐晕光阑"。

4. 消杂光光阑

这种光阑不限制通过光学系统的成像光束,只限制那些从视场外射入系统的光,这些光通过光学系统的各个折射面和仪器内壁进行反射和散射,形成到达像面的杂光,使得像的对比度降低。利用消杂光光阑可以拦掉一部分杂光。一般光学系统中,常把镜管内壁加工成螺纹状,并涂上黑色无光油漆来达到消杂光的目的。

3.1.2　光阑的计算

下面结合具体例子说明与光阑有关的一些计算。

如图 3.1.1 所示,光路中有一个透镜 L,其焦距为 f',半径为 R_L;有一个开孔屏 QQ',相对透镜 L 的距离为 l_Q,内孔半径为 R_Q;有一个观察屏(或底片框)PP',窗口半径为 R_P。试问:如何设置孔屏的位置与大小,使孔屏起到孔径光阑的作用? 如何设置观察屏的位置与大小,使观察屏起到视场光阑的作用?

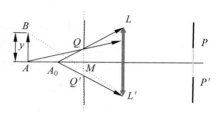

图 3.1.1　孔屏在透镜前方(物方)

系统中有三个光阑:透镜边框、孔屏、观察屏。
一般的设计是要使孔屏为孔径光阑,观察屏为视场光阑,所以观察屏应放在透镜后方的像面位置,而孔屏可在透镜前方或后方。

1. 孔屏在透镜前方(物方)

镜框上边缘点坐标为 $(0, R_L)$,孔屏上边缘点坐标为 (l_Q, R_Q),两者连线延伸到光轴上的交点为 A_0,其坐标记作 $(l_0, 0)$。由两点直线方程 $x = x_1 + \frac{x_2 - x_1}{y_2 - y_1}(y - y_1)$ 可得 $(0, R_L)$ 看作点 1,(l_Q, R_Q) 看作点 2:

$$l_0 = 0 + (0 - R_L)\frac{l_Q - 0}{R_Q - R_L} = l_Q \frac{R_L}{R_L - R_Q} \tag{3.1.1}$$

当物点 A 在 A_0 的左边(即 $l < l_0$)时,A 点对孔屏的张角小于对透镜的张角,所以孔屏为孔径光阑;反之,当物点 A 在 A_0 的右边(即 $l > l_0$)时,A 点对孔屏的张角大于对透镜的张角,所以镜框为孔径光阑。最大孔径角为

$$U_{max} = \begin{cases} \arctan |R_L/l| & (l > l_0) \\ \arctan |R_Q/(l - l_Q)| & (l < l_0) \end{cases} \tag{3.1.2}$$

下面讨论视场问题,假设孔屏为孔阑。图 3.1.1 中,设 AB 高为 y,当 $y > 0$ 时,随着 y 增大,通过孔阑的光束一部分会被镜框挡住。镜框的下边缘点决定了实际能通过的光束大小,此边缘光线通过 B 点 (l, y) 和 L' 点 $(0, -R_L)$,由两点直线方程 $y = y_1 + \frac{y_2 - y_1}{x_2 - x_1}(x - x_1)$ 可得此光线与孔阑的交点坐标 $(0, -R_L)$ 看作点 1,(l, y) 看作点 2:

$$y_M = -R_L + l_Q \frac{y + R_L}{l} \tag{3.1.3}$$

当 $y_M > -R_Q$ 时,实际能通过透镜的光束在孔阑上的宽度小于孔阑直径,出现渐晕,渐晕系

数为

$$K_D = \frac{R_Q - y_M}{2R_Q} = \frac{1}{2R_Q}\left(R_Q + R_L\left|1 - \frac{l_Q}{l}\right| - \left|\frac{l_Q}{l}y\right|\right) \tag{3.1.4}$$

式(3.1.4)中部分项用绝对值表示,以适应多种情况。由式(3.1.4)可得到由 K_D 确定 y 的公式,即

$$|y| = R_L\left|\frac{l}{l_Q} - 1\right| - (2K_D - 1)R_Q\left|\frac{l}{l_Q}\right| \tag{3.1.5}$$

讨论 3 种特殊情况:

(1) 无渐晕视场。y 值较小,通过孔阑的光束也能通过透镜,则不存在渐晕。当 y 增加到临界情况,即光线通过透镜边缘也通过孔阑的边缘,对应的渐晕系数等于 1,将 $K_D = 1$ 代入(3.1.5)式,得无渐晕线视场为

$$2y_1 = 2R_L\left|\frac{l}{l_Q} - 1\right| - 2R_Q\left|\frac{l}{l_Q}\right| \tag{3.1.6}$$

(2) 50%渐晕视场。继续增大 y 值,则实际能通过系统的光束宽度将减小,渐晕系数等于 0.5 时,将 $K_D = 0.5$ 代入(3.1.5)式,得线视场为

$$2y_{0.5} = 2R_L\left|\frac{l}{l_Q} - 1\right| \tag{3.1.7}$$

(3) 极限视场。当 y 值增加,渐晕系数等于 0,这是能看到物点的极限情况,由 $K_D = 0$ 确定 y 的极限值为

$$2y_0 = 2R_L\left|\frac{l}{l_Q} - 1\right| + 2R_Q\left|\frac{l}{l_Q}\right| \tag{3.1.8}$$

三种视场分别对应图 3.1.1 中的 M 点位于孔阑下端、中心、上端的情况,如图 3.1.2 所示。

2. 孔屏在透镜后方(像方)

这时,由像点来判断哪个是孔径光阑较方便。如图 3.1.3 所示,镜框上边缘点坐标为 $(0, R_L)$,孔屏上边缘点坐标为 (l_Q, R_Q),两者连线延伸到光轴上的交点为 A_0',其坐标记作 $(l_0', 0)$,由两点直线方程(也可由相似三角形关系)可得

$$l_0' = l_Q\frac{R_L}{R_L - R_Q} \tag{3.1.9}$$

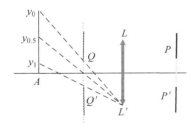

图 3.1.2　三种视场对立的物高

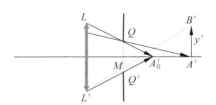

图 3.1.3　孔屏在透镜后方(像方)

当像点 A' 在 A_0' 的右边(即 $l' > l_0'$)时,A' 点对孔屏的张角小于对透镜的张角,所以孔屏为孔径光阑;反之,当像点 A' 在 A_0' 的左边(即 $l' < l_0'$)时,A' 点对孔屏的张角大于对透镜的张角,所以镜框为孔径光阑。孔屏为孔径光阑时,光线在透镜上的最大高度 $h_M = R_Q l'/(l' - l_Q)$;镜框为孔径光阑时,$h_M = R_L$。物方最大孔径角 $U_{max} = \arctan|h_M/l|$。

再讨论镜框对视场的影响,仍假设孔屏为孔阑。图 3.1.3 中,设像高为 y',当 $y'>0$ 时,透镜下端的镜框可能挡住进入孔阑的光束。镜框的下边缘 L' 点决定了实际能通过的光束大小,此边缘光线通过 L' 点$(0,-R_L)$ 和 B' 点(l',y'),由两点直线方程可得此光线与孔阑的交点坐标

$$y'_M=-R_L+l_Q\frac{y'+R_L}{l'} \tag{3.1.10}$$

当 $y'_M>-R_Q$ 时,实际能通过孔阑的光束的宽度小于孔阑直径,出现渐晕,渐晕系数为

$$K_D=\frac{R_Q-y'_M}{2R_Q}=\frac{1}{2R_Q}\Big[R_Q+R_L\Big|1-\frac{l_Q}{l'}\Big|-\Big|\frac{l_Q}{l'}y'\Big|\Big] \tag{3.1.11}$$

式中部分项用绝对值表示,以适应多种情况。反之,由渐晕系数可求出相应的 y',即

$$|y'|=R_L\Big|\frac{l'}{l_Q}-1\Big|-(2K_D-1)R_Q\Big|\frac{l'}{l_Q}\Big| \tag{3.1.12}$$

3. 一般情况

第 1 种情况和第 2 种情况可统一起来描述,下面先介绍两个概念:

入射光瞳(简称入瞳):孔径光阑通过左侧光学系统在物空间的共轭像。

出射光瞳(简称出瞳):孔径光阑通过右侧光学系统在像空间的共轭像。

对于第 1 种情况,孔屏内孔较小时为成像系统的孔径光阑,同时由于它在透镜左侧,故也是入射光瞳,而孔屏对透镜成的像就是出射光瞳。对于第 2 种情况,孔屏内孔较小时仍是孔径光阑,但它在透镜右侧,故也是出射光瞳,而此时的出射光瞳是它通过透镜成在物空间的共轭像,如图 3.1.4 所示,QQ' 是孔阑,它对透镜 L 所成像(此处是虚像)DD' 是入瞳。

这样,可以借用第 1 种情况(孔屏在透镜前方)的结果讨论第 2 种情况,具体方法是由孔阑求出入瞳,用入瞳代替第 1 种情况中的孔阑参数。

例如,求解最大孔径角既可由轴上物点 A 与入瞳边缘点 D 连线确定(见图 3.1.4),也可由像点 A' 与出瞳(第 2 种情况中孔阑就是出瞳)边缘点 Q 连线确定。

同样考虑轴外点光束限制时,可将轴外点 B 直接与入瞳边缘点 D、D' 连起来构成上、下光线(见图 3.1.5)。若上、下光线都在透镜边框内,则无渐晕;若 B 点升高使主光线(B 点与入瞳中心连线)移到透镜边缘,则光束上半部分就被透镜边框挡住,产生 50% 的渐晕。

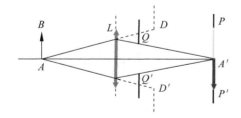

图 3.1.4 入瞳与最大孔径角

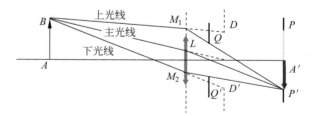

图 3.1.5 孔阑对应的中心光线与边缘光线

第 1 种情况推广到一般情况,就用入瞳位置 $l_入$ 和半径 $R_入$ 代替式(3.1.1)～式(3.1.8)中的 l_Q、R_Q 即可。例如式(3.1.4)和式(3.1.5)分别改为

$$K_D=\frac{1}{2R_入}\Big[R_入+R_L\Big|1-\frac{l_入}{l}\Big|-\Big|\frac{l_入}{l}y\Big|\Big] \tag{3.1.13}$$

$$|y| = R_{\text{L}} \left| \frac{l}{l_\lambda} - 1 \right| - (2K_{\text{D}} - 1)R_\lambda \left| \frac{l}{l_\lambda} \right| \tag{3.1.14}$$

对于第 1 种情况，孔阑就是入瞳，所以式(3.1.13)和式(3.1.14)也适用。同理，式(3.1.11)和式(3.1.12)可改成用出瞳参数表示

$$K_{\text{D}} = \frac{1}{2R_{\text{出}}} \left[R_{\text{出}} + R_{\text{L}} \left| 1 - \frac{l_{\text{出}}}{l'} \right| - \left| \frac{l_{\text{出}}}{l'} y' \right| \right] \tag{3.1.15}$$

$$|y'| = R_{\text{L}} \left| \frac{l'}{l_{\text{出}}} - 1 \right| - (2K_{\text{D}} - 1)R_{\text{出}} \left| \frac{l'}{l_{\text{出}}} \right| \tag{3.1.16}$$

4. 线视场与视场角

轴外点 B 的高度 y 增大到成像光线到达像面的边缘，相应的 y 值记作 $y_{\max}$，$2|y_{\max}|$ 称为线视场。$y = y_{\max}$ 时边缘物点和入瞳中心的连线(主光线)与光轴夹角称为物方半视场角，以 ω 表示。由图 3.1.5 可见，$\omega = \arctan(|y_{\max}/(l - l_\lambda)|)$。讨论视场范围时，物体在近处(有限远)一般用线视场，而物体在远处(无限远)用视场角。

如果实像面上有边框，如图 3.1.5 中的 PP'，则通常是视场光阑。设最大像高为 $y'_{\max}$，则物方线视场为

$$2y_{\max} = 2y'_{\max}/\beta = 2\frac{l}{l'}y'_{\max} \tag{3.1.17}$$

当物在无限远时，用视场角 2ω 表示视场大小。因无穷远物成像在焦平面上，若视场光阑最大像高 $y'_{\max}$，则

$$\tan\omega = \left| \frac{y'_{\max}}{f'} \right| \tag{3.1.18}$$

与入瞳、出瞳决定物空间、像空间的成像光束的大小类似，引入入射窗和出射窗可以确定物空间、像空间的成像范围：

入射窗(简称入窗)：视场光阑通过左侧光学系统在物空间的共轭像。

出射窗(简称出窗)：视场光阑通过右侧光学系统在像空间的共轭像。

渐晕光阑对视场也有影响。当式(3.1.17)决定的 $y_{\max}$ 大于式(3.1.6)决定无渐晕线视场 y_1 时，则像面亮度是不均匀的，物高大于 y_1 对应的像面区域亮度向外逐渐变暗。甚至当 $y_{\max}$ 大于式(3.1.8)决定的极限视场 y_0 时，亮度将减为 0，此时实际视场由 y_0 决定，故有时也称这种渐晕光阑为广义视场光阑。当系统成像时不出现实像，或者实像面上的边框太大对像面大小不起限制作用时，则存在广义视场光阑。例如，在第 1 种情况下，如果 $y = y_0$，则对应的像高 $y'_0 = \beta y_0 = \frac{l'}{l}y_0$。观察屏放在透镜后方的像面位置，若 $R_{\text{P}} < y'_0$，则视场范围由观察屏决定，观察屏是视场光阑；反之，若 $R_{\text{P}} > y'_0$，则视场范围由透镜边框决定，透镜边框不在像面上，它是广义视场光阑。物方线视场为

$$2y_{\max} = \begin{cases} 2R_{\text{P}}/\beta = 2\frac{l}{l'}R_{\text{P}}, & R_{\text{P}} < y'_0 \\ 2y_0, & R_{\text{P}} > y'_0 \end{cases} \tag{3.1.19}$$

或者折算到物方进行比较，记 $y_{\text{P}} = 2R_{\text{P}}/\beta = 2\frac{l}{l'}R_{\text{P}}$，若 $|y_{\text{P}}| < |y_0|$，$2y_{\max} = 2|y_{\text{P}}|$；若 $|y_{\text{P}}| > |y_0|$，$2y_{\max} = 2|y_0|$。

同样渐晕光阑也会影响视场角,当物在无限远时,$\tan\omega = \lim\limits_{l\to\infty}\left|\dfrac{y}{l}\right|$。由式(3.1.14)可得

$$\tan\omega = [R_\mathrm{L} - (2K_\mathrm{D} - 1)R_\text{入}]/|l_\text{入}| \qquad (3.1.20)$$

因此,无渐晕视场角 $\tan\omega = \left|\dfrac{R_\mathrm{L} - R_\text{入}}{l_\text{入}}\right|$;50%渐晕视场角 $\tan\omega = \left|\dfrac{R_\mathrm{L}}{l_\text{入}}\right|$;极限视场角

$\tan\omega = \left|\dfrac{R_\mathrm{L} + R_\text{入}}{l_\text{入}}\right|$。

总结:①由轴上物点引出的光线讨论孔径光阑问题,由轴外物点引出的光线讨论视场光阑或渐晕光阑问题。②讨论光阑对光束的限制,可以从各光阑的边缘光线入手。③几何量之间的关系,可以由相似三角形确定,也可由光阑边缘点与物点(或像点)连线的方程确定。④应在同一成像区域(如物空间、像空间或中间像空间等)比较光束大小。

3.1.3 远心光路

在光学仪器中,有一些仪器是用来测量长度的。光学系统有一定的放大率,在物镜的实像面上置一刻有标尺的透明分划板,标尺的刻度已考虑了系统的放大率,当被测物体成像位于分划板面上时,按刻度尺读得的像的长度即为物体的长度,如工具显微镜等。用此方法来测量物体的长度,标尺分划板与物镜之间的距离固定不变,以确保物镜放大率为常值。该方法的测量精度很大程度上取决于像平面与刻尺平面的重合度,一般要通过对整个光学系统(包括目镜)相对被测物体进行调焦来达到。

由于景深及调焦误差的存在,要精确调焦到物体的像与分划板平面重合是有困难的,所以难免产生测量误差。像平面与分化板刻度尺平面不重合的现象称为视差。如图3.1.6所示,L 是测量显微镜物镜,物镜框是孔径光阑,当物体 AB 位于设计位置时,其像 $A'B'$ 就与分划板刻尺重合,此时量出的像高为 y';由于调焦不准,物体处于非设计位置时,例如 A_1B_1 所处的位置,其像就不与分划板平面重合,它位于 $A_1'B_1'$ 的位置,在分划板标尺上读到像的大小为 y_2',这样由 y_2' 换算出的物体长度就有误差。

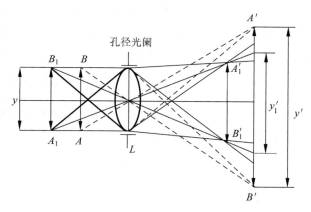

图 3.1.6 调焦误差

如果适当地控制主光线的方向,可以减少视场对测量精度的影响。将孔径光阑设置在物镜的像焦平面上即可,如图 3.1.7 所示。孔径光阑是物镜的出瞳,此时由物镜发出的每一条主光线都通过光阑中心所在的像方焦点,无论物体位于什么位置,它们的主光线是重合的,也就是说轴外点的光束中心是相同的。所以尽管 A_1B_1 成像在 $A_1'B_1'$ 的地方不与 $A'B'$ 重合,但分划板标尺上两个弥散斑的中心间距没有改变,仍然等于 y'。也就是说,上述调焦不准并不影响测量结果。由于这种光学系统的物方主光线平行于光轴,主光线的会聚中心如同位于物方无穷远,因此把这样的光路称为物方远心光路。

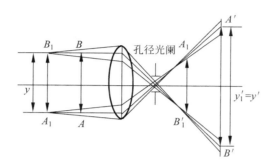

图 3.1.7 物方远心光路

上面的情况是调节物面位置,使像面与分划板的标尺重合。长度测量中还有一类是物的位置是不能调节的,需要调节像面或分划板位置使两者重合,如大地测量仪器中的距离测量。同样,由于调焦不准,像面和分划板的刻线平面不重合,使读数产生误差而影响测距精度。为消除或减小这种误差,可以在物镜的物方焦平面上设置一个孔径光阑,光阑也是物镜的入瞳,此时进入物镜光束的主光线都通过光阑中心所在的物方焦点,在像方这些主光线都平行于光轴,如图 3.1.8 所示。

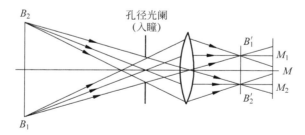

图 3.1.8 像方远心光路

如果物体 B_1B_2 的像 $B_1'B_2'$ 不与分划板的刻线平面 M 重合,则在刻线平面 M 上得到的是 $B_1'B_2'$ 的投影像,即弥散斑 M_1 和 M_2;但由于在像方的主光线平行于光轴,因此按分划板上弥散斑中心所读出的距离 M_1M_2 与实际的像长 $B_1'B_2'$ 相等。M_1M_2 是分划板上所刻的一对测距丝,不管它是否和 $B_1'B_2'$ 相重合,它与标尺所对应的长度总是 B_1B_2,显然,这不会产生误差。这种光学系统,因为像方的主光线平行于光轴,其会聚中心在像方无穷远处,故称为像方远心光路。

3.2 光学系统的景深

前面讨论的只是垂直于光轴的平面上的点的成像问题,属于这一类成像的光学系统还有生物显微镜、照相制版物镜和电影放映镜等。实际上还有很多光学仪器要求对整个空间或者部分空间的物点成像在一个平面上,称为平面上的空间像,例如普通的照相物镜、望远镜、眼睛等。

任何光能接收器,例如眼睛、感光乳剂等都是不完善的,并不要求像平面上的像点为一个几何点,而要求根据接收器的特性,规定一个允许的数值。

图 3.2.1 为单透镜成像,设物点 A 位置 $l = -3000\mathrm{mm}$,观察屏置于其理想像位置 A'。设成像透镜 L 的焦距 f' 为 35mm,透镜边框(此处也是孔阑)直径 D 为 24mm,物点 A 位于透镜 L 前方 3000mm 处。

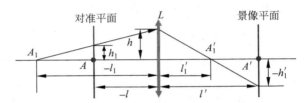

图 3.2.1　单透镜成像时的景深问题

另有物点 A_1 比 A 点更远,$|l_1| > |l|$,在观察屏上呈现像斑,像斑大小与成像光束的孔径有关。若要求像斑半径不大于 0.02mm,则 A_1 最远在何处? 同样,若有物点 A_2 比 A 更近,$|l_2| < |l|$,若要求像斑半径不大于 0.02mm,则 A_2 最近在何处?

这就是说,对于给定观察屏位置,能清晰成像的物点位置有一个范围,此范围就称成像系统的景深。这样能成足够清晰像的最远平面称为远景平面(物点 A_1 所在的平面),能成清晰像的最近平面称为近景平面(物点 A_2 所在的平面)。它们离对准平面的距离以 Δ_1 和 Δ_2 表示,称远景深度和近景深度。景深 Δ 是远景和近景深度之和 $\Delta = \Delta_1 + \Delta_2$。

在图 3.2.1 中,按相似三角形的比值关系得 $h_1/h = (-l_1 + l)/(-l_1)$,解得 $l_1 = l(1 - h_1/h)$。而由图 3.2.1 看出,h_1 可看作处于 A 点的物高,故 $h_1' = \beta h_1 = \dfrac{l'}{l}h_1$,或 $h_1 = \dfrac{l}{l'}h_1'$,所以

$$l_1 = 1 \Big/ \left(\frac{1}{l} - \frac{1}{l'}\frac{h_1'}{h} \right)$$

利用 $\dfrac{1}{l'} - \dfrac{1}{l} = \dfrac{1}{f'}$ 消去 l 则得

$$l_1 = 1 \Big/ \left(\frac{1}{l'} - \frac{1}{f'} - \frac{1}{l'}\frac{h_1'}{h} \right) \tag{3.2.1}$$

也可用物距表示,即消去 l' 得

$$l_1 = 1 \Big/ \left[\frac{1}{l} - \left(\frac{1}{l} + \frac{1}{f'} \right)\frac{h_1'}{h} \right] \tag{3.2.2}$$

设 B 为可分辨的光斑的半宽度,则 $h_1' = -B$ 对应远景平面,

$$l_1 = 1 \Big/ \left(\frac{1}{l'} - \frac{1}{f'} + \frac{1}{l'}\frac{B}{h} \right) \quad \text{或} \quad l_1 = 1 \Big/ \left[\frac{1}{l} + \left(\frac{1}{l} + \frac{1}{f'} \right)\frac{B}{h} \right] \tag{3.2.3}$$

移动 A_1 至比 A 更近,则其像在 A' 右侧,光线与景像平面交点在光轴上方,上面式子仍能用,只是 $h'_1 > 0$,取 $h'_1 = B$,实际为近点 A_2,改记下标为"2",

$$l_2 = 1 \Big/ \Big(\frac{1}{l'} - \frac{1}{f'} - \frac{1}{l'}\frac{B}{h} \Big) \quad \text{或} \quad l_2 = 1 \Big/ \Big[\frac{1}{l} - \Big(\frac{1}{l} + \frac{1}{f'} \Big) \frac{B}{h} \Big] \tag{3.2.4}$$

另外,远景平面位于无穷远时,表达式中的分母为 0,得

$$l' = \Big(1 + \frac{B}{h} \Big) f' \quad \text{或} \quad l = - \Big(1 + \frac{h}{B} \Big) f' \tag{3.2.5}$$

取 $h = D/2 = 12\text{mm}$,$B = 0.02\text{mm}$,以及 $f' = 35\text{mm}$,$l = 3000\text{ mm}$,得 $l_1 = -3493\text{mm}$,$l_2 = -2629\text{mm}$。所以景深 $\Delta = l_2 - l_1 = 864\text{mm}$,其中远景深度 $\Delta_1 = l - l_1 = 493\text{mm}$,近景深度 $\Delta_2 = l_2 - l = 371\text{mm}$,远景深度大于近景深度。

图 3.2.1 中入瞳和出瞳都与透镜重合,光束限制较简单。另外,实际成像中,前后景物会形成阻挡关系,所以将距离不同的物点放在不同高度更合适,如图 3.2.2 所示。如果系统没有渐晕,则轴外物点与同距离的轴上物点形成的光斑大小是一样的,所以上面的讨论仍然适用。在图 3.2.2 中,入射光束和出射光束分别对入瞳和出瞳画出,而景像平面与对准平面的光斑线度之比等于这两个平面上的像高与物高之比。

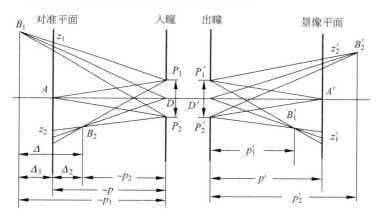

图 3.2.2 轴外物点的光斑

如图 3.2.2 所示,设对准平面、远景平面和近景平面到入瞳的距离分别以 p、p_1、p_2 表示,以入瞳中心点为坐标原点,上述各量均为负值。相应地,在像空间对应的共轭面到出瞳的距离分别以 p'、p'_1、p'_2 表示,并以出瞳中心为坐标原点,这些量则均为正值。设入瞳和出瞳直径分别为 $2a$ 和 $2'a$,设景像平面与对准平面上的弥散斑直径分别为 z_1、z_2 和 z'_1、z'_2,由于是在同一个平面成像,像平面上的弥散斑的线度要求应该是一致的,所以

$$z = z_1 = z_2 \tag{3.2.6}$$
$$z'_1 = z'_2 = \beta z \tag{3.2.7}$$

式中,β 为垂轴放大率。由图中相似三角形关系得

$$\frac{z}{2a} = \frac{p_1 - p}{p_1} = \frac{p - p_2}{p_1} \tag{3.2.8}$$

确定对准平面上的弥散斑允许直径后,由式(3.2.8)可求得远景和近景到入瞳的距离 p_1 和 p_2:

$$\begin{cases} p_1 = \dfrac{2ap}{2a-z} \\[2mm] p_2 = \dfrac{2ap}{2a+z} \end{cases} \tag{3.2.9}$$

由此可得远景和近景到对准平面的距离,即远景深度 Δ_1 和近景深度 Δ_2 为

$$\Delta_1 = p_1 - p = \frac{pz}{2a-z}, \quad \Delta_2 = p - p_2 = \frac{pz}{2a+z} \tag{3.2.10}$$

前面将可分辨的像光斑的半宽度记作 B,结合式(3.2.7),它们的关系为

$$2B = z'_1 = z'_2 = \beta z \tag{3.2.11}$$

人眼的分辨能力常用分辨角 ε 表示(极限分辨角约 $1'$),最小能分辨的两点距离

$$z = p\varepsilon \tag{3.2.12}$$

将上式代入式(3.2.10),得

$$\Delta_1 = \frac{p^2 \varepsilon}{2a - p\varepsilon}, \quad \Delta_2 = \frac{p^2 \varepsilon}{2a + p\varepsilon} \tag{3.2.13}$$

由上式可得总的成像深度,即景深 Δ 为

$$\Delta = \Delta_1 + \Delta_2 = \frac{4ap^2\varepsilon}{4a^2 - p^2 g^2} \tag{3.2.14}$$

若用孔径角 U 取代入瞳直径,由图可知它们之间有如下关系:

$$2a = 2p\tan U$$

代入式(3.2.14),得

$$\Delta = \frac{4p\varepsilon\tan U}{4\tan^2 U - \varepsilon^2} \tag{3.2.15}$$

由上式可知,入瞳的直径越小,即孔径角越小,则景深越深。在用照相机拍照片时,把光圈缩小可以获得大的空间深度的清晰像,其原因就在于此。

3.3　像差概述

　　由前面讨论的球面光学系统和平面光学系统的光路特征和成像特性可知,只有平面反射镜才是所谓的理想光学系统,所成的像是完善像。实际光学系统与理想光学系统有很大的差异,只有在近轴的情况下,可以对轴上的物点成完善像。其他情况下,物空间的一个物点发出的光线经过实际光学系统后,不再会聚于像空间的一点,而是一个弥散斑。这种实际像的位置和形状与理想像的偏差,称为像差。

　　用实际光线计算公式求得的像的位置和大小相对于理想像的偏离,可以作为像差的量度。用高斯公式、牛顿公式或近轴光路计算公式所求得的像的位置和大小,应认为是理想像的位置和大小。从像差计算的角度来看,像差究竟为多少呢?

　　在近轴光学系统中,进行光路计算时,采用了如下的假设 $\sin\theta = \theta, \cos\theta = 1$ 得到了理想光学系统的物像关系式,该计算只适用于近轴细光束成像。但是,对任何一个实际光学系统而言,都具有一定的相对孔径和视场。因此,实际的光学计算,是不能采用近轴光学理论来分析的,实际光学系统的物像的大小和位置与近轴光学系统计算的结果是不相同的。也就是说,在实际的系统计算中,$\sin\theta \neq \theta, \cos\theta \neq 1$。将 $\sin\theta$ 按照正弦函数的级数展开为

$$\sin\theta = \theta - \frac{\theta^3}{3!} + \frac{\theta^5}{5!} - \frac{\theta^7}{7!} + \cdots \tag{3.3.1}$$

正是由于采用 θ 代替 $\sin\theta$ 而忽略了级数展开式中的高次项,使得近轴光学与实际光学系统产生了差异,该差异即是系统的像差。光学系统成像按照空间来分,可以分为子午面和弧矢面。

子午面:轴外物点的主光线与光学系统主轴所构成的平面,称为光学系统成像的子午面。位于子午面内的那部分光线,统称为子午光束。子午光束所成的像,称为子午像。子午像所在的像平面,称为子午像面。

弧矢面:过轴外物点的主光线,并与子午面垂直的平面,称为光学系统成像的弧矢面。位于弧矢面内的光线,统称为弧矢光束。弧矢光束所成的像,称为弧矢像。弧矢像所在的像平面,称为弧矢像面。

光学系统的成像光路计算是针对不同的孔径角和视场,不同孔径的入射光线其成像的位置不同,不同视场的入射光线其成像的倍率不同,子午面和弧矢面光束成像的性质也不尽相同。为了区别分析这些性质,针对单色光成像定义了性质不同的五种像差,分别为球差、慧差(正弦差)、像散、场曲和畸变,统称为单色像差。对于白光或复色光成像,同一光学介质对不同的色光有不同的折射率,而导致有不同的光程,造成不同色光成像的大小和位置也不相同。针对上述不同色光的成像的差异,定义了两种色差,分别为位置色差和倍率色差。这些像差都是基于几何光学的,统称为几何像差。下面将分别进行讨论。

3.3.1 轴上点球差

由光轴上某一物点向光学系统发出的单色圆锥形光束,经改光学系列折射后,若原光束不同孔径角的各光线,不能交于主轴上的同一位置上,导致在光轴上的理想像平面处,形成一弥散斑,该成像误差称为球差,如图 3.3.1 所示。

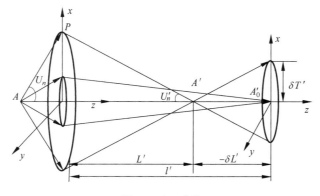

图 3.3.1 球差

不同孔径角的出射光线对应的截距相对于理想截距的偏离称为轴上球差。其值由两者之差来表示,即

$$\delta L' = L' - l' \tag{3.3.2}$$

显然,与光轴成不同孔径角 U 的光线具有不同的球差,前面已经提到,由于球差的存在,使得在高斯像面(理想像面)上得到的不是一个点像,而是一个圆形的弥散斑。该弥散斑

的大小为

$$\delta T' = \delta L' \tan U' \tag{3.3.3}$$

可见,球差越大,像方孔径角越大,高斯像面上的弥散斑也就越大,这将使像模糊不清。所以为使光学系统成像清晰,必须校正像差。

显然,球差是孔径角 U 或高度 h 的函数,当 U 或 h 为零时球差应为零,而且由于轴上物点的光束有轴对称性质,U 或 h 变号时球差 $\delta L'$ 不变,$\delta L'$ 是 h 的偶函数,所以

$$\delta L' = A_1 h^2 + A_2 h^4 + A_3 h^6 + \cdots \tag{3.3.4}$$

第一项称为初级球差,此后各项分别称为二级球差、三级球差等,或统称为高级球差。对于不太复杂的系统,保留两项即可,且较多用相对高度值表示:

$$\delta L' = A_1 (h/h_m)^2 + A_2 (h/h_m)^4 \tag{3.3.5}$$

式中,h_m 为边缘高度值。

由于球差对于不同的孔径角不同,如图 3.3.1 所示,轴上点 A 的理想像点为 A_0',在进行球由 A 点发出的过入瞳边缘的光线 AP(称为边缘光线)的物方孔径角为 U_n,从系统出射后,交光轴于 A',与 A_0' 不重合。由式(3.3.2)可求得边缘光线的球差,称为边缘球差。在球差校正的时候会发现,我们只能使得某一个孔径带上的球差为零,如果只考虑一、二级球差的影响,当校正边缘带球差时,残余的球差的最大值出现在最大投射高度的 0.707 倍处。如果是对 0.707 倍处的光线求得的球差,称为带光球差。在矫正球差的时候,我们习惯于以 0.707 视场为基准校正我们的球差,这样能达到整个系统的球差的最小化。大部分光学系统只能做到对一条光线校正球差,一般是对边缘光线校正的,若边缘光球差为零,则称该系统为消球差系统。

图 3.3.2 为一望远镜的物镜,是由两种不同材料的正透镜和负透镜复合而成,折射率分别为 1.51633 和 1.6727,三个球面的半径分别为 62.5mm、−43.65mm、−124.35mm,两透镜中心厚度分别为 4mm 和 2.5mm。可计算出复合透镜的球差曲线,如图 3.3.3(a)所示。如果用一个焦距与复合透镜相同的双凸透镜(例如,折射率等于 1.51633,两个球面的半径分别为 102.48mm 和 −102.48mm)来代替,则球差曲线如图 3.3.3(b)所示,球差量值随 h 单调增加,最大值比复合透镜大 60 多倍。

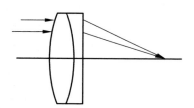

图 3.3.2 复合透镜

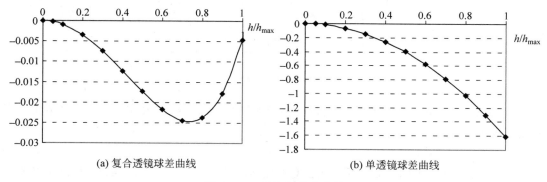

(a) 复合透镜球差曲线

(b) 单透镜球差曲线

图 3.3.3 透镜的球差曲线

如果进行曲线拟合,则图 3.3.3(a)中复合透镜球差曲线为 $\delta L' = -0.0898\,(h/h_m)^2 +$ $0.837\,(h/h_m)^4$,两项符号相反,数值大致相等,这是因为经过球差较正,初级球差大大减小,高级球差的作用就显示出来了。图 3.3.3(b)单透镜球差曲线拟合结果为 $\delta L' = -1.5851$ $(h/h_m)^2 - 0.0226\,(h/h_m)^4$,第一项远比第二项大,即球差近似为 h 的二次函数。

一般来说,单个正透镜会产生负值球差,单个负透镜会产生正值球差,利用正负透镜的组合,可以校正球差。但正、负透镜的光焦度有抵消,所以需要由不同材料的正、负透镜组合,才能既满足焦距要求,又能校正球差。

然而,对于特殊物像共轭点,不会产生球差。当 $L = \dfrac{n+n'}{n}r$ 时,由单球面折射公式(2.3.1) $\sin I = (L-r)\dfrac{\sin U}{r}$,得 $\sin I = \dfrac{n'}{n}\sin U$,结合 $\sin I' = \dfrac{n}{n'}\sin I$ 知 $I' = U$,再由 $U' = U + I - I'$ 得 $I = U'$,所以 $L' = r\left(1 + \dfrac{\sin I'}{\sin U'}\right) = r\left(1 + \dfrac{\sin I'}{\sin I}\right) = r\left(1 + \dfrac{n}{n'}\right) = \dfrac{n+n'}{n'}r$,此时 L' 与角度无关。整理得

$$L = \frac{n+n'}{n}r, \quad L' = \frac{n+n'}{n'}r \tag{3.3.6}$$

这是一对特殊的物像共轭点,与孔径角无关,是一对无球差的共轭点。式(3.3.6)表明物距和像距同符号,要么实物成虚像,要么虚物成实像。这对共轭点称为齐明点或不晕点,在光学系统特别是高倍显微物镜中有重要应用。

除了式(3.3.6)表示的物像共轭外,还有球心共轭即 $L = L' = r$ 和顶点共轭即 $L = L' = 0$ 是没有球差的,这两种共轭点都是物像在同一点。

3.3.2　轴外点像差

单色光轴外像差包括慧差、像散、场曲和畸变。

1. 慧差及正弦差

入射光束对称于主光线,而折射光束不对称于主光线,上光线与下光线的交点不在主光线上,这种成像缺陷称为慧差。

图 3.3.4 表示单球面折射产生的慧差。由 B 点发出的发散角不同的光束在像面不同位置成像。为了方便分析,定义 B 点与球心连线为辅轴,B 发出的光束相对于辅轴来说,可以看作轴上点光束来处理。B 点的主光线、上光线、下光线相对于辅轴来说夹角都不相同,即它们具有不同的球差,则它们不能相交于辅轴上的同一点。从图 3.3.4 中可看出,折射光线相对于主光线是不对称的,这种不对称性就是产生慧差的原因。如果光阑位于球心,则主光线与辅轴重合,折射光线仍保持相对主光线的对称性,所以就不会产生慧差。

子午慧差定义为轴外的子午宽光束原本对称于主光线的一对光线(一般为上光线和下光线)经球面折射以后,由于球差值的不同而使交点偏离主光线,即为子午慧差。如图 3.3.5 所示。

在图 3.3.5 中,上光线和下光线的交点不在主光线上,其偏离主光线的距离 K_T' 就是子午慧差的大小。常将光线延伸到高斯像面(理想像面)上,子午慧差 K_T' 采用轴外点子午光束的上、下光线在高斯像面的焦点高度 y_a' 和 y_b' 的平均值 $(y_a' + y_b')/2$ 与主光线在高斯相面上交点高度 y_z' 之差来表示的,如图 3.3.5 所示,即

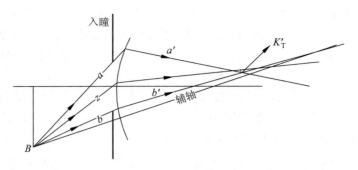

图 3.3.4 单球面折射产生的慧差

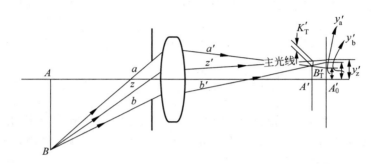

图 3.3.5 子午慧差

$$K'_{\mathrm{T}} = (y'_{\mathrm{a}} + y'_{\mathrm{b}})/2 - y'_{\mathrm{z}} \qquad (3.3.7)$$

同理,弧矢光束中的前后光线,折射后两光线的交点也不在主光线上,也就是对称性依旧不存在,由此产生的像差称为弧矢像差,如图 3.3.6 所示。

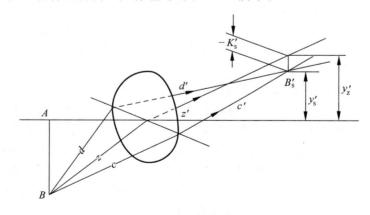

图 3.3.6 弧矢像差

弧矢慧差可以表示为

$$K'_{\mathrm{s}} = y'_{\mathrm{s}} - y'_{\mathrm{z}} \qquad (3.3.8)$$

式(3.3.8)中,y'_{s}是通过空间光线的光路计算求得的,计算较为复杂。但是弧矢慧差总比子午慧差小。

由慧差的定义可看出,慧差是与孔径 h(或 U)和视场 y(或 ω)都有关。当 h 改变符号时,相当于调换上、下光线,故慧差符号不变,故展开式中只有 h 的偶次项;当 y 改变符号时,慧差反号,故展开式中只有 y 的奇次项;当 h 或 y 为 0 时,没有慧差,故开式中没有常数项。这样,慧差的级数展开式可写为

$$K'_s = A_1 y h^2 + A_2 y h^4 + A_3 y^3 h^2 + \cdots \tag{3.3.9}$$

式中第一项为初级慧差,后面项为高级慧差。初级子午慧差是初级弧矢慧差的 3 倍。

一个光学系统存在慧差到底是什么样子呢? 如图 3.3.7 所示,由物点发出的到达透镜一个环带的光线,经过系统折射后在像面上形成一个圆,环带的 a、b 两点在物点的子午面上,经过这两点的光线交像于像面于 a、b 点。经过 c、d 两点的弧矢光线交像面于 cd 点,依次类推,我们知道该环带上的光线最后在像面上形成一个圆形分布。经过系统的不同环带的光线在像面上交成一系列大小不同相互重叠的圆,圆心在一条直线上,但与主轴有不同的距离,形成一个以主光线在像面上的交点 B'_z 为顶点的彗星状光斑,如图 3.3.7(c)所示。

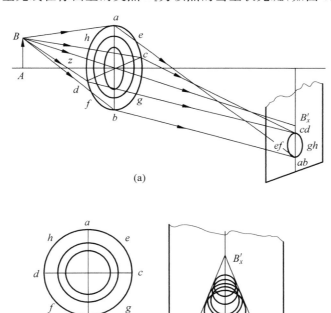

图 3.3.7 典型情况的慧差

以上都是在系统没有其他像差的假设下的结果。当其他像差同时存在时,很难观察到纯粹的慧差。

下面介绍正弦差。正弦差是轴外点小视场宽光束成像的不对称引起的成像缺陷。显然,正弦差与慧差是有关系的。初级正弦差与初级慧差的关系

$$OSC' = K'_s / y' \tag{3.3.10}$$

要使轴上点和与之相近的存在于同一个光轴平面上的点都成完善像的充分必要条件为光学正弦条件,即

$$ny \sin U = n'y' \sin U' \tag{3.3.11}$$

如果光学系统满足上述正弦条件,就能对小视场物面完善成像,称为不晕成像。

2. 像散和场曲

从前面对慧差的论述中,已知慧差是孔径和视场的函数。而慧差只考虑了同一视场不同孔径的光线在垂直于光轴方向上偏离主光线,其实在沿光轴方向上也和高斯像面存在偏离。我们用像散和场曲来表示沿光轴方向上的光束失对称缺陷,定义像散为子午光线交点 T 与弧矢交点 S 间的沿轴偏离,如图3.3.8所示。在子午像点 T' 处得到一垂直于子午面的短线,称为子午焦线;在弧矢像点 S' 处,得到一个垂直于弧矢平面的短线,称为弧矢焦线,两个焦线相互垂直。在子午焦线和弧矢焦线中间,物点的像是一个圆斑,其他位置是椭圆形弥散斑。

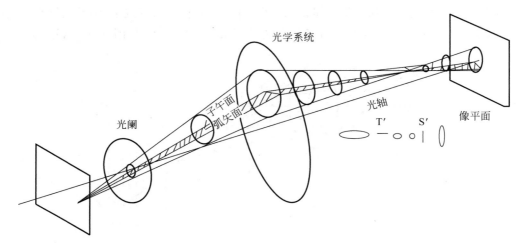

图3.3.8　像散

上述两个交点相对于高斯像面的沿轴偏离表征了子午像面和弧矢像面的弯曲程度,分别成为子午像面弯曲和弧矢像面弯曲,也叫做场曲。由于这样的像散和场曲都是对宽光束而言的,称之为宽光束像散和宽光束场曲。围绕主光线的细光束虽无球差,且均会聚于主光线上而无慧差,但子午细光束的聚焦点 T_0 和弧矢细光束的聚焦点 S_0 并不重合,且不在高斯像面上。我们定义子午细光束的交点沿光轴方向到高斯像面的距离为细光束的子午场曲,如图3.3.9所示。

细光束交点与上述宽光束中成对光线的交点也不重合,它们之间的偏离定义为轴外子午球差。用 X'_T 表示宽光束的子午场曲,用 x'_t 表示宽光束的子午场曲,则轴外子午球差 $\delta L'_T$ 可表示为

$$\delta L'_T = X'_T - x'_t \qquad (3.3.12)$$

同理,在弧矢面内,弧矢宽光束交点沿光轴方向到高斯像面的距离 X'_S 称为宽光束弧矢场曲,弧矢细光束交点沿光轴方向到高斯像面的距离 x'_s 称为细光束弧矢场曲,两者之间的轴向距离称为轴外弧矢球差 $\delta L'_S$,可表示为

$$\delta L'_S = X'_S - x'_s \qquad (3.3.13)$$

如图3.3.10所示,细光束子午场曲和弧矢场曲的计算公式为

$$x'_t = l'_t - l' \qquad (3.3.14)$$

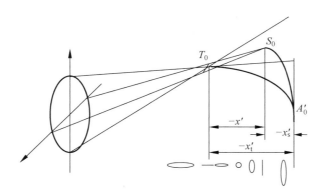

图 3.3.9　子午场曲

$$x'_s = l'_s - l' \tag{3.3.15}$$

细光束的场曲与孔径无关,只是视场的函数。当视场角为零时,不存在场曲。

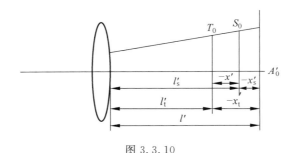

图 3.3.10

综上所述,像散和场曲是两个不同的概念,两者既有联系,又有区别。像散的存在,必然引起像面的弯曲;相反,即使像散为零,子午像面和弧矢像面重合在一起,像面也不是平的,而是相切于高斯像面中的二次抛物面。实际的像散校正系统,也只能是某一视场角的像散值为零,其他视场仍有剩余像散,且像散的大小随视场而变化。

3. 畸变

轴外点物点经过光学系统成像时,无论是宽光束还是细光束都有像差存在,即使只有主光线通过光学系统,由于光线的入射角较大,它仍不能和理想的近轴光一致。最终会导致主光线和高斯像面交点的高度不等于理想像高。我们把主光线在高斯像面与高斯像点的高度差定义为系统的畸变。

畸变值是随视场的改变而改变的,定义不同视场的主光线通过光学系统后与高斯像面的交点高度为 y'_z,理想高斯像高为 y',则系统的畸变 $\delta y'_z$ 表示为

$$\delta y'_z = y'_z - y' \tag{3.3.16}$$

在光学设计中,一般使用相对畸变 q' 表示,即

$$q' = \frac{\delta y'_z}{y'} \times 100\% = \frac{\bar{\beta} - \beta}{\beta} \times 100\% \tag{3.3.17}$$

式中,$\bar{\beta}$ 为某视场的实际垂轴放大倍数,β 为光学系统的理想垂轴放大倍率。不同视场的实际垂轴放大倍率不同,畸变也不同。采用一个垂直于光轴的正方形物体如图 3.3.11(a)所示,经过具有正畸变的系统后在像面得到如图 3.3.11(b)所示的像,经过具有负畸变的系统

后在像面得到如图 3.3.11(c)所示的像。由于像的形状的原因,正畸变也称为枕型畸变,负畸变也称为桶形畸变。

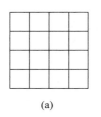
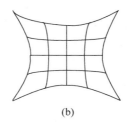

(a)　　　　　　　　　　　(b)　　　　　　　　　　　(c)

图 3.3.11　畸变

畸变仅与物高 y 有关,随 y 的符号改变而改变,故在其级数展开式中,只有 y 的奇次项

$$\delta y'_z = A_1 y^3 + A_2 y^5 + \cdots \tag{3.3.18}$$

第一项为初级畸变,第二项为二级畸变。展开式中没有 y 的一次项,是因为一次项表示理想像高。

3.3.3　色差

白光是由各种不同波长的单色光所组成,复色光成像时,由于不同色光而引起的像差称为色差。

色差的起源是光学材料的色散。折射率 n 随波长 λ 的变化关系一般可用 Samuller 方程表示。例如:

冕玻璃 K9: $n^2 = 1 + \dfrac{1.03961212\lambda^2}{\lambda^2 - 0.0060069867} + \dfrac{0.231792344\lambda^2}{\lambda^2 - 0.0200179144} + \dfrac{1.01046945\lambda^2}{\lambda^2 - 103.560653}$

火石玻璃 F1: $n^2 = 1 + \dfrac{1.3104463\lambda^2}{\lambda^2 - 0.00958633} + \dfrac{0.19603426\lambda^2}{\lambda^2 - 0.0457627627} + \dfrac{0.96612977\lambda^2}{\lambda^2 - 115.011883}$

式中,波长 λ 的单位取 μm。可见波长 λ 越大,折射率 n 越小,故红光折射率小,蓝光折射率大。

讨论色散时三条谱线很重要:D 线,$\lambda = 589.3$nm(或用较接近的 d 线,$\lambda = 587.56$nm);F 线,$\lambda = 486.13$nm;C 线,$\lambda = 656.27$nm。按上面公式计算结果冕玻璃 K9: $n_D = 1.5167(n_d = 1.5168)$,$n_F = 1.5224$,$n_C = 1.5143$;火石玻璃 F1: $n_D = 1.6033(n_d = 1.6034)$,$n_F = 1.6146$,$n_C = 1.5987$。常用阿贝数 $v_D = (n_D - 1)/(n_F - n_C)$ 描写色散大小,阿贝数越大色散越低,反之色散越大。

由于色差的原因,同一孔径不同色光的光线经过光学系统后,会相交于光轴的不同交点,在像面上将得到不同的彩色的弥散斑,如图 3.3.12 所示。

轴上点两个色光成像位置的差异称为位置色差,也叫轴向色差。轴上点 A 发出的近轴光束,经光学系统后,其中 F 光与光轴交于点 A'_F,C 光交与光轴交于点 A'_C。它们到光学系统最后一个面的距离是 L'_F 和 L'_C,则其近轴位置色差为 $\Delta L'_{FC}$ 可表示为

$$\Delta L'_{FC} = L'_F - L'_C \tag{3.3.19}$$

分别计算 F 光和 C 光进行近轴光路计算,代入上式可以计算系统的近轴色差,同理可计算远轴色差。

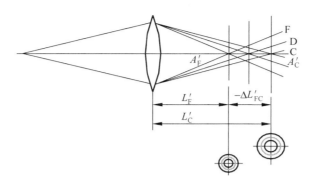

图 3.3.12 位置色差

位置色差的展开式可写成

$$\Delta L'_{FC} = A_0 + A_1 h^2 + A_2 h^4 + \cdots \quad (3.3.20)$$

式中，A_0 是初级位置色差，即近轴光的位置色差 $\Delta l'_{FC}$，而第二项是二级位置色差，实际上等于 F 光球差与 C 光球差的差值。

在进行光学设计时，会发现单透镜不能校正色差，原因在于单正透镜具有负色差，单负透镜具有正色差。色差的大小与光焦度成正比，与阿贝数成反比，与结构形状无关。系统设计中需采用正负透镜搭配使用。

前面已经提到，各个色光与光轴的交点不相同，即各色光的焦距不等。由光学系统的垂轴放大率 $\beta = l'/l = -f/x$ 可知，放大率不同焦距也就不相等，因而有不同像高。这样的差异称为倍率色差和垂轴色差。倍率色差定义为轴外点发出的两种色光的主光线在消单色光像差的高斯像面上交点高度之差。如图 3.3.13 所示。倍率色差 y'_{FC} 可表示为

$$\Delta y'_{FC} = y'_F - y'_C \quad (3.3.21)$$

倍率色差是在高斯像面上度量的，故是垂轴（横向）像差的一种。倍率色差的存在，使得物体的像在边缘呈彩色，即各种色差的轴外点不重合。倍率色差的存在会破坏轴外点像的清晰度，所以对于一定视场的光学系统一定要校正系统的倍率色差。

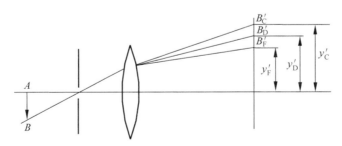

图 3.3.13 倍率色差

倍率色差的展开式可写成

$$\Delta y'_{FC} = A_1 y + A_2 y^3 + \cdots \quad (3.3.22)$$

第一项是初级倍率色差，而高级倍率色差实际上是不同色光畸变的差别所致。

3.3.4　波像差

为了进一步分析整个系统对光波波面的变形情况,提出了波像差的概念。根据高斯光学理论,其出射的光波面应该也是球面。但是由于像差的影响,实际得到的波面和理论上的球面存在偏差。如图 3.3.14 所示,我们定义,当实际波面与理想波面在出瞳处相切时,两波面的光程差就是波像差,用 W 来表示。它与几何像差之间的关系为

$$\text{轴上点:}\qquad W = \sum nD - \sum nd \qquad\qquad (3.3.23)$$

$$\text{轴外点:}\qquad W = \sum nD - \sum nD_p \qquad\qquad (3.3.24)$$

几何像差越大时,其波像差也越大。

波像差越小,系统的整体成像程度也就越小。瑞利判据认为,光学系统的最大剩余波像差 $\leqslant \dfrac{\lambda}{2}$ 时,可认为系统完善成像。

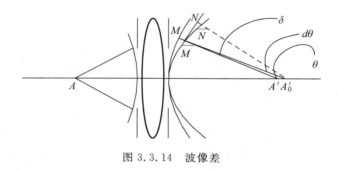

图 3.3.14　波像差

3.4　例题解析

例题 3-1　某摄影镜头焦距为 60mm,焦距和入瞳口径之比为 4(F 数等于 4),屏幕尺寸为 24mm×36mm,孔径光阑位于镜头后方 15mm 处,求入瞳和出瞳的位置和大小。

解　根据入瞳概念,入瞳是孔径光阑经过其前面光学系统所成的像,由于此处孔阑在镜头右方,成像光线由右向左,容易搞错。根据物像共轭特点,不妨将入瞳当作物,孔阑当作像,则光线仍是从左向右。像(孔阑)距 $l'=15$mm,$f'=60$mm,由高斯公式 $\dfrac{1}{l'}-\dfrac{1}{l}=\dfrac{1}{f'}$,可得 $l=20$mm,即入瞳位于透镜后方 20mm 处。出瞳与孔径光阑重合,在透镜后方 15mm 处。因为 $F=\dfrac{f'}{D_\lambda}=\dfrac{60}{D_\lambda}=4$,所以 $D_\lambda=15$mm,又根据 $\dfrac{D_{\text{出}}}{D_\lambda}=\left|\dfrac{l'}{l}\right|=\dfrac{15}{20}$,可得出瞳直径为 $D_{\text{出}}=11.25$mm。

例题 3-2　简述产生渐晕的原因及消除渐晕的方法。

解　产生渐晕的原因主要是轴外光束被拦截,从而造成轴外光束孔径小于轴上光束的孔径。消除渐晕的方法有三种:

(1) 视场光阑设置在像面或者物面处,使入射窗与物面重合,出射窗与像面重合。

(2) 采用像方远心光路,使轴外光束孔径角与轴上光束孔径角一致。

（3）两个系统组合时,要考虑加场镜使两系统的光瞳共轭。

例题 3-3 透镜 L 的焦距 f' 为 50mm,边框直径 D 为 20mm;透镜后方有一开孔屏 QQ',离透镜 L 的距离 $l_Q=20$mm,内孔半径 $R_Q=7$mm;与光轴垂直的物体 AB 位于透镜 L 前方 120mm 处;观察屏(或底片框)PP' 半高 $R_P=12$mm,位于 AB 共轭的理想像面上。求最大孔径角、物方线视场和渐晕系数。

解 $f'=50$mm,$R_L=10$mm,$l_Q=20$mm,$R_Q=7$mm,$R_P=12$mm;$l=-120$mm。

参考图 3.1.3,孔屏在透镜后方,$l_0'=l_Q\dfrac{R_L}{R_L-R_Q}=66.67$mm。

（1）孔径光阑与最大孔径角

$l=-120$mm,$l'=f'/(1-f/l)=85.7$mm;$l'>l_0'$,孔屏为孔径光阑。$h_M=l'R_Q/(l'-l_Q)=9.13$mm,相应的最大孔径角 $U_{max}=\arctan(9.13/|l|)=0.0759rad=4.35°$。

（2）视场光阑与视场范围

透镜边框对应的极限视场（$K_D=0$）,$y_0'=R_L\left(\dfrac{l'}{l_Q}-1\right)+R_Q\dfrac{l'}{l_Q}=62.845>R_P$,故观察屏决定视场范围。$y'=R_P$ 是最大像高,最大物高 y_{max} 可由垂轴放大率 β 求出：$y_{max}=R_P/\beta$。$R_P=12$mm,$\beta=l'/l=87.5/(-120)=-0.714$,$y_{max}=12/0.714=16.8$mm。物方线视场 $2y_{max}=33.6$mm。

（3）渐晕光阑与渐晕系数

镜框是渐晕光阑,令 $y'=R_P$,渐晕系数为

$$K_D=\frac{1}{2R_Q}\left(R_Q+R_L-l_Q\frac{y'+R_L}{l'}\right)=0.848$$

例题 3-4 齐明透镜：一个消球差的复合透镜已将平行光会聚到透镜后焦点,$l_F'=97.0291$mm,现欲加入一个齐明透镜使会聚点拉近。复合透镜后球面到齐明透镜前球面距离 $d=5$mm,齐明透镜厚度为 2.5mm,折射率为 1.61824。求齐明透镜两个球面的半径。

解 $L_1=97.0291-5=92.0291$mm,由齐明点公式 $L=\dfrac{n+n'}{n}r$ 得

$$r_1=L_1\frac{n_1}{n_1+n_1'}=92.0291\times\frac{1}{1+1.61824}=35.1492\text{mm}$$

共轭点 $L_1'=\dfrac{n_1+n_1'}{n_1'}r_1=\dfrac{1+1.61824}{1.61824}\times35.1492=56.8698$mm

$L_2=L_1'-2.5=54.3698$mm,故 $r_2=L_2\dfrac{n_2}{n_2+n_2'}=54.3698\times\dfrac{1.61824}{1+1.61824}=33.6040$mm

$L_2'=\dfrac{n_2+n_2'}{n_2'}r_2=\dfrac{1.61824+1}{1}\times33.6040=87.9334$mm

$L_2'>L_2$,会聚点反而更远了。实际上当 $n<n'$ 时 $L'<L$,而当 $n>n'$ 时 $L'>L$。所以第二个球面由玻璃向空气折射,采用齐明共轭方式对缩短会聚长度没有好处。第二个球面可采用球心共轭,$L'=L=r$,即 $r_2=L_2=54.3698$mm。此时 $r_2>r_1$,为凸透镜,呈会聚效果。

如果插入一个齐明透镜不够,则可插入多个,如例题 3-4 图(a)和例题 3-4 图(b)分别是插入两个和四个齐明透镜的聚焦透镜组和聚焦光路。

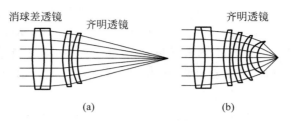

(a)   (b)

例题 3-4 图   插入齐明透镜引起的光线变化

习题

3.1 一个由薄透镜 L_1 和 L_2 组成的光学系统置于空气中,透镜 L_1 和 L_2 的直径相等。F_1 是 L_1 的像方焦点,F_2' 是 L_2 的像方焦点,两透镜之间的距离 d 小于两个透镜的焦距。试用作图法讨论物在 P_1 和 P_2 位置时,系统的孔径光阑、入瞳及出瞳的位置。

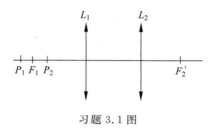

习题 3.1 图

3.2 一个薄透镜安装在圆筒正中间,圆筒长 200mm,内径 50mm,透镜焦距 50mm。(1)如果物面设在圆筒端面上,则像面在何处?系统的孔径光阑在何处?最大孔径角多大?视场光阑在何处?线视场多大?是否存在渐晕?如果有渐晕,渐晕系数多大?(2)若透镜焦距改为 75mm,则上述结论又如何?

3.3 长 150mm、内径 50mm 的圆筒两端各安装一个薄透镜,前端透镜焦距 100mm,后端透镜焦距 50mm,在离前端面 100mm 处安装分划板,其透光部分直径 40mm。系统对无限远物成像,问:系统的孔径光阑在何处?视场光阑在何处?视场角多大?是否存在渐晕?如果有渐晕,渐晕系数多大?

3.4 将某焦距为 50mm 的摄影物镜看成是薄透镜,其后 10mm 处安放孔径光阑。镜头对无穷远物成像,像面的大小是全画幅即 24mm×36mm,镜头的相对孔径即入瞳直径与焦距之比为 1/4,求物方视角 2ω 和孔径光阑的通光直径 D_2。如果要求全视场无渐晕,透镜的通光直径 D_1 应当达到多少?

3.5 有一焦距为 140mm 的薄透镜组,通光直径为 40mm,在镜组前 50mm 处有一直径为 30mm 的圆孔。问实物处于什么范围时,圆孔为入射光瞳?处于什么范围时,镜组本身为入射光瞳?对于无穷远物体,镜组无渐晕成像的视场角和渐晕一半时的视场角各为多少?

3.6 用焦距为 75mm 的照相物镜在 1/8 相对孔径下拍照,要求对准平面以远的整个空间成像清晰,并且要将底片放大成 50 倍的照片供观察者在 10m 远处观看(设人眼的分辨角为 1.5′),求对准平面和近景平面的位置。

3.7 一个光学系统,其球差可表示为 $\delta L' = A_1 (h/h_m)^2 + A_2 (h/h_m)^4$(初级和二级球差)。已知该系统的边光球差($h = h_m$ 时球差)$\delta L'_m = 0$,0.707 带光球差($h = 0.707h_m$ 时球差)$\delta L'_z = -0.015$,要求:

(1)表示出此系统的球差随相对高度 h/h_m 的展开式,并计算 0.5 和 0.85 带光线的球差。

(2)边缘光的初级球差和高级球差。

(3)最大的剩余球差出现在哪一高度带上?数值是多少?

3.8 什么叫物方远心光路?什么叫光学系统的景深?

3.9 在几何像差(球差、慧差、像散、像面弯曲、畸变、位置色差和倍率色差)中,总是产生圆形弥撒斑的有_____和_____;使不同大小的视场具有不同成像放大率的像差是_____,对轴外点成像产生一小段光谱的是_____。

3.10 简述球差、慧差、畸变、位置色差和倍率色差像差与孔径、视场的关系。

3.11 在 7 种基本像差中影响轴上像点质量的有_____和_____两种像差,不改变成像清晰度,只是使像点位置变化的像差是_____。

3.12 唯一不存在像差的简单光学系统为_____。

3.13 在目视光学系统中,一般对_____光和_____光校正色差,对_____光校正单色像差。

3.14 如果只考虑一、二级球差的影响,当校正边缘带球差时,残余的球差的最大值出现在_____。

第 4 章

典型光学仪器的基本原理

学习目标

掌握人眼的光学模型，了解非正确眼的形成原因及矫正措施；理解目视光学系统的视觉放大率；掌握放大镜、显微镜和望远镜的结构、光学参数、成像特性和光束限制，并能进行相关计算。

光学仪器在国民生产和生活各个领域广泛应用，绝大多数光学仪器可归纳为望远系统、显微系统和照明系统三类。本章主要介绍这些光学系统的结构、主要光学参数、设计要求和成像特性等。

4.1 眼睛

用眼睛来进行观察和测量的系统称为目视光学系统。许多光学仪器都属于目视光学系统。眼睛是人类感观中最重要的器官之一，大脑中大约有一半的知识和记忆都是通过眼睛获取的；人的眼睛非常敏感，能辨别不同的颜色、不同强度的光线；它将收集到的视觉信息转变成神经信号，传送给大脑。因此了解人眼的结构及其光学特性对目视光学系统的设计非常重要。

4.1.1 人眼构造

人眼本身就相当于一个摄影系统，外表大体呈球形，直径约为 25mm，其剖面视图如图 4.1.1 所示。

眼睛是一个完整的光学成像系统，由角膜、瞳孔、房水、睫状体、晶状体和玻璃体等组成的屈光系统相当于成像系统的镜头，起聚焦成像的作用。眼睛内的视网膜和大脑的视神经中枢等相当于成像系统的感光底片和控制系统，能够接收外界光信号并成像。

1. 角膜和巩膜

眼球被一层坚韧的膜所包围，前面凸出的透明部分称为角膜，厚度约为 0.55mm，折射率为 1.38；其余部分称为巩膜，巩膜位于眼球外层起

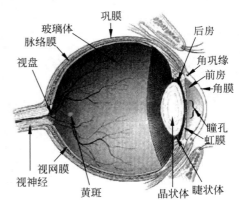

图 4.1.1　眼睛的剖面结构

维持眼球形状和保护眼内组织的作用,俗称"眼白"。

2. 虹膜和瞳孔

角膜的后面是虹膜,它是一种彩色的碟状物,眼睛的颜色由虹膜显示出来;虹膜中央有一暗色区圆孔,叫瞳孔,其直径可以随物体的明暗而变化,自动控制进入眼球的光通量(相当于照相机的光圈)。

3. 晶状体

晶状体是位于瞳孔后面的一片晶莹物体,相当于一个可变焦距的透镜。它通过睫状肌改变自身的形状来调节焦点,从而发挥近距离阅读能力。它是由多层薄膜组成的双凸透镜,中间硬,外层软,且各层折射率不同,中心为 1.42,最外层为 1.373。

4. 视网膜

视网膜是眼球内壁非常精细的视神经组织,它就像照相机的底片一样,具有接受和传送影像的作用。视网膜上存在着人类视觉感受最敏锐的视觉细胞:锥状细胞和杆状细胞等。锥状细胞可分辨不同的颜色和感知强光的刺激;杆状细胞可感知暗光和弱光的刺激。

5. 盲点

视网膜上还有一个区域完全不感光,称为盲点,位于黄斑鼻侧约 3mm 处有一直径为 1.5mm 的淡红色区,是视网膜上视觉纤维汇集向视觉中枢传递的出眼球部位,无感光细胞,故视野上呈现为固有的暗区,称生理盲点。

6. 脉络膜

视网膜的外面包围着一层黑色膜,它的作用是吸收透过视网膜的光线,把后室变成一个暗室。

为了计算方便,可把标准眼近似地简化为一个折射球面的模型,称为简约眼,其参数如下:折射面的曲率半径为 5.56mm,像方折射率为 1.333,视网膜的曲率半径为 9.7mm;通过计算可得简约眼的物方焦距为 -16.7mm,像方焦距为 22.26mm。

4.1.2　眼睛的调节

眼睛具有两类较强的调节功能:视度调节和视觉调节。

1. 视度调节

眼睛通过睫状肌的伸缩本能地改变水晶体光焦度的大小以实现对任意距离的物体自动调焦的过程称作眼睛的视度调节。眼睛的调节能力用能清晰调焦的极限距离来表示。眼睛在完全放松的情况下,即在不使用调节时所能看清楚目标的距离称之为远点 l_r;当眼睛处于最紧张状态时,即最大限度使用调节所能看清最近目标的距离称之为近点 l_p。其倒数 $1/l_r = R$、$1/l_p = P$ 分别表示远点和近点的视度。单位为屈光度(D),$1D = 1m^{-1}$。眼睛的视度调节能力为远点距离和近点距离的倒数之差

$$\frac{1}{l_r} - \frac{1}{l_p} = R - P = A \tag{4.1.1}$$

一般正常人眼从无限远到 250mm 之内,可以毫不费力地调节,因此一般在阅读或操作时常把被观察目标放在眼前 250mm 处,此距离称为明视距离,对应的视度为 $SD = \dfrac{1}{-0.25} = -4$。人眼的调节能力受年龄限制,随着年龄的增大,肌肉收缩能力下降,相应调节范围减

小,如表 4.1.1 所示。

表 4.1.1　眼睛调节能力随年龄变化情况

年龄/岁	10	20	30	40	50	60	70
L_p/cm	-7	-10	-14	-22	-40	-200	100
L_r/cm	∞	∞	∞	∞	∞	200	80
A/D	14	10	7	4.5	2.5	1	0.25

2. 视觉调节

人眼除了随着物体距离改变而调节晶状体的曲率外,还可以在不同的明暗条件下工作。人眼能感受非常大范围的光亮度的变化,即眼睛在不同的亮度条件下具有适应和调节能力,这种能力称为眼睛的视觉调节。当环境很暗时,眼睛的灵敏度提高,瞳孔增大;此时能被眼睛感受的最低光照值约为 10^{-6}lx(勒克斯)(相当于一根蜡烛在 30km 远处所产生的照度),对应为暗视觉。当环境由暗变亮时,眼睛灵敏度降低,瞳孔缩小,人眼在光照值为 10lx 时(相当于太阳直射地面),仍然能正常工作,对应为明视觉。

4.1.3　眼睛的缺陷和矫正

正常眼的远点在无穷远,像方焦点在视网膜上,反之,称为反常眼。焦点在网膜前,眼球偏长,远点在眼前有限远处称为近视眼,应佩戴负透镜进行矫正,如图 4.1.2(a)所示。焦点在网膜后,眼球偏短,远点在眼后有限远处称为远视眼,应佩戴正透镜进行矫正,如图 4.1.2(b)所示。折射面曲率异常,两个互相垂直的方向有不同的焦距称为散光,散光的矫正应该佩戴柱面透镜进行矫正,如图 4.1.2(c)所示。水晶体位置不正或折射面曲率异常称为斜视,斜视应该佩戴光楔进行矫正,如图 4.1.2(d)所示。

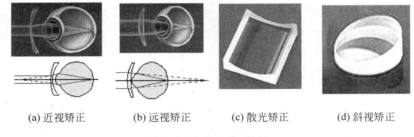

(a)近视矫正　　(b)远视矫正　　(c)散光矫正　　(d)斜视矫正

图 4.1.2　非正常眼矫正

目视光学仪器为适应正常眼和近视眼、远视眼的需要,需要采用移动目镜的方法来调节视度,使仪器所成的像位于目镜前方或后方一定距离处。调节的视度 SD 与目镜的移动量 x 之间的关系为

$$x = \frac{-SD \cdot f_{目}^2}{1000}\text{mm} \tag{4.1.2}$$

对近视眼,SD 为负值,则 x 为正值,目镜应移向物镜方向;对远视眼,SD 为正值,则 x 为负值,目镜应远离物镜。

医学上通常将 1D 视度称为 100 度;例如远点距离为 -0.5m 时,视度为 -2D,称为近视 200 度,而远点距离为 0.5m 时,视度为 2D,称为远视 200 度。

4.1.4　眼睛的分辨率

眼睛能分辨开两个很靠近的点的能力称为眼睛的分辨率。刚能分辨开的两个点对眼睛物方节点的张角称为眼睛的极限分辨角。要使两个像点能被分辨,它们之间的距离至少要大于 2 个神经细胞的直径。

根据物理光学理论,入瞳为 D 的理想光学系统的极限分辨角为

$$\varphi = \frac{1.22\lambda}{D} \tag{4.1.3}$$

取眼睛的最灵敏波长 555μm,入瞳 D 取 2.3mm 时,一般取眼睛的极限分辨角为 $1'$。

4.1.5　眼睛的对准

对准和分辨是两个不同的概念,分辨是指眼睛能区分开两个点或线之间的线距离或角距离的能力,而对准是指在垂直于视轴方向上的重合。偏离置中或重合的线距离或角距离称为对准误差。图 4.1.3(a)是两实线重合,对准误差约为 $\pm60''$,图 4.1.3(b)是两直线端部重合,对准误差为 $\pm10''\sim\pm20''$,图 4.1.3(c)是双线对准单线,对准误差约为 $\pm10''$,图 4.1.3(d)是叉线对准单线,对准误差约为 $\pm10''$。

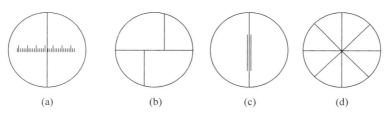

(a)　　　　　(b)　　　　　(c)　　　　　(d)

图 4.1.3　眼睛的对准

4.2　放大镜

4.2.1　放大镜的视觉放大率

物体在人眼视网膜上所成像的大小正比于物对眼所张的角(一般称为视角)。视角愈大,像也愈大,物的细节分辨愈清楚。虽然移近物体可增大视角,但受到眼睛调焦能力的限制。放大镜的作用是放大视角。使用放大镜,令其紧靠眼睛,并把物放在它的焦点以内,可成一个正立放大虚像,如图 4.2.1 所示。

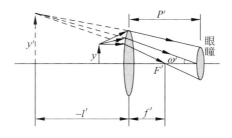

图 4.2.1　放大镜光路图

视觉放大率：用放大镜观察物体时视网膜上的像高 y_i' 与用人眼直接观察物体时视网膜上的像高 y_e' 之比，等于用放大镜观察时的视角 ω' 和人眼直接观察时的视角 ω 的正切之比，用 Γ 表示

$$\Gamma = \frac{y_i'}{y_e'} = \frac{\tan\omega'}{\tan\omega} \tag{4.2.1}$$

人眼直接观察时，一般把物体放在明视距离上，$D = 250\text{mm}$，则

$$\tan\omega = y/D \tag{4.2.2}$$

当人眼通过放大镜观察物体时，虚像对人眼的张角

$$\tan\omega' = \frac{y'}{P' - l'} \tag{4.2.3}$$

所以 $\Gamma = \dfrac{y'D}{y(P'-l')}$，由 $y' = -\dfrac{x'}{f'}y = \dfrac{f'-l'}{f'}y$，得

$$\Gamma = \frac{f'-l'}{P'-l'} \times \frac{D}{f'} \tag{4.2.4}$$

讨论：

(1) 当眼睛调焦在无限远，即 $l' = \infty$ 时，物体放在放大镜的前焦点上，则有

$$\Gamma_0 = \frac{D}{f'} \tag{4.2.5}$$

(2) 正常视力的眼睛一般把像调焦在明视距离 D，则 $P' - l' = D$，此时，$\Gamma = 1 - \dfrac{P'-D}{f'} = \dfrac{250}{f'} + 1 - \dfrac{P'}{f'}$，$f'$ 的单位为 mm。这个公式适于小放大倍率(长焦距)的放大镜，即看书用的放大镜。若眼睛紧靠着放大镜，即 $P' \approx 0$，则

$$\Gamma = \frac{250}{f'} + 1 \tag{4.2.6}$$

4.2.2 放大镜的光束限制和线视场

一般约定 $\Gamma_0 = 250/f'$ 是放大镜的标称放大率，式中，f' 以 mm 为单位。标称放大率仅由其焦距所决定，焦距越大则放大率越小。例如，$f' = 100\text{mm}$，则放大镜的放大率为 2.5 倍，写为 $2.5^\times$。由于单透镜有像差存在，不能期望以减小凸透镜的焦距来获得大的放大率。简单放大镜放大率都在 $3^\times$ 以下。如能用组合透镜减小像差，则放大率可达 $20^\times$。

放大镜总是与眼睛一起使用，所以整个系统有两个光阑：放大镜镜框和眼瞳(眼睛瞳孔)，眼瞳是系统的孔径光阑，而镜框为渐晕光阑。

孔径光阑在透镜之后，也是出瞳。利用第 3 章得到的透镜成像时像高与渐晕系数关系式(3.1.16)：$|y'| = R_L \left| \dfrac{l'}{l_出} - 1 \right| - (2K_D - 1)R_出 \left| \dfrac{l'}{l_出} \right|$，设 a 为眼瞳半径，眼睛到透镜距离为 P'，可得

$$|y'| = R_L \left| \frac{l'}{P'} - 1 \right| - (2K_D - 1)a \left| \frac{l'}{P'} \right| \tag{4.2.7}$$

考虑两种特殊情况：

(1) 成像于明视距离，即 $l' = -(250 - P')$，则

$$y' = R_L \frac{250}{P'} - (2K_D - 1)a \frac{250 - P'}{P'} \tag{4.2.8}$$

而 $y = y'/\beta$，成像于明视距离时 $\beta = \Gamma$，所以物方线视场

$$2y = 2y'/\Gamma = R_L \frac{500}{\Gamma P'}\left[1 - (2K_D - 1)\frac{a}{R_L}\frac{250 - P'}{250}\right] \tag{4.2.9}$$

（2）成像于无限远时，$l' \to \infty$，由式(4.2.7)知 $y' \to \infty$，而两者比值

$$\left|\frac{y'}{l'}\right| = \Bigg|_{l' \to \infty} = \frac{R_L}{P'}\left[1 - (2K_D - 1)\frac{a}{R_L}\right] \tag{4.2.10}$$

且 $y = y'/\beta = y'l/l'$（$l' \to \infty$ 时 $l = -f'$），所以物方线视场

$$2y = 2R_L \frac{f'}{P'}\left[1 - (2K_D - 1)\frac{a}{R_L}\right] \tag{4.2.11}$$

无渐晕时，$K_D = 1$，线视场为 $2y = 2(R_L - a)\dfrac{f'}{P'}$；50%渐晕时，$K_D = 0.5$，线视场为 $2y = 2R_L \dfrac{f'}{P'}$；极限视场情况，$K_D = 0$，线视场为 $2y = 2(R_L + a)\dfrac{f'}{P'}$。

上述结论也可通过所谓的像方视场角得出，如图 4.2.2 所示，将孔阑（也是出瞳）的上、中、下三点分别与放大镜边缘连线，形成像方视场无渐晕、50%渐晕、极限视场的三个方向，过物镜中心分别作三条直线的平行线与物平面相交，三个交点的物高 y_1、$y_{0.5}$、y_0 分别对应三种物方视场。由图 4.2.2 所示的几何关系可得到不同情况的像方视场角：$K_D = 1$ 时，$\tan\omega' = [R_L - R_{出}]/|l_{出}|$；$K_D = 0.5$ 时，$\tan\omega' = R_L/|l_{出}|$；$K_D = 0$ 时，$\tan\omega' = [R_L + R_{出}]/|l_{出}|$。并且 $R_{出} = a$，$l_{出} = P'$，$l' \to \infty$ 时，$2y = 2f'\tan\omega'$，代入可见与前面的结论是一致的。

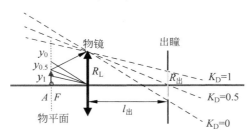

图 4.2.2　放大镜的视场

注意到 $f' = 250/\Gamma_0$，比较式(4.2.11)和式(4.2.9)，可见两种情况下物方线视场公式形式上也很接近。

4.3　显微镜系统

4.3.1　显微镜的视觉放大率

为了观察更细微的物体，必须进一步提高视觉放大率；因为单个放大镜的焦距不可能做的太短，所以放大镜的视觉放大率受到限制，必须用复杂的组合光学系统来实现，如显微镜系统。

显微镜的主光学系统由物镜和目镜组成,位于物镜物方焦点以外与之靠近的物体 AB,先被物镜 L_1 成一放大、倒立的实像 $A'B'$ 于目镜的物方焦面上或之后很靠近处,然后此像作为物体再被目镜 L_2 成一放大虚像 $A''B''$ 于眼睛的明视距离或者无穷远处,如图 4.3.1 所示。

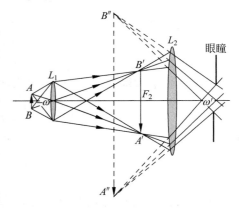

图 4.3.1 显微镜的光路图

显微镜的视觉放大率也就是物镜的放大率和目镜的放大率的乘积,有

$$\Gamma = \frac{\tan\omega_{仪}}{\tan\omega_{眼}} = -\frac{\Delta}{f'_物} \cdot \frac{250}{f'_目} = \frac{-250\Delta}{f'_物 f'_目} = \beta_物 \cdot \Gamma_目$$

(4.3.1)

即显微镜的总视觉放大率等于物镜的垂轴放大率与目镜的视觉放大率之积。显微镜的物镜和目镜的组合焦距为 $f' = -\frac{f'_1 f'_2}{\Delta} = -\frac{f'_物 f'_目}{\Delta}$,所以有显微镜的视觉放大率为

$$\Gamma = \frac{250}{f'}$$

(4.3.2)

上式表明显微镜实质上是一个复杂的放大镜。

4.3.2 显微镜的分辨率

由于衍射现象的存在,即使是理想光学系统对一个几何点成像时,也只能得到一个具有一定能量分布的衍射图样。根据锐利判据所述的一个点的衍射像中心正好与另一点的衍射像的第一暗环重合时,是光学系统刚好能分辨开这两个点的最小界限。

根据物理光学理论可得显微物面上能分开的两发光点的最短距离为

$$\sigma = \frac{0.61\lambda}{NA}$$

(4.3.3)

从上述公式可以看出,显微镜的分辨率,对于一定波长的色光,在像差校正良好的情况下,完全取决于物镜的数值孔径,数值孔径越大,分辨率越高。当显微镜物方介质为空气时,物镜的极限数值孔径为 1,一般最大只能做到 0.9 左右。如在物体和物镜之间浸以较高折射率液体时,可以提高数值孔径。

由于显微镜一般与眼睛联用,所以显微镜分辨开的细节也要能被眼睛分辨才行。这就要求显微镜具有适当的视觉放大率。分别取 $2'$ 和 $4'$ 为人眼分辨角的下限和上限,则人眼在明视距离处能分辨开两点的间距,即显微镜的最小分辨距离 σ 的像 σ' 对人眼的视角不小于人眼的视角分辨率 α,则显微镜视放大率为

$$250 \times 2 \times 0.00029 \leqslant \frac{0.61\lambda}{NA}\Gamma \leqslant 250 \times 4 \times 0.00029$$

(4.3.4)

设照明波长 λ 为 555nm,则显微镜的有效放大率为

$$500NA \leqslant \Gamma \leqslant 1000NA$$

(4.3.5)

4.3.3　显微镜中的光束限制

1. 显微镜的线视场

线视场指显微镜所能观察物体的最大尺寸,表征了显微镜的观察范围。线视场由显微镜的物镜和视场光阑决定。

如图 4.3.2 所示,显微镜的物镜边框为孔径光阑,视场光阑置于目镜物方焦平面上,视场光阑的大小为 $2y'$,则显微镜的线视场为

$$2y = \frac{2y'}{\beta} \tag{4.3.6}$$

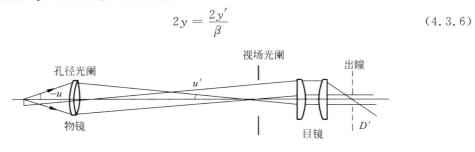

图 4.3.2　显微镜的光束限制

对于不同倍率的物镜,像方视场 $2y'$ 为一定值,所以高倍物镜视场小。

如果目镜物方焦平面上没有设置视场光阑,则显微镜的线视场与目镜的孔径有关,且会出现渐晕现象(见后)。

2. 显微镜的出瞳位置与大小

由图 4.3.2 知,u 和 u' 较小时,$u' = D'/2f_2'$,D' 为出瞳直径。而 $\beta = y'/y = nl'/n'l = nu/n'u'$,将 $n' = 1$ 代入,得

$$nu = \beta \frac{D'}{2f_2'} \tag{4.3.7}$$

而 $\Gamma = \beta \cdot \Gamma_{\mathrm{e}} = \beta \dfrac{250}{f_2'}$,$nu \approx n\sin u = NA$,所以

$$D' = \frac{500NA}{\Gamma} \tag{4.3.8}$$

物镜边框为孔径光阑,它对后方的目镜所成像为出瞳,物镜到目镜的距离为 d,对目镜的物距 $l_2 = -d$,则出瞳距

$$l_2' = f_2' / \left(1 - \frac{f_2'}{d}\right) = \frac{f_2'd}{d - f_2'} \tag{4.3.9}$$

将 $d = \Delta + f_1' + f_2' = -\beta f_1' + f_1' + f_2'$ 代入上式,也可将出瞳距表示为

$$l_2' = \frac{f_2'(-\beta f_1' + f_1' + f_2')}{-\beta f_1' + f_1'} \tag{4.3.10}$$

3. 目镜渐晕问题

第 3 章得到的单透镜物高与渐晕系数关系 $|y| = R_{\mathrm{L}} \left| \dfrac{l}{l_人} - 1 \right| - (2K_{\mathrm{D}} - 1)R_人 \left| \dfrac{l}{l_人} \right|$,同样

可用来讨论目镜的渐晕问题。设目镜的孔径为 D_2,则 $R_{\mathrm{L}} = D_2/2$;物体经物镜成像于目镜的物方焦面上,对目镜来说物镜的像就是它的物,$y_2 = y'$,$l = -f_2'$;入瞳就是物镜边

框,$l_人=-d$,$R_人=D_1/2$。于是

$$\mid y'\mid=\frac{D_2}{2}\left|\frac{f_2'}{d}-1\right|-(2K_D-1)\frac{D_1}{2}\frac{f_2'}{d} \tag{4.3.11}$$

而 $y=y'/\beta$,且 $f_2'<d$,因此对整个显微镜来说,线视场与渐晕系数的关系为

$$2y=[D_2(d-f_2')-(2K_D-1)D_1f_2']/\mid\beta d\mid \tag{4.3.12}$$

例如 50% 渐晕($K_D=0.5$)对应的线视场

$$2y=D_2(d-f_2')/\mid\beta d\mid \tag{4.3.13}$$

图 4.3.3 显示了不同渐晕系数对应的目镜高度,无渐晕要求的目镜口径最大。式(4.3.12)或式(4.3.13)也可直接从图 4.3.3 得出,例如 50% 渐晕时中心光线投射到目镜边缘,故

$$-y'=0.5D_2(d-f_2')/d,2y=\mid2y'/\beta\mid=D_2(d-f_2')/\mid\beta d\mid$$

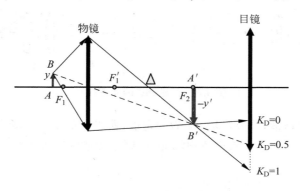

图 4.3.3　目镜的渐晕问题

4.3.4　工作距离

工作距离是显微镜的重要参数,指物镜第一个表面顶点到标本的距离。它与物镜的倍率和数值孔径相关。一般小数值孔径、低倍率物镜工作距离可以达到 $15\sim17\text{mm}$,大数值孔径、高倍率物镜其工作距离很小,最小可达 $0.06\sim0.1\text{mm}$。

4.3.5　显微镜的照明

绝大多数情况下,物体本身是不发光的,需要由光源通过照明系统对其照明后成像。根据被观察物体的不同,照明方法分为:对于透明标本,可采用透射光亮视场照明,透射光暗视场照明;对于不透明标本,可采用反射光亮视场照明和反射光暗视场照明,如图 4.3.4 所示。

生物显微镜的观察对象多为透明标本,常用透射光亮视场照明。其照明方式又分为临界照明和柯勒照明两种。

临界照明是将光源通过照明聚光镜成像在物面上。临界照明的特点是聚光镜的出射光瞳和像方视场分别与物镜的入射光瞳和物方视场重合;其缺点是光源表面亮度的不均匀性将直接反映到物面上,造成物面照度不均匀,如图 4.3.5 所示。

为了消除临界照明中物平面光照度不均匀的缺点,引入了柯勒照明。柯勒照明由两组聚光镜 $L1$(称为柯勒镜)和 $L2$(聚光镜)组成,光源通过 $L1$ 成实像在 $L2$ 的孔径光阑处,$L1$

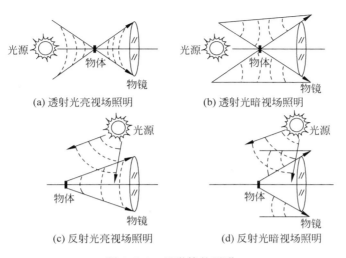

(a) 透射光亮视场照明　　　　(b) 透射光暗视场照明

(c) 反射光亮视场照明　　　　(d) 反射光暗视场照明

图 4.3.4　显微镜的照明

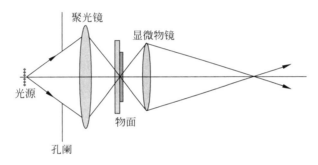

图 4.3.5　临界照明

的视场光阑被光照明后成为一个比较均匀的发光面,该发光面经 $L2$ 成像在物平面上。物面上的每一点均受到光源上所有点发出的光线照射,同时光源上每一点发出的照明光束又都交会重叠在物平面上的同一视场范围内,所以物平面上的照明是均匀的,如图 4.3.6 所示。

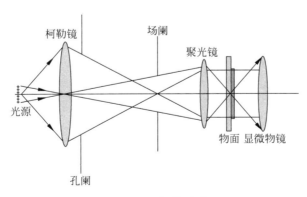

图 4.3.6　柯勒照明

4.4 望远镜系统

4.4.1 望远镜系统的结构

望远镜是一种用来观察远距离目标的仪器,当远处物体对人眼的张角小于人眼的分辨率时,人眼就无法看清楚该物体;通过望远镜观察该物体,物体经过望远镜成像对眼睛的张角大于物体本身对眼睛的直接张角,起到扩大视角的作用。望远镜和显微镜一样,由物镜和目镜组成。为了满足平行光出射的要求,物镜的像方焦点和目镜的物方焦点应重合,即光学间隔 $\Delta = 0$。图 4.4.1 是常见的两种望远镜系统。

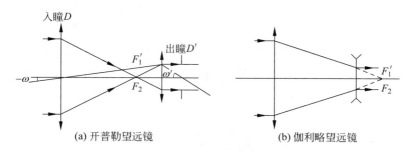

| (a) 开普勒望远镜 | (b) 伽利略望远镜 |

图 4.4.1 常见的两种望远镜系统

物体位于无限远时,同一目标对人眼的张角 $\omega_{眼}$ 和对仪器的张角 ω(望远镜的物方视场角)可以认为是相等的,$\omega = \omega_{眼}$。物体通过整个系统成像后对人眼的张角等于仪器的像方视场角 $\omega' = \omega_{仪}$,由放大率定义有望远镜的视觉放大率为

$$\Gamma = \frac{\tan\omega_{仪}}{\tan\omega_{眼}} = \frac{\tan\omega'}{\tan\omega} = \gamma \tag{4.4.1}$$

对于物镜和目镜分别有

$$y_{目} = f'_{目}\tan\omega'$$
$$y'_{物} = -f'_{物}\tan\omega \tag{4.4.2}$$

代入视觉放大率公式,并考虑 $y'_{物} = y_{目}$,得

$$\Gamma = \frac{\tan\omega'}{\tan\omega} = -\frac{f'_{物}}{f'_{目}} = -\frac{D}{D'} = \frac{1}{\beta} \tag{4.4.3}$$

式中 D 和 D' 分别表示望远镜的入瞳和出瞳的大小。可见,望远镜的视觉放大率在数值上等于物镜焦距与目镜焦距之比,只要物镜焦距大于目镜焦距,就扩大了视角,起到了望远作用。Γ 可正可负,它与物镜、目镜焦距的符号有关,Γ 为负时,通过望远镜系统观察的是倒立的像,如图 4.4.1(a) 所示的开普勒望远镜。倒立的像观察和瞄准起来不方便,通常加入棱镜或透镜式倒像系统,使像正立,如图 4.4.2 所示。同时,开普勒望远镜在物镜和目镜之间有中间实像,可以在该实像面安装

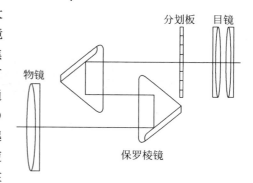

图 4.4.2 倒像系统

分划板,使像和分划板上的刻线进行比较,便于测量和瞄准。反之,如图 4.4.1(b)所示的伽利略望远镜,Γ 为正值,所成像为正立的,不必加倒像系统,但这种系统物镜的像方焦平面在目镜后方,系统无法安置分划板,一般不能用来作测量,只适于用眼睛直接观察。

另外,还有一种反射式望远镜也比较常用,如图 4.4.3 所示。反射式物镜对于较宽光谱范围的入射光都不产生色差,光路可折叠,望远镜放大率高,适合大型天文望远镜、红外仪器和光电测量仪器。

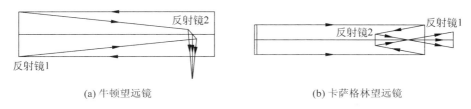

(a) 牛顿望远镜   (b) 卡萨格林望远镜

图 4.4.3 反射式望远镜系统

4.4.2 望远镜系统的分辨率及有效放大率

由于望远镜的作用是视角放大,望远系统的分辨率一般用极限情况下所能分辨的角度来表示,根据公式(4.3.3)有

$$\varphi = \frac{a}{f'_\circ} = \frac{0.61\lambda}{n'\sin u' f'_\circ} \tag{4.4.4}$$

取 $\lambda = 555\text{nm}$,$n' = 1$,$\sin u' = D/2f'_\circ$,按瑞利判据有

$$\varphi = \frac{140''}{D} \tag{4.4.5}$$

按道威判据有

$$\varphi = \frac{120''}{D} \tag{4.4.6}$$

总之,入射光瞳直径 D 越大,极限分辨率越高。

望远镜是目视光学仪器,因此要与人眼的分辨率衔接,即望远镜的视觉放大率和分辨率的乘积等于人眼的分辨率,有

$$\varphi \Gamma = 60'' \tag{4.4.7}$$

根据式(4.4.5)有

$$\Gamma = \frac{60''}{\varphi} = \frac{D}{2.3} \tag{4.4.8}$$

上式为满足分辨率要求的望远镜的最小视觉放大率,亦称有效放大率。然而,眼睛处于分辨极限的条件下($1'$)来观察物体时,会使眼睛很疲劳,因此在设计望远镜时,一般其视觉放大率比式(4.4.8)求得的值大 2~3 倍,称为工作放大率,约有

$$\Gamma = D \tag{4.4.9}$$

4.4.3 望远镜中的光束限制

与显微镜一样,物经物镜成像于目镜的物方焦平面上(如图 4.4.4 所示,轴上像点 A' 与物镜像方焦点 F'_1、目镜物方焦点 F_2 都重合),所以目镜的渐晕问题与显微镜类似,也可用单透镜

物高与渐晕系数关系 $|y| = R_L \left| \dfrac{l}{l_\lambda} - 1 \right| - (2K_D - 1)R_\lambda \left| \dfrac{l}{l_\lambda} \right|$ 处理,得到与式(4.3.11)一样的结果,即

$$|y'| = \frac{D_2}{2}\left|\frac{f_2'}{d} - 1\right| - (2K_D - 1)\frac{D_1}{2}\frac{f_2'}{d}$$

这里仍假设物镜边框为孔径光阑。与显微镜不同的是,望远镜中两透镜的光学间隔为 0,故 $d = f_1' + f_2'$。对于望远镜,物在远处,故用视场角表示视场范围,无限远物成像在物镜像方焦平面上,故 $\tan\omega = |y'|/f_1'$,所以半视场角满足

$$\tan\omega = 0.5[D_2 - (2K_D - 1)D_1(f_2'/f_1')]/(f_1' + f_2') \tag{4.4.10}$$

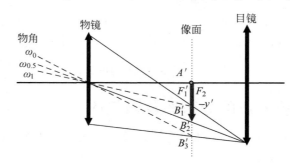

图 4.4.4 望远镜的光束限制

1. 无渐晕视场

$K_D = 1$ 时,代入式(4.4.10)得半视场角 ω_1

$$\tan\omega_1 = 0.5[D_2 - D_1(f_2'/f_1')]/(f_1' + f_2') \tag{4.4.11}$$

在图 4.4.4 中,将物镜(孔阑)的上端与目镜的下端连线,在像面上交于 B_1' 点,相应的像高较小,对应于无渐晕情况。B_1' 点与物镜中心连线决定了无渐晕物点的方向,与之平行的平行光束投射到物镜上,折射后会聚到 B_1' 点并都能通过目镜。利用图 4.4.4 画出的几何关系也能导出式(4.4.11)。

2. 50%渐晕视场

$K_D = 0.5$ 时,图 4.4.4 中的中心光线通过目镜的下边缘,此时的半视场角由下式决定

$$\tan\omega_{0.5} = 0.5D_2/(f_1' + f_2') \tag{4.4.12}$$

3. 极限视场

当渐晕系数 $K_D \to 0$ 时,投射到物镜上的光线只有一支光线能通过目镜(B_3' 点与物镜各点连线延伸到目镜平面,都在目镜下端之外),这是物点能被看到的极限位置,称为极限视场角或最大视场角

$$\tan\omega_{max} = 0.5[D_2 + D_1(f_2'/f_1')]/(f_1' + f_2') \tag{4.4.13}$$

4.4.4 场镜

在物镜的像平面上或附近增设一块透镜,称为场镜。

场镜的作用:一方面,场镜的物平面和主平面重合,由主平面的特性可知其放大率为 1,因此对系统的放大率无贡献;另一方面,通过场镜的光束变换,可以保证物镜的出射光能够

最大限度地通过目镜。下面分析场镜对目镜渐晕的影响。

由单透镜渐晕公式 $|y| = R_L \left| \dfrac{l}{l_入} - 1 \right| - (2K_D - 1)R_入 \left| \dfrac{l}{l_入} \right|$，知无渐晕即 $K_D = 1$ 时，

$$R_L = \left\{ |y| + R_入 \left| \frac{l}{l_入} \right| \right\} \Big/ \left| \frac{l}{l_入} - 1 \right| \tag{4.4.14}$$

场镜渐晕问题：场镜的"入瞳"就是物镜边框，场镜的物就是无穷远的物经物镜成的像。将场镜下标记作"c"，则 $y_c = y'$。由式(4.4.14)知(式中 y 换成 y_c，也即 y')，由于 $l = 0$，所以场镜只要半径大于 y' 就无渐晕。

目镜渐晕问题：由图 4.4.5 可见，没有场镜时无渐晕即 $K_D = 1$ 对应的目镜直径要很大；有场镜时，目镜的"入瞳"就是物镜边框经场镜所成的像，光线经场镜转折后，无渐晕即 $K_D' = 1$ 对应的目镜直径要小许多。具体计算，先求物镜边框经场镜所成的像：

$$l_c = -f_1', \quad l_c' = f_c' \Big/ \left(1 + \frac{f_c'}{l_c} \right) = f_c' \Big/ \left(1 - \frac{f_c'}{f_1'} \right), \quad D_1 \text{ 像半高 } R_{1c} = \left| \frac{l_c'}{l_c} \frac{D_1}{2} \right|$$

对目镜来说，此像即"入瞳"，$l_入 = l_2 = l_c' - f_2'$，$R_入 = R_{1c}$。由于场镜处在物镜物平面上，物像同点，所以目镜的物就是物镜的像 y'，物距 $l = -f_2'$，由式(4.4.14)知无渐晕目镜直径

$$D_2 = 2 \left\{ |y'| + R_{1c} \left| \frac{f_2'}{l_c' - f_2'} \right| \right\} \Big/ \left| \frac{f_2'}{l_c' - f_2'} + 1 \right| \tag{4.4.15}$$

物镜边框经场镜所成的像，再经目镜成像就是系统的出瞳，出瞳距 $l_2' = f_2' \Big/ \left(1 + \dfrac{f_2'}{l_2} \right)$。

另外，根据像差理论知：场镜不产生球差、彗差，只产生小的场曲和畸变(可以补偿系统的场曲和畸变)。

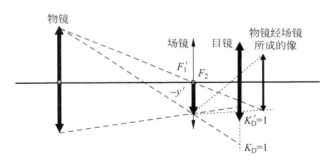

图 4.4.5 场镜的作用

4.5 例题解析

例题 4-1 一个人的远点距离为 -0.2 的近视眼，需配的眼镜为多少"度"？

分析 此题考查的是近视眼的矫正问题，需要注意的是要对所佩戴的眼镜的"度数"和屈光度概念的联系和区别。

解 $SD = \dfrac{1}{-0.2} = -5$ 屈光度

所以需要配一副 500"度"的近视眼镜。

例题 4-2 有一焦距为 50mm、口径为 50mm 的放大镜，眼睛到它的距离为 125mm。如

果物体经放大镜后所成的像在明视距离处,求放大镜的视觉放大率及渐晕系数≥0.5的线视场。

分析 本题考查的是放大镜与眼睛的联用,运用放大镜的基本公式就可以求解,但要注意的是本题涉及渐晕的概念,所以要注意渐晕和线视场概念的理解和运用。

解 由 $\Gamma = 1 - \dfrac{P'-D}{f'} = \dfrac{250}{f'} + 1 - \dfrac{P'}{f'}$,代入 $P' = 125\text{mm}$,$f' = 50\text{mm}$,得

$\Gamma = 3.5$,其像方线视场 $2y' = 2 \times 250 \times \tan\omega' = 500\dfrac{D}{2\times125} = 2D = 100\text{mm}$

物方线视场为 $2y = \dfrac{500h}{\Gamma P'} = 500 \times \dfrac{25}{3.5\times125} = 28.57\text{mm}$

例题 4-3 一显微镜的筒长为150mm,如果物镜的焦距为20mm,目镜的视放大率为 $12.5^\times$,求:

(1) 总的视觉放大率;

(2) 如果数值孔径为0.1,问该视觉放大率是否在适用范围内?

分析 本题考查的是显微镜的视觉放大率问题,要注意的是涉及目镜和物镜的联用,运用公式可以直接求解,但要注意搞清楚显微镜的有效放大率的概念。

解 (1) 由已知 $\Gamma_目 = 12.5^\times$,$\Delta = 150\text{mm}$,代入 $\Gamma = -\dfrac{250\Delta}{f'_物 f'_目} = \beta_物\,\Gamma_目$

先求得 $\beta_物 = -\dfrac{\Delta}{f'_物} = -\dfrac{150}{20} = -7.5^\times$,最后得 $\Gamma = -7.5\times12.5 = -93.75^\times$

(2) 将 $NA = 0.1$ 代入 $500NA < \Gamma < 1000NA$ 中,求得适用放大率范围为 $50 < \Gamma < 100$,$\Gamma = -93.75$,在适用放大范围内。

例题 4-4 一显微镜目镜焦距为25mm,物镜焦距为16mm,物镜与目镜之间的距离为221mm,求:

(1) 物体到物镜之间的距离;

(2) 物镜的垂直放大率。

分析 本题虽然考查的是显微镜的成像,但注意要应用理想光学系统成像知识进行求解。

解 (1) 物镜把物体成像在目镜的物方焦平面上,再经目镜成像在无限远处,因此物镜的像距 $l' = 221 - 25 = 196\text{mm}$,由高斯公式,$\dfrac{1}{l'} - \dfrac{1}{l} = \dfrac{1}{f'}$,将物镜焦距 $f' = 16\text{mm}$,$l' = 196\text{mm}$,代入上式,得 $l = -17.42\text{mm}$,即物体在物镜前17.42mm处,也是该显微镜的工作距离。

(2) 物镜的垂轴放大率 $\beta_物 = \dfrac{l'}{l} = \dfrac{196}{-17.42} = -11.25^\times$。

或者 $\beta_物 = -\dfrac{\Delta}{f'_物} = -\dfrac{180}{16} = -11.25^\times$。

例题 4-5 一显微镜的垂轴放大率为−3倍,数值孔径为0.1,物镜的物像共轭距 $L_0 = 180\text{mm}$,物镜框是孔径光阑,目镜焦距25mm,求(1)显微镜的视觉放大率;(2)出瞳直径;(3)出瞳距;(4)对0.55微米波长求显微镜分辨率;(5)物镜通光口径;(6)设物方线视场 $2y = 6\text{mm}$ 对应于50%渐晕,求目镜的通光口径。

解 （1）$\Gamma=\beta\cdot\Gamma_e=\beta\cdot\dfrac{250}{f_2'}=-3\times\dfrac{250}{25}=-30$

（2）$D'=\dfrac{500NA}{\Gamma}=\dfrac{500\times0.1}{-30}=-1.67\text{mm}$，出瞳直径为 1.67mm。

（3）由 $l_1'-l_1=180$ 和 $\beta=l_1'/l_1=-3$ 解得，$l_1=-45$，$l_1'=135$。

而 $f_1'=1/\left(\dfrac{1}{l_1'}-\dfrac{1}{l_1}\right)=\dfrac{135}{4}=33.75\text{mm}$

出瞳即为物镜边框对目镜所成的像，因 $d=\Delta+f_1'+f_2'=-\beta f_1'+f_1'+f_2'=160\text{mm}$，$l_2=-d=-160\text{mm}$，所以出瞳距 $l_2'=\dfrac{f_2'l_2}{f_2'+l_2}=29.63\text{mm}$。

（4）$\sigma=\dfrac{0.61\lambda}{NA}=0.0034\text{mm}$

（5）物镜通光口径可由出瞳直径求出，因为出瞳即为物镜边框对目镜所成的像，故物镜通光口径 $D=D'\dfrac{l_2}{l_2'}=1.67\times160/29.63=9\text{mm}$。

（6）50%渐晕对应的线视场 $2y=D_2(d-f_2')/|\beta d|$，所以目镜的通光口径 $D_2=2y\beta d/(d-f_2')=6\times3\times160/(160-25)=21.333\text{mm}$。

例题 4-6　有一开普勒望远镜，视放大率为 $6^{\times}$，物方视场角 $2w=8°$，出瞳直径 $D'=5\text{mm}$，物镜目镜之间距离 $d=140\text{mm}$，假定孔径光阑与物镜框重合，系统无渐晕，求：（1）物镜焦距、目镜焦距；（2）物镜口径；（3）分划板直径；（4）目镜口径；（5）出瞳距离。

解 （1）$d=f_1'+f_2'=140$，$\Gamma=-f_1'/f_2'=-6$

解得 $f_1'=120\text{mm}$，$f_2'=20\text{mm}$

（2）$D=|\Gamma|D'=6\times5=30\text{mm}$

（3）此处分划板就是视场光阑，$\tan\omega=-\dfrac{y'}{f_1'}$，$D_{\text{分}}=2|y'|=2f_1'\tan\omega=2\times120\times\tan(4°)=16.78\text{mm}$

（4）目镜无渐晕视场 $\tan\omega_1=0.5[D_2-D_1(f_2'/f_1')]/(f_1'+f_2')$，如果分划板决定的视场角正好对应目镜无渐晕到开始发生渐晕的临界情况，即 $\omega=\omega_1$，则

$$D_2=2(f_1'+f_2')\tan\omega+D_1(f_2'/f_1')$$
$$=2\times(120+20)\times\tan4°+30\times20/120=24.58\text{mm}$$

（5）孔径光阑与物镜框重合，故出瞳就是物镜框对目镜所成的像，因此出瞳距

$$l_2'=\dfrac{D'}{D}l_2=\dfrac{l_2}{\Gamma}=140/6=23.33\text{mm}$$

例题 4-7　（1）已知物镜由两个薄透镜组成，焦距为 500mm，相对孔径为 1/10，对无穷远物体成像时，由物镜的第一透镜到像平面的距离为 400mm，物镜第二透镜到像平面的距离为 300mm。按薄透镜处理，求物镜的结构参数。若用该物镜构成开普勒望远镜，出瞳大小为 2mm，求：（2）望远镜的视觉放大率；（3）求目镜的焦距、放大率；（4）如果物镜的第一透镜边框为孔径光阑，求出瞳距；（5）望远镜的分辨率；（6）如果视度调节为正负 5 屈光度，目镜应能移动的距离；（7）画出光路图。

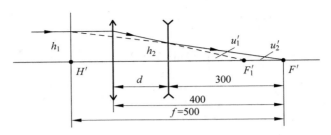

例题 4-7 图 1　物镜结构

解　(1)根据题意,画出物镜的结构如例题4-7图1所示。因为 $d=\Delta+f_1'+f_2'$, $f'=-\dfrac{f_1'f_2'}{\Delta}$, $l_F'=f_2'\left(1+\dfrac{f_2'}{\Delta}\right)$, 已知 $d=100$、$f'=500$、$l_F'=300$, 所以三式联立可解出 f_1'、f_2' 及 Δ, 得 $f_1'=250\text{mm}$, $f_2'=-300\text{mm}$, $\Delta=150\text{mm}$。

(2) 物镜焦距为 500mm, 相对孔径为 1/10, 有 $D/f_0'=1/10$, 故 $D=500/10=50\text{mm}$

望远镜的视觉放大率 $\Gamma=-\dfrac{D}{D'}=-\dfrac{50}{2}=-25^{\times}$

(3) 因 $\Gamma=-25$, 即 $f_0'/f_e'=25$, 所以 $f_e'=\dfrac{500}{25}=20\text{mm}$, $\Gamma_e=\dfrac{250}{f_e'}=\dfrac{250}{20}=12.5^{\times}$

(4) 如果物镜的第一透镜边框为孔径光阑, 画出望远镜系统的结构如例题4-7图2所示。

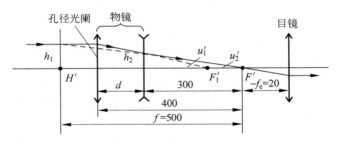

例题 4-7 图 2　望远镜系统结构

孔径光阑对后方光学系统成的像为出瞳, 需要两次成像。首先对物镜中的第二透镜(上图中的负透镜)成像, $l_2'=\dfrac{f_2'l_2}{f_2'+l_2}=(-300)\times(-100)/(-300-100)=-75\text{mm}$。再对后面的目镜成像(目镜排序第 3 个透镜, 以下标 3 表示), $l_3=l_2'-(300+20)=-395\text{mm}$, $l_3'=\dfrac{f_e'l_3}{f_e'+l_3}=20\times(-395)/(20-395)=21.067\text{mm}$。即出瞳在目镜右侧 21.067mm 处。

(5) 由式(4.4.5)得 $\varphi=\dfrac{140''}{D}=\dfrac{140''}{50}=2.8''$

(6) 由式(4.1.2) $\Delta x=\dfrac{-SD\cdot f_{目}^2}{1000}$, 得 $\Delta x=\pm\dfrac{5f_e'^2}{1000}=\pm\dfrac{5\times20^2}{1000}=\pm2\text{mm}$

(7) 望远镜光路图如例题4-7图3所示。

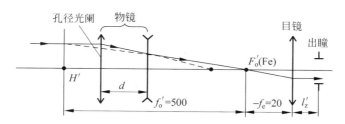

例题 4-7 图 3　望远镜光路图

习题

4.1　一个人近视程度是 $-2D$(屈光度),调节范围是 8D,求:

(1) 其远点距离;

(2) 其近点距离;

(3) 佩戴 100 度的近视镜,求该镜的焦距;

(4) 戴上该近视镜后,求看清的远点距离;

(5) 戴上该近视镜后,求看清的近点距离。

4.2　光焦度等于 10 折光度的放大镜,其焦距是多少? 若眼睛到它的距离为 125mm,物体经过放大镜成像在明视距离处,放大镜的视放大率是多少?

4.3　放大镜焦距 $f'=25mm$,通光孔径为 18mm,眼睛距放大镜距离为 50mm,像距离眼睛的明视距离 250mm,渐晕系数 $K=50\%$,试求:

(1) 视觉放大率;

(2) 线视场;

(3) 物体的位置。

4.4　一个 10 倍的放大镜,通光口径为 20mm,人眼离透镜 15mm,眼瞳直径为 3mm,请分别求无渐晕时和渐晕系数为 0.5 时的人眼观察到的线视场。

4.5　欲分辨 0.000725mm 的微小物体,使用波长 $\lambda=0.00055mm$,斜入射照明,问:

(1) 显微镜的视觉放大率最小应多大?

(2) 数值孔径应取多少适合?

4.6　用于观察和测量的读数显微镜,其物镜和目镜放大倍率分别为 3 倍和 10 倍。

(1) 求显微镜的总放大率,并说明像的正倒。

(2) 满足物镜共轭距为 160mm 时,物镜的物镜和焦距是多少?

(3) 物镜数值孔径为 0.1,求能分辨的最小物体尺寸(工作波长为 500nm)。

(4) 近视 200 度的人使用该仪器(不戴眼镜)时,目镜的位置应怎样调节?

(5) 物镜框为孔径光阑时,人眼眼瞳应放在何处?

4.7　有一生物显微镜,物镜数值孔径 $NA=0.5$,物体大小 $2y=0.4mm$,照明灯丝面积 $1.2 \times 1.2mm^2$,灯丝到物面的距离 100mm,采用临界照明,求聚光镜焦距和通光孔径。

4.8　100 倍测量显微镜的目镜焦距为 25mm,物镜共轭距为 195mm,数值孔径为 0.3,孔径光阑位于物镜像方焦面处。(1)求显微镜物镜和目镜的放大倍率;(2)计算显微镜物镜的工作距离和焦距;(3)画出轴上物点和轴外任意物点发出光线的光路图;(4)确定显微镜的出瞳位置和大小；(5)画出柯勒照明系统示意图，并说明其特点。

4.9   用读数显微镜观察直径为 100mm 的圆形刻度盘，相邻两刻线之间对应的圆心角为 12″，要求通过显微镜后两刻线之间对应的视角为 1′。求：

(1) 应使用多大倍率的显微镜？

(2) 若目镜的倍率为 5，则物镜倍率应为多大？

(3) 若显微镜出瞳直径为 1mm，则物镜的数值孔径为多少？

4.10   一个由薄透镜 L_1 和 L_2 组成的光学系统置于空气中，透镜 L_1 和 L_2 的直径相等。F_1 是 L_1 的物方焦点，F_2' 是 L_2 的像方焦点，两透镜之间的距离 d 小于两个透镜的焦距。试用作图法讨论物在 P_1 和 P_2 位置时，系统的孔径光阑、入瞳及出瞳的位置。

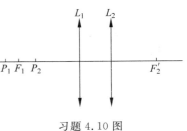

习题 4.10 图

4.11   若有一个生物显微镜，其目镜的焦距为 $f'=$ 16mm，物镜的垂轴放大率 $\beta=-4^\times$，显微镜物镜的物平面到像平面的距离为 180mm，求：

(1) 物镜的焦距。

(2) 在满足物方孔径角 $u=-8.6°$，物高 $2y=4mm$ 条件时物镜的通光口径。

(3) 瞳距和出瞳大小。

(4) 当不发生渐晕现象，及渐晕系数 $K=0.5$ 和 $K=0$ 时，应选择多大的目镜通光口径？

4.12   为看清 4km 处相隔 150mm 的两个点(设 $1'=0.0003\text{rad}$)，若用开普勒望远镜观察，则：

(1) 求开普勒望远镜的工作放大倍率；

(2) 若筒长 $L=100mm$，求物镜和目镜的焦距；

(3) 物镜框是孔径光阑，求出射光瞳距离；

(4) 为满足工作放大率要求，求物镜的通光孔径；

(5) 视度调节在 ±5D(屈光度)，求目镜的移动量；

(6) 若物方视场角 $2\omega=8°$，求像方视场角；

(7) 渐晕系数 $K=50\%$，求目镜的通光孔径。

4.13   开普勒望远镜的筒长 225mm，$\Gamma=-8^\times$，$2\omega=6°$，$D'=5mm$，无渐晕，求：

(1) 物镜和目镜的焦距；

(2) 目镜的通光孔径和出瞳距；

(3) 在物镜焦平面处放一场镜，其焦距为 75mm，求新的出瞳距和目镜的通光孔径；

(4) 目镜的视度调节在 ±4D(屈光度)，求目镜的移动量。

4.14   用一已正常调节的望远镜来观察地面上的建筑物，怎样调节镜筒的长度？

4.15   一开普勒望远镜，物镜焦距 $f_o'=200mm$，目镜的焦距 $f_e'=25mm$，物方视场角 $2\omega=8°$，渐晕系数 $K=50\%$，为了使目镜通光孔径 $D=23.7mm$，在物镜后焦平面上放一场镜，试求：

(1) 场镜的焦距；

(2) 若该场镜是平面在前的平凸薄透镜，折射率为 1.5，求其球面的曲率半径。

4.16   远视眼和近视眼的观众，用伽利略望远镜看戏时，各自对镜筒应怎样调节？

第 5 章

物理光学基础

学习目标

理解光波的电磁性质；掌握光波相位的概念；掌握平面单色光波的表达和应用；理解折射率和速度的关系；理解球面波和柱面波的表示；理解群速度和相速度的概念；理解菲涅尔公式及其应用；能运用菲涅尔公式理解半波损失；理解全反射和倏逝波的概念和应用。

19 世纪 70 年代，麦克斯韦（Maxwell）在电磁学理论的研究基础上，从理论上总结出了描述电磁现象的麦克斯韦方程组，指出了电磁波的传播速度等于光速，并把光学现象和电磁现象联系起来，并预言光波就是一种电磁波。赫兹（Hertz）第一次在实验上证实了光波的速度与电磁波的传播速度相同，证实了麦克斯韦的预言，逐步形成了光的电磁理论，奠定了整个物理光学的基础，并推动了光学及整个物理学的发展。

本章基于光的电磁理论性质，讨论光波的基本特性，光波在均匀介质中传播的基本规律，光波在介质分界面上的反射和折射等。

5.1 光波的电磁理论描述

5.1.1 光波的电磁特性

目前光学领域内遇到的绝大部分现象和技术，都能从电磁学得到很好的解释。表 5.1.1 给出了整个电磁波的波谱范围，其覆盖了从 γ 射线到无线电波的一个相当广阔的范围，在整

表 5.1.1 电磁波的波谱范围

电磁波		频率范围(Hz)	波长范围(m)
无线电波		$<10^9$	$>300 \times 10^{-3}$
微波		$10^9 \sim 10^{12}$	$(300 \sim 0.3) \times 10^{-3}$
光波	红外光	$10^{12} \sim 4.3 \times 10^{14}$	$(300 \sim 0.7) \times 10^{-6}$
	可见光	$4.3 \times 10^{14} \sim 7.5 \times 10^{14}$	$(0.7 \sim 0.4) \times 10^{-6}$
	紫外光	$7.5 \times 10^{14} \sim 10^{16}$	$(0.4 \sim 0.03) \times 10^{-6}$
射线	χ 射线	$10^{16} \sim 10^{19}$	$(30 \sim 0.03) \times 10^{-9}$
	γ 射线	$>10^{19}$	$<0.03 \times 10^{-9}$

个电磁频谱中,光学频谱只占很窄的一部分,而其中能够引起人眼视觉的可见光频率范围很窄,波长为 $390\sim760\,\mathrm{nm}$,相应的频率范围为 $8\times10^{14}\sim4\times10^{14}\,\mathrm{Hz}$。在可见光范围内,随着波长从小到大,所引起的视觉颜色从紫色逐渐过渡到红色。而通常意义上的光波段,除了可见光外,还包括紫外线和红外线,波长范围为 $1\,\mathrm{nm}\sim1\,\mathrm{mm}$。

电磁光学反映了光的矢量本质,能够演绎出几何光学、波动光学的全部理论,能够解释光的偏振、色散、散射、双折射和旋光等现象,能够从定性和定量两个方面给出宏观光学过程的精确结果。但是电磁光学不能解释量子光学所能处理的光的微观特性,不能合理地包含光的波动性质和微粒性质,因此要了解光的微观性质,请参考其他量子光学书籍。图 5.1.1 给出了几何光学、波动光学、电磁学和量子光学之间的联系和各个学科的研究重点。

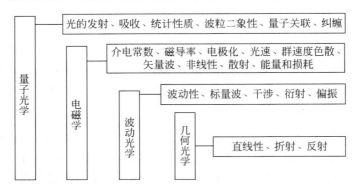

图 5.1.1　几何光学、波动光学、电磁学和量子光学之间的联系

光是电磁波的一种,其本质与电磁波相同。麦克斯韦在前人的电磁学研究成果的基础上,把普遍电磁现象的基本规律归纳为以下四个方程,称为麦克斯韦方程组。

$$\nabla\cdot\boldsymbol{D}=\rho \tag{5.1.1}$$

$$\nabla\cdot\boldsymbol{B}=0 \tag{5.1.2}$$

$$\nabla\times\boldsymbol{E}=-\frac{\partial\boldsymbol{B}}{\partial t} \tag{5.1.3}$$

$$\nabla\times\boldsymbol{H}=\boldsymbol{j}+\frac{\partial\boldsymbol{D}}{\partial t} \tag{5.1.4}$$

式中,$\boldsymbol{D}$、$\boldsymbol{E}$、$\boldsymbol{B}$、$\boldsymbol{H}$ 分别表示电感强度(电位移矢量)、电场强度、磁感强度和磁场强度;ρ 表示封闭曲面内的电荷密度;$\boldsymbol{J}$ 为积分闭合回路上的传导电流密度,$\dfrac{\partial\boldsymbol{D}}{\partial t}$ 为位移电流密度。

∇ 为哈密顿算符,在直角坐标系下的表达式为

$$\nabla=\bar{\mathrm{i}}\,\frac{\partial}{\partial x}+\bar{\mathrm{j}}\,\frac{\partial}{\partial y}+\bar{\mathrm{k}}\,\frac{\partial}{\partial z} \tag{5.1.5}$$

$\boldsymbol{D}$、$\boldsymbol{E}$、$\boldsymbol{B}$、$\boldsymbol{H}$、$\boldsymbol{J}$ 之间有如下关系,称为物质方程:

$$\boldsymbol{J}=\sigma\boldsymbol{E} \tag{5.1.6}$$

$$\boldsymbol{D}=\varepsilon\boldsymbol{E} \tag{5.1.7}$$

$$\boldsymbol{B}=\mu\boldsymbol{H} \tag{5.1.8}$$

式中,σ 是电导率;ε 和 μ 是两个标量,分别称为介电常数(或电容率)和磁导率。在各向同

性均匀介质中，ε、μ 是常数，$\sigma = 0$。在真空中，$\varepsilon = \varepsilon_0 = 8.8542 \times 10^{-12} \, \text{C}^2/\text{N} \cdot \text{m}^2$，$\mu = \mu_0 = 4\pi \times 10^{-7} \, \text{N} \cdot \text{S}^2/\text{C}^2$，对于非磁性物质，$\mu = \mu_0$。

麦克斯韦方程组概括了静电场和似稳电流磁场的性质和时变场情况下电场和磁场之间的联系，其中：

式(5.1.1)称为电场的高斯定律，表示电场可以是有源场，此时电力线必是从正电荷发出，终止于负电荷。

式(5.1.2)称为磁通连续定律，穿入和穿出任一闭合面的磁力线的数目相等，磁场是个无源场，磁力线永远是闭合的，磁通量恒等于零。

式(5.1.3)称为法拉第电磁感应定律，指变化的磁场会产生感应的电场，这是一个涡旋场，其电力线是闭合的，不同于闭合面内有电荷时的情况。

式(5.1.4)是安培全电流定律，指传导电流能产生磁场，同时位移电流也能产生磁场。

从麦克斯韦方程组知道，随时间变化的电场在周围空间产生一个涡旋的磁场，随时间变化的磁场在周围空间产生一个涡旋的电场，它们互相激发，交替产生，在空间形成统一的电磁场，交变电磁场在空间以一定的速度由近及远地传播，就形成了电磁波。

当电磁波由一种介质传播到另一种介质时，由于介质的折射率 $n(\varepsilon, \mu)$ 不同，电磁场量在界面上不再连续，但存在一定关系。根据麦克斯韦方程可以找出界面两边电磁场量之间的联系，以及它们应该满足的条件，即边界条件。

由麦克斯韦方程组可以导出时变电磁场在两介质分界面的连续条件是：在没有传导电流和自由电荷的介质中，磁感强度 $\boldsymbol{B}$ 和电感强度 $\boldsymbol{D}$ 的法向分量在界面上连续，而电场强度 $\boldsymbol{E}$ 和磁场强度 $\boldsymbol{H}$ 的切向分量在界面上连续，可以表示为

$$\left. \begin{array}{l} a_n \cdot (\boldsymbol{B}_1 - \boldsymbol{B}_2) = 0 \\ a_n \cdot (\boldsymbol{D}_1 - \boldsymbol{D}_2) = 0 \\ a_n \times (\boldsymbol{H}_1 - \boldsymbol{H}_2) = 0 \\ a_n \times (\boldsymbol{E}_1 - \boldsymbol{E}_2) = 0 \end{array} \right\} \quad 或者 \quad \left. \begin{array}{l} B_{1n} = B_{2n} \\ D_{1n} = D_{2n} \\ H_{1t} = H_{2t} \\ E_{1t} = E_{2t} \end{array} \right\} \tag{5.1.9}$$

有了这一连续条件，就可以建立两种介质界面两边场量的联系，以具体讨论传播时的问题。

当电磁波在真空中传播时，由电磁理论，其传播速度为

$$c = 1/\sqrt{\varepsilon_0 \mu_0} \tag{5.1.10}$$

代入 ε_0、μ_0 值后，得电磁波在真空中的传播速度 $c = 2.99794 \times 10^8 \, \text{m/s}$，这一数值等于实验测定的光在真空中的传播速度。

在介质中，引入相对介电常数 $\varepsilon_r = \varepsilon/\varepsilon_0$ 和相对磁导率 $\mu_r = \mu/\mu_0$，可得电磁波的速度为

$$v = c/\sqrt{\varepsilon_r \mu_r} \tag{5.1.11}$$

将电磁波在真空中的速度 c 与介质中速度 v 的比值 n 定义为介质对电磁波的折射率，有

$$n = c/v = \sqrt{\varepsilon_r \mu_r} \tag{5.1.12}$$

上式给出了介质的光学常数 n 与介质电学常数 ε 和磁学常数 μ 的关系，同时可知折射率是指该介质对电磁波的传播的阻碍程度的一种描述，表 5.1.2 给出了一些典型材料的相对介电常数和相对磁导率及电导率。

表 5.1.2　典型材料的相对介电常数和相对磁导率以及电导率

介　　质	相对介电常数	相对磁导率	电导率(s/m)
干地	4	1	$10^{-4} \sim 10^{-5}$
湿地	10	1	$10^{-2} \sim 10^{-3}$
淡水	80	1	$10^{-2} \sim 10^{-3}$
海水	80	1	$3 \sim 5$
蒸馏水	80	1	10^{-3}
自来水	80	1	$(0.5 \sim 5.0) \times 10^{-2}$
聚乙烯	2.3	1	10^{-6}
水晶	2.1	1	10^{-16}
铜	1	1	$5.8 \sim 10^{7}$

5.1.2　光波的波动方程

基于麦克斯韦方程组,在均匀透明介质中且远离辐射源的无源区域,结合物质方程,可以得到电磁波的波动方程:

$$\frac{\partial^2 \boldsymbol{E}}{\partial z^2} - \frac{1}{v^2}\frac{\partial^2 \boldsymbol{E}}{\partial t^2} = 0, \quad \frac{\partial^2 \boldsymbol{B}}{\partial z^2} - \frac{1}{v^2}\frac{\partial^2 \boldsymbol{B}}{\partial t^2} = 0 \tag{5.1.13}$$

该波动方程表明了时变电磁场是以速度 v 传播的电磁波。显然,上述波动方程是一个矢量方程,每个方程都可以分解为三个标量方程组,如场矢量 $\boldsymbol{E}$ 可以分解为 E_x、E_y、E_z。相应的只有将 $\boldsymbol{E}$ 的三个分量都解出后才能获得电矢量 $\boldsymbol{E}$。如果在某些特殊情况下,$\boldsymbol{E}$ 不需要考虑方向,则可以转化为标量场方程来处理,如在讨论干涉和衍射时,一般不考虑光的振动方向,只需要知道大小,则可以用标量波来表示;而对于光的偏振,需要考虑光的振动方向,则光波只能用矢量波来表示。

根据具体情况对上述波动方程求解,可以获得该波动方程的通解:令 $\boldsymbol{E}_1$ 和 $\boldsymbol{E}_2$（$\boldsymbol{B}_1$ 和 $\boldsymbol{B}_2$）为两个分别以 $\left(\dfrac{z}{v} - t\right)$ 和 $\left(\dfrac{z}{v} + t\right)$ 为自变量的任意函数,各代表以相同速度 v 沿 z 轴正、负方向传播的平面波。选取沿 z 正方向行进的形式有:

$$\boldsymbol{E} = \boldsymbol{E}_1\left(\frac{z}{v} - t\right) \tag{5.1.14}$$

$$\boldsymbol{B} = \boldsymbol{B}_1\left(\frac{z}{v} - t\right) \tag{5.1.15}$$

上式表示有源点的振动经过一定的时间推迟才传播到场点,电磁场是逐点传播的。结合具体的光的波动情况,可以获得具体的光波的表达式。

5.1.3　平面单色光波解

取最简单的简谐振动作为波动方程的特解,对应频率为 ω 的平面简谐电磁波有

$$\boldsymbol{E} = \boldsymbol{A}\cos\left[\omega\left(\frac{z}{v} - t\right)\right] \tag{5.1.16}$$

$$\boldsymbol{B} = \boldsymbol{A}'\cos\left[\omega\left(\frac{z}{v} - t\right)\right] \tag{5.1.17}$$

对于光波来说,上述两个式子就是平面单色波的波动公式。式中 $\boldsymbol{A}$ 和 $\boldsymbol{A}'$ 分别是电场和磁场

的振幅矢量,表示平面波的偏振方向和大小;υ 是平面波在介质中的传播速度;ω 是角频率;$\left[\omega\left(\dfrac{z}{\upsilon}-t\right)\right]$ 称为相位,一般用 φ 来表示,它是时间和空间坐标的函数,表示平面单色光波在不同时刻空间各点的振动状态。光在介质中传播时不同的光程之间存在一个光程差,一般用 Δ 表示,而这时相对应的存在一个相位差:$\Delta\varphi=\dfrac{2\pi\Delta}{\lambda}$。

理想的平面单色光波是在时间上无限延续、在空间上无限延伸的光波动,具有时间、空间周期性。时间周期性用周期(T)、频率(υ)和圆频率(ω)表征,三者之间有如下关系:

$$\omega = 2\pi\nu = 2\pi/T \tag{5.1.18}$$

空间周期性用波长(λ)、空间频率(f)和空间圆频率(k)表征,三者之间有如下关系:

$$k = 2\pi/\lambda = 2\pi f \tag{5.1.19}$$

时间周期性和空间周期性之间的关系由相速度相联系:

$$\upsilon = \frac{\omega}{k} = \lambda\nu \tag{5.1.20}$$

因此,平面单色波表达式(5.1.16)可以写成下面两种形式:

$$\boldsymbol{E} = \boldsymbol{A}\cos\left[2\pi\left(\frac{z}{\lambda} - \frac{t}{T}\right)\right] \tag{5.1.21}$$

或者

$$\boldsymbol{E} = \boldsymbol{A}\cos(kz - \omega t) \tag{5.1.22}$$

上面的平面单色光波表达式所描述的光波是一个具有单一频率、在时间上无限延续、在空间上沿 z 正方向行进的光波。

如果要考虑沿任意方向传播的平面单色光波,可以用空间圆频率 k 的矢量形式波矢量 $\boldsymbol{k}$ 来表示。如图 5.1.2 所示,沿空间任一方向 $\boldsymbol{k}$ 传播的平面波在垂直于传播方向的任一平面 Σ 上场强相同,且由该平面与坐标原点的垂直距离 s 决定,则平面 Σ 上任一点 P 的矢径 $\boldsymbol{r}$ 在 $\boldsymbol{k}$ 方向上的投影都等于 s,因此 $\boldsymbol{k}\cdot\boldsymbol{r}=ks$,于是有

$$\boldsymbol{E} = \boldsymbol{A}\cos(\boldsymbol{k}\cdot\boldsymbol{r} - \omega t) \tag{5.1.23}$$

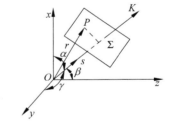

图 5.1.2 任一方向传播的平面波

式(5.1.23)就是沿 $\boldsymbol{k}$ 方向传播的平面波波动公式。平面波的波面是 $\boldsymbol{k}\cdot\boldsymbol{r}=$ 常数的平面。设 $\boldsymbol{k}$ 的方向余弦为 $\cos\alpha$、$\cos\beta$、$\cos\gamma$,平面上任意点 P 的坐标为 x、y、z,则式(5.1.23)可以写为

$$\boldsymbol{E} = \boldsymbol{A}\cos[k(x\cos\alpha + y\cos\beta + z\cos\gamma) - \omega t] \tag{5.1.24}$$

单色平面波波动公式(5.1.23)也可以写成复数形式

$$\boldsymbol{E} = \boldsymbol{A}\exp[\mathrm{i}(\boldsymbol{k}\cdot\boldsymbol{r} - \omega t)] \tag{5.1.25}$$

式(5.1.23)实际上是式(5.1.25)的实数部分。这种代替完全是形式上的,其目的是使计算简化。

把式(5.1.25)中的振幅和空间相位因子的乘积记为

$$\widetilde{\boldsymbol{E}} = \boldsymbol{A}\exp(\mathrm{i}\boldsymbol{k}\cdot\boldsymbol{r}) \tag{5.1.26}$$

称 $\widetilde{\boldsymbol{E}}$ 为复振幅,表示某一时刻光波在空间的分布。只关心其场振动的空间分布时(例如光的

干涉和衍射等问题中),常常用复振幅表示一个简谐光波。

5.1.4　平面波的性质

电场和磁场波动方程的平面单色光波的解是相互关联的,可根据麦克斯韦方程组进行讨论。

1. 平面波的横波性

由平面电磁波的波动公式(5.1.25)取散度,

$$\nabla \cdot \boldsymbol{E} = \mathrm{i}\boldsymbol{k} \cdot \boldsymbol{E} = 0 \tag{5.1.27}$$

同理,可得

$$\nabla \cdot \boldsymbol{B} = \mathrm{i}\boldsymbol{k} \cdot \boldsymbol{B} = 0 \tag{5.1.28}$$

上两式表明,电矢量与磁矢量的方向均垂直于波传播方向,电磁波是横波。

2. 电矢量和磁矢量相互垂直

由 $\boldsymbol{E}$ 和 $\boldsymbol{B}$ 的表达式可知,

$$\mathrm{i}\omega\boldsymbol{B} = \mathrm{i}k(\boldsymbol{k}_0 \times \boldsymbol{E}) \tag{5.1.29}$$

式中,$\boldsymbol{k}_0$ 是波矢量 $\boldsymbol{k}$ 的单位矢量。进一步运算有

$$\boldsymbol{B} = \frac{1}{v}(\boldsymbol{k}_0 \times \boldsymbol{E}) = \sqrt{\varepsilon\mu}(\boldsymbol{k}_0 \times \boldsymbol{E}) \tag{5.1.30}$$

上式表明,$\boldsymbol{E}$ 和 $\boldsymbol{B}$ 互相垂直,又分别垂直于波的传播方向 $\boldsymbol{k}_0$,所以 $\boldsymbol{E}$、$\boldsymbol{B}$、$\boldsymbol{k}_0$ 互成右手螺旋关系。

3. $\boldsymbol{E}$ 和 $\boldsymbol{B}$ 同相位

取式(5.1.30)的标量形式,得

$$\frac{E}{B} = \frac{1}{\sqrt{\varepsilon\mu}} = v \tag{5.1.31}$$

此式表示 $\boldsymbol{E}$ 和 $\boldsymbol{B}$ 的复振幅比为一正实数,所以 $\boldsymbol{E}$ 和 $\boldsymbol{B}$ 的振动始终同相位,它们在空间某一点对时间的依赖关系相同,同时达到最大值,同时达到最小值。

平面单色光波是光波的基本形式,其他复杂的光波都可以用该光波的叠加来描述。

5.1.5　球面波和柱面波

对于不同的波面,波动方程的解的具体形式不同,波面为球面的光波为球面光波,如理想点光源发出的光波;波面为柱面的光波为柱面光波,如理想线光源发出的光波。

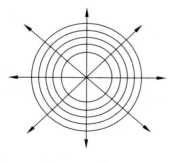

图 5.1.3　球面波

一个在真空或各向同性均匀介质中的一个点光源,某一时刻光波所到达的各点将构成一个以点光源为中心的球面,其等相面(波面)是球面,这种光波称为球面波,如图 5.1.3 所示。

球面波的波动公式可以利用球面坐标下的拉普拉斯算符 ∇^2 的具体形式,由波动方程解得,也可以利用能量守恒关系来简单求取。

球面简谐波的波动公式为

$$E = \frac{A_1}{r}\exp[\mathrm{i}(kr - \omega t)] \tag{5.1.32}$$

它表明,球面波的振幅与离开源点的距离 r 成反比,且相位相等的面是 r 为常数的球面。

$$\widetilde{E} = \frac{A_1}{r}\exp(ikr) \qquad (5.1.33)$$

称为球面简谐波的复振幅,通常表示一个由源点向外的发散的球面波,而

$$\widetilde{E} = \frac{A_1}{r}\exp(-ikr) \qquad (5.1.34)$$

则表示一个向源点会聚的球面波。

柱面波是具有无限长圆柱形波面(等相面)的波。在光学中,用一平面波照射一细长狭缝可获得接近于圆柱形的柱面波,如图 5.1.4 所示。柱面波的场强分布只与离开光源(狭缝)的距离 r 和时间 t 有关,可求得柱面波的波动公式为

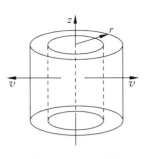

图 5.1.4 柱面波

$$E = \frac{A_1}{\sqrt{r}}\exp[i(kr - \omega t)] \qquad (5.1.35)$$

5.1.6 群速度和相速度

单个光波的传播速度是指它的等相面的传播速度,称为相速度。但实际中的光波并不是严格的单色波,而是由若干个振幅、频率的单色波叠加而成,是一种合成波。这种合成波包含等相面传播速度和等幅面传播速度两部分,求得该合成波的相速度为

$$\upsilon = \bar{\omega}/\bar{k} \qquad (5.1.36)$$

式中,$\bar{\omega}$ 为合成波中各频率的平均,$\bar{k}$ 为各波矢的平均。

群速度是指合成波中振幅恒定点的移动速度,也即振幅调制包络的移动速度。如果叠加的两个波在无色散的真空中传播,则由于两个波的速度一样,因而合成波是一个波形稳定的波,其相速度和群速度相等。当光波在色散介质中传播时,由于频率不同,其传播速度也不同,其合成波的波形在传播过程中不断地产生微小变形,此时很难确切定义合成波的速度。

考虑两列光波叠加,定义合成波的振幅最大值的速度为合成波的群速度,用 υ_g 表示。根据振幅不变的条件,可得

$$\upsilon_g = \frac{\Delta\omega}{\Delta k} \qquad (5.1.37)$$

式中,$\Delta\omega$ 为两列光波频率之差,Δk 为两列光波波矢之差,当 $\Delta\omega$ 很小时,有

$$\upsilon_g = d\omega/dk \qquad (5.1.38)$$

由上式可得到群速度 υ_g 与相速度 υ 有如下关系:

$$\upsilon_g = \frac{d\omega}{dk} = \frac{d(k\upsilon)}{dk} = \upsilon + k\frac{d\upsilon}{dk} \qquad (5.1.39)$$

代入 $k = 2\pi/\lambda$,上式改写为

$$\upsilon_g = \upsilon - \lambda\frac{d\upsilon}{d\lambda} \qquad (5.1.40)$$

上式表示,在色散物质中,$\upsilon_g \neq \upsilon$,色散 $\dfrac{d\upsilon}{d\lambda}$ 越大,即波的相速度随波长的变化越大时,群速

度 v_g 与相速度 v 相差越大。当 $dv/d\lambda>0$ 或 $dn/d\lambda<0$,即正常色散时,群速度小于相速度;反之,在 $dv/d\lambda<0$ 或 $dn/d\lambda>0$ 的反常色散时,群速度大于相速度,对于无色散介质,即有 $dv/d\lambda=0$,即群速度等于相速度。

5.2　光的反射和折射的波动描述

当光从一种介质投射到与另一种介质的分界面时,由于两种介质的折射率不同,将产生反射和折射现象。在学习了几何光学的反射和折射定律之后,确定了光在反射和折射后的传播方向。但这对于光学研究来说,还远远不够。因为光波在传播过程中,除了传播方向这个特征外,还有光的振幅(能量)、相位、偏振等特征。因此必须将这些特征都分析清楚才算是对光的传播进行了透彻的分析。本节将在几何光学的反射和折射定理基础之上,运用菲涅尔公式进一步研究反射光和透射光与入射光之间的振幅、相位和偏振等关系。

5.2.1　光在两电介质分界面上的反射和折射

反射定律和折射定律给出了反射光和折射光的方向,但没有给出反射光和折射光的能量分配、相位变化等。最早菲涅尔把光看成弹性波,导出了反射光和折射光的相对振幅,在光的电磁理论建立以后,又从电磁场理论角度导出相关的关系式,形成了菲涅尔公式。

光波入射到两电介质分界面上时会产生反射和折射现象,可以根据麦克斯韦方程组(5.1.1)~(5.1.4)和电磁场边界条件(5.1.9)来研究平面光波在两电介质分界面上的反射和折射问题。

设两种不同介质的无限大界面如图 5.2.1 所示,两边介质的折射率分别为 n_1 和 n_2,对应的介电常数和磁导率分别为 ε_1,μ_1 和 ε_2,μ_2。定义在界面法线与入射光线组成的平面为光波入射面。电场矢量的方向与入射光线组成的平面为光波的振动面,振动面相对于入射面的夹角用方位角 α 表示。对于任一方位振动的光矢量 E,都可以分解成互相垂直的两个分量,称平行于入射面振动的分量为光矢量的 p 分量,记作 E_p;称垂直于入射面振动的分量为光矢量的 s 分量,记作 E_s。这样,对任一光矢量,只要分别讨论两个分量的变化情况就可以了。

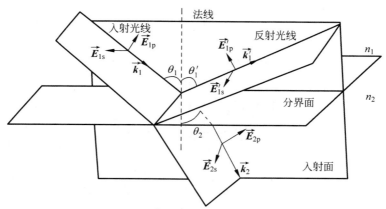

图 5.2.1　两种不同介质的无限大界面

设一单色平面光波入射在界面上,反射光波、折射光波也均为平面光波。设入射波、反射波和折射波的波矢量分别为 $\boldsymbol{k}_1$、$\boldsymbol{k}_1'$ 和 $\boldsymbol{k}_2$,相应的入射角、反射角和折射角为 θ_1、θ_1' 和 θ_2,角频率为 ω_1、ω_1' 和 ω_2。将入射波 $\boldsymbol{E}_1$ 分解成 $\boldsymbol{E}_{1s}$ 和 $\boldsymbol{E}_{1p}$ 两个分量。$\boldsymbol{E}_{1s}$ 和 $\boldsymbol{E}_{1p}$ 分别垂直于和平行于入射面振动,设只考虑 s 分量的情况,则可得到入射波、反射波和折射波的表示分别为

$$\left.\begin{array}{l} \boldsymbol{E}_{1s} = \boldsymbol{A}_{1s}\exp[\mathrm{i}(\boldsymbol{k}_1 \cdot \boldsymbol{r} - \omega_1 t)] \\ \boldsymbol{E}_{1s}' = \boldsymbol{A}_{1s}'\exp[\mathrm{i}(\boldsymbol{k}_1' \cdot \boldsymbol{r} - \omega_1' t)] \\ \boldsymbol{E}_{2s} = \boldsymbol{A}_{2s}\exp[\mathrm{i}(\boldsymbol{k}_2 \cdot \boldsymbol{r} - \omega_2 t)] \end{array}\right\} \tag{5.2.1}$$

由连续条件式(5.1.9)中的第四式,且注意到界面一边的场量应等于界面另一边的场量,得到

$$\boldsymbol{E}_{1s} + \boldsymbol{E}_{1s}' = \boldsymbol{E}_{2s} \tag{5.2.2}$$

将式(5.2.1)代入上式,有

$$\boldsymbol{A}_{1s}\exp[\mathrm{i}(\boldsymbol{k}_1 \cdot \boldsymbol{r} - \omega_1 t)] + \boldsymbol{A}_{1s}'\exp[\mathrm{i}(\boldsymbol{k}_1 \cdot \boldsymbol{r} - \omega_1' t)] = \boldsymbol{A}_{2s}\exp[\mathrm{i}(\boldsymbol{k}_2 \cdot \boldsymbol{r} - \omega_2 t)] \tag{5.2.3}$$

因为 t 和 r 是两个相互独立的量,上式成立的条件是 $\boldsymbol{E}_{1s}$、$\boldsymbol{E}_{1s}'$ 和 $\boldsymbol{E}_{2s}$ 对变量 r 和 t 的函数关系必须严格相等,于是有

$$\omega_1 = \omega_1' = \omega_2 \tag{5.2.4}$$

$$\boldsymbol{A}_{1s} + \boldsymbol{A}_{1s}' = \boldsymbol{A}_{2s} \tag{5.2.5}$$

上式表明反射波、折射波的频率与入射波的频率相等,这是线性介质表现出来的性质。在界面上,同时还有

$$\boldsymbol{k}_1 \cdot \boldsymbol{r} = \boldsymbol{k}_1' \cdot \boldsymbol{r} = \boldsymbol{k}_2 \cdot \boldsymbol{r} \tag{5.2.6}$$

考虑到界面上 $z=0$,可得

$$k_1\sin\theta = k_1'\sin\theta_1' = k_2\sin\theta_2 \tag{5.2.7}$$

因为 $k_1 = k_1' = \omega/\upsilon_1$ 和 $k_2 = \omega/\upsilon_2$,所以有

$$\theta_1 = \theta_1' \tag{5.2.8}$$

即入射角等于反射角,这就是反射定律。同时可得折射定律(也称为斯涅尔定律):

$$\frac{\sin\theta_1}{\upsilon_1} = \frac{\sin\theta_2}{\upsilon_2} \quad \text{或} \quad n_1\sin\theta_1 = n_2\sin\theta_2 \tag{5.2.9}$$

式中,n_1、υ_1 和 n_2、υ_2 分别是光波在介质 1 和介质 2 中的折射率和传播速度。综上所述,入射波、反射波和折射波传播矢量共面,反射角等于入射角,折射角由折射定律确定。

5.2.2　菲涅尔公式

对于入射平面光波 $\boldsymbol{E}_1$ 的两个互相垂直的分量 s 波和 p 波,其反射波和折射波的振幅和相位关系是不相同的。将图 5.2.1 画成平面图,如图 5.2.2 所示。

规定 $\boldsymbol{E}_s$ 的正向沿 y 轴方向,即垂直于纸面(入射面)向外,$\boldsymbol{E}_p$ 的正向如图 5.2.2 所示;其相应的 $\boldsymbol{H}_s$、$\boldsymbol{H}_p$ 的方向由 $\boldsymbol{E}$、$\boldsymbol{B}$、$\boldsymbol{k}_0$ 右手螺旋关系给出。

定义 s 分量和 p 分量的反射系数和透射系数分别为

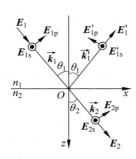

图 5.2.2 介面平面图

$$r_s = \frac{A'_{1s}}{A_{1s}} \tag{5.2.10}$$

$$t_s = \frac{A_{2s}}{A_{1s}} \tag{5.2.11}$$

$$r_p = \frac{A'_{1p}}{A_{1p}} \tag{5.2.12}$$

$$t_p = \frac{A_{2p}}{A_{1p}} \tag{5.2.13}$$

下面分别求出这些系数的表达式。

对于 s 波,由电磁场连续条件,有

$$\boldsymbol{E}_{1s} + \boldsymbol{E}'_{1s} = \boldsymbol{E}_{2s} \tag{5.2.14}$$

$$\boldsymbol{H}_{1p}\cos\theta_1 - \boldsymbol{H}'_{1p}\cos\theta_1 = \boldsymbol{H}_{2p}\cos\theta_2 \tag{5.2.15}$$

当两介质的折射率为 n_1、n_2 时,由耦合电磁场的电场和磁场关系 $\sqrt{\mu}\boldsymbol{H} = \sqrt{\varepsilon}\boldsymbol{E}$,式(5.2.15)可表达为

$$\frac{n_1}{\mu_1}(\boldsymbol{E}_{1s} - \boldsymbol{E}'_{1s})\cos\theta_1 = \frac{n_2}{\mu_2}\boldsymbol{E}_{2s}\cos\theta_2 \tag{5.2.16}$$

这样由式(5.2.5)、式(5.2.14)、式(5.2.16),并考虑 $\mu_1 = \mu_2$ 和 $n_1\sin\theta_1 = n_2\sin\theta_2$,可得

$$r_s = \frac{A'_{1s}}{A_{1s}} = -\frac{\sin(\theta_1 - \theta_2)}{\sin(\theta_1 + \theta_2)} = \frac{n_1\cos\theta_1 - n_2\cos\theta_2}{n_1\cos\theta_1 + n_2\cos\theta_2} \tag{5.2.17}$$

$$t_s = \frac{A_{2s}}{A_{1s}} = \frac{2\cos\theta_1\sin\theta_2}{\sin(\theta_1 + \theta_2)} = \frac{2n_1\cos\theta_1}{n_1\cos\theta_1 + n_2\cos\theta_2} \tag{5.2.18}$$

r_s、t_s 称为 s 波的振幅反射系数和振幅透射系数,并且它们之间有下面的关系:

$$1 + r_s = t_s \tag{5.2.19}$$

类似地,可以得到 p 波的振幅反射和透射系数:

$$r_p = \frac{A'_{1p}}{A_{1p}} = \frac{\tan(\theta_1 - \theta_2)}{\tan(\theta_1 + \theta_2)} = \frac{n_2\cos\theta_1 - n_1\cos\theta_2}{n_2\cos\theta_1 + n_1\cos\theta_2} \tag{5.2.20}$$

$$t_p = \frac{A_{2p}}{A_{1p}} = \frac{2\sin\theta_2\cos\theta_1}{\sin(\theta_1 + \theta_2)\cos(\theta_1 - \theta_2)} = \frac{2n_1\cos\theta_1}{n_2\cos\theta_1 + n_1\cos\theta_2} \tag{5.2.21}$$

由上两式可知 p 分量的振幅反射和透射系数之间有如下关系:

$$1 + r_p = \frac{n_2}{n_1}t_p \tag{5.2.22}$$

式(5.2.17)、式(5.2.18)、式(5.2.20)和式(5.2.21)统称为菲涅尔公式。

如果垂直入射,即 $\theta_1 = 0$,定义相对折射率 $n = n_2/n_1$,菲涅尔公式为

$$r_s = \frac{A'_{1s}}{A_{1s}} = -\frac{n-1}{n+1} \tag{5.2.23}$$

$$t_s = \frac{A_{2s}}{A_{1s}} = \frac{2}{n+1} \tag{5.2.24}$$

$$r_p = \frac{A'_{1p}}{A_{1p}} = \frac{n-1}{n+1} \tag{5.2.25}$$

$$t_p = \frac{A_{2p}}{A_{1p}} = \frac{2}{n+1} \tag{5.2.26}$$

5.2.3　反射波和透射波的性质

下面利用菲涅尔公式来具体讨论反射波和透射波的振幅、相位、光强度以及偏振等特性。

1. 振幅特性

由菲涅尔公式可得到反射波或透射波与入射波的振幅的相对变化。当光从光疏介质入射到光密介质(如从空气射向玻璃,设玻璃的折射率为 1.5)时,以振幅反射(或透射)系数 r(或 t)为纵坐标,以入射角为横坐标,根据菲涅尔公式画出的 r_s、r_p、t_s 和 t_p 随入射角 θ_1 的变化关系如图 5.2.3(a)所示。当光从光密介质入射到光疏介质(如从玻璃射向空气,设玻璃的折射率为 1.5)时,相应的关系如图 5.2.3(b)所示。

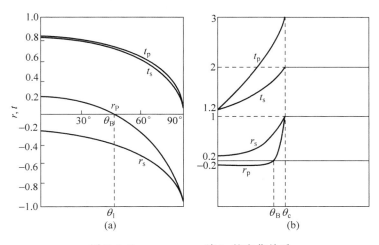

图 5.2.3　r_s、r_p、t_s、t_p 随 θ_1 的变化关系

可见,图 5.2.3(a)对于透射波无论是 s 分量还是 p 分量,其振幅都随 θ_1 的增大而单调减小。当 $\theta_1 = 0$,即垂直入射时,$|r_s|$、$|r_p|$、t_s 和 t_p 都不等于零,表示存在反射波和折射波。当 $\theta_1 = 90°$,即掠入射时,$|r_s| = |r_p| = 1$,$t_s = t_p = 0$,即没有折射光波。从图中可见,t_s、t_p 随 θ_1 的增大而减小;$|r_s|$ 则随 θ_1 的增大而增大,直到等于 1;而 $|r_p|$ 值在 $\theta_1 = \theta_B$(θ_B 满足 $\theta_B + \theta_2 = 90°$)有 $|r_p| = 0$,即反射光波中没有 p 波,只有 s 波,产生全偏振现象。

布儒斯特角: 当光波以 $\theta_B = \arctan(n_2/n_1)$ 角度入射时,反射光中只有垂直于入射面的振动,此入射角称为起偏角,又称为布儒斯特角。

2. 相位特性

当光波在电介质表面反射和透射时,r_s、r_p、t_s 和 t_p 随着 θ_1 的变化会出现正值或负值的情况。当振幅比为正值时,表明两个场同相位,相应的相位变化为零,反之则两个场反相位,相应的相位变化是 π。

透射波与入射波的相位关系比较简单,由菲涅尔公式(5.2.18)和(5.2.21)可知,不管 θ_1 取何值,t_s、t_p 都是正值,即表明透射波和入射波的相位总是相同,不发生相位改变。

反射波与入射波的相位关系比较复杂,由菲涅尔公式可得图 5.2.4。其中图 5.2.4(a)表示的是 $n_1 < n_2$(光从光疏介质入射到光密介质)时的情况,可见 r_s 对所有的 θ_1 都是负值,即 E'_{1s} 的取向与规定的正向相反,表明反射时 s 波在界面上发生了 π 的相位变化。对 r_p 分

量,当 $\theta_1 < \theta_B$ 时,E'_{1p} 相位变化为零,当 $\theta_1 > \theta_B$ 时,E'_{1p} 有 π 相位变化;当 $\theta_1 = \theta_B$ 时,$r_p = 0$,表明反射光中没有平行于入射面的振动,而只有垂直于入射面的振动,即发生全偏振现象。

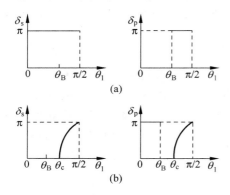

图 5.2.4 反射波与入射波的相位关系

图 5.2.4(b)表示的是 $n_1 > n_2$(光从光密介质入射到光疏介质)时的情况,由图可知,当入射角 $\theta_1 > \theta_c$ 时,相位改变随入射角缓慢增大,而且 s 波和 p 波的相位改变值不相同。而在 $\theta_1 < \theta_c$ 时,s 波的相位变化为零,当 $\theta_1 < \theta_B$ 时,p 波的相位变化为 π,当 $\theta_B < \theta_1 < \theta_c$ 时,p 波无相位变化,情况与 $n_1 < n_2$ 时得到的结果相反,当 $\theta_1 = \theta_B$ 时产生全偏振现象。

对于正入射($\theta_1 \to 0$)的情况,当光从光疏介质入射到光密介质时,由菲涅尔公式可以知道,反射光的光矢量产生 π 的相位改变,如图 5.2.5(a)所示。通常把反射时发生的 π 的相位突变称为半波损失,意思是反射时损失了半个波长。因为相位差与光程差之间存在如下关系:$\delta = k\Delta = \dfrac{2\pi}{\lambda}\Delta$,当 $\delta = \pi$ 时,Δ 对应的等于 $\dfrac{\lambda}{2}$。当光从光密介质入射到光疏介质时,反射光没有半波损失,如图 5.2.5(b)所示。

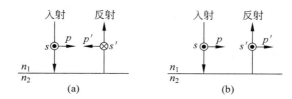

图 5.2.5 正入射下反射光相位变化

对于掠入射(θ_1 趋于 90°)情况,当光从光疏介质射到光密介质时,由菲涅尔公式可以知道,入射光和反射光的 s 分量、p 分量方向如图 5.2.6 所示,反射光的光矢量产生 π 的相位改变。

对于一般斜入射的情况下,界面上任一点的三束光的振动方向不一致,比较它们之间的相位没有意义。但在干涉中,当研究薄膜上下表面反射的两束光由于反射过程的相位变化而引起的附加程差时,可以根据菲涅尔公式,参考图 5.2.4 中各种相位变化情况,分析后决定其附加程差。

3. 反射率和透射率

为了计算反射波和透射波从入射波获取能量的大小,定义了反射率 ρ 和透射率 τ,设入射波单位时间入射到界面上的平均辐射能为 W_1,同一时间同一界面上反射波和透射波从入射波获得的平均辐射能分别为 W'_1 和 W_2,则反射率 ρ 和透射率 τ 的定义是

$$\rho = \frac{W'_1}{W_1} \quad \tau = \frac{W_2}{W_1} \tag{5.2.27}$$

设入射波、反射波和透射波的光强分别为 I_1、I'_1 和 I_2,入射角和折射角分别为 θ_1 和 θ_2,如图 5.2.7 所示,则每秒入射到界面上单位面积的能量为

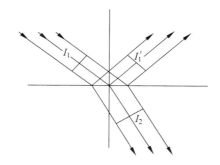

图 5.2.6　掠入射下反射光相位
变化（光疏到光密）

图 5.2.7　介质分界面上入射波、反射波和
透射波光强示意图

$$W_1 = I_1\cos\theta_1 = \frac{1}{2}\sqrt{\frac{\varepsilon_1}{\mu_1}}A_1^2\cos\theta_1 \tag{5.2.28}$$

$$W_1' = I_1'\cos\theta_1 = \frac{1}{2}\sqrt{\frac{\varepsilon_1}{\mu_1}}A_1'^2\cos\theta_1 \tag{5.2.29}$$

$$W_2 = I_2\cos\theta_2 = \frac{1}{2}\sqrt{\frac{\varepsilon_2}{\mu_2}}A_2^2\cos\theta_2 \tag{5.2.30}$$

因此有

$$\rho = \frac{W_1'}{W_1} = \frac{I_1'\cos\theta_1}{I_1\cos\theta_1} = \frac{I_1'}{I_1} = \left(\frac{A_1'}{A_1}\right)^2 = r^2 \tag{5.2.31}$$

$$\tau = \frac{W_2}{W_1} = \frac{I_2\cos\theta_2}{I_1\cos\theta_1} = \frac{n_2\cos\theta_2}{n_1\cos\theta_1}\left(\frac{A_2}{A_1}\right)^2 = \frac{n_2\cos\theta_2}{n_1\cos\theta_1}t^2 \tag{5.2.32}$$

当不考虑介质的吸收和散射时，根据能量守恒关系，得

$$\rho + \tau = 1 \tag{5.2.33}$$

应用菲涅尔公式，可以写出 s 波和 p 波的反射率和透射率表示式为

$$\rho_s = r_s^2 = \frac{\sin^2(\theta_1 - \theta_2)}{\sin^2(\theta_1 + \theta_2)} \tag{5.2.34}$$

$$\tau_s = \frac{n_2\cos\theta_2}{n_1\cos\theta_1}t_s^2 = \frac{n_2\cos\theta_2}{n_1\cos\theta_1}\frac{4\sin^2\theta_2\cos^2\theta_1}{\sin^2(\theta_1 + \theta_2)} \tag{5.2.35}$$

$$\rho_p = r_p^2 = \frac{\tan^2(\theta_1 - \theta_2)}{\tan^2(\theta_1 + \theta_2)} \tag{5.2.36}$$

$$\tau_p = \frac{n_2\cos\theta_2}{n_1\cos\theta_1}t_p^2 = \frac{n_2\cos\theta_2}{n_1\cos\theta_1}\frac{4\sin^2\theta_2\cos^2\theta_1}{\sin^2(\theta_1 + \theta_2)\cos^2(\theta_1 - \theta_2)} \tag{5.2.37}$$

显然有

$$\rho_s + \tau_s = 1, \quad \rho_p + \tau_p = 1 \tag{5.2.38}$$

4. 全反射

光波从光密介质 1 入射到光疏介质 2 时，存在一个对应 $\theta_2 = 90°$ 的入射角，此角度表示为 θ_c，称为临界角，这时没有折射光，在界面上所有的光都反射回介质 1，这种现象称为全反射。根据折射定律

$$\sin\theta_2 = \frac{n_1}{n_2}\sin\theta_c = 1 \tag{5.2.39}$$

有

$$\sin\theta_c = \frac{n_2}{n_1} \qquad (5.2.40)$$

5. 倏逝波

实验表明,在发生全反射时,光波并不是绝对地在界面上被全部反射回第一介质,而是透入第二介质大约一个波长量级的深度,并沿着界面流过波长量级距离后重新返回第一介质,沿着反射光方向射出。这个沿着第二介质表面流动的波称为倏逝波。从电磁场的连续条件来看,倏逝波的存在是必然的。因为电场和磁场不会在两介质的界面上突然中断,在第二介质中应该有透射波存在。

设取 xz 平面为入射面,其透射波可表示为

$$\begin{aligned}
\boldsymbol{E}_2 &= \boldsymbol{A}_2 \exp[-\mathrm{i}(\omega t - \boldsymbol{k}_2 \cdot \boldsymbol{r})] \\
&= \boldsymbol{A}_2 \exp[-\mathrm{i}(\omega t - k_2 x\sin\theta_2 - k_2 z\cos\theta_2)] \\
&= \boldsymbol{A}_2 \exp[-k_1 z \sqrt{\sin^2\theta_1 - n_2^2/n_1^2}]\exp[-\mathrm{i}(\omega t - k_1 x\sin\theta_1)] \qquad (5.2.41)
\end{aligned}$$

上式表明,透射波是一个沿 x 方向传播其振幅在 z 方向作指数衰减的波,这个波就是倏逝波,如图 5.2.8 所示。

可以看出,这是一个非均匀波,其等幅面是 z 为常数的平面,其等相面是 x 为常数的平面,两者互相垂直,并且倏逝波的波长和传播速度分别为

$$\lambda_2 = \frac{2\pi}{k_1 \sin\theta_1} = \frac{\lambda_1}{\sin\theta_1} \qquad (5.2.42)$$

$$\upsilon_2 = \frac{\upsilon_1}{\sin\theta_1} \qquad (5.2.43)$$

通常定义振幅减少到界面($z=0$)处振幅的 $1/\mathrm{e}$ 时的深度为穿透深度 z_0,则

$$z_0 = \frac{\lambda_1}{2\pi \sqrt{\sin^2\theta_1 - n_2^2/n_1^2}} \qquad (5.2.44)$$

全反射现象的特点,即无反射能量损失、反射时有位相变化及存在倏逝波,在许多方面得到了实际应用。

如图 5.2.9 所示,两块靠得很近的全反射棱镜,两斜面间留有一定空气间隙 d。当光入射在棱镜的斜面上时,两斜面之间的空气间隙内有一个倏逝波存在,在波场的耦合下,光波可从一块棱镜入射到另一块棱镜,若不考虑棱镜的吸收,则总的能量守恒。当改变 d 的大小时,将改变透射量的大小,这种因为倏逝波透入第二介质中深度的变化所带来的对介质 1 中全反射效应的影响,称为受抑全反射效应。应用这一原理可以制作成激光可变输出耦合器。反之,若测出透射和反射的两路光的光强,也可以求取微小位移 d。

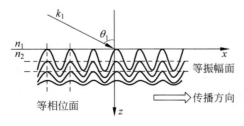

图 5.2.8　倏逝波　　　　　　　　　　　图 5.2.9　受抑制全反射效应

5.3 例题解析

例题 5-1 一平面电磁波可以表示为 $E_x = 0, E_y = 2\cos\left[2\pi \times 10^{14}\left(\dfrac{z}{c} - t\right) + \dfrac{\pi}{2}\right], E_z = 0$，求：(1)该电磁波的频率、波长、振幅和原点的初相位；(2)波的传播方向和电矢量的振动方向；(3)相应的磁场 $\boldsymbol{B}$ 的表达式。

解 此题考查的是平面电磁波的表达式及其各个参数之间的关系。

(1) 根据平面电磁波的通用表达式：$E = A\cos\left[2\pi\nu\left(\dfrac{z}{c} - t\right) + \varphi\right]$，对应有

$$\omega = 2\pi\nu = 2\pi \times 10^{14}\,\mathrm{rad/s}, \quad \text{即频率 } \nu = 10^{14}\,\mathrm{Hz},$$

$$\lambda = cT = \frac{c}{\nu} = \frac{3 \times 10^8}{10^{14}} = 3\,\mu\mathrm{m}, \quad A = 2\,\mathrm{V/m}$$

当 $z = 0, t = 0$ 时，初相位 $\varphi_0 = \dfrac{\pi}{2}$。

(2) 由表达式可知，波沿 z 轴正方向传播，电矢量振动方向为 y 轴。

(3) $\boldsymbol{B}$ 与 $\boldsymbol{E}$ 垂直，传播方向相同，因为 $\dfrac{E}{B} = \dfrac{1}{\sqrt{\varepsilon\mu}} = c$，所以相应磁场 $\boldsymbol{B}$ 的表达式为

$$B_x = -0.67 \times 10^{-8}\cos\left[2\pi \times 10^{14}\left(\frac{z}{c} - t\right) + \frac{\pi}{2}\right], \quad B_y = 0, \quad B_z = 0$$

例题 5-2 一平面简谐电磁波在真空中沿 z 轴正向传播，其频率为 $6 \times 10^{14}\,\mathrm{Hz}$，电场振幅为 $42.42\,\mathrm{V/m}$。如果该电磁波的振动面与 xz 平面成 $45°$，试写出 $\boldsymbol{E}$ 和 $\boldsymbol{B}$ 的表达式。

解 本题考查的是平面简谐电磁波的表达式及其各参数关系和性质。

电矢量的振幅在 x 和 y 方向上的分量分别为：
$$A_x = A\cos 45° = (42.42 \times 0.707)\,\mathrm{V/m} = 30\,\mathrm{V/m}$$
$$A_y = A\cos 45° = (42.42 \times 0.707)\,\mathrm{V/m} = 30\,\mathrm{V/m}$$

因此该电矢量的表达式为：

$$E_x = E_y = A_x\cos\left[\omega\left(\frac{z}{c} - t\right)\right] = 30\cos\left[2\pi \times 6 \times 10^{14}\left(\frac{z}{3 \times 10^8} - t\right)\right]\mathrm{V/m}, \quad E_z = 0$$

又 $B_y = B_x = \dfrac{E_x}{c} = \dfrac{30}{3 \times 10^8}\,\mathrm{T} = 1 \times 10^{-7}\,\mathrm{T}$

磁场的表达式为

$$B_y = -B_x = (1 \times 10^{-7})\cos\left[2\pi \times 6 \times 10^{14}\left(\frac{z}{3 \times 10^8} - t\right)\right], \quad B_z = 0$$

例题 5-3 只有一个振动方向的一束光在玻璃中传播时，表达式为 $E_x = 100\cos\pi\,10^{15}\left(t + \dfrac{z}{0.65c}\right)$，试求该光在真空中的频率、波长和玻璃的折射率。

解 由该光的表达式可知
$$\omega = \pi \times 10^{15}\,\mathrm{rad/s},$$

可得频率为
$$\nu = \frac{\omega}{2\pi} = 5 \times 10^{14}\,\mathrm{Hz}$$

该光在真空中的波长为

$$\lambda = \frac{c}{\nu} = \frac{3 \times 10^8}{5 \times 10^{14}} = 6 \times 10^{-7} \mathrm{m}$$

同时由该光的表达式可知该光在玻璃中的传播速度为

$$\upsilon = 0.65c$$

所以该玻璃的折射率为

$$n = \frac{c}{\upsilon} = 1.538$$

例题 5-4 如例题 5-4 图所示,要使某线偏振的激光通过某一放大介质棒时,在棒的端面没有反射损失,棒端面对棒轴向的倾角 α 应取何值? 光束入射角应为多大? 入射光的振动方向如何? 已知该放大介质的折射率为1.7,光束在棒内沿棒轴向传播。

例题 5-4 图

解 若没有反射损耗,入射角应为布儒斯特角,入射光的振动方向应平行于入射面,且垂直于传播方向。

所以入射角为

$$\theta_1 = \theta_B = \arctan\left(\frac{n_2}{n_1}\right) = 59.53°$$

折射角为

$$\theta_2 = 90° - \theta_B = 30.47°$$

由图中几何关系可知

$$\alpha = 90° - \theta_2 = 59.53°$$

例题 5-5 一电矢量振动方向与入射方向成 $45°$ 的线偏振光入射到两种介质分界面上,第一、第二种介质的折射率分别为 $n_1 = 1$ 和 $n_2 = 1.5$。问:(1)入射角 $\theta_1 = 50°$ 时,反射光电矢量的方位角(与入射面所成角度)是多少? (2)入射角 $\theta_1 = 60°$ 时,反射光电矢量的方位角又是多少?

解 本题所考查的知识点是电磁场的性质和菲涅尔公式,要注意当入射角分别小于或大于布儒斯特角时,反射光中平行分量的变化。

(1) 根据题意可得布儒斯特角 $\theta_p = \arctan\left(\frac{n_2}{n_1}\right) = 56.3°$。

当 $\theta_1 = 50°$ 时,由折射定律 $n_1 \sin\theta_1 = n_2 \sin\theta_2$ 求出折射角 $\theta_2 = \arcsin\left(\frac{\sin 50°}{1.5}\right) = 30.71°$,代入菲涅尔公式得

$$r_s = -\frac{\sin(\theta_1 - \theta_2)}{\sin(\theta_1 + \theta_2)} = -\frac{\sin(19.290°)}{\sin(80.710°)} = -0.3347$$

$$r_p = \frac{\tan(\theta_1 - \theta_2)}{\tan(\theta_1 + \theta_2)} = -\frac{\tan(19.290°)}{\tan(80.710°)} = 0.057$$

由于入射光中电矢量振动方向与入射面成 $45°$ 角,所以入射光中 $A_s = A_p = A$。

反射光分量:$A_s' = r_s A_s = -0.3347A$,$A_p' = r_p A_p = 0.057A$

合振动与入射面的夹角:$\alpha = \arctan(A_s'/A_p') = \arctan(-5.8719) = -80.335° =$

$-80°20'$。

（2）当 $\theta_1 = 60°$ 时，

由折射定律 $n_1\sin\theta_1 = n_2\sin\theta_2$ 求出折射角 $\theta_2 = \arcsin\left(\dfrac{\sin 60°}{1.5}\right) = 35.246°$，代入菲涅尔公式得

$$r_s = -\frac{\sin(\theta_1 - \theta_2)}{\sin(\theta_1 + \theta_2)} = -\frac{\sin(24.736°)}{\sin(95.264°)} = -0.4202$$

$$r_p = \frac{\tan(\theta_1 - \theta_2)}{\tan(\theta_1 + \theta_2)} = -\frac{\tan(24.736°)}{\tan(95.264°)} = -0.0424$$

由于入射光中电矢量振动方向与入射面成 $45°$ 角，所以入射光中 $A_s = A_p = A$。

反射光分量：$A_s' = r_s A_s = -0.4202A$，$A_p' = r_p A_p = -0.0424A$。

合振动与入射面的夹角：$\alpha = \arctan(A_s'/A_p') = \arctan(9.9104) = -84.238° = -84°14'$。

习题

5.1 一束平面光波从 A 点传播到 B 点，今在 AB 之间插入一透明薄片，其厚度为 $h = 1\text{mm}$，折射率 $n = 1.5$。假定光波的波长为 500nm，请推导出插入透明薄片后 B 点相位变化表达式并计算 B 点位相的变化。

5.2 一束光在某种介质中传播时，其电场强度的表达式为：$\boldsymbol{E} = (2\sqrt{3}\,\boldsymbol{x}_0 - 2\boldsymbol{y}_0)\cos[2\pi \times 10^6(x + \sqrt{3}\,y - 4 \times 10^8 t)]$，式中：$\boldsymbol{x}_0, \boldsymbol{y}_0, \boldsymbol{z}_0$ 分别是直角坐标系 (x, y, z) 中 x, y, z 轴方向的单位矢量。求：

（1）计算该光波波矢与 x 轴夹角，并画图示意出该光波的传播方向和偏振方向（标出相应的角度值）；

（2）该电磁波的频率、波长、振幅和相速度；

（3）该介质的折射率。

5.3 一束光以 $30°$ 角从空气入射到玻璃的界面，试求电矢量垂直于入射面和平行于入射面的反射系数（设玻璃折射率为 1.7）。

5.4 已知冕牌玻璃对 $0.3988\mu m$ 的波长的光的折射率为 1.52546，$\text{d}n/\text{d}\lambda = -0.126\mu m^{-1}$，求光在该玻璃中的相速度和群速度。

5.5 太阳光（自然光）以 $60°$ 角入射到窗玻璃（$n = 1.5$）上，试求太阳光的透射比。

5.6 光束入射到平行平面玻璃板上，如果在上表面反射时发生全偏振，试证明折射光在下表面反射时亦发生全偏振。

5.7 如习题 5.7 图所示，光束垂直入射到 $45°$ 直角棱镜的一个侧面，并经斜面反射后由底二个侧面射出，若入射光强为 I_0，求从棱镜透过的出射光强 I。设棱镜的折射率为 1.52，且不考虑棱镜的吸收。

5.8 如习题 5.8 图所示，一半导体砷化镓发光管，管芯 AB 为发光区，其直径 $d \approx 3\text{mm}$。为了避免全反射，发光管上部磨成半球形，以使内部发的光能够以最大投射比向外输送。要使发光区边缘两点 A 和 B 的光不发生全反射，半球的半径至少应取多少？（已知对发射的 $\lambda = 0.9\text{nm}$ 的光，砷化镓的折射率为 3.4）。

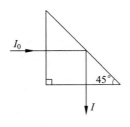

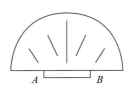

习题 5.7 图　　　　　　　　习题 5.8 图

5.9　线偏振光在玻璃-空气界面上发生全反射,线偏振光的方位角 $\alpha=45°$,问线偏振光以多大角度入射才能使反射光的 s 波和 p 波的相位差等于 $45°$? 设玻璃折射率 $n=1.5$。

5.10　线偏振光在 n_1 和 n_2 介质的界面发生全反射,线偏振光的方位角 $\alpha=45°$,证明当 $\cos\theta=\sqrt{\dfrac{1-n^2}{1+n^2}}$ 时(θ 是入射角),反射光波和波的相位差有最大值(式中 $n=n_2/n_1$)。

5.11　证明布儒斯特角恒小于全反射临界角。

第 6 章

光波的干涉

学习目标

理解光波的叠加(相干叠加和非相干叠加);掌握光波相干条件;了解干涉条纹可见度;理解光波的时间和空间相干性;掌握光程差和相位差的概念及它们之间的联系;掌握分波面干涉(杨氏干涉)和分振幅(等倾和等厚干涉)的光强分布规律;掌握迈克尔逊干涉仪和法布里-珀罗干涉仪(标准具)的基本原理和应用。

光的干涉、衍射和偏振现象是光波动性的重要特征。干涉现象是指由两列或多列相同频率的光波在同一空间传播相遇时,在叠加区域内,部分的光振幅加强,而部分的光振幅减弱,形成稳定的、明暗相间的光场空间分布。1801 年,托马斯·杨(Thomas Young,1773—1829)的双缝实验提出了干涉原理并对此做出定性解释,他指出"用一束单色光照射一块屏幕,在屏幕上面开两个小洞或者狭缝,光通过它们向各个方向绕射,当新形成的两束光射到一个放置在它们前进方向上的屏幕上时,会形成一系列宽度近似相等的若干条亮带和暗带"。托马斯·杨的双缝干涉实验为波动学说提供了很好的证据,但这对于牛顿(Isaac Newton,1642—1727)、泊松(S. D. Poission,1781—1840)、拉普拉斯(Laplace Pierre-Simon,1749—1827)等支持的微粒说是严重的挑战。在当时粒子学说的巨大权威下,托马斯·杨提出的干涉原理并没有在科学界得到认同,反而遭到一些权威学者的攻击,近十几年没有人理解托马斯·杨的工作。直到 1815 年,菲涅尔(Augustin-Jean Fresnel,1788—1827)和阿拉果(Dominique Francois Jean Arago,1786—1879)等用波动理论和实验定量地描述了干涉现象,人们才开始相信波动学说。20 世纪 30 年代范西特(P. H. Van Cittert)和泽尼克(Frederik Zernike,1888—1966)提出部分相干理论,使得干涉理论得到进一步的完善。随着激光的出现,干涉技术在许多科学领域都得到了广泛的应用,如激光光谱学、激光干涉测量等各种物理量的测量以及光电、光纤传感技术等。

6.1 光波干涉的条件

发光是原子在不同的能量状态之间跃迁的结果,普通光源一般对应大量的原子同时发光,不同原子所发的光波,其传播方向、振动方向、位相和频率都不固定。所以,不同原子在同一时刻所发出的光波是不相干的;即使同一原子在不同时刻所发出的光波也是不相干的。所以,普通光源所发的光在相遇时总是强度相加,不会产生干涉。怎样才能产生干涉现象,需要什么条件呢? 在学习光波的干涉之前,先要了解一下光波的叠加。

6.1.1 光波的叠加

几列光波在相遇点产生的合振动是各个光波单独在该点产生的振动的矢量和。如果有两列光波$\boldsymbol{E}_1$和$\boldsymbol{E}_2$在空间P点相遇,则P点的合振动为

$$\boldsymbol{E}(P) = \boldsymbol{E}_1(P) + \boldsymbol{E}_2(P) \tag{6.1.1}$$

光波的传播具有独立性,一列光波的作用不会因为其他光波的存在而受到影响。两列光波在相遇后又分开,每个光波仍保持原有的特性(频率、波长、振动方向等),按照原来的传播方向继续前进。而两个或多个满足波动方程的光波同时存在时,总的光波场就是这些光波的直接叠加。如果光波的强度很大(例如光强达10^{12} V/m 的激光)时,介质将产生非线性效应,这时介质对光波的响应是非线性的,上述叠加原理将不再适用。

6.1.2 光波的干涉条件

光的干涉现象是光波叠加后能量重新分配的结果,并非任意的光波叠加都能产生干涉现象,能够产生干涉现象的光波必须满足一定条件,下面以两列单色线偏振光的叠加为例来进行讨论。

两列频率相同、振动方向相同的单色光波在空间某一点P相遇。两光波各自在P点产生的光振动可以写为

$$\boldsymbol{E}_1 = \boldsymbol{A}_1 \cos(\boldsymbol{k}_1 \cdot \boldsymbol{r} - \omega_1 t + \delta_1)$$
$$\boldsymbol{E}_2 = \boldsymbol{A}_2 \cos(\boldsymbol{k}_2 \cdot \boldsymbol{r} - \omega_2 t + \delta_2) \tag{6.1.2}$$

根据光波叠加原理,当这两列光波在空间P点相遇时,则P点的合振动为

$$\boldsymbol{E} = \boldsymbol{E}_1 + \boldsymbol{E}_2 \tag{6.1.3}$$

因此,P点合振动的强度为

$$I = <(\boldsymbol{E}_1 + \boldsymbol{E}_2) \cdot (\boldsymbol{E}_1 + \boldsymbol{E}_2)>$$
$$= A_1^2 + A_2^2 + 2\boldsymbol{A}_1 \cdot \boldsymbol{A}_2 \cos\delta = I_1 + I_2 + 2\boldsymbol{A}_1 \cdot \boldsymbol{A}_2 \cos\delta \tag{6.1.4}$$

定义干涉项为

$$I_{12} = 2\boldsymbol{A}_1 \cdot \boldsymbol{A}_2 \cos\delta \tag{6.1.5}$$

其中相位差

$$\delta = (\boldsymbol{k}_1 - \boldsymbol{k}_2) \cdot \boldsymbol{r} - (\omega_1 - \omega_2)t + \delta_1 - \delta_2 \tag{6.1.6}$$

由此可见,两列光波叠加后要产生干涉效应主要取决于干涉项I_{12},通过研究这一项就可以得到光干涉的条件。

1. 振动方向相同

从式(6.1.4)可以看出,在干涉项I_{12}的前半部分中,若两列光波的振动方向一致,那么矢量积就变成标量积,即$\boldsymbol{A}_1 \cdot \boldsymbol{A}_2 = A_1 A_2$;若振动方向相互垂直,那$\boldsymbol{A}_1 \cdot \boldsymbol{A}_2 = 0$,干涉项消失,干涉现象就不存在;若它们的振动方向存在一个夹角θ,则$\boldsymbol{A}_1 \cdot \boldsymbol{A}_2 = A_1 A_2 \cos\theta$,即振动的平行分量会产生干涉,而垂直方向将形成背景光,影响了干涉条纹的清晰度。所以要产生清晰的干涉条纹,必须使得两光束的振动方向基本相同。

2. 光波的频率相同

分析式(6.1.5),若$\omega_1 \neq \omega_2$,那么干涉相I_{12}会随着时间的改变而变化,这样在P点的合

光强变得不稳定,不能出现干涉现象,因此两光波的频率必须相同。

3. 相位差恒定

对于确定的观察点,要求 $\delta_1-\delta_2$ 为恒定值。因为在场中确定的点上,坐标位置是一定的,也就是说 $(\mathbf{k}_1-\mathbf{k}_2)\cdot\mathbf{r}$ 也是定值。若 $\delta_1-\delta_2$ 不是定值,则有可能在观察时间内多次经历 0 到 2π 的一切数值,导致 $I_{12}=0$,不能产生干涉现象。

上述三个条件是产生干涉现象的必要条件。能满足干涉条件的光波称为相干光波,产生相干光波的光源称为相干光源。

除此之外,要产生干涉现象还需要补充一个条件,即要相干的两个波列的光程差不能超过光波的波列长度。

根据上述条件,可以得出,产生干涉效应的光源有着严格的限制。两个普通的独立光源发出的光波是不能产生干涉的。即使一个光源上每一个原子、分子都是一个发光中心,产生各种不同相位的波列,而不同原子、分子产生的各个波列之间都没有恒定的相位差,不能产生干涉效应。因此,普通光源是非相干光源。这样,干涉装置就需要将普通光源的同一个原子或分子产生的同一列光波分解开来,从而获得两个或多个相干光波。干涉装置采用的方法通常可以分两种,一种为分波面法,另一种为分振幅法,下面将分别对这两种干涉进行介绍。

6.2　分波面干涉

在获得两束或多束相干光的过程中,将一束光波的波面分成几部分进行干涉,叫分波面干涉。因为这几束光来自于同一光波的同一个波面,所以它们必然是相干光波。杨氏干涉实验就是一个分波面干涉著名的经典实验。

杨氏干涉实验的装置如图 6.2.1 所示。

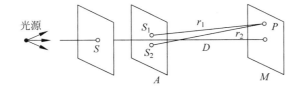

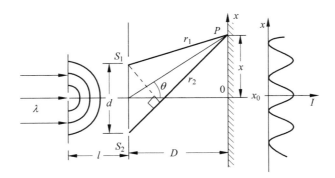

图 6.2.1　杨氏干涉实验

以单色光源照明小孔 S,小孔 S 可看成是一个点光源,S_1 和 S_2 是屏 A 上两个靠得十分接近的小孔,它们之间的距离为 d;S 到屏 A 的距离,记作 l,并且使 $SS_1 = SS_2$。S_1 和 S_2 可以看成两个新的次级点光源,从 S_1 和 S_2 发出的球面光波就是相干光波。两相干球面波在平行于屏 A,并且与屏 A 距离为 D 的屏 M 上叠加,就形成了干涉图样。

下面来分析干涉图样的强度分布,如图 6.2.2 所示,任取屏上点 $P(x, y, D)$。由于 S_1 和 S_2 大小相等且对称设置,因此可以理解成 S_1 和 S_2 光波到 P 点的光强相等,都为 I_0,根据光波的叠加,可得:

$$I = I_1 + I_2 + I_{12} = 2I_0 + 2I_0\cos\delta = 4I_0\cos^2\frac{\delta}{2}$$

$$(6.2.1)$$

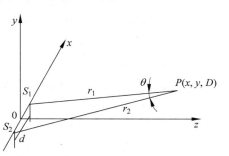

图 6.2.2　干涉图样计算

可见,P 点的光强度分布情况取决于两列光波之间的相位差 δ。由图 6.2.2 可知,对于屏 M 上的 P 点有

$$r_1 = S_1P = \sqrt{D^2 + y^2 + \left(x - \frac{d}{2}\right)^2}$$

$$r_2 = S_2P = \sqrt{D^2 + y^2 + \left(x + \frac{d}{2}\right)^2}$$

$$(6.2.2)$$

则

$$r_2^2 - r_1^2 = (r_2 + r_1)(r_2 - r_1) = 2dx$$

$$(6.2.3)$$

则两光波到 P 点的光程差可表示为

$$\Delta = n(r_2 - r_1) = \frac{2nxd}{(r_2 + r_1)}$$

$$(6.2.4)$$

在实验中,因为 $d \ll D$,所以有

$$\delta = \frac{2\pi}{\lambda}\Delta = \frac{2\pi}{\lambda} \cdot \frac{nxd}{D} = \frac{2\pi nxd}{\lambda D}$$

$$(6.2.5)$$

所以,根据式(6.2.1)和式(6.2.5),可得

(1) 当 $x = \frac{m\lambda D}{nd}$,$m = 0, \pm1, \pm2\cdots$时,该点光强最大 $I = 4I_0$,为亮条纹。

(2) 当 $x = \frac{\lambda D}{nd}\left(m + \frac{1}{2}\right)$,$m = 0, \pm1, \pm2\cdots$时,该点光强最小,$I = 0$,为暗纹。$m = \frac{\delta}{2\pi} = \frac{\Delta}{\lambda}$,为干涉条纹的级次。

可见,干涉图样是由一系列亮暗相间的条纹组成的,条纹等间距分布,并且走向垂直于 S_1S_2 连线,强度分布呈现余弦规律变化,如图 6.2.3 所示。

相邻两个亮条纹或者暗条纹之间的距离称为条纹间距,如图 6.2.4 所示,表示为

$$e = \frac{\lambda D}{nd} = \frac{\lambda}{n\omega}$$

$$(6.2.6)$$

其中 $\omega = \frac{d}{D}$,因为在实验中 $d \ll D$,所以 ω 就为两条相干光线之间的夹角,称为会聚角。

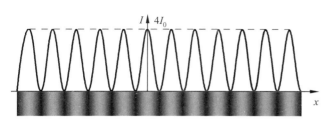

图 6.2.3　干涉图样的条纹

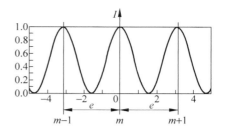

图 6.2.4　条纹间距

由上所知,干涉条纹实际上就是由一系列等光程差的点组成,也就是说,这些点到 S_1 和 S_2 的光程差 Δ 是相等的, $\Delta = r_2 - r_1 = \sqrt{\left(x+\dfrac{d}{2}\right)^2 + y^2 + D^2} - \sqrt{\left(x-\dfrac{d}{2}\right)^2 + y^2 + D^2}$ 。因此,将杨氏干涉实验扩展到三维空间上,到 S_1 和 S_2 的等光程差的点的分布是一个双曲面。那空间上的干涉图样就等于一组双曲面簇,如图 6.2.5 所示。

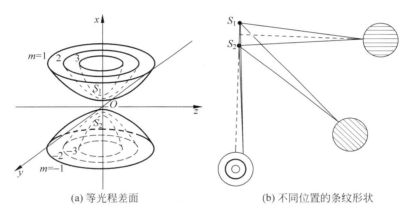

(a) 等光程差面　　　　　　　　(b) 不同位置的条纹形状

图 6.2.5　三维空间两点光源干涉图样

在不同方位观察干涉条纹,就等于观察屏与此双曲面簇的交线。当观察屏位于与 S_1S_2 的垂直平分线的远方时,就会观察到直线等距条纹,即杨氏干涉条纹;当观察屏为 S_1S_2 连线的垂直平分面时,就得到圆环形条纹;若观察屏位于其他位置,则会观察到双曲线状的条纹。

分波面干涉的装置还有很多种,典型的有菲涅尔双面镜、菲涅尔双棱镜、洛埃镜以及比雷对切透镜等,如图 6.2.6 所示。这些分波面干涉的实验装置,都是通过成像的方式,由一个点光源得到两个次级相干点光源(实像或虚像),从而形成干涉。

这种双光束的分波面干涉,在光波的叠加区域是可以处处观察到干涉条纹的,只是条纹间距和图样会因位置而发生改变,这种干涉就称作非定域干涉,相应的条纹为非定域条纹。除此之外,还存在干涉条纹只能在特定区域内才能观察到的干涉就为定域干涉,相应的条纹为定域条纹,将在后面介绍。

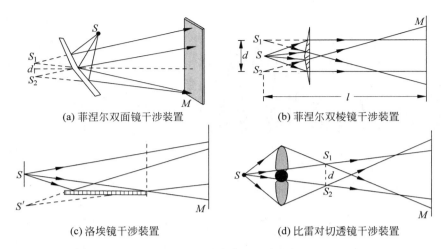

(a) 菲涅尔双面镜干涉装置　　　　　　(b) 菲涅尔双棱镜干涉装置

(c)洛埃镜干涉装置　　　　　　(d) 比雷对切透镜干涉装置

图 6.2.6　几种分波面干涉的装置

6.3　影响双光束干涉条纹清晰度的因素

干涉场中某点的清晰程度通常用条纹对比度(或可见度)来表示:

$$K = \frac{I_{\max} - I_{\min}}{I_{\max} + I_{\min}} \tag{6.3.1}$$

式中,$I_{\max}$ 和 $I_{\min}$ 分别表示该点附近的光强的极大值和极小值。可见 K 的取值范围为 $[0,1]$,当 $I_{\max} = I_{\min}$,$K = 0$,干涉条纹消失。即当 K 值越接近于 0 时,条纹越模糊,等于 0 时消失。反之,当 $I_{\min} = 0$,$K = 1$,干涉条纹最清晰。下面来讨论影响对比度的各个因素。

6.3.1　两相干光波的振幅比对条纹对比度的影响

由式(6.3.1)可得

$$K = \frac{2\sqrt{I_1 I_2}}{I_1 + I_2} = \frac{2(A_1/A_2)}{1 + (A_1/A_2)^2} \tag{6.3.2}$$

可见,当 $A_1 = A_2$ 时,$K = 1$,干涉条纹最清晰;反之,当 A_1 和 A_2 相差越来越大时,K 值越来越小。

6.3.2　光源宽度对条纹对比度的影响和空间相干性

1. 光源宽度对条纹对比度的影响

前面考虑的干涉情况是理想光源,而实际中的光源的发光总是有一定发光面积的,通常为扩展光源,可以将它看作由无数位于不同位置的点光源组成的。每一个点光源就对应有一组干涉条纹,这些干涉条纹之间往往有一定的位移,位移量的大小与点光源到屏的距离有关。屏幕上的总光强是各组干涉条纹的非相干叠加,叠加后就可能导致可见度的降低。下面以杨氏干涉实验为例,讨论扩展光源 S 的宽度对条纹对比度的影响。

设想将扩展光源分成许多强度相等、宽度为 dx' 的元光源,每一元光源到达干涉场的强

度为 $I_0 \mathrm{d}x'$,则位于宽度为 b 的扩展光源 $S'S''$ 上 c 点处的元光源,在屏平面 x 上的 P 点形成干涉条纹的强度为

$$\mathrm{d}I = 2I_0\mathrm{d}x'[1 + \cos k(\Delta' + \Delta)] \tag{6.3.3}$$

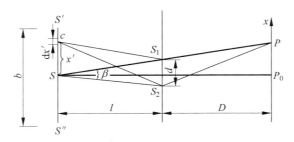

图 6.3.1　把扩展光源分成许多元光源

式中,Δ' 和 Δ 分别是从 c 点到 P 点的一对相干光在干涉系统左右方的光程差。类似于上节中求解关系式 $\Delta = \dfrac{xd}{D}$,容易求得 $\Delta' = \dfrac{x'd}{l}$ 或 $\Delta' = \beta x'$,其中记 $\beta = d/l$。β 称为干涉孔径角,即到达干涉场某点的两条相干光束从实际光源发出时的夹角。于是,宽度为 b 的整个光源在 x 平面 P 点处的光强为

$$
\begin{aligned}
I &= \int_{-b/2}^{b/2} 2I_0\left[1 + \cos\frac{2\pi}{\lambda}\left(\frac{d}{l}x' + \frac{d}{D}x\right)\right]\mathrm{d}x' \\
&= 2I_0 b + 2I_0\frac{\sin\pi b\beta/\lambda}{\pi\beta/\lambda}\cos\left(\frac{2\pi}{\lambda}\frac{d}{D}x\right) \\
&= 2I_0 b\left[1 + \frac{\sin\pi b\beta/\lambda}{\pi b\beta/\lambda}\cos\left(\frac{2\pi}{\lambda}\frac{d}{D}x\right)\right]
\end{aligned}
\tag{6.3.4}
$$

显然,式(6.3.4)中的 $\dfrac{\sin\pi b\beta/\lambda}{\pi b\beta/\lambda}$ 就是干涉条纹的可见度,写成

$$K = \left|\frac{\lambda}{\pi b\beta}\sin\frac{\pi b\beta}{\lambda}\right| \tag{6.3.5}$$

K 随 b 的变化,第一个 $K=0$ 值对应 $b=\lambda/\beta$,称条纹可见度为零时的光源宽度为光源的临界宽度,记为 b_c,关系式 $b_c = \lambda/\beta$ 是求解干涉系统中光源的临界宽度的普遍公式。实际工作中,为了能够较清晰地观察到干涉条纹,通常取该值的 $1/4$ 作为光源的允许宽度 b_p,这时条纹可见度为 $K=0.9$,有

$$b_p = b_c/4 = \lambda/4\beta \tag{6.3.6}$$

2. 空间相干性

通过光波场横方向上的两点的光能在空间内相遇时发生干涉,就称这两点的光具有空间相干性。反之,当两点光形成的干涉孔径角超过 β 的限制时,就无法干涉,称它们是不相干的。

$\lambda = b_c\beta$ 就称为干涉系统的不变量,简单地说就是给定一个光源尺寸,就限制了一个相干空间,如图 6.3.2 所示。当宽度为 b 的光源在空间的干涉孔径角为 β,则图中点源 s_1 和 s_2 能产生干涉,而 s_1' 和 s_2' 则不能产生干涉。

这种不变量关系可以被用来测量天体星球的直径。如图 6.3.3 所示的测星干涉仪。首先将星球当作一个扩展光源。M_1 和 M_2 是一对可以沿着 D_1D_2 连线方向连动的反射镜。

它们之间的距离就类似于上述的双孔之间的距离 d。这样，改变距离 $M_1 M_2$ 直至干涉图样消失，测量得 d，而 λ 已知，就可以根据关系式 $\lambda = d\theta$，计算得到 θ，即星球的角直径，当知道星球与观察地面之间的距离后，星球的直径也就可以得到了。

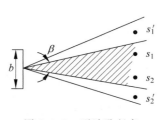

图 6.3.2　干涉孔径角

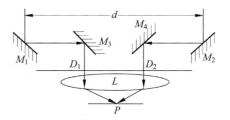

图 6.3.3　测星干涉仪

6.3.3　光源的非单色性对条纹对比度的影响和时间相干性

1. 光源的非单色性对条纹对比度的影响

前面讨论的是基于单色光源的干涉，即光源波长为单一波长，而实际中的光源往往都存在一定的谱线宽度 $\Delta\lambda$，对应一定的频率宽度 $\Delta\nu$。在 $\Delta\lambda$ 的范围内，波长不同，条纹宽度不同，因此除了零级位置以外，其他级次的位置都将错开。使得整个干涉场的对比度下降，且出现彩色条纹。当第 m 级次 $\lambda + \Delta\lambda$ 的光波的干涉条纹与第 $m+1$ 级次的波长为 λ 的干涉条纹叠加时，高级次条纹消失，将出现一片亮光场。此时对应的光程差，称作该光源的相干长度，为 $L = \Delta = (m+1)\lambda = m(\lambda + \Delta\lambda)$，可得条纹的最大干涉级次，$m = \dfrac{\lambda}{\Delta\lambda}$。则相干长度为

$$L = \frac{\lambda^2}{\Delta\lambda} + \lambda \approx \frac{\lambda^2}{\Delta\lambda} \tag{6.3.7}$$

可见，光源的光谱宽度 $\Delta\lambda$ 越小，即单色性越好，光源的相干长度 L 就越长。

2. 时间相干性

光波在一定的光程差下能产生干涉的现象称为光波的时间相干性。光波经过相干长度需要的时间称为相干时间 Δt，有

$$L = c\Delta t = \frac{\lambda^2}{\Delta\lambda} \tag{6.3.8}$$

根据波长 λ 和频率 ν 之间关系式 $\lambda\nu = c$（c 为光在真空中传播的速度），可得

$$\left| \frac{\Delta\lambda}{\lambda} \right| = \left| \frac{\Delta\nu}{\nu} \right| \tag{6.3.9}$$

代入上式可得

$$\Delta\nu\Delta t = 1 \tag{6.3.10}$$

因此，$\Delta\nu$ 越小，Δt 就越大，同时对应光谱宽度 $\Delta\lambda$ 也越小，光波的单色性越好，时间相干性就越好。

注意：通常的光源相干性是指光源的时间相干性，也就是单色性，对应的是在光波场的纵方向上空间两点的相位关系。而空间相干性是对有一定宽度的扩展光源而言，是光源不同点的波列相遇在空间同一点，用来分析光波场横方向上能发生干涉现象的空间区域大小，表 6.3.1 给出了几种不同光源的相干长度数量级。可以看出，激光的相干性远优于其他光源。

表 6.3.1　几种不同光源的相干长度

光　源	相干长度数量级/m
白光	10^{-6}
钠黄光	10^{-2}
汞灯	10^{-1}
氪	1
氦氖激光器(连续光)	$0.2 \sim 0.3$
氦氖激光器(单模输出)	4×10^{5}

6.4　分振幅双光束干涉

由 6.3 节的讨论可知,对于分波面干涉,由于空间相干性的问题,为了获得清晰的干涉条纹,光源的线度有所限制,只能使用有限大小的光源。这在实际应用中往往不能满足对条纹亮度的要求。本节将介绍另外一种可以使用扩展光源的分振幅干涉,它能在保证条纹亮度的情况下获得清晰的干涉条纹,解决了干涉条纹的对比度和亮度之间的矛盾。

在学习分振幅法干涉之前,先了解几个概念。

(1) **非定域干涉**:两个单色点源在空间任意一点相遇,有一个确定的光程差,从而形成一定的强度分布,在任意区域都可以得到干涉条纹,这种干涉称为非定域干涉,如分波面干涉。

(2) **定域干涉**:当使用扩展光源进行干涉时,由于光源不同点发出的两束相干光在空间某一点具有不同光程差,当这些光程差的变化 $\Delta\delta > \lambda/4$ 时,干涉条纹就观察不到了。即这种情况下,干涉条纹需要在特定位置才可以观测到,称作定域干涉。

(3) **分振幅干涉**:将一束光的振幅(光强)通过反射或折射的方式将其分为两部分(或多部分)进行干涉的现象称为分振幅干涉。通常包含两种形式:等倾干涉,如平行平板干涉装置;等厚干涉,如楔形板干涉装置。

6.4.1　平行平板双光束等倾干涉

如图 6.4.1 所示,当入射角为 θ_1 的光线照射到平板上时,一部分的光被平板上表面反射,另一部分的光经上表面折射后,到下表面再反射,这两束光经过透镜会聚,在 P 点叠加,产生干涉,称为平行平板双光束等倾干涉。

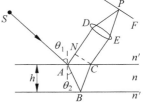

图 6.4.1　平板双光束等倾干涉

假设平板介质的折射率为 n,而周围介质的折射率为 n',$n > n'$。这两路光线的光程差可以表示为 $\Delta = n(AB + BC) - n'AN + \lambda/2$,其中 $\lambda/2$ 是指在下表面反射时产生"半波损失"导致的附加程差。

由于 $AB = BC = \dfrac{h}{\cos\theta_2}$,$AN = AC\sin\theta_1 = 2h\tan\theta_2\sin\theta_1$,$n'\sin\theta_1 = n\sin\theta_2$,这样,光程差就可以简化为

$$\Delta = 2nh\cos\theta_2 + \lambda/2 \qquad (6.4.1)$$

P 点的光强就可以表示为

$$I = I_1 + I_2 + 2\sqrt{I_1 I_2}\cos k\Delta \qquad (6.4.2)$$

因此,可以得出

$$\Delta = \begin{cases} m\lambda & P\ \text{点为亮纹} \\ \left(m + \dfrac{1}{2}\right)\lambda & P\ \text{点为暗纹} \end{cases} \quad (\text{其中}\ m = 0, \pm 1, \pm 2\cdots) \qquad (6.4.3)$$

图 6.4.2 为产生等倾干涉圆条纹的实验装置,由上述的光程差公式可得,圆条纹的中心点光程差为

$$\Delta = 2nh + \lambda/2 = m'\lambda \qquad (6.4.4)$$

因此对应的干涉级次也是最高,其中 m' 不一定为整数,可以表示为 $m' = m_1 + q$,m_1 为最靠近中心的亮条纹的级次,为整数,q 为小于 1 的小数。这样,可知等倾干涉圆条纹中心不一定为亮斑,并且条纹的级次是由内而外减小的。

从中心往外数,第 N 个亮条纹的干涉级次为 $m_1 - N + 1$,其光程差为

$$\Delta = 2nh\cos\theta_{2N} + \lambda/2 = (m_1 - N + 1)\lambda \qquad (6.4.5)$$

该条纹对透镜中心的张角为该条纹的角半径,也就等于对应光线原来的入射角 θ_{1N},与其对应的 Q_{2N} 满足式(6.4.5)。将式(6.4.4)和式(6.4.5)相减,得到

$$2nh(1 - \cos\theta_{2N}) = (N - 1 + q)\lambda \qquad (6.4.6)$$

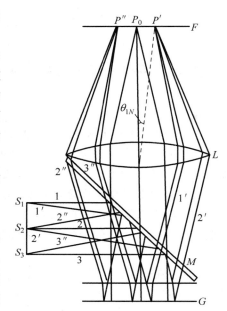

图 6.4.2 等倾干涉圆条纹实验装置

由于 θ_{2N} 较小,$\cos\theta_{2N} = 1 - \dfrac{1}{2}\theta_{2N}^2$ 代入式(6.4.6),就得到

$$\theta_{2N} = \sqrt{\frac{(N - 1 + q)\lambda}{nh}} \qquad (6.4.7)$$

再有 $n'\sin\theta_{1N} = n\sin\theta_{2N}$,$\theta_{1N}$,$\theta_{2N}$ 都较小,得出 $\theta_{2N} = \dfrac{n'\theta_{1N}}{n}$,代入式(6.4.7)就得到角半径

$$\theta_{1N} = \frac{1}{n'}\sqrt{\frac{n\lambda}{h}}\sqrt{N - 1 + q} \qquad (6.4.8)$$

将光程差 $\Delta = 2nh\cos\theta_2 + \lambda/2$ 对 m 作微分,可得 $-2nh\sin\theta_2\,\mathrm{d}\theta_2 = \lambda\,\mathrm{d}m$,同时 $\theta_2 = \dfrac{n'\theta_1}{n}$,就可以得到条纹的角间距

$$\delta\theta_1 = \frac{n\lambda}{2n'^2\theta_1 h} \qquad (6.4.9)$$

由此可得,等倾干涉条纹的分布不是等间距,随着 θ_1 的变大,$\delta\theta_1$ 将变小,也就是说,等倾干涉圆条纹中间疏边缘密,并且跟 h 成反比,当平板厚度越厚时,干涉条纹也就越密。

同时,由等倾干涉光程差的公式可知,h 越大,干涉级次越高。也就是当高度增加 $\dfrac{\lambda}{2}$ 时,

干涉级次就增加一级,即条纹由中心往外扩散一级,条纹从中心往外涌;反之,条纹从中心往内收缩。利用这种现象可以来判断或测量平板的厚度变化。

除此之外,若是采用透射光产生等倾干涉,那么它们的光程差为 $\Delta = 2nh\cos\theta_2$,相比于反射光,可以看出光程差相差 $\lambda/2$。因此,可以得出在反射光产生的干涉条纹是亮条纹时,透射光产生的是暗条纹,即它们的等倾条纹是互补的。

6.4.2 楔形平板双光束等厚干涉

两个不平行的平面构成的平板称为楔形平板,在楔形平板的上下表面反射和折射形成两束具有一定光程差的光叠加形成的干涉称为楔形平板双光束等厚干涉。

因此,如同等倾干涉一样,楔形平板产生的等厚干涉也分定域干涉和非定域干涉。当使用理想点光源时,形成的两束光波叠加所在的空间,任意一点都可以形成干涉,称为非定域干涉。反之,只有当使用扩展光源时,才会出现只有在特定区域才能观察到干涉条纹的现象,这些干涉条纹就是定域的。同时,定域面的位置也就由干涉孔径角 $\beta = 0$ 的条件所确定。由于楔形平板两表面之间有一个夹角,这样定域面的位置就跟扩展光源与楔形平板的相对位置有关,有如下三种情况,如图 6.4.3 所示:(1)当光源位于楔形平板厚度大的上方时,光线斜入射,则定域面在楔形板的上表面附近,如图 6.4.3(a)所示。并且当楔形板的夹角变小时,定域面将远离开楔形板表面,当楔形板成为平板时,定域面位于无穷远处。另外,随着楔形板厚度的变小,定域面将逐渐靠近楔形板表面。(2)当光源位于楔形平板的正上方时,条纹的定域面就位于楔形板内,如图 6.4.3(b)所示。(3)当光源位于楔形平板厚度小的上方照明时,定域面就在楔形板的下表面附近,看到的是虚像,如图 6.4.3(c)所示。

对于等厚干涉条纹的计算,以干涉孔径角 $\beta = 0$ 为例进行计算,如图 6.4.4 所示。

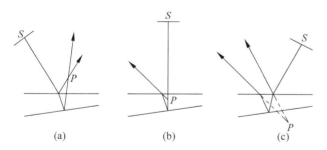

图 6.4.3　干涉条纹的定域

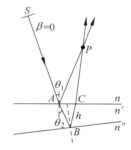

图 6.4.4　楔形平板干涉

两束反射光在 P 点的光程差为

$$\Delta = n'(AB + BC) - n(AP - CP) \tag{6.4.10}$$

由于楔形平板的光程差不易计算准确,当平板厚度 h 和楔形角 α 很小时,可用平行平板的光程差公式近似替代,有

$$\Delta = 2nh\cos\theta_2 + \lambda/2 \tag{6.4.11}$$

h 为楔形板 B 点处的高度,θ_2 是入射光在 A 点处的折射角,$\lambda/2$ 为附加程差。当扩展光源垂直入射到楔形板上时,即 $\theta_2 = 0$,则光程差 $\Delta = 2nh + \lambda/2$,此时光程差的变化只取决于楔形板厚度 h 的变化,这种干涉称为等厚干涉。

当

$$\Delta = m\lambda, \quad m = 0, \pm 1, \pm 2\cdots \tag{6.4.12}$$

定域面上对应的条纹为亮条纹；

当

$$\Delta = \left(m + \frac{1}{2}\right)\lambda, \quad m = 0, \pm 1, \pm 2\cdots \tag{6.4.13}$$

对应暗条纹,并且由公式可知,随着厚度 h 的增大,干涉级次 m 也增大。

这样,从 m 级亮条纹过渡到 $m-1$ 级亮条纹,对应的光程差变化了 λ,也就是说,厚度的变化为 $h_m - h_{m-1} = \dfrac{\lambda}{2n}$。此时等厚条纹的定域面在楔板上表面附近,其条纹间距就可以表示成

$$e = \frac{\lambda}{2n\alpha} \tag{6.4.14}$$

式中 α 为楔板的楔角；由上式可知,楔形平板的等厚条纹是一组平行于楔板的棱边的等间距分布的直条纹。

但是,在楔形平板的干涉中,由于使用的是扩展光源,根据式(6.4.11)可知,光程差除了跟 h 有关,同样也是关于 θ_2 的函数。所以楔形平板的干涉得到的条纹并非是严格意义上的等厚条纹,应该是属于混合型条纹,同时受到 θ_2 和 h 的影响,除非使用点光源才能得到理想的等厚条纹。

等厚条纹在生产技术中有着广泛的应用,如菲索干涉仪。它的条纹间距的毫米量级的变化对应的是波长量级的厚度 h 的变化,也就相当于把需要测量的进行放大,便于测量,同时还提高了测量精度,并且明暗条纹的变化可以通过光电探测器件探测得到电信号,既可作为模拟信号,也可作为数字信号进行处理。

6.5 典型双光束干涉系统及应用

双光束干涉系统可以用来检测多种物理量,如光学零件质量检测、光学平板厚度检测、球面光学零件表面检测等。特别在激光出现后,检测的精度进一步得到提高。本节简要介绍几种典型的双光束干涉系统及应用。

6.5.1 迈克尔逊干涉仪

迈克尔逊干涉仪的装置如图 6.5.1 所示。M_1 和 M_2 是相互垂直安装的、镀银的平面反射镜。其中：M_1 可以借助精密螺纹丝杆使其在固定的导轨上前后移动,而 M_2 是固定在仪器基座上。G_1 和 G_2 是两块相同的平行平板,其中：G_1 为分光板,它的背面上涂有半透半反膜；G_2 不镀膜,作为补偿板用。同时,G_1 和 G_2 分别与 M_1 和 M_2 成45°角。由光源 S 发出的光经 G_1,一部分光线 1 被反射,然后再经 M_1 反射,通过 G_1,成为光线 $1'$；而另一部分光线 2 则透过 G_1 的半透半反膜,再经补偿板 G_2,由 M_2 反射回来,通过 G_2,最后被 G_1 反射成为光线 $2'$。光线 $1'$ 和光线 $2'$ 是由同一束光线分解得来的相干光,这样经过观察系统后就能形成干涉。

若 M_1 和 M_2 相互垂直,即 M_2 的虚像 M_2' 与 M_1 平行,形成一个虚平板,这样调节 M_1 的前后距离,就可以形成平行平板等倾干涉的装置,从而得到等倾干涉条纹。当 M_1 前后移动

时,条纹也发生收缩(或涌出)。

若倾斜调节 M_1 和 M_2,使得 M_2 的虚像 M_2' 与 M_1 形成一个空气的楔形层,可得到楔形平板产生的混合型的干涉条纹。因为光程差 $\Delta = 2h\cos\theta$,h 为 M_1 和 M_2' 的距离,并且由于光束进入此空气楔形层时不会偏折,这样膜内的折射角即为 M_1 上的入射角为 θ。此时观察到的干涉条纹,由于使用扩展光源,使得光程差同时受到 h 和 θ 的作用,一般为弯曲的条纹,如图 6.5.2 所示。楔板干涉中条纹的边缘对应了大的入射角而处于大的 h 位置,中心对应了小的入射角处于小的 h 位置,所以干涉条纹总是弯向楔顶方向。当移动 M_1 使得 M_1 与 M_2' 的距离增大,此时的条纹应该向楔形空气层薄的方向移动。

若采用单色光照明,M_1 移动的距离 Δh 满足以下关系

$$\Delta h = \frac{N\lambda}{2} \tag{6.5.1}$$

其中 N 为视场中心条纹移动(或涌出或缩进)的数目,λ 为单色光波长。

迈克尔逊干涉仪中的补偿板 G_2 是为了补偿光线 1 相对于光线 2 多次经过 G_1 产生的光程差而设置的。对于单色光干涉来说,仪器可以不采用补偿板,而通过增加光线 2 在空气中的行程来达到同样的目的。但是对于白光干涉,由于白光经过 G_1 会产生色散,无法用空气中的行程来补偿的,因此必须采用补偿板 G_2。

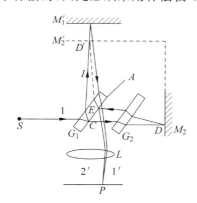

图 6.5.1 迈克尔逊干涉仪

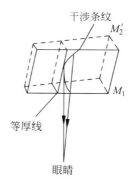

图 6.5.2 混合型干涉条纹

由于迈克尔逊干涉仪中的两路光是完全分开的,这样,待测物体就比较容易安置在光路中,便于检测。因此,它是双光束干涉仪中最基本的类型,许多干涉仪都是以它为基础的,例如泰曼-格林干涉仪,傅里叶变换光谱仪和干涉显微镜等。

6.5.2 菲索干涉仪

菲索干涉仪的检测原理是等厚干涉,通常用于检测光学零件的表面质量等。它根据被检物体的不同,常可分为平面干涉仪和球面干涉仪。

平面干涉仪的结构如图 6.5.3 所示,S 光源发出的光经分光板 M 入射到标准平晶 G_1 及被检物体 G_2 上。标准平晶的上表面为斜面,使得在这个平面上反射光能够偏出视场,防

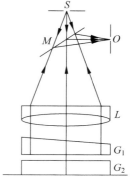

图 6.5.3 菲索平面干涉仪

止其干扰测量光路。在标准平晶下表面和被检物体表面反射的两路光束重新返回,经过分光板 M,进入观察系统 O,形成等厚干涉条纹。通过观察这些条纹的微小弯曲来判断待测光学平面的不平度。

当出现如图 6.5.4 所示表面凹面时,观察到的条纹发生弯曲。条纹中 A 处对应的被测零件的下凹量为

$$\Delta h = \frac{H}{e} \cdot \frac{\lambda}{2} \tag{6.5.2}$$

式中 e 和 H 如图 6.5.4 所示,分别表示条纹凸起到条纹边缘的距离以及条纹间距,λ 为所采用的激光的波长。

把前面的标准平晶换成标准球面样板,这样成了球面干涉仪,可以用来测量球面的球面度及其局部误差缺陷,如图 6.5.5 所示。

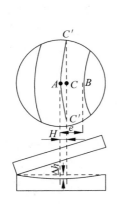

图 6.5.4　物体表面凹面干涉条纹

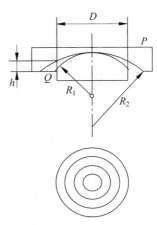

图 6.5.5　球面干涉仪及其条纹

元件 P 是标准球面样板,而元件 Q 是被测元件,通过研究它们之间的空气层上下表面反射形成的牛顿环来检测被测元件。若被测球面和标准球面完全相同,条纹就会消失呈现均匀的光场;若出现完整的同心圆环,则表示被测球面没有局部缺陷,但与标准球面的曲率半径有误差。若两表面的曲率之差为 $\Delta k = \frac{1}{R_1} - \frac{1}{R_2}$,其中 R_1 为被测元件的半径,R_2 为标准球面样板的曲率半径。那么两表面所夹空气层的最大厚度为

$$h = \frac{D^2}{8} \Delta k \tag{6.5.3}$$

D 为 Q 的口径。这样,若在 D 的范围内总共可以观察到 N 个圆条纹,根据公式 $h = N \frac{\lambda}{2}$,就可以得出

$$N = \frac{D^2}{4\lambda} \Delta k \tag{6.5.4}$$

上式给出了曲率允许误差 Δk 与允许光圈数 N 的关系。

6.5.3　泰曼-格林干涉仪

泰曼-格林干涉仪是迈克尔逊干涉仪的改型。它的结构如图 6.5.6 所示。

　　将准单色的点光源 S 放置在透镜的前焦点,产生入射的平行光进入系统。光波波面经过插入的被检元件就发生了变化。通过分析该波面和参考光波面产生的干涉图样,就可以确定被检元件的质量。

　　如图 6.5.6 所示,W_1 是参考光的一个平面波阵面,W_1' 是 W_1 在分束器中的虚像,而 W_2 是相对于与 W_1 对应的、检测光中带有两侧被测元件缺陷的波阵面。因此干涉仪形成的条纹就等价于 W_1 和 W_2 两个波面的干涉。两波面上相应两点的间距就是各处两相干光的光程差,如图 6.5.7 所示,为某棱镜的测试干涉图,条纹稀疏的地方表示波面弯曲小,而条纹密集的地方就意味着波面弯曲大。

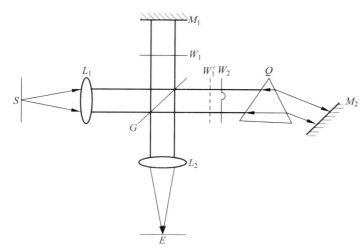

图 6.5.6　泰曼-格林干涉仪

图 6.5.7　泰曼-格林干涉条纹

6.5.4　马赫-曾德干涉仪

　　马赫-曾德干涉仪的结构如图 6.5.8 所示,M_1 和 M_2 是两块平面反射镜,P_1 和 P_2 是两块等厚的分别镀有半透半反膜 A_1 和 A_2 的平行平板。四个反射面通常平行放置,整个光路形成一个平行四边形。光源 S 位于透镜 L_1 的焦点处,光线经 L_1 准直后射到半透半反膜 A_1 上,分成两路。被 A_1 透射的光线 1 又经 M_1 反射到 A_2,再反射成为光线 $1'$;被 A_1 反射的光线 2 经 M_2 反射,至 A_2 透射成为光线 $2'$。光线 $1'$ 和光线 $2'$ 经透镜 L_2 会聚,两光束的干涉图可以用相机在 L_2 的焦面处拍摄。

　　马赫-曾德干涉仪常用于研究相位物体引起的相位变化。原理是将待检物体置于其中一支光路中,使得此平行光束的波面发生变化,从而导致干涉图的变化。如大型风洞中气流引起的空气密度变化、微小物体的相位变化等。此外,它在全息光学元件制备、光纤技术以及集成光学中也有着广泛的用途。

6.5.5　傅里叶变换光谱仪

　　傅里叶变换光谱仪是利用傅里叶变换技术,根据干涉效应来分析光源的光谱分布的仪器,其结构和泰曼-格林干涉仪相同,包括一套干涉装置和傅里叶变换的数据处理系统,如图 6.5.9 所示。

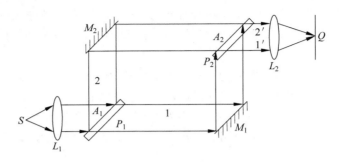

图 6.5.8　马赫-曾德干涉仪

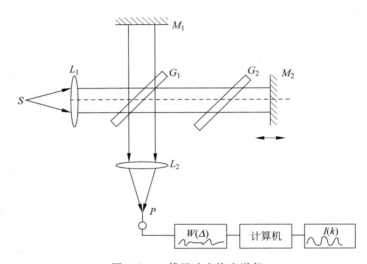

图 6.5.9　傅里叶变换光谱仪

当被测光进入干涉仪,移动反射镜 M_2 连续改变两相干光的光程差,通过光电探测器 P 记录下它的干涉光强 $I(\Delta)$,再在数据处理系统中对 $I(\Delta)$ 做傅里叶变换就可得到被测光源的功率谱 $I(k)$,也就是光源中各频率分量 ν 的强度分布。

傅里叶变换光谱仪的光能利用率很高,在相同的分辨率下,傅里叶变换光谱仪收集到的待测光能要比一般的光谱仪高两个数量级以上。另外,它同时记录所有光谱的信息,信噪比高,这使得它就对分析气体的极为复杂而强度很弱的红外光谱特别有用。

6.6　多光束干涉及应用

6.6.1　平行平板的多光束干涉

前面讨论的平行平板产生的等倾干涉只考虑了两束光的干涉,实际上,由于入射光在平行平板表面要经过多次反射和折射,这样,无论在反射区还是透射区都存在多光束干涉的问题。对于没有镀膜的普通平行平板,它的表面反射率比较低,往往只考虑前两束的反射光或者是透射光,也就是双束光干涉。若是在平板表面镀上高反膜,则在反射光中,除了第一束以外,其他光束都比较弱;而多束透射光的光强都比较接近,这时应该考虑多光束叠加干涉问题。

平行平板多光束干涉示意图如图 6.6.1 所示,采用扩展光源照明时,其定域面在无限远,或者图示透镜的后焦面上。

设照明光波长为 λ,周围介质的折射率为 n_0,平行平板的折射率为 n,厚度为 h,当光束从周围介质进入平板时,表面的反射系数为 r,透射系数为 t,而当光束从平板进入周围介质时,反射和透射系数分别为 r' 和 t'。

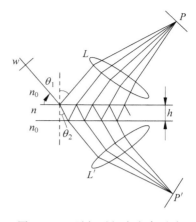

图 6.6.1 平行平板多光束干涉

假设光束入射平板时的入射角为 θ_1,折射角为 θ_2。则相邻两束透射光的光程差 $\Delta = 2nh\cos\theta_2$,对应的相位差为 $\delta = \dfrac{4\pi nh}{\lambda}\cos\theta_2$。假设入射光的振幅为 A,那各透射光的复振幅就可表示如下:Att',$Att'r'^2\mathrm{e}^{-\mathrm{i}\delta}$,$Att'r'^4\mathrm{e}^{-\mathrm{i}2\delta}$,$Att'r'^6\mathrm{e}^{-\mathrm{i}3\delta}$,$\cdots$,$Att'r'^{2(p-1)}\mathrm{e}^{-\mathrm{i}(p-1)\delta}$。这样,透射光束经叠加,复振幅就可表示为

$$\boldsymbol{E}_{\mathrm{t}} = \frac{tt'}{1-r'^2\mathrm{e}^{-\mathrm{i}\delta}}A = \frac{\tau}{1-\rho\mathrm{e}^{-\mathrm{i}\delta}}A \qquad (6.6.1)$$

透射光的光强为

$$I_{\mathrm{t}} = \boldsymbol{E}_{\mathrm{t}} \cdot \boldsymbol{E}_{\mathrm{t}}^* = \frac{\tau^2}{(1-\rho)^2 + 4\rho\sin^2\left(\dfrac{\delta}{2}\right)}I = \frac{(1-\rho)^2}{(1-\rho)^2 + 4\rho\sin^2\left(\dfrac{\delta}{2}\right)}I \qquad (6.6.2)$$

其中,I 为入射光的光强。

定义条纹精细度系数为

$$F = \frac{4\rho}{(1-\rho)^2} \qquad (6.6.3)$$

则透射光强就可以表示为

$$I_{\mathrm{t}} = \frac{I}{1 + F\sin^2\left(\dfrac{\delta}{2}\right)} \qquad (6.6.4)$$

同理,可计算得,反射光强

$$I_{\mathrm{r}} = \frac{F\sin^2\left(\dfrac{\delta}{2}\right)}{1 + F\sin^2\left(\dfrac{\delta}{2}\right)}I \qquad (6.6.5)$$

由上面分析可知,在不同的反射比 ρ 下,多光束干涉时,透射光和反射光的干涉条纹的强度分布不同,如图 6.6.2 所示。

当 ρ 一定时,那光强的分布主要取决于相位差 δ,当 $\delta = 2m\pi$,$m = 0,\pm1,\pm2\cdots$,透射光强最大 $I_{\mathrm{tmax}} = I$,对应的是亮纹;而当 $\delta = (2m+1)\pi$,$m = 0,\pm1,\pm2\cdots$,则透射光光强最小 $I_{\mathrm{tmin}} = \dfrac{I}{1+F}$,对应暗纹。而 $I_{\mathrm{t}} + I_{\mathrm{r}} = I$,因此反射光的光强分布正好与透射光互补。

除此之外,由图可知,随着反射比 ρ 增大,亮条纹变更加细锐。因此,引入条纹锐度和精细度的概念。条纹的锐度指的是条纹在半强度时的宽度,用条纹的半宽度 ε 来衡量。

对于透射光,设此时光强取得最大值时,相位为 $\delta = 2m\pi$,那根据 ε 的定义可知,当 $\delta' = $

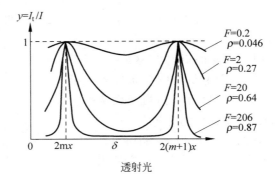

透射光

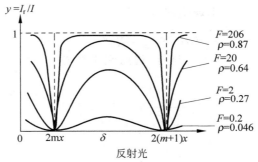

反射光

图 6.6.2　透射光和反射光的干涉条纹的强度分布

$2m\pi \pm \dfrac{\varepsilon}{2}$ 时, $I' = \dfrac{1}{2}I$。因此,可得

$$\frac{1}{1 + F\sin^2 \dfrac{2m\pi \pm \dfrac{\varepsilon}{2}}{2}} = \frac{1}{2} \tag{6.6.6}$$

简化后有

$$F\sin^2\left(\frac{\varepsilon}{4}\right) = 1 \tag{6.6.7}$$

当 F 很大时, ε 很小,那 $\sin\left(\dfrac{\varepsilon}{4}\right) \approx \dfrac{\varepsilon}{4}$。这样,条纹半宽度为

$$\varepsilon = \frac{4}{\sqrt{F}} = \frac{2(1-\rho)}{\sqrt{\rho}} \tag{6.6.8}$$

条纹的精细度是指相邻两个条纹之间的间隔与条纹半宽度之比,表示为

$$s = \frac{2\pi}{\varepsilon} = \frac{\pi\sqrt{F}}{2} = \frac{\pi\sqrt{\rho}}{1-\rho} \tag{6.6.9}$$

由此可见,条纹的精细度是由反射比 ρ 唯一确定的,当 ρ 越大,精细度 s 越大,干涉亮条纹越细。

6.6.2　多光束干涉仪

多光束干涉仪中最典型的是法布里-珀罗(F-P)干涉仪,如图 6.6.3 所示,它在平板的两个表面镀金属膜或者多层电介质反射膜使反射比达到 90% 以上,并且为了获得细锐条纹,对它们的平面度也要求很高,达到 $1/20 \sim 1/100$ 波长。同时,这两块玻璃板(或石英板)

通常做成楔形的,这种结构使得在未镀膜表面产生的反射光能够被反射出去,减少它们的干扰。可实现等倾的多光束干涉,产生十分细锐的条纹,主要作为高分辨率的光谱仪器或者激光器的谐振腔。

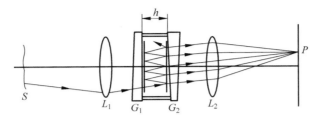

图 6.6.3　法布里-珀罗干涉仪

若干涉仪中两平板之间的距离是可调的,固定其中一块板,然后在精密导轨上前后移动另一块板,从而改变光程差,这种称为 F-P 干涉仪,常用于研究光谱线的精细结构。若干涉仪中两平板之间有一个隔离器,膨胀系数很小,能够确保两平板的位置固定,这种就称为 F-P 标准具,常用于测量某一波段内两条光谱线之间相差很小的波长差。

1. F-P 干涉仪(标准具)的测量原理

设照明所用的扩展光源含有两条谱线 λ_1 和 λ_2,通过 F-P 后,每一个波长将会产生一组干涉条纹,形成如图 6.6.4 所示的两组条纹。

考查靠近条纹中心的某一点,对应的两个波长的干涉级差为

$$\Delta m = m_1 - m_2 = \left(\frac{2nh}{\lambda_1} + \frac{\varphi}{\pi}\right) - \left(\frac{2nh}{\lambda_2} + \frac{\varphi}{\pi}\right) \qquad (6.6.10)$$

由于

$$\Delta m = \frac{\Delta e}{e} \qquad (6.6.11)$$

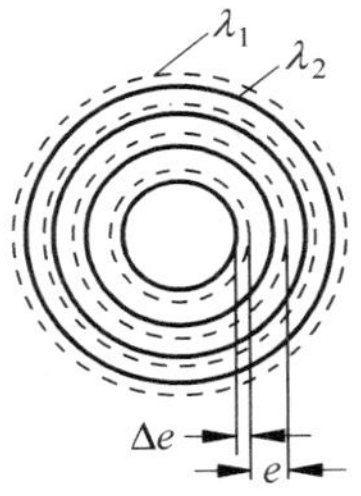

所以通过测量两组条纹的条纹间距以及条纹之间的差距,可得两束光的波长差为

图　6.6.4

$$\Delta \lambda = \left(\frac{\Delta e}{e}\right)\frac{\bar{\lambda}^2}{2nh} \qquad (6.6.12)$$

2. F-P 干涉仪(标准具)的自由光谱范围

在应用 F-P 干涉仪测量两束光的波长差时,当 Δe 趋近于 e 时,两组干涉条纹正好趋于重合,在视场里只能看到一组条纹,若继续增大两束光的波长差,则无法判断条纹是否越级。因此,应用 F-P 干涉仪测量两束光的波长差时存在一定的最大可测量的波长范围 $\Delta\lambda$,称为 F-P 干涉仪的自由光谱区,对应的值为

$$\Delta \lambda = \frac{\bar{\lambda}^2}{2nh} \qquad (6.6.13)$$

F-P 两平板中间为空气,则 F-P 干涉仪(标准具)的自由光谱范围 $\Delta\lambda$ 取决于干涉仪两内表面所形成的空气层的厚度 h。当 h 越小,自由光谱范围将越大。一般 F-P 干涉仪(标准具)的 h 比较大,所以其自由光谱区较小。

3. F-P 干涉仪(标准具)的分辨本领

F-P 的自由光谱区考虑的是不同级次的干涉条纹不能重叠的问题,对于同一级次条纹也可能存在重叠的情况,如图 6.6.4 所示,其对应的是 F-P 干涉仪(标准具)的分辨本领,即

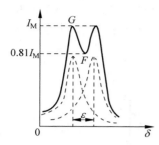

图 6.6.5 瑞利判据

其能分辨的最小波长差问题。

图 6.6.5 所示分别为波长为 λ 和波长为 λ' 的光波产生的同一级次的干涉条纹，$\lambda'=\lambda+\Delta\lambda$。采用瑞利判据：当两列条纹的干涉极大之间的距离大于条纹半宽度 ε 时，就认为这两列条纹是可以被分辨的。此时，两列条纹的和强度满足以下关系，$I_F=0.81I_G$，F 点和 G 点如图所示。对于波长 λ 的光波，它在 G 点的相位差为

$$\delta=\frac{4\pi}{\lambda}nh\cos\theta_2=2m\pi \qquad (6.6.14)$$

对于波长为 λ' 的光波，它对应的沿同一方向的 m 级干涉条纹的相位差为

$$\delta'=\frac{4\pi}{\lambda'}nh\cos\theta_2=\frac{4\pi}{\lambda+\Delta\lambda}nh\cos\theta_2 \qquad (6.6.15)$$

因此这两组条纹之间的相位差

$$\Delta\delta=\frac{4\pi}{\lambda}nh\cos\theta_2-\frac{4\pi}{\lambda+\Delta\lambda}nh\cos\theta_2=4\pi nh\cos\theta_2\left(\frac{1}{\lambda}-\frac{1}{\lambda+\Delta\lambda}\right)=2m\pi\frac{\Delta\lambda}{\lambda} \qquad (6.6.16)$$

根据以上的判断标准，当 $\Delta\delta\geqslant\varepsilon$ 时，两组条纹才能够被分辨开来，因此就定义最小分辨波长差 $\Delta\lambda_{min}$，当 $\Delta\lambda=\Delta\lambda_{min}$ 时，$\Delta\delta=\varepsilon$。也就是说 $\Delta\lambda_{min}$ 越小，干涉仪条纹的分辨能力就越强。因此，一般光学上就定义仪器的分辨本领为 A，有

$$A=\frac{\lambda}{\Delta\lambda_{min}}=2m\pi\frac{s}{2.07\pi}=0.97ms \qquad (6.6.17)$$

这表明仪器的干涉级次 m 越高，分辨本领 A 就越高；同时，若仪器的精细度 s 越高，分辨本领 A 也越高。

此外，有时将 $N=0.97s$ 定义为有效光束数，这时分辨本领

$$A=0.97ms=mN \qquad (6.6.18)$$

6.7 例题解析

例题 6-1 杨氏干涉实验中，当光源 S 在如例题 6-1 图所示的坐标系中分别沿 x 或者 y 方向移动时，条纹怎样移动？

解 当光源 S 沿 x 方向移动时，有条纹移动距离 $\Delta x'=\dfrac{D}{l}\Delta x$（$D$ 为干涉屏到接收屏之间的距离，l 为光源 S 到两小孔即干涉屏之间的距离），即条纹平移的距离和光源平移距离成正比，移动方向相反；而光源 S 沿 y 方向移动时，干涉条纹不变。

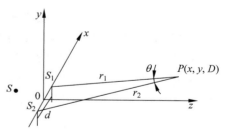

例题 6-1 图

例题 6-2 长度为 0.1mm 的一段丝状光源用作杨氏实验的光源，为使横向相干宽度大于 1mm，双孔必须与丝状光源相距离多少？该光源的相干长度和相干时间分别为多少？（假设丝状光源波长为 $\lambda=550$nm，光谱宽度 $\Delta\lambda=0.6$nm。）

解析：本题考查的是杨氏干涉实验中的时间相干性和空间相干性的问题，只要了解了

干涉孔径角和时间相干性的关系以及相干长度和相干时间的关系即可求解。

解　（1）杨氏实验中的干涉孔径角为 $\beta = \dfrac{\lambda}{b_c}$，因为横向相干宽度为 $d = 1\text{mm}$

所以孔、光源距离为　$l = \dfrac{d}{\beta} = 0.182\text{m}$。

（2）相干长度为 $\Delta_{max} = \dfrac{\lambda^2}{\Delta\lambda} = 0.5\text{mm}$，

所以相干时间为 $\Delta t = \dfrac{\Delta_{max}}{c} = 0.167 \times 10^{-11}\text{s}$。

例题 6-3　如例题 6-3 图所示为一种利用干涉现象测定气体折射率的原理性结构，在 S_1 后面放置一长度为 l 的透明容器。当待测气体注入容器而将空气排出的过程中，幕上的干涉条纹就会移动。由移过条纹的根数即可推知气体的折射率。

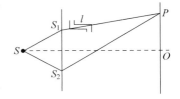

例题 6-3 图

（1）设待测气体的折射率大于空气的折射率，干涉条纹如何移动？

（2）设 $l = 2.0\text{cm}$，条纹移过 20 根，光波长 589.3nm，空气折射率为 1.000276，求待测气体（氯气）的折射率。

解析：本题考查的是应用杨氏干涉实验装置来检测气体的折射率问题，需要搞清楚条纹的移动以及亮暗与两束光之间的光程差的关系。

解　（1）判断条纹移动趋向的方法是考查特定级别（确定光程差）的条纹，看它在新的条件下出现在什么位置。显然，当待测气体的折射率大于空气折射率时，光程差 $\Delta L = L(S_2P) - L(S_1lP)$ 变小，则原来光程差较 P 点处小一些的 P' 点的条纹现在移向 P 点处，即条纹向上移动。

（2）凡光程差 $\Delta L(P)$ 改变一个波长 λ，则 P 处强度变化一次，也即条纹移过一根。因此，光程差改变量 $\delta(\Delta L)$ 与条纹移动数 N 的关系为

$$\delta(\Delta L) = N\lambda$$

在本题中，光程差的改变是由一路 $L(S_1lP)$ 光程改变引起的，即

$$\delta(\Delta L) = \delta L(S_1lP) = (n - n_0)l = \Delta nl$$

于是

$$\Delta n = N\lambda/l$$
$$n = n_0 + \Delta n = n_0 + N\lambda/l$$
$$\approx 1.000\,276 + 0.000\,589\,3$$
$$\approx 1.000\,865\,3$$

例题 6-4　用钠光 589.3nm 观察迈克耳逊干涉条纹，先看到干涉场中有 12 圈亮环，且中心是亮的；移动平面镜 M_1 后，看到中心吞（吐）了 10 环，而此时干涉场中还剩有 5 圈亮环，试求：

（1）M_1 移动的距离；

（2）开始时中心亮斑的干涉级和相应的等效空气膜厚度；

（3）M_1 移动后，从中心向外数第 5 圈亮环的干涉级。

解　（1）定性分析等效空气膜厚度的变化，在相同视场（角范围）之内，条纹数目变小，

条纹变稀,说明膜厚变薄,条纹向里吞(吐)了10环,因而位移绝对值为

$$\Delta h = N\left(\frac{\lambda}{2}\right) = 2.947 \mu m$$

（2）中心级别的绝对数 k 取决于膜层厚度 h,然而 k,h 以及视场角范围 θ 开始时都是未知的。为此,考虑镜面移动前有

$$2h = k\lambda$$
$$2h\cos\theta = (k-12)\lambda$$

镜面移动后有

$$2(h-\Delta h) = (k-10)\lambda$$
$$2(h-\Delta h)\cos\theta = (k-15)\lambda$$

由上面的式子可以得到

$$k\lambda\cos\theta = (k-12)\lambda$$
$$(k-10)\lambda\cos\theta = (k-15)\lambda$$

以上两式相除,可得

$$\frac{k-10}{k} = \frac{k-15}{k-12}$$

解出有 $k \approx 17$。

相应的空气膜厚度为

$$h = k \cdot \frac{\lambda}{2} \approx 5.01 \mu m$$

（3）显然,M_1 移动后中心亮环的级数为7,向外数第5圈亮环的干涉级数为2。

例题 6-5　一个用于测量平板厚度均匀性的装置如例题6-5图所示,光阑 D 用于限制平板上的受光面积,通过望远镜可以观察平板不同部位产生的干涉条纹(平板可相对于光阑平移),试讨论:

（1）平板从 B 处移到 A 处时,可看到有10个暗纹从中心冒出,问 A、B 两处对应的平板厚度差并决定哪端薄;

（2）设用光源的光谱宽度为0.06nm,平均波长为600nm,求能测 $n=1.52$ 的多厚的平板?

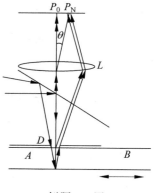

例题 6-5 图

解析:本题考查的是平板干涉的概念和应用,需要注意的是,虽然平板本身是不平行的,但由于受到光阑的限制,每一点成像的地方属于平行平板等倾干涉。

解　（1）由装置知,对于某一点的干涉属于等倾干涉,平板从 B 处移到 A 处时,条纹外冒,说明平板厚度 h 在增加,A 端厚、B 端薄,$h_A > h_B$,

因此 A、B 处的厚度差为

$$\Delta h = \frac{\lambda}{2n}\Delta m = \frac{600 \times 10^{-6}}{2 \times 1.52} \times 10 = 1.97 \times 10^{-3} mm$$

（2）根据干涉中两光束不能超过最大光程差的要求,即 $\Delta > \Delta_{max}$ 时,不能检测。而

$$\Delta_{max} = \frac{\lambda^2}{\Delta\lambda} = \frac{(600 \times 10^{-6})^2}{0.06 \times 10^{-6}} = 6 mm$$

有

$$\Delta = 2nh < 6\text{mm}$$

可得

$$h < \frac{6}{2n} = 1.97\text{mm}$$

所以该装置所能测的平板厚度最大为 1.97mm。

习题

6.1　在如习题 6.1 图所示的杨氏干涉装置中点光源 S 发出波长 500nm 的单色光波，双缝间距为 0.2mm。（1）在距离双缝所在屏幕 $A=6$cm 处放置焦距为 10cm 的薄透镜，薄透镜到观察屏的距离为 $B=15$cm；（2）在距离双缝所在屏幕为 $A=10$cm 处放置焦距为 10cm 的薄透镜，透镜到观察屏的距离为 $B=12$cm，在傍轴条件下，分别求上述两种情况下干涉条纹的形状和间距。

6.2　双缝间距为 1mm，离观察屏 1m，用钠光灯做光源，它发出两种波长的单色光 $\lambda_1=589.0$nm 和 $\lambda_2=589.6$nm，问两种单色光的第十级亮条纹之间的间距是多少？

6.3　杨氏干涉实验中，波长为 600nm 的光源在观察屏上形成角间距为 0.02° 的暗条纹，在傍轴条件下，求双缝的间距；若将整个装置浸入折射率为 1.33 的水中，求此时暗条纹的角间距。

6.4　杨氏实验中，光源宽度为 2mm，双缝到光源的距离为 2.5m，为了使屏幕上获得可见度较好的干涉条纹，双缝之间的间距选择多少比较合适？（设光源波长为 550nm）

6.5　垂直入射的平面波通过折射率为 n 的玻璃板，透射光经透镜会聚到焦点上。如习题 6.5 图所示，玻璃板的厚度沿着 C 点且垂直于图面的直线发生光波波长量级的突变 d，问 d 为多少时，焦点光强是玻璃板无突变时光强的一半？

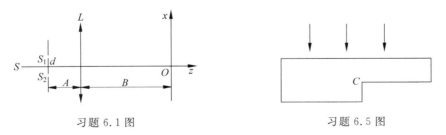

习题 6.1 图　　　　　　　　习题 6.5 图

6.6　若光波的波长为 λ，波长宽度为 $\Delta\lambda$，相应的频率和频率宽度记为 ν 和 $\Delta\nu$，证明 $\left|\dfrac{\Delta\nu}{\nu}\right| = \left|\dfrac{\Delta\lambda}{\lambda}\right|$，对于 $\lambda=632.8$nm 的氦氖激光，波长宽度 $\Delta\lambda=2\times10^{-8}$nm，求频率宽度和相干长度。

6.7　在等倾干涉实验中，若照明光波的波长 $\lambda=600$nm，平板的厚度 $h=2$mm，折射率 $n=1.5$，其下表面涂上某种高折射率介质（$n_H>1.5$），问：

（1）在反射光方向观察到的圆条纹中心是暗还是亮？

（2）由中心向外计算，第 10 个亮纹的半径是多少？（观察望远镜物镜的焦距为 20cm）

（3）第 10 个亮环处的条纹间距是多少？

6.8　平行白光垂直入射到置于空气中的厚度均匀的薄膜上，仅看到波长为 λ_1 的反射光的干涉极大和波长为 $\lambda_2(\lambda_2 < \lambda_1)$ 的反射光的干涉极小，求均匀薄膜的厚度。

6.9　在折射率为 1.56 的玻璃衬底表面涂上一层折射率为 1.38 的透明薄膜，波长为 632.8nm 的平行光垂直入射到薄膜表面，求：

（1）薄膜至少多厚才能使反射光强度最小？

（2）此时光强反射率是多少？

6.10　在等倾干涉实验中，若平板的厚度和折射率分别是 $h=3\text{mm}$ 和 $n=1.5$，望远镜的视场角为 6°，光的波长 $\lambda=450\text{nm}$，问通过望远镜能够看到几个亮纹？

6.11　用等厚干涉条纹测量玻璃楔板的楔角时，在长达 5cm 的范围内共有 15 个亮纹，玻璃楔板的折射率 $n=1.52$，所用光波波长 $\lambda=600\text{nm}$，求楔角。

6.12　试求能产生红光(700nm)的二级反射干涉条纹的肥皂膜厚度。已知肥皂膜折射率为 1.33，且平行光与法线方向成 30°角入射。

6.13　如习题 6.13 图所示，长度为 10cm 的柱面透镜一端与平面玻璃相接触。另一端与平面玻璃相间隔 0.1mm，透镜的曲率半径为 1m。问：

（1）在单色光垂直照射下看到的条纹形状怎样？

（2）在透镜长度方向及与之垂直的方向上，由接触点向外计算，第 N 个暗条纹到接触点的距离是多少？设照明光波长 $\lambda=500\text{nm}$。

6.14　假设照明迈克耳逊干涉仪的光源发出波长为 λ_1 和 λ_2 的两个单色光波，$\lambda_1 = \lambda_2 + \Delta\lambda$，且 $\Delta\lambda \ll \lambda_1$，这样，当平面镜 M_1 移动时，干涉条纹呈周期性地消失和再现，从而使条纹可见度作周期性变化，试求：

（1）条纹可见度随光程差的变化规律；

（2）相继两次条纹消失时，平面镜 M_1 移动的距离 Δh；

（3）对于钠灯，设 $\lambda_1 = 589.0\text{nm}$ 和 $\lambda_2 = 589.6\text{nm}$ 均为单色光，求 Δh 的值。

6.15　如习题 6.15 图所示，用泰曼干涉仪测量气体折射率，其中 D_1 和 D_2 是两个长度为 10cm 的真空气室，端面分别与光束 I 和 II 垂直。在观察到单色光照明($\lambda=589.3\text{nm}$)产生的干涉条纹后，缓慢向气室 D_2 充氧气，最后发现条纹移动了 92 个，试求：

（1）氧气的折射率；

（2）若测量条纹精度为 1/10 条纹，折射率的测量精度。

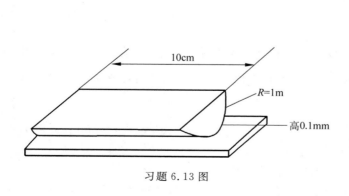

习题 6.13 图

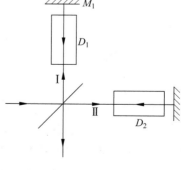

习题 6.15 图

6.16　将一个波长稍小于 600nm 的光波与一个波长为 600nm 的光波在 F-P 干涉上比较,当 F-P 干涉仪两镜面间距改变 1.5mm 时,两光波的条纹就重合一次,试求未知光波的波长。

6.17　设一 F-P 干涉仪腔长为 5cm,照明的扩展光源波长为 600nm,求:

(1) 所得到的等倾干涉圆条纹中心的级次是多少?

(2) 光强反射率为 0.98,在倾角为 1 度附近干涉环的角半宽度是多少?

(3) 如果用该 F-P 干涉仪分辨谱线,其色分辨本领有多高?

(4) 如果用这个 F-P 干涉仪对白光进行选频,透射最强的谱线有几条? 每条谱线的宽度是多少?

(5) 由于热胀冷缩,引起腔长的改变量为 10^{-5}(相对值),则谱线的漂移量为多少?

6.18　F-P 标准具两镜面的间隔为 0.25mm,它产生的 λ_1 谱线的干涉环系中的第 2 环和第 5 环的半径分别是 2mm 和 3.8mm,λ_2 谱系的干涉环系中的第 2 环和第 5 环的半径分别是 2.1mm 和 3.85mm。两谱线的平均波长为 500nm,求两谱线波长差。

6.19　如习题 6.19 图所示,F-P 标准具两镜面的间隔为 1cm,在其两侧各放一个焦距为 15cm 的准直透镜 L_1 和会聚透镜 L_2。直径为 1cm 的光源(中心在光轴上)置于 L_1 的焦平面上,光源为 $\lambda=589.3$nm 的单色光;空气折射率为 1。

(1) 计算 L_2 焦点处的干涉级次,在 L_2 的焦面上能看到多少个亮条纹? 其中半径最大条纹的干涉级和半径是多少?

(2) 若将一片折射率为 1.5,厚为 0.5mm 的透明薄片插入其间至一半位置,干涉环条纹应怎样变化?

6.20　习题 6.20 图为检测平板平行性的装置。已知光源有:白炽灯,钠灯($\lambda=$ 589.3nm,$\Delta\lambda=0.6$nm),氦灯($\lambda=590$nm,$\Delta\lambda=0.0045$nm),透镜 L_1、L_2 的焦距均为 100mm,待测平板 Q 的最大厚度为 4mm,折射率为 1.5,平板到透镜 L_2 的距离为 300mm. 问:

(1) 该检测装置应选择何种光源?

(2) S 到 L_1 的距离?

(3) 光阑 S 的许可宽度?

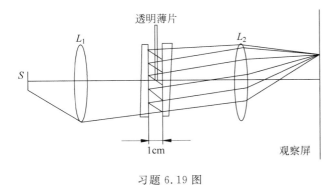

习题 6.19 图

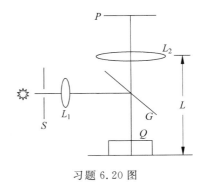

习题 6.20 图

6.21　法布里-珀罗(F-P)干涉仪两工作板的振幅反射系数,假设不考虑光在干涉仪两板内表面反射时的相位变化,问:

(1) 该干涉仪的最小分辨本领是多大?

(2) 要能分辨开氢红线的双线,即 $\Delta\lambda=0.1360\times10^{-4}\mu$m,则 F-P 干涉仪的间隔 h 最小应为多大?

第 7 章

光波的衍射

学习目标

理解光的衍射现象,注意远场衍射(如夫琅和费衍射)和近场衍射(菲涅尔衍射)的联系和区别;理解衍射现象的理论基础:惠更斯-菲涅尔原理以及基尔霍夫公式的求解近似过程。掌握夫琅和费单缝衍射、矩孔衍射光强分布规律,理解夫琅和费圆孔衍射光强分布;掌握典型光学系统的衍射与分辨率的关系;掌握双缝、多缝衍射光强分布;掌握光栅方程的表达及其含义;掌握衍射光栅的基本原理及应用;了解菲涅尔衍射及波带片原理;理解菲涅尔透镜及其原理。

如果按照几何光学的理论,当光在传播过程中被障碍物遮挡时,在几何阴影区域是没有光线传播的。而事实上通过仔细观察会发现:在几何阴影的边界附近会出现亮暗相间的条纹,这种现象称为光的衍射,光的衍射是光的波动性的主要标志之一。

光的衍射理论是光学发展中最重要的问题之一。菲涅尔(A. J. Fresnel,1788—1827)于1818 年在递交给巴黎科学院的数理科学悬奖征文中将惠更斯(C. Huygens,1629—1695)关于波的传播过程中子波的设想与干涉原理相结合,用严格的数学证明圆满地解释了光的反射、折射、干涉和衍射现象。然而菲涅尔的解释中有一些问题没有解决,基尔霍夫(G. Kirchhoff,1824—1887)在菲涅尔的基础上给出了较完善的数学表达。采用基尔霍夫衍射理论计算的衍射图样与实验符合得很好,因此也在实际应用中广泛采用。但是基尔霍夫的推导过程仍然有些地方欠严格。第一个真正严格的衍射公式是由索末菲提出的。在这一章里,将在索末菲衍射理论的基础上讨论两种最基本的衍射现象:菲涅尔衍射和夫琅和费衍射。值得注意的是,我们这里提到的衍射理论都是标量衍射理论。

7.1 惠更斯-菲涅尔原理

关于波的传播问题,惠更斯曾经提出一种假设:波面上的每一个点都可以看作是次级球面子波的波源,下一时刻的波面就是这些子波的包络面。菲涅尔考虑到惠更斯原理中提到的波面上的这些子波来自同一光源,因此他认为这些子波是相干的,那么下一时刻的波面就应该是这些子波干涉的结果。这种将干涉原理与惠更斯原理相结合的思想称为惠更斯-菲涅尔原理。惠更斯-菲涅尔原理可以很好地描述光在自由空间中传播,并且可以解释光的衍射现象。

如图 7.1.1 所示,假设有一单色点光源位于 P_0 点,Σ 为点光源 P_0 在半径 r_0 处的波面,

Q 为该波面上的任意一点,下面推导空间中任一点 P 处的复振幅分布。Q 点处的复振幅分布可表示为

$$\boldsymbol{E}_Q = \frac{A}{r_0}\exp(ikr_0) \qquad (7.1.1)$$

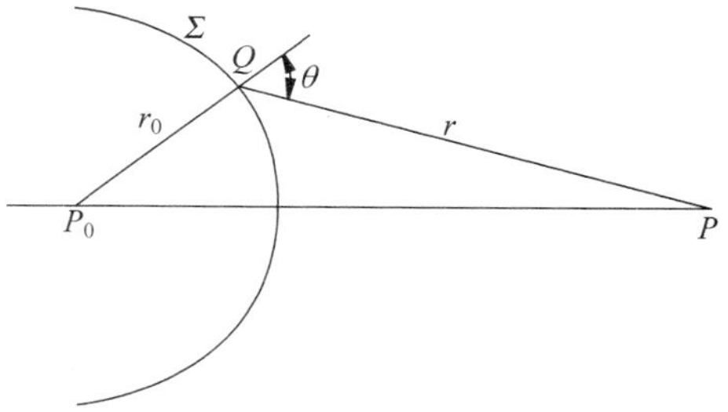

式中,A 为离点光源单位距离处的振幅。根据惠更斯-菲涅尔原理,P 点处的复振幅分布应该是波面 Σ 上各点发出的子波相干叠加的结果。所以 Q 点处的面元 $d\sigma$ 对 P 点处的复振幅分布的贡献为

$$dE(P) = CK(\theta)\frac{A\exp(ikr_0)}{r_0}\frac{\exp(ikr)}{r}d\sigma$$
$$(7.1.2)$$

图 7.1.1 惠更斯-菲涅尔原理

式中,C 为一常数,$k(\theta)$ 称为倾斜因子,它与面元 $d\sigma$ 的法线与 QP 的夹角 θ 有关(θ 称为衍射角)。根据菲涅尔的假设,当 $\theta=0$ 时,倾斜因子 K 具有最大值,随着 θ 的增大,K 不断地减小,并且当 QP 垂直于波面法线时,即当 $\theta=\pi/2$ 时,$K=0$。P 点处总的复振幅分布可以表示为

$$E(P) = \frac{CA\exp(ikr_0)}{r_0}\iint\limits_{\Sigma}\frac{\exp(ikr)}{r}K(\theta)d\sigma \qquad (7.1.3)$$

这就是惠更斯-菲涅尔原理的数学表达式。从上式可以看出,空间中任一点的复振幅分布是波面上发出的所有子波叠加的结果,但是每个子波对该点的贡献是与衍射角有关的。其实,式(7.1.3)的积分面,可以是波面也可以是其他的任意曲面,只是这时该曲面上各点的振幅和相位是不相同的。假设 $E(Q)$ 为该曲面或平面上任意点 Q 的复振幅分布,那么这一曲面或平面上的各点发出的子波在 P 点产生的复振幅可以写为

$$E(P) = C\iint\limits_{\Sigma}E(Q)\frac{\exp(ikr)}{r}K(\theta)d\sigma \qquad (7.1.4)$$

7.2 基尔霍夫衍射理论与索末菲衍射理论

利用惠更斯-菲涅尔原理计算一些简单形状孔径的衍射图样的光强分布时,可以得到与实际结果比较符合的结果。但是,惠更斯-菲涅尔原理还不完善,它并没有给出倾斜因子的具体数学表达。基尔霍夫从波动方程出发,利用格林定理,并假定了电磁场的边界条件,推导出了更加严格的衍射公式。严格的推导过程请参考其他的光学著作(如波恩与沃尔夫合著的《光学原理》),这里直接给出结果:

$$\boldsymbol{E}(P) = \frac{A}{i\lambda}\iint\limits_{\Sigma}\frac{\exp(iks)}{s}\frac{\exp(ikr)}{r}\left[\frac{\cos(\vec{n},\vec{r})-\cos(\vec{n},\vec{s})}{2}\right]d\sigma \qquad (7.2.1)$$

式中,A 为离点光源单位距离处的振幅,S 是点光源到 Σ 上任意一点 Q 的距离,r 是 Q 点到 P 点的距离,$(\vec{n},\vec{s})$ 和 $(\vec{n},\vec{r})$ 分别是孔径面 Σ 的法线 $\vec{n}$ 与 $\vec{s}$ 和 $\vec{r}$ 向量的夹角,如图 7.2.1 所示。这个公式称为菲涅尔-基尔霍夫衍射公式,它揭示了在单色点光源 P_0 透过孔径面 Σ,在孔径面 Σ 后面空间中任一点 P 的复振幅分布。

基尔霍夫理论计算的结果与实验相符得很好,所以在实际中被广泛应用。但是基尔霍

夫理论仍然有欠严格的地方,索末菲采用不同的边界条件和不同的格林函数推导出了真正严格的衍射公式,称为瑞利-索末菲衍射公式。索末菲衍射理论突破了基尔霍夫理论以点光源作为入射光的条件,它适合任何形式的入射光。索末菲衍射的计算公式如下

$$E(P) = \frac{1}{\mathrm{i}\lambda} \iint_{\Sigma} E(Q) \frac{\exp(\mathrm{i}kr)}{r} \left[\frac{\cos(\vec{n},\vec{r}) - \cos(\vec{n},\vec{s})}{2} \right] \mathrm{d}\sigma \qquad (7.2.2)$$

其中 $E(Q)$ 表示积分面 Σ 上任意一点 Q 的复振幅。上式可以解释为衍射屏后任何一个观察点的复振幅是由孔径 Σ 上无穷多个子波 $\exp(\mathrm{i}kr)/r$ 叠加的结果,子波的振幅与该点处的入射光的振幅成正比,而与入射光的波长成反比。由因子 $1/\mathrm{i}$ 可以看出子波还具有超前于入射波90°的相位。另外子波的振幅还具有方向性,其方向性由 $\cos(\vec{n},\vec{r})$ 确定。可以认为基尔霍夫衍射理论是对惠更斯-菲涅尔原理更精确的描述。

从以上分析可以得到互补屏衍射原理,即巴俾涅原理。互补屏是指一对衍射屏,其中一个屏的开孔正好是对应另一个的不透明部分,反之亦然,如图 7.2.2 所示。

巴俾涅原理:指在光的衍射中,结构互补的一对衍射屏,在同一场点所产生的两个衍射场(复振幅)之和,等于自由传播时该点的光场。

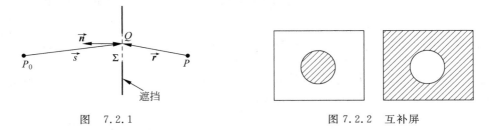

图 7.2.1　　　　　　　　　　图 7.2.2　互补屏

假设 $E_1(P)$ 和 $E_2(P)$ 分别为单独放置第一个屏和第二个屏在 P 点产生的复振幅分布,$E(P)$ 为没有屏时 P 点的复振幅。因为 $E_1(P)$ 和 $E_2(P)$ 可以看作是对开孔部分的积分,而两个屏的开孔部分加起来正好是整个平面,因而有

$$E_1 + E_2 = E \qquad (7.2.3)$$

由巴俾涅原理可以得出这样的结论:(1)放上其中一个衍射屏时复振幅为零的那些点,再换上另一个屏时,复振幅跟没有放置衍射屏时是一样的,因为如果 $E_1 = 0$,则 $E_2 = E$;(2)对于 $E = 0$ 的那些点,E_1 和 E_2 的相位差为 π,强度相等($|E_1|^2 = |E_2|^2$)。(3)除了中心点外,互补屏的衍射图样的强度分布相同。

巴俾涅原理的应用:因为自由空间光场比较容易知道,因此一旦已经求得某屏的衍射场,利用巴俾涅原理便可求得其互补屏的衍射场。例如知道了圆孔的衍射场,就能方便地求得圆屏的衍射场;知道了单缝的衍射场,就能方便地求得细丝的衍射场。需要注意的是:巴俾涅原理给出的三个场之关系是复振幅关系,三者之间的相位关系,因此不能认为某屏的衍射强度在某处若是亮的,则其互补屏的衍射强度在该处一定是暗的。

7.3　菲涅尔衍射和夫琅和费衍射

如果直接用前面介绍的衍射公式来计算,即使对于很简单的衍射问题也很难求解出来,因此需要做一些近似。如图 7.3.1 所示,Σ 是无限大的遮挡平面上的一个开孔。建立一个

直角坐标系,其坐标轴位于孔径平面上,坐标原点位于孔径内。Q 是该孔径上的任意一点,其的坐标为 $(\xi, \eta, 0)$。P 点是距离孔径 z 处的观察屏上的一点,其坐标为 (x, y, z)。入射光的方向沿 z 轴的正向。

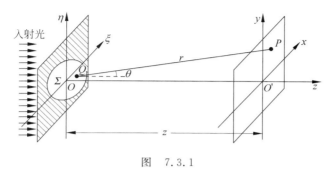

图　7.3.1

近似平行入射时,$\cos(\vec{n}, \vec{s}) = -1$,所以根据式(7.2.2),$P$ 点的复振幅可以写成

$$E(P) = \frac{1}{i\lambda} \iint_{\Sigma} E(Q) \frac{\exp(ikr)}{r} \left(\frac{1 + \cos\theta}{2} \right) d\sigma \qquad (7.3.1)$$

其中 θ 为衍射屏的法线与矢量 $\vec{r}$(由 P 指向 Q)的夹角。在傍轴近似条件下,$\cos\theta$ 可以近似表示为

$$\cos\theta = 1 \qquad (7.3.2)$$

因此式(7.3.1)可以写为

$$E(x, y) = \frac{1}{i\lambda} \iint E(\xi, \eta) \frac{\exp(ikr)}{r} d\xi d\eta \qquad (7.3.3)$$

其中 r 为

$$
\begin{aligned}
r &= \sqrt{z^2 + (x - \xi)^2 + (y - \eta)^2} \\
&= z\sqrt{1 + \left(\frac{x - \xi}{z} \right)^2 + \left(\frac{y - \eta}{z} \right)^2}
\end{aligned}
\qquad (7.3.4)
$$

上式可以按照平方根的二次多项式展开

$$r = z\left\{ 1 + \frac{1}{2}\left(\frac{x - \xi}{z} \right)^2 + \frac{1}{2}\left(\frac{y - \eta}{z} \right)^2 - \frac{1}{8}\left[\left(\frac{x - \xi}{z} \right)^2 + \left(\frac{y - \eta}{z} \right)^2 \right]^2 + \cdots \right\} \qquad (7.3.5)$$

我们假设开孔的线度以及观察范围远远小于观察点离衍射屏的距离,因此 $|(x - \xi)/z|$ 和 $|(y - \eta)/z|$ 都很小。对于分母中的 r,我们只取 $r = z$,对积分带来的误差是很小的。但是对于复指数上的 r 则需要精度更高的近似,因为 $k = 2\pi/\lambda$ 是一个很大的数,r 变化一个波长就相当于相位变化 2π。因此对于复指数上的 r 我们取更精确的近似

$$r \approx z\left[1 + \frac{1}{2}\left(\frac{x - \xi}{z} \right)^2 + \frac{1}{2}\left(\frac{y - \eta}{z} \right)^2 \right] \qquad (7.3.6)$$

当式(7.3.5)中第四项对相位的影响远小于 π 时,即

$$z^3 \gg \frac{1}{4\lambda} \left[(x - \xi)^2 + (y - \eta)^2 \right]_{\max}^2 \qquad (7.3.7)$$

那么取式(7.3.6)的近似对积分带来的误差可以忽略。这样的近似称为菲涅尔近似,而在菲

涅尔近似下的衍射,称为菲涅尔衍射,其衍射公式为

$$E(x,y) = \frac{\exp(ikz)}{i\lambda z} \iint_\Sigma E(\xi,\eta) \exp\left\{\frac{ik}{2z}\left[(x-\xi)^2 + (y-\eta)^2\right]\right\} d\xi d\eta \qquad (7.3.8)$$

如果对式(7.3.6)作进一步的近似,有

$$r \approx z + \frac{x^2 + y^2}{2z} - \frac{x\xi + y\eta}{z} + \frac{\xi^2 + \eta^2}{2z} \qquad (7.3.9)$$

如果 z 足够大,即

$$z >> \frac{k(\xi^2 + \eta^2)_{\max}}{2\pi} \qquad (7.3.10)$$

这时 r 可以进一步近似为

$$r \approx z + \frac{x^2 + y^2}{2z} - \frac{x\xi + y\eta}{z} \qquad (7.3.11)$$

这种近似称为夫琅和费近似,这种衍射称为夫琅和费衍射,其衍射公式为

$$E(x,y) = \frac{\exp(ikz)\exp\left[\frac{ik}{2z}(x^2 + y^2)\right]}{i\lambda z} \iint_\Sigma \widetilde{E}(\xi,\eta) \exp\left[-\frac{ik}{z}(x\xi + y\eta)\right] d\xi d\eta \qquad (7.3.12)$$

菲涅尔衍射和夫琅和费衍射是在索末菲衍射公式的基础上采用了不同的近似得到的。相对来说,菲涅尔衍射在观察屏与衍射孔径间的距离比较近时是适用的,所以也称为近场衍射;而夫琅和费衍射则在观察屏与衍射孔径间的距离比较远时才适用,所以也称为远场衍射。对于一定波长的光来说,距离的远近是与衍射孔径有关的,孔径越大,相应的近场和远场的距离也就越远。显然菲涅尔衍射区是包含夫琅和费衍射区的,所以夫琅和费衍射也可以用菲涅尔衍射计算公式来计算,反之则不然。但是与菲涅尔计算公式相比夫琅和费计算公式更容易计算,因此在夫琅和费衍射区都采用夫琅和费计算公式来计算。

7.4 典型孔径的夫琅和费衍射

由上一节的分析我们知道,观察夫琅和费衍射需要把观察屏放置在离衍射孔径很远的地方。但是,如果将一块理想透镜或者说像差校正得很好的透镜放在衍射屏后面(紧靠衍射屏),那么就可以在透镜的焦平面上观察到夫琅和费衍射,如图 7.4.1 所示。在图 7.4.1(a)中,一束平行光入射到一个衍射孔,在离衍射孔很远的地方 P 点所观察到的效应可以看作是由一组源于孔径上各点并沿 θ 方向的平面波叠加产生。这些平面波称为衍射波,相应的波法线称为衍射光线。如果在屏后放置了一块校正得很好的透镜,那么这些沿 θ 方向的平面波方向的平面波将会聚焦到透镜焦平面上的 P' 点并进行叠加,如图 7.4.1(b)所示,其产生的干涉效应和图 7.4.1(a)中的 P 点的情况相同。

一般用来观察夫琅和费衍射的实验装置如图 7.4.2 所示,单色点光源置于透镜 L_1 的前焦点上,经准直后的平行光垂直照射到孔径 Σ 上,透镜 L_2 紧靠着孔径 Σ,在透镜 L_2 的焦平面上可观察到开孔 Σ 的夫琅和费衍射图样。如果我们仍然沿用图 7.3.1 建立的坐标系,那么透镜 L_2 的焦平面上的衍射图样可用式(7.3.12)来计算,此时 $z=f$。在透镜后焦面上某点 $P(x,y)$ 的复振幅分布为

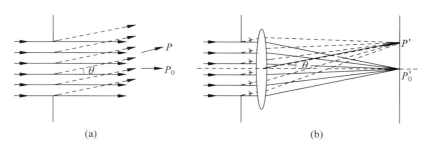

图 7.4.1　夫琅和费衍射

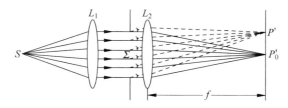

图 7.4.2　夫琅和费衍射的实验装置

$$E(x,y) = \frac{\exp(\mathrm{i}kf)}{\mathrm{i}\lambda f}\exp\left[\frac{\mathrm{i}k}{2f}(x^2+y^2)\right]\iint E(\xi,\eta)\exp\left[-\mathrm{i}\frac{k}{f}(x\xi+y\eta)\right]\mathrm{d}\xi\mathrm{d}\eta \qquad (7.4.1)$$

如果令 $C' = \dfrac{\exp(\mathrm{i}kf)}{\mathrm{i}\lambda f}\exp\left[\dfrac{\mathrm{i}k}{2f}(x^2+y^2)\right]$，那么上式可以简化为

$$E(x,y) = C'\iint E(\xi,\eta)\exp\left[-\mathrm{i}\frac{k}{f}(x\xi+y\eta)\right]\mathrm{d}\xi\mathrm{d}\eta \qquad (7.4.2)$$

令 $u = \dfrac{k}{f}x, v = \dfrac{k}{f}y$，则上式变为

$$E(x,y) = C'\iint E(\xi,\eta)\exp[-\mathrm{i}(u\xi+v\eta)]\mathrm{d}\xi\mathrm{d}\eta \qquad (7.4.3)$$

如果不考虑系数 C'，那么上式就是一个傅里叶变换积分。因此夫琅和费衍射场的复振幅分布 $E(x,y)$ 可以看作是孔径面上的复振幅分布 $E(\xi,\eta)$ 的傅里叶变换。

从图 7.4.1 可以看出，图 7.4.1(a) 中的 P 点和图 7.4.1(b) 的 P' 点方向余弦是一样的，因此当 P 靠近 P_0 时，它们的方向余弦可表示为

$$l = \sin\theta_x \approx \frac{x}{f}, \quad m = \sin\theta_y \approx \frac{y}{f} \qquad (7.4.4)$$

其中 θ_x 与 θ_y 为 P' 点方向角的余角。如果入射光是垂直于孔径的平行光，那么在孔径范围内复振幅分布是均匀分布，因此 $E(\xi,\eta)=A$，A 是一个常数。式(7.4.2)可以改写为

$$E(x,y) = C\iint \exp[-\mathrm{i}k(l\xi+m\eta)]\mathrm{d}\xi\mathrm{d}\eta \qquad (7.4.5)$$

式中 $C = C'A$。

7.5　矩形孔径和单缝夫琅和费衍射

假设有一边长为 a 和 b 的矩形孔径，其中心在坐标原点，两边分别平行于 x 轴和 y 轴，如图 7.5.1 所示。对于这种矩形孔径，式(7.4.5)的积分可以写成

$$E(x,y) = C \int_{-a/2}^{a/2} \exp(-ikl\xi)\mathrm{d}\xi \int_{-b/2}^{b/2} \exp(-ikm\eta)\mathrm{d}\eta$$

$$= Cab \frac{\sin(kla/2)}{kla/2} \frac{\sin(kmb/2)}{kmb/2}$$

$$= E_0 \frac{\sin\alpha}{\alpha} \frac{\sin\beta}{\beta} \tag{7.5.1}$$

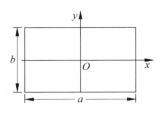

图 7.5.1　矩形孔径

式中 E_0 是 P_0 点的复振幅,并且 $\alpha = kla/2, \beta = kmb/2$。$P$ 点处的光强为

$$I = I_0 \left(\frac{\sin\alpha}{\alpha}\right)^2 \left(\frac{\sin\beta}{\beta}\right)^2 \tag{7.5.2}$$

式中 I_0 为 P_0 点的光强。

现在讨论沿 x 轴的光强分布。令 $\beta = 0$,式(7.5.2)变为

$$I = I_0 \left(\frac{\sin\alpha}{\alpha}\right)^2 \tag{7.5.3}$$

图 7.5.2 给出了矩形孔径衍射沿 x 轴的光强分布曲线。当 $\alpha = 0$ 时(对应于 P_0 点),I 有极大值 I_0;而当 $\alpha = n\pi (n = \pm 1, \pm 2, \cdots)$ 时,$I = 0$,在这些地方出现了暗点。而在这些暗点之间还存在次极大,可以由 $\dfrac{\mathrm{d}}{\mathrm{d}\alpha}\left(\dfrac{\sin\alpha}{\alpha}\right)^2 = 0$ 或者 $\tan\alpha = \alpha$ 的各根给出,表 7.5.1 给出了 x 正向头五个极大值。图 7.5.3 给出了矩形孔径的衍射的仿真图样。值得注意的是,为了显示出弱的次极大,中央部分已经溢出了。衍射光的能量主要集中在中央亮斑部分,中央亮斑的边缘由最近的两个暗点决定,由 $\alpha = \pi$ 可得中央亮斑的角半径为

$$\Delta\theta_x = \frac{\lambda}{a} \quad \Delta\theta_y = \frac{\lambda}{b} \tag{7.5.4}$$

相应的半宽尺寸为

$$\Delta x_0 = \frac{\lambda f}{a} \quad \Delta y_0 = \frac{\lambda f}{b} \tag{7.5.5}$$

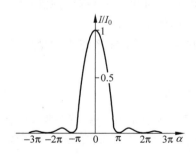

图 7.5.2　矩形孔径衍射沿 x 轴的光强分布曲线

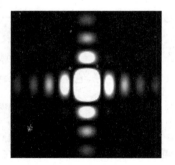

图 7.5.3　矩形孔径的衍射图样
(仿真图,为了显示出弱的次级大,中央部分已溢出)

表 7.5.1　x 正向头五个衍射极大值

α	I/I_0	α	I/I_0
0	1	3.470π	0.00834
1.430π	0.04718	4.479π	0.00503
2.459π	0.01694		

如果矩形孔径的一个边长比另一个边长大得多,例如 $b \gg a$,此时矩形孔径的衍射就变成一个单缝(狭缝)的衍射。由于 $b \gg a$,实际上沿 y 轴方向的衍射效应很小可以忽略,只考虑沿 x 轴的衍射,其复振幅分布为

$$E = E_0' \frac{\sin\alpha}{\alpha} \tag{7.5.6}$$

E_0' 是 $E_0 \frac{\sin(kmb/2)}{kmb/2}$ 当 $b \to \infty$ 时的极限,它实际上是 δ 函数。相应的光强度分布为

$$I = I_0' \left(\frac{\sin\alpha}{\alpha} \right)^2 \tag{7.5.7}$$

式中 $I_0' = |E_0'|^2$。如果以平行于狭缝的线光源照明,单缝衍射的图样是由一系列平行于狭缝的明暗条纹组成。其中央条纹集中了主要的衍射光的能量,它的角半宽度为

$$\Delta\theta = \frac{\lambda}{a} \tag{7.5.8}$$

7.6 圆形孔径的夫琅和费衍射

可以用同样的方法来研究圆孔的夫琅和费衍射。日常接触到的光学仪器大部分具有圆形的光瞳,所以圆孔衍射对于分析光学仪器的衍射现象具有重要意义。仍然假设圆孔的中心位于坐标原点,并用极坐标来代替直角坐标。如果 (ρ, φ) 为圆孔上某点的极坐标,而 (ξ, η) 为该点的直角坐标,那么两者的关系为

$$\xi = \rho\cos\varphi \quad \eta = \rho\sin\varphi \tag{7.6.1}$$

类似地,在观察屏上也用极坐标来表示,假设观察屏上任意一点 P 的极坐标为 (r, ϕ),圆孔的半径为 a,因此将式(7.4.5)的积分改成极坐标的形式,得到 P 点的复振幅

$$E(P) = C \int_0^a \int_0^{2\pi} \exp\left[-\frac{ikr}{f}(\rho\cos\varphi\cos\phi + \rho\sin\varphi\sin\phi) \right] \rho \mathrm{d}\rho \mathrm{d}\varphi$$

$$= C \int_0^a \int_0^{2\pi} \exp\left[-\frac{ikr\rho}{f}\cos(\varphi - \phi) \right] \rho \mathrm{d}\rho \mathrm{d}\varphi \tag{7.6.2}$$

根据贝塞尔函数的性质

$$\frac{i^{-n}}{2\pi} \int_0^{2\pi} \exp(ix\cos\alpha)\exp(in\alpha)\mathrm{d}\alpha = J_n(x) \tag{7.6.3}$$

式(7.6.2)可化简为

$$E(p) = 2\pi C \int_0^a J_0\left(\frac{kr}{f}\rho \right) \mathrm{d}\rho \tag{7.6.4}$$

再利用贝塞尔函数的递推关系

$$\frac{\mathrm{d}}{\mathrm{d}x}\left[x^{x+1} J_{n+1}(x) \right] = x^{n+1} J_n(x) \tag{7.6.5}$$

可以得到

$$E(P) = \pi a^2 C \frac{2J_1(kar/f)}{kar/f} \tag{7.6.6}$$

因此,P 点的强度为

$$I = I_0 \left[\frac{2J_1(Z)}{Z} \right]^2 \tag{7.6.7}$$

式中，$I_0 = (\pi a^2)^2 |C|^2$ 是轴上点 P_0 的强度，$Z = kar/f$，$J_1(Z)$ 为一阶贝塞尔函数。图 7.6.1 和图 7.6.2 分别给出了圆孔的夫琅和费衍射的光强分布曲线和仿真图样。衍射图样是一组绕着中央亮斑的亮暗圆环，亮环的强度随着其半径的加大而急剧下降，中央亮斑集中了衍射光的主要能量。表 7.6.1 列出了圆孔衍射的光强的极大、极小位置以及光强在各个圆环内的光能分布。中央亮斑也称为艾里(Airy)斑，它的半径由第一个暗环的位置来表征，此时

$$Z = \frac{kar_0}{f} = 1.22\pi \quad r_0 = \frac{1.22f\lambda}{2a} \tag{7.6.8}$$

或以角半径来表示(令 $r/f = \sin\theta \approx \theta$，$\theta$ 称为衍射角)

$$\theta_0 = \frac{r_0}{f} = \frac{0.61\lambda}{a} \tag{7.6.9}$$

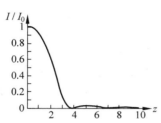

图 7.6.1　圆孔的夫琅和费衍射的光强分布曲线　　　图 7.6.2　圆孔的夫琅和费衍射的仿真图

表 7.6.1　圆孔衍射的光强的极大、极小位置以及光强在各个圆环内的光能分布

圆环序数	Z	I/I_0	圆环的光能分布
中央亮纹	0	1	83.78%
第一暗纹	1.220π	0	0
第一亮纹	1.635π	0.0175	7.22%
第二暗纹	2.233π	0	0
第二亮纹	2.679π	0.00415	2.77%
第三暗纹	3.238π	0	0
第三亮纹	3.699π	0.0016	1.46%

7.7　多缝的夫琅和费衍射

在讨论多缝衍射之前，先看看双缝衍射的情况。双缝夫琅和费衍射的装置如图 7.7.1 所示，它与单缝衍射的装置是一样的，只不过衍射屏 G 具有两个狭缝。两狭缝的宽为 a，间距为 d。只要将衍射屏 G 换成多个宽为 a，间距为 d 的狭缝，在观察屏上观察到的就是多缝夫琅和费衍射。计算双缝的夫琅和费衍射仍然采用式(7.4.5)，只不过积分域应该包含两个缝的两部分波面。类似于单缝衍射，对于 $b \gg a$ 情形，沿 y 轴方向的衍射效应可以忽略。因此，透镜后焦面上任一点 P 的复整幅分布为

$$E(P) = C'' \int_{-\frac{d}{2}-\frac{a}{2}}^{-\frac{d}{2}+\frac{a}{2}} \exp(-ikl\xi)\,\mathrm{d}\xi + C'' \int_{\frac{d}{2}-\frac{a}{2}}^{\frac{d}{2}+\frac{a}{2}} \exp(-ikl\xi)\,\mathrm{d}\xi$$

$$= C''a \frac{\sin(kla/2)}{kla/2}\left[\exp(ikld/2) + \exp(-ikld/2)\right]$$

$$= E_1 + E_2$$

$$= 2C''a \frac{\sin(kla/2)}{kla/2}\cos(kld/2) \tag{7.7.1}$$

式中 $E_1 = C''a \dfrac{\sin(kla/2)}{kla/2}\exp(ikld/2)$，$E_2 = C''a \dfrac{\sin(kla/2)}{kla/2}\exp(-ikld/2)$，$E_1$ 和 E_2 是每个缝的衍射光在 P 点的复振幅。C'' 是 $Cb \dfrac{\sin(kmb/2)}{(kmb/2)}$ 在 $b \to \infty$ 时的极限，实际上是个 δ 函数。E_1 和 E_2 满足相干条件，它们具有稳定的相位差 $\delta = kld = \dfrac{2\pi}{\lambda}d\sin\theta$，$\delta$ 也是双缝对应点到 P 点的相位差。因而 P 点的强度是两个衍射光干涉的结果

$$I = 4(C''a)^2\left[\frac{\sin(kla/2)}{kla/2}\right]^2\cos^2\left(\frac{\delta}{2}\right) = 4I_0\left(\frac{\sin\alpha}{\alpha}\right)^2\cos^2\left(\frac{\delta}{2}\right) \tag{7.7.2}$$

式中 $\alpha = kla/2$。我们可以认为双缝的夫琅和费衍射图样是单缝衍射和双缝干涉的结果。$\left(\dfrac{\sin\alpha}{\alpha}\right)^2$ 代表了衍射的因子，而 $\cos^2\left(\dfrac{\delta}{2}\right)$ 代表干涉的因子。

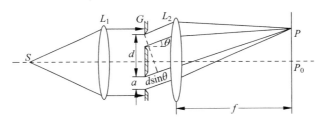

图 7.7.1　双缝夫琅和费衍射的装置

对于多缝衍射也是这样，它是多个振幅相同、相邻光束光程差相等的单缝衍射光干涉的结果。假若最边缘一个单缝的夫琅和费衍射图样在 P 点的复振幅为

$$E(P) = E_0 \frac{\sin(\alpha)}{\alpha}\exp(i\delta_0) \tag{7.7.3}$$

式中，$E_0 = C''a$，δ_0 该衍射光的初始相位因子。对于有 N 个缝的衍射屏，P 点的复振幅就是 N 个衍射光干涉的结果，相邻的衍射光的复振幅相位相差 $\delta = \dfrac{2\pi}{\lambda}d\sin\theta$，因此其合成复振幅为

$$E(P) = E_0 \frac{\sin(\alpha)}{\alpha}\exp(i\delta_0)\{1 + \exp(i\delta) + \exp(i2\delta) + \cdots + \exp[i(N-1)\delta]\}$$

$$= E_0 \frac{\sin(\alpha)}{\alpha}\exp(i\delta_0)\frac{1 - \exp(iN\delta)}{1 - \exp(i\delta)}$$

$$= E_0 \frac{\sin(\alpha)}{\alpha}\exp(i\delta_0)\frac{\sin(N\delta/2)}{\sin(\delta/2)}\exp[i(N-1)\delta/2] \tag{7.7.4}$$

因此 P 点的光强为

$$I = I_0 \left(\frac{\sin\alpha}{\alpha}\right)^2 \left[\frac{\sin(N\delta/2)}{\sin(\delta/2)}\right]^2 \tag{7.7.5}$$

式中 $I_0 = E_0^2$。上式中 $\left(\frac{\sin\alpha}{\alpha}\right)^2$ 为单缝衍射的因子,而 $\left[\frac{\sin(N\delta/2)}{\sin(\delta/2)}\right]^2$ 为多光束干涉的因子。衍射因子只与单缝的缝宽有关,而干涉因子则与相邻两缝的间距有关。实际上,任何周期性排列(包括二维方向的排列)的开孔(包括具有一定的相位或振幅调制的开孔)都有类似的结论,它是单个衍射孔的衍射与多光束干涉共同作用的结果。

干涉因子是一个周期函数,它的周期 $T = \delta_0 = 2\pi$。当

$$\delta = \frac{2\pi d\sin\theta}{\lambda} = 2m\pi \quad (m = 0, \pm1, \pm2, \cdots) \tag{7.7.6}$$

或者

$$d\sin\theta = m\lambda \quad (m = 0, \pm1, \pm2, \cdots) \tag{7.7.7}$$

时,干涉因子具有极大值 N^2。这些极大值称为主极大,m 为它们的级次。对主极大而言,它们位置只跟光栅常数 d 有关,而与缝数 N 无关。式(7.7.7)也称为光栅方程。因为衍射角应该满足 $|\theta| < \frac{\pi}{2}$,而且 $|\sin(\theta)| < 1$,这就限制了主极大的级次。在两个主极大之间,还存在零值点,这些零值点位于当 $N\delta/2$ 是 π 的整数倍,而 $\delta/2$ 不是 π 的整数倍时,即

$$d\sin\theta = \frac{\lambda}{N}, \quad \frac{2\lambda}{N}, \quad \frac{3\lambda}{N}, \quad \cdots, \quad \frac{(N-1)\lambda}{N}, \quad \frac{(N+1)\lambda}{N}, \quad \frac{(N+2)\lambda}{N}, \quad \cdots$$
$$\tag{7.7.8}$$

在两个相邻的主极大之间有 $N-1$ 个零值,而两个零值之间有一个次极大,因此两相邻主极大之间有 $N-2$ 次极大。通常以主极大的相邻的两个零值的角距离作为主极大的角宽度,由式(7.7.8)可得,主极大的角宽度为

$$\Delta\theta = \frac{2\lambda}{Nd\cos\theta} \tag{7.7.9}$$

从上式可以看出,不同位置或不同级次的主极大的角宽度是不一样的,但是它们满足同一个规律,那就是缝数越大主极大的宽度就越小。次极大的角宽度是主极大角宽度的一半。当缝数很大时,主极大和次极大的角宽度将变得很小,由于次极大的强度比主极大的强度小得多,因此次极大几乎观察不出来,而主极大则变得非常的明锐。

图 7.7.2 给出了多缝夫琅和费衍射的光强分布的一个例子,图中的曲线是在 $N = 4$,$d = 3a$ 的情况下画出来的。多缝的夫琅和费衍射可以看作是多光束干涉因子受到单缝衍射因子的调制。多光束干涉的结果是一系列具有相等最大强度的明锐条纹,因为受到单缝衍射因子的调制,这些的条纹的最大强度的走势跟随单缝衍射因子的变化而变化。由于单缝衍射因子具有零值点,如果干涉因子中的主极大正好落在这些零值点上,对应级次的主极大就会消失,这种现象叫做缺级。由于干涉主极大的位置由光栅方程 $d\sin\theta = m\lambda$ 决定,而衍射因子的零值点由 $a\sin\theta = n\lambda$ 决定,因此缺级条件为

$$m = n\left(\frac{d}{a}\right) \tag{7.7.10}$$

其中 $m = 0, \pm1, \pm2, \cdots, n = 0, \pm1, \pm2, \cdots$。例如在图 7.7.2 中第三、六级($m = \pm3$、$m = \pm6$)主极大缺级了。

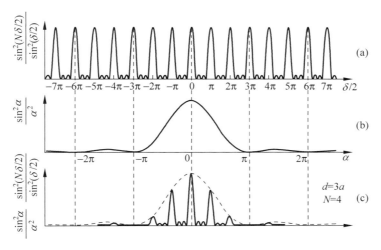

图 7.7.2　多缝夫琅和费衍射的光强分布

7.8　衍射光栅

能够对入射光的振幅或相位进行周期性空间调制，或者能对二者同时进行周期性空间调制的光学元件称为衍射光栅。衍射光栅的种类很多，表 7.8.1 列出常见的光栅的种类。上节介绍的多缝衍射就是一种振幅型光栅。在这一节里，仍然采用多缝衍射的一些结论来讨论衍射光栅的一些性质，因为这些结论对其他的衍射光栅也是适用的。

表 7.8.1　常见光栅的种类

分 类 依 据	种 类
调制方式	振幅型、相位型
工作方式	透射型、反射型
制作方式	机刻光栅、复制光栅、全息光栅
表面形状	平面光栅、凹面光栅
空间维度	二维平面光栅、三维立体光栅

光栅方程式(7.7.7)决定了各级主极大的位置，现在把它推广到入射光斜入射的情况。如图 7.8.1 所示，当入射光以 i 角斜入射时，两相邻光束到 P 点的光程差应当加上入射光引入的光程差，因此相应的光栅方程变为

$$d(\sin i \pm \sin\theta) = m\lambda \quad (m = 0, \pm 1, \pm 2, \cdots) \tag{7.8.1}$$

式中的±号取正或者负分别对应了图 7.8.1 中的(a)和(b)，当入射角与衍射角在法线的同一侧时取正，相反则取负。

式(7.8.1)说明衍射角 θ 是与入射光的波长有关的。除了零级主极大以外，对于同一级的主极大(m 相同)，入射光的波长不同那么对应的主极大在观察屏上的位置也是不一样的。如果入射光不是单色光而是具有多个光谱的混合光，那么可以想象，除了零级主极大之外，将会观察到与入射光相对应的多个分散的同一级主极大，如图 7.8.2 所示。因此，光栅也和法布里-珀罗干涉仪一样具有分光的作用。光栅最重要的应用就是作为分光元件，使

用光栅作为分光元件的光谱仪称为光栅光谱仪。

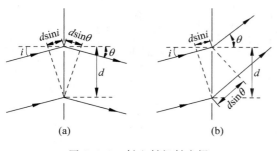

图 7.8.1　斜入射衍射光栅

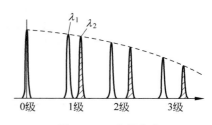

图 7.8.2　光栅分光

下面分析一下光栅作为分光元件的主要性能：色散、光谱分辨本领及自由光谱范围。

7.8.1　光栅的色散

光栅的色散用角色散和线色散来表示。波长相差为 dθnm 的两谱线分开的角距离称为角色散。光栅的色散公式可以从光栅方程求得，将式(7.8.1)两边取微分可得

$$\frac{\mathrm{d}\theta}{\mathrm{d}\lambda} = \frac{m}{d\cos\theta} \tag{7.8.2}$$

在聚焦物镜焦面上波长相差 dθnm 的两谱线分开的距离称为线色散，假设物镜的焦距为 f，那么线色散为

$$\frac{\mathrm{d}l}{\mathrm{d}\lambda} = f\frac{\mathrm{d}\theta}{\mathrm{d}\lambda} = f\frac{m}{d\cos\theta} \tag{7.8.3}$$

从光栅的色散的定义可以看出，光栅的色散越大就越容易将两条靠近的谱线分开。通常都在级次小，θ 角不大的地方观察光栅光谱。尽管 m 比较小，但是光栅常数 d 也很小(一般的光栅每毫米内通常有上千条缝)，所以光栅具有很大的色散能力。这一特点，使光栅成为一种优良的光谱仪器。由于 θ 角不大，$\cos\theta$ 几乎不随 θ 变化，所以色散相对于 θ 来说是个常数，光谱排列是均匀，这种光谱也称为均排光谱。因而测定这种光谱时可采用线性内插法，这是光栅光谱优于棱镜光谱的地方。

7.8.2　光栅的光谱分辨本领

光栅的光谱分辨本领是指分辨两个靠得很近的谱线的能力。尽管光栅的色散很大，但是不一定能分辨两条靠近的光谱。这是因为谱线具有一定的宽度，这个宽度是由前面提到过的主极大的角宽度决定的。光栅的色散大只能说明两个不同波长的主极大的最大光强位置分开的距离大，但是如果主极大的角半宽度也很大，以至于相互重叠，那么两个光谱就不能分辨了。图 7.8.3 给出了光谱分辨的三种情况。

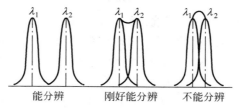

图 7.8.3　光谱分辨的三种情况

　　根据瑞利判据,如果一条光谱线(主极大)的强度极大值和另一条谱线与强度极大值靠近的极小值重合时,两条谱线刚好能够分辨。这时两谱线的角距离正好是谱线的角宽度的一半(即谱线的角半宽度),由式(7.7.9)得

$$\delta\theta = \frac{\Delta\theta}{2} = \frac{\lambda}{Nd\cos\theta} \tag{7.8.4}$$

该角度对应的波长差 $\delta\lambda$ 就是光栅能分辨的最小波长差。根据前面的讨论,光栅的色散近似是个常数,所以

$$\delta\lambda = \left(\frac{\mathrm{d}\lambda}{\mathrm{d}\theta}\right)\delta\theta \tag{7.8.5}$$

将式(7.8.2)和式(7.8.4)代入式(7.8.5)得

$$\delta\lambda = \frac{\lambda}{mN} \tag{7.8.6}$$

通常把波长 λ 与在该波长附近能被分辨的最小波长差 $\delta\lambda$ 的比值作为光栅分辨本领的量度,因此光栅的分辨本领可表示为

$$A = \frac{\lambda}{\delta\lambda} = mN \tag{7.8.7}$$

　　在光栅应用中,一般使用的光谱级数为 1 到 3 级,但是光栅缝数 N 是一个很大的数,所以光栅具有很高的分辨本领。与同样具有高分辨本领的法布里-珀罗干涉仪相比,光栅的高分辨本领是来源于很大的缝数 N,而法布里-珀罗干涉仪则是因为高的干涉级。

7.8.3　光栅的自由光谱范围

　　光栅的自由光谱范围是指它的光谱不重叠区。在波长 λ 的 $m+1$ 级谱线和波长为 $\lambda+\Delta\lambda$ 的 m 级谱线重叠时,波长在 λ 到 $\lambda+\Delta\lambda$ 之内的不同级谱线是不会重叠的。因此光谱的不重叠区 $\Delta\lambda$ 可由 $m(\lambda+\Delta\lambda)=(m+1)\lambda$ 得到

$$\Delta\lambda = \frac{\lambda}{m} \tag{7.8.8}$$

　　由于光栅都在低级次下使用,所以它的自由光谱范围很大,在可见光范围内为几百纳米,而法布里-珀罗干涉仪只能在很窄的光谱区内使用。

　　从以上的讨论可知,光谱的级次越高,分辨本领和色散也越大。但是,级次越高,光强度却越小。没有光谱分辨能力的零级光谱却占据了光强度最大的位置。在应用中,希望使用的光谱级次具有最大的光强分布,闪耀光栅可以实现这一要求。

　　闪耀光栅的刻槽面与光栅面具有一定的角度。图 7.8.4(a)给出了反射式闪耀光栅的示意图,刻槽面和光栅面的夹角为 γ,光栅常数为 d。各主极大的位置仍然由光栅方程确定,假设入射角为 i,那么零级光谱位于 $\theta=i$ 的地方。光栅光谱的相对强度分布由衍射因子决定,入射光与刻槽面的法线的夹角为 $\alpha=i-\gamma$,那么最大光强的位置应该在入射光关于刻槽面法线的镜像位置,如图 7.8.4(a)所标识的那样。图 7.8.4(b)为闪耀光栅的衍射示意图。如果第 m 级的谱线刚好落在最大光强处,那么应该满足 $\theta=i-2\gamma$,将其代入光栅方程可得

$$d[\sin i - \sin(i-2r)] = m\lambda \tag{7.8.9}$$

如果入射光垂直于刻槽面,这时 $i=\gamma$,式(7.8.9)变为

$$2d\sin\gamma = m\lambda \tag{7.8.10}$$

通常将 $m=1$ 对应的波长 $\lambda_1 = 2d\sin\gamma$ 称为闪耀波长。注意到刻槽面的宽度与光栅常数几乎相等,所以波长 λ_1 的其他各级光谱都几乎与当个刻槽面衍射的暗纹位置重合,也就是处于缺级位置,因此大部分能量(80%以上)都集中到 λ_1 的一级光谱上。

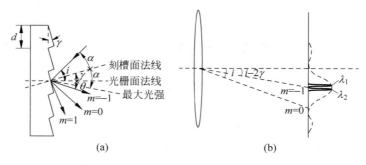

图 7.8.4 闪耀光栅及其衍射

任何一个光栅的特性都可以用它的透射函数或反射函数来表征,因此光栅面上的复振幅分布就是入射光的复振幅与透射函数(或反射函数)的乘积。如果用垂直于光栅面的平行光作为入射光,光栅面上的复振幅分布就是透射函数或反射函数。根据前面讨论过的,透镜焦平面上的夫琅和费衍射的复振幅分布就是光栅面上复振幅分布的傅里叶变换,因此也可以利用傅里叶变换来计算光栅衍射的复振幅分布。

7.9 光学成像系统的分辨本领

在几何光学中了解了光学系统是如何成像的,这一节里将简单地介绍如何用衍射理论来分析光学系统的成像原理,更详细及严格地分析请参见傅里叶光学的相关章节。

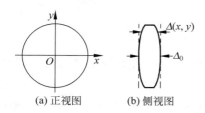

(a) 正视图   (b) 侧视图

图 7.9.1 薄透镜

首先,来分析透镜对光波的作用。图 7.9.1 是一个薄透镜,图中坐标系的原点放在透镜的中心。透镜中心的厚度为 Δ_0,透镜上任意一点 (x,y) 处的厚度为 $\Delta(x,y)$。相对空气中传播,透镜对穿过它的光波产生的相位延时为

$$\phi(x,y) = kn\Delta(x,y) + k[\Delta_0 - \Delta(x,y)] \quad (7.9.1)$$

式中 n 为透镜材料的折射率。$kn\Delta(x,y)$ 是透镜产生的相位延时,而 $k[\Delta_0 - \Delta(x,y)]$ 是空气造成的相位延时。

图 7.9.2 将透镜分成了三个部分。我们规定:光波从左向右传播,对于使光线会聚的表面其曲率半径为正,而对于使光线发散的表面其曲率半径为负。

因此,透镜的厚度函数可以写成

$$\Delta(x,y) = \Delta_0 - R_1\left(1 - \sqrt{1 - \frac{x^2+y^2}{R_1^2}}\right) + R_2\left(1 - \sqrt{1 - \frac{x^2+y^2}{R_2^2}}\right) \quad (7.9.2)$$

对于近轴光线,可以做如下近似

$$\sqrt{1 - \frac{x^2+y^2}{R_1^2}} \approx 1 - \frac{x^2+y^2}{2R_1^2}$$

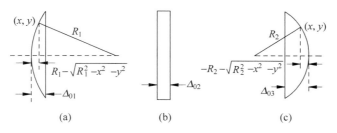

图 7.9.2 将透镜分成三个部分

$$\sqrt{1 - \frac{x^2 + y^2}{R_2^2}} \approx 1 - \frac{x^2 + y^2}{2R_2^2} \qquad (7.9.3)$$

在近轴近似下,透镜的厚度函数为

$$\Delta(x,y) = \Delta_0 - \frac{x^2 + y^2}{2}\left(\frac{1}{R_1} - \frac{1}{R_2}\right) \qquad (7.9.4)$$

透镜对光波的作用,用透过率函数或者说传播函数 $t(x,y)$ 来表示

$$t(x,y) = \exp[ik\phi(x,y)]$$

$$= \exp[ik\Delta_0]\exp\left[ik(n-1)\frac{x^2 + y^2}{2}\left(\frac{1}{R_1} - \frac{1}{R_2}\right)\right] \qquad (7.9.5)$$

从几何光学可知,对于薄透镜,其焦距 f 定义为

$$\frac{1}{f} = (n-1)\left(\frac{1}{R_1} - \frac{1}{R_2}\right) \qquad (7.9.6)$$

在分析中,常数相位因子可以不用考虑,所以把式(7.9.5)中的常数相位因子忽略,式(7.9.5)又可改写为

$$t(x,y) = \exp\left[-ik\frac{(x^2 + y^2)}{2f}\right] \qquad (7.9.7)$$

另外考虑到透镜的有限孔径,定义一个孔径函数

$$P(x,y) = \begin{cases} 1 & \text{透镜孔径内} \\ 0 & \text{其他} \end{cases} \qquad (7.9.8)$$

最终透镜的透射函数为

$$t(x,y) = P(x,y)\exp\left[-ik\frac{(x^2 + y^2)}{2f}\right] \qquad (7.9.9)$$

考虑一个薄透镜成像系统,如图 7.9.3 所示,单色点光源位于 s 点,按照几何光学的规律假设其像点位于 s' 处。s 和 s' 到透镜的距离分别为 d_1 和 d_2。

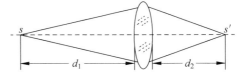

图 7.9.3 薄透镜成像系统

现在应用前面提出的衍射理论来分析像面上的光强分布。在近轴近似下,点光源 s 发出的球面波在透镜处的复振幅分布为

$$E_1(x,y) = A\exp(ikd_1)\exp\left[ik\frac{(x^2 + y^2)}{2d_1}\right] \qquad (7.9.10)$$

光波经过透镜之后,其复振幅变为

$$E_2(x,y) = E_1(x,y)t(x,y)$$

$$= A\exp(\mathrm{i}kd_1)P(x,y)\exp\left[\frac{\mathrm{i}k}{2}\left(\frac{1}{d_1}-\frac{1}{f}\right)(x^2+y^2)\right] \tag{7.9.11}$$

在透镜后距离透镜 d_2 处的复振幅分布 $E(x,y)$ 应用菲涅尔衍射公式(式(7.9.11))来计算,因此 $E(x,y)$ 可表示为

$$\boldsymbol{E}(x,y) = \frac{\exp(\mathrm{i}kd_2)}{\mathrm{i}\lambda d_2}\iint E_2(\xi,\eta)\exp\left\{\frac{\mathrm{i}k}{2d_2}\left[(x-\xi)^2+(y-\eta)^2\right]\right\}\mathrm{d}\xi\mathrm{d}\eta \tag{7.9.12}$$

式中将 E_2 的坐标用 (ξ,η) 来表示。将式(7.9.11)代入式(7.9.12)可得

$$E(x,y) = \frac{A\exp[\mathrm{i}k(d_1+d_2)]}{\mathrm{i}\lambda d_2}\exp\left[\frac{\mathrm{i}k}{2d_2}(x^2+y^2)\right]\iint P(\xi,\eta)$$

$$\times\exp\left[\frac{\mathrm{i}k}{2}\left(\frac{1}{d_1}+\frac{1}{d_2}-\frac{1}{f}\right)(\xi^2+\eta^2)\right]\exp\left[-\frac{\mathrm{i}k}{d_2}(x\xi+y\eta)\right]\mathrm{d}\xi\mathrm{d}\eta \tag{7.9.13}$$

因为观察面处于几何光学的像面上,所以以下条件满足

$$\frac{1}{d_1}+\frac{1}{d_2}=\frac{1}{f} \tag{7.9.14}$$

因此,式(7.9.13)可化简为

$$E(x,y) = C\iint P(\xi,\eta)\exp\left[-\frac{\mathrm{i}k}{d_2}(x\xi+y\eta)\right]\mathrm{d}\xi\mathrm{d}\eta \tag{7.9.15}$$

式中 C 是式(7.9.13)中积分号之前的因子。上式与平行光入射的夫琅和费衍射具有类似的形式,只是系数上有一点差别。因此把像面上观察到的点物衍射像看作是孔径光阑的夫琅和费衍射图样。一般的光学系统都具有圆形孔径光阑,因此点物在像面上的像与圆孔的夫琅和费衍射图样相同。相应的艾里半径为

$$r_0 = 1.22\frac{d_2\lambda}{D} \tag{7.9.16}$$

式中,D 为孔径光阑的直径;d_2 为光阑到像面的距离。对于更复杂的成像系统,也有类似的结论。

光学成像系统的分辨率是指它能分辨开两个靠近的点物的能力,也就是能分辨物体细节的能力。由于点物所成的像是一个夫琅和费衍射图像,对于两个非常靠近的点物,它们对应的像有可能就分辨不出来了。通常将一个点物衍射图样的中央极大值与另一个点物衍射图样的第一级最小值重合时两点物的距离作为系统的分辨率极限,这一判断标准称为瑞利判据。一般成像系统都是圆形孔径,点物的衍射像就是圆形孔径的衍射图样,因此用艾里斑的半径作为标准来判断。图 7.9.4 给出了应用瑞利判据的三种情形,D 为光学成像系统孔径的直径,$\theta_0=1.22\lambda/D$ 是按照瑞利判据系统刚好能分辨的两个点物的角距离。当两个点物的角距离刚好等于艾里斑的角半径时,按照瑞利判据,刚好能够分辨这两个点物的像;当两个点物的角距离小于艾里斑的角半径时,它们的像重叠在一起就好像只有一个点物的像一样,此时就分辨不出有两个点物了;当两个点物的

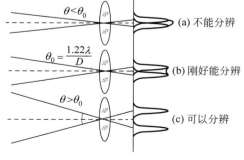

图 7.9.4 瑞利判据

角距离大于艾里斑的角半径时,它们的像能清晰地分辨出来。

望远镜的分辨率通常定义为它能分辨的两个点物的角半径,因此可以表示为

$$\alpha = \frac{1.22\lambda}{D} \tag{7.9.17}$$

望远镜的口径越大,它的分辨率就越高。因此,在天文应用中,人们都希望望远镜的孔径越大越好,大孔径的望远镜可以分辨出两个靠得很近的天体。

照相物镜的分辨率是指像面上每毫米能分辨的直线数。由于照相机的像面与照相物镜的焦面大致重合,因此它能分辨的两条直线的最小距离为

$$\varepsilon = f\theta_0 = 1.22 f\lambda/D \tag{7.9.18}$$

式中,D 是照相物镜的入瞳直径,f 为照相物镜的焦距。因此照相物镜的分辨率为

$$N = \frac{1}{\varepsilon} = \frac{1}{1.22\lambda} \frac{D}{f} = \frac{1}{1.22\lambda F_\sharp} \tag{7.9.19}$$

式中,D/f 为物镜的相对孔径,$F_\sharp$ 称为 F 数是相对孔径的倒数。可见,照相物镜的相对孔径越大其分辨率越高。

显微镜的分辨率定义稍微复杂一点。如图 7.9.5 所示,两个靠近的点物 s_1 和 s_2 经显微物镜成像到像面上的 s_1' 和 s_2',它们的角距离为 θ_0。假设它们的距离显微镜刚好能分辨,那么根据瑞利判据,它们的像的距离应该满足

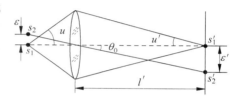

图 7.9.5 显微镜的分辨率

$$\varepsilon' = l'\theta_0 = 1.22 \frac{l'\lambda}{D} \tag{7.9.20}$$

式中,D 为物镜的直径,l' 为像距。显微镜物镜成像满足阿贝(Abbe)正弦条件

$$n\varepsilon\sin u = n'\varepsilon'\sin u' \tag{7.9.21}$$

式中,n 和 n' 分别为物方和像方的折射率,u 和 u' 分别是物方和像方的孔径角。在显微镜中,像方折射率 $n'=1$。另外,由于 $l' \gg D$,所以

$$\sin u' \approx u' = D/2l' \tag{7.9.22}$$

将式(7.9.20)和式(7.9.22)代入式(7.9.21)可得

$$\varepsilon = \frac{0.61\lambda}{n\sin u} \tag{7.9.23}$$

式中,$n\sin u$ 为物镜的数值孔径,通常表示为 NA。从上式可以看出,增大物镜的数值孔径和减小应用波长都可以提高显微镜的分辨率。例如,在实际应用中,使用浸油物镜以提高物方折射率,增大数值孔径,达到提高分辨率的目的。而电子显微镜则是利用了电子束的波长比光波的波长小得多的特点,它的分辨率可以达到普通光学显微镜的上千倍。

7.10 菲涅尔衍射

菲涅尔衍射是在菲涅尔近似条件成立的距离范围内所观察到的衍射现象。可以按照菲涅尔衍射公式来计算菲涅尔衍射图样,但是比较复杂。通常采用一些定性或半定量的方法,如菲涅尔波带法、图解法,来得到衍射图样。下面我们介绍菲涅尔波带法。

如图 7.10.1 所示,S 为单色点光源,Σ 是该光源发出的球面波的瞬时位置,其半径为 R。P_0 是空间中的任意一点,它的复振幅待求。S 和 P 的连线交 Σ 于 M 点,并且 $MP = r_0$。以 P_0 为球心,半径分别为 $r_0 + \dfrac{\lambda}{2}, r_0 + \lambda, \cdots, r_0 + \dfrac{j\lambda}{2}, \cdots$ 的球面去分割波面 Σ,将波面分割成许多环带。这些环带称为半波带。

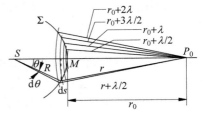

图 7.10.1 菲涅尔波带法

将每一个半波带分成宽度为无穷小的许多环形波带元,带元的面积为 $\mathrm{d}s$,如图 7.10.1 所示。$\mathrm{d}s$ 可以表示为

$$\mathrm{d}s = R\mathrm{d}\theta(2\pi R\sin\theta) \tag{7.10.1}$$

根据余弦定理有

$$r^2 = R^2 + (R + r_0)^2 - 2R(R + r_0)\cos\theta \tag{7.10.2}$$

对两边求微分可得

$$2r\mathrm{d}r = 2R(R + r_0)\sin\theta\mathrm{d}\theta \tag{7.10.3}$$

由式(7.10.1)和式(7.10.3)可得

$$\mathrm{d}s = \frac{2\pi R}{(R + r_0)}\mathrm{d}r \tag{7.10.4}$$

因此,第一个波带的面积为

$$\Delta S_1 = 2\pi \frac{R}{R + r_0} \int_{r_0}^{r_0 + \frac{\lambda}{2}} r\mathrm{d}r = \frac{2\pi R}{R + r_0}\left(r_0 \frac{\lambda}{2} + \frac{\lambda^2}{4}\right) \tag{7.10.5}$$

由于波长 λ 相对于 R 和 r_0 来说很小,忽略 λ^2 项,于是

$$\Delta S_1 = \frac{\pi R r_0 \lambda}{R + r_0} \tag{7.10.6}$$

用同样的方法可以计算出其他波带的面积,结果表明各波带的面积相等。

光源 S 在 P_0 点产生的复振幅,就是波面上所有波带发出的次波在 P_0 点的叠加。由惠更斯-菲涅尔原理可知,各个波带产生的次波在 P_0 点的振幅正比于该带的面积,反比于该带到 P_0 点的距离,而且依赖于倾斜因子。我们已经证明了各个波带的面积是相等的,因而次波在 P 点的振幅只与后两者有关。波带的序数 j 越大,距离 r_j 和倾角也越大,因此可以断定各波带产生的次波在 P_0 点的振幅随着波带序数 j 增大而单调减小。假设 E_j 为第 j 带的次波在 P_0 点的复振幅,那么

$$E_1 > E_2 > \cdots > E_j > \cdots \tag{7.10.7}$$

考虑到两相邻波带的相应点到 P_0 点的距离的光程差为半个波长,因此它们发出的次波在 P_0 点的复振幅相位差为 π,相邻波带在 P_0 点的复振幅方向相反。若把第一个波带在 P_0 点的复振幅看作是正的,则前 j 个波带在 P_0 点的合成复振幅为

$$A_j = E_1 - E_2 + E_3 - E_4 + \cdots + (-1)^{j+1}E_j \tag{7.10.8}$$

由于序列 $\{E_j\}$ 单调下降,且变化缓慢,近似有

$$E_2 = \frac{E_1 + E_3}{2}, \quad \cdots, \quad E_j = \frac{E_{j-1} + E_{j+1}}{2} \tag{7.10.9}$$

因而易得

$$A_j = \begin{cases} \dfrac{E_1}{2} + \dfrac{E_j}{2} & （当 j 为奇数时） \\[2mm] \dfrac{E_1}{2} + \dfrac{E_{j-1}}{2} - E_j & （当 j 为偶数时） \end{cases} \tag{7.10.10}$$

如果 j 足够大,可以认为

$$\frac{E_{j-1}}{2} - E_j = -\frac{E_j}{2} \tag{7.10.11}$$

因此,式(7.10.10)可归为

$$A_j = \frac{E_1}{2} \pm \frac{E_j}{2} \tag{7.10.12}$$

当 j 为奇数时取正,为偶数时取负。

如果 S 和 P_0 之间不存在遮蔽或者孔径很大,E_j 将趋向于零,此时

$$A_j = \frac{E_1}{2} \tag{7.10.13}$$

因此,在没有遮蔽或孔径很大的情况下,整个波面对 P_0 点的复振幅作用等于第一个波带在该点的作用的一半,圆孔的大小对 P_0 点的复振幅几乎没有影响。

当光源和观察点之间被带有圆形孔径的遮拦遮挡时,只有孔径范围内的一部分波面上的那些次波对观察点的复振幅有贡献。同样可以按照上面介绍的菲涅尔波带法来分析观察点的复振幅。如图 7.10.2 所示,P_0 位于点光源 S 和圆孔中心连线上,为方便起见,我们称其为轴上点,P 则为轴外点。图 7.10.2(a) 和图 7.10.2(c) 是应用菲涅尔波带法画菲涅尔波带的示意图,图 7.10.2(b) 和图 7.10.2(d) 是菲涅尔波带的正视图,以斜线来区分相邻的波带。

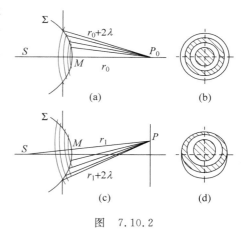

图 7.10.2

对于轴上点 P_0,它的复振幅可由式(7.10.12)给出,式中的 j 就是孔径内的波带数。当圆孔比较小时,波带数也比较小,E_j 和 E_1 的差别也比较小。在这种情况下,当 j 为奇数时有

$$A_j = \frac{E_1}{2} + \frac{E_j}{2} \approx E_1 \tag{7.10.14}$$

而当 j 为偶数时有

$$A_j = \frac{E_1}{2} - \frac{E_j}{2} \approx 0 \tag{7.10.15}$$

这说明 P_0 点的光强随着孔径的大小或者其离开 S 的距离的不同,出现光强为最大(亮点)和最小(暗点)的情况。

对于轴外点 P,由于受到孔径的限制,各个波带在孔径范围内的面积不再相等。精确计算它的合成振幅就不容易了。但可以预料,随着 P 点离开 P_0 点逐渐向外移动,其光强将会时大时小的变化。由于整个装置具有关于 SP_0 轴的回转对称性,因此可以预见圆孔的菲涅尔衍射图样是一组亮暗交替的同心圆环条纹,中心可能是亮点也可能是暗点。

从前面的讨论可知,在菲涅尔波带中,相邻两个波带在观察点产生的复振幅的相位是相反的,所以奇数序的波带和偶数序的波带对观察点的作用相互抵消了。如果制作这样一个遮拦使得只有奇数序的波带通过或者只有偶数序的波带通过,那么观察点处的复振幅就是次波的同相位的叠加,即

$$A_j = E_1 + E_3 + \cdots + E_{2j-1} \tag{7.10.16}$$

或者

$$A_j = E_2 + E_4 + \cdots + E_{2j} \tag{7.10.17}$$

这样,观察点处的光强将会比没有任何遮拦时的光强大很多。例如,只让 10 个奇数序的波带通过,则 $A_j \approx 10E_1 = 20(E_1/2)$,那么它的光强就是没有遮拦时的 400 倍。这种将奇数波带或偶数波带挡住的特殊光阑称为菲涅尔波带片。由于它具有像透镜一样的聚光能力,所以也称为菲涅尔透镜。

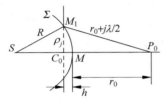

图 7.10.3 菲涅尔透镜

下面我们来分析菲涅尔透镜的焦距。如图 7.10.3 所示,菲涅尔透镜的半径为 ρ_j,M_j 是菲涅尔透镜的边缘上的一点,j 则是圆孔内包含的波带数目。

对于 $\triangle SM_jC_0$,由勾股定理得

$$h = R - \sqrt{R^2 - \rho_j^2} \approx \frac{\rho_j^2}{2R} \tag{7.10.18}$$

对于 $\triangle PM_jC_0$ 也有

$$\left(r_0 + \frac{j\lambda}{2}\right)^2 = \rho_j^2 + (r_0 + h)^2 \tag{7.10.19}$$

将式(7.10.18)代入式(7.10.19)并展开后得

$$r_0^2 + r_0 j\lambda + j^2 \frac{\lambda^2}{4} = \rho_j^2 + r_0^2 + \frac{r_0\rho_j^2}{R} + \frac{\rho_j^4}{4R^2} \tag{7.10.20}$$

由于 λ 和 ρ_j^2/R 都是微小量,所以忽略它们的平方项,整理得

$$\frac{1}{\frac{\rho_j^2}{j\lambda}} = \frac{1}{r_0} + \frac{1}{R} \tag{7.10.21}$$

上式与透镜成像公式十分相似,式中 R 是光源点到波面的距离,相对于透镜的物距;r_0 是波面到观察点 P 的距离,相当于透镜的像距,而菲涅尔透镜的焦距应该是

$$f = \frac{\rho_j^2}{j\lambda} \tag{7.10.22}$$

选定了工作波长和透镜的焦距后就可以根据式(7.10.22)决定每个环带的半径,即

$$\rho_j = \sqrt{j\lambda f} \tag{7.10.23}$$

实际制作波带片时,就根据计算出来的 ρ_j 画出同心圆并把偶数带或奇数带涂黑。由于 ρ_j 的数值很小,通常采用照相复制的方法来制作波带片。除此之外,还可以采用相位补偿的办法,使奇数带和偶数带之间有 π 的相位差,这样通过偶数带和通过奇数带的光在 P_0 将会互相加强。相位补偿可以通过在玻璃表面上刻蚀或者采用薄膜沉积的方法来实现,这种透镜称为二元相位菲涅尔透镜。

7.11 干涉和衍射的区别和联系

干涉和衍射两者的本质都是光波相干叠加的结果,本质上是统一的,区别在于参与相干叠加的对象多少、形成条件以及分布规律。

干涉和衍射的条纹都是明暗相间的条纹,可能是圆条纹,也可能直条纹,或者是圆弧条纹,与装置以及接收位置有关。干涉和衍射考虑的中心问题都是光束之间的光程差(或者相位差)问题。

从数学角度看,干涉叠加考虑的是有限项的求和,表现在矢量图上,干涉图样可由矢量折线图来分析;衍射是积分运算,衍射图样则由连续弧线图来分析。干涉是有限几束光的叠加,比较粗略;衍射是无穷多个次波的相干叠加,比较精细。

干涉中各光束可以用光的直线传播的模型来描述;而光的衍射中各光束必须以光的波动理论来描述。

对于每一光束而言都存在衍射,而各光束之间则存在干涉关系,一般情况下,干涉和衍射两者的作用是同时存在的。例如当干涉装置中的衍射效应不能忽略时,则干涉条纹的分布也要受到单缝衍射因子的调制,导致各干涉级次的强度不再相等。

总之,光的干涉与衍射都是光的波动性的表现,都是光在遇到障碍物之后所表现出的光强分布不均匀的现象,两者之间既存在着相同的共性,同时又存在着不同的个性。由于光的本质是一种电磁波,当遇到障碍物后,总是要产生相应的叠加效应,这对光的干涉和衍射来说都是相同的. 但两者又是有区别的,光的干涉现象强调光的直线传播,它是有限多个沿直线传播的相干波的叠加;光的衍射现象强调光的非直线传播,它是同一波面上无限多个子波的相干叠加。

7.12 例题解析

例题 7-1 一束准直的单色光正入射到一个直径为 1cm 的会聚透镜,透镜焦距为 50cm,光波波长 $\lambda=546$nm。试计算透镜焦面上衍射图样中央亮斑的大小。

解 衍射图样中央亮斑的角半径为

$$\theta_0 = \frac{0.61\lambda}{a} = \frac{0.61 \times 546 \times 10^{-6}\text{mm}}{5\text{mm}} = 6.66 \times 10^{-5}\text{rad}$$

因此中央亮斑的直径为

$$D' = 2\theta_0 f = 2 \times 6.66 \times 10^{-5} \times 50\text{cm} = 6.66 \times 10^{-3}\text{cm}$$

例题 7-2 波长为 500nm 的平行光照射在宽度为 0.025mm 的单缝上,以焦距为 50cm 的会聚透镜将衍射光会聚在焦面上进行观察,求:

(1) 单缝衍射中央亮纹的半宽度;

(2) 第一亮纹和第二亮纹到中央亮纹的距离;

(3) 第一亮纹和第二亮纹相对于中央亮纹的强度。

解 (1) 由式单缝衍射可知,单缝衍射中央亮纹的角半宽度为

$$\theta = \frac{\lambda}{a} = \frac{500 \times 10^{-6}\text{mm}}{0.025\text{mm}} = 0.02\text{rad}$$

因此亮纹的半宽度为

$$q = \theta f = 0.02 \times 500\text{mm} = 10\text{mm}$$

（2）第一条亮纹的位置对应于

$$\frac{ka}{2}\sin\theta = \pm 1.43\pi$$

因而，

$$\sin\theta = \frac{\pm 1.43\lambda}{a} = \frac{\pm 1.43 \times 5 \times 10^{-4}\text{mm}}{0.025\text{mm}} = \pm 0.0286$$

由于 θ 很小，因此可以取 $\theta \approx \sin\theta = \pm 0.0286$。第一条亮纹到中央亮纹的距离为

$$q_1 = \theta f = \pm 0.0286 \times 500\text{mm} = \pm 14.3\text{mm}$$

第二条亮纹的位置对应于

$$\frac{ka}{2}\sin\theta = \pm 2.46\pi$$

即

$$\theta \approx \sin\theta = \frac{\pm 2.46\lambda}{a} = \frac{\pm 2.46 \times 5 \times 10^{-4}\text{mm}}{0.025\text{mm}} = \pm 0.0492$$

它到中心亮纹的距离为

$$q_2 = \theta f = \pm 0.0492 \times 500\text{mm} = \pm 24.6\text{mm}$$

（3）假设中心亮纹的强度为 I_0，那么第一条亮纹的强度为

$$I_1 = I_0 \left(\frac{\sin\alpha}{\alpha}\right)^2 = I_0 \left(\frac{\sin 1.43\pi}{1.43\pi}\right) = 0.047 I_0$$

第二条亮纹的强度为

$$I_1 = I_0 \left(\frac{\sin 2.46\pi}{2.46\pi}\right)^2 = 0.016 I_0$$

例题 7-3　边长为 a 和 b 的矩形孔的中心有一个边长为 a' 和 b' 的不透明方屏，如例题 7-3 图所示，试推导出这种光阑的夫琅和费衍射的强度公式。

解　根据矩孔衍射可知，边长为 a 和 b 的矩形孔在衍射场 P 点的复振幅为

$$E_1 = Cab \left(\frac{\sin\alpha_1}{\alpha_1}\right)\left(\frac{\sin\beta_1}{\beta_1}\right)$$

其中 $\alpha_1 = kla/2$，$\beta_1 = kmb/2$；l 和 m 是 P 点的方向余弦。

边长为 a' 和 b' 的矩形孔在衍射场 P 点的复振幅为

$$E_2 = Ca'b' \left(\frac{\sin\alpha_2}{\alpha_2}\right)\left(\frac{\sin\beta_2}{\beta_2}\right)$$

而 $\alpha_2 = kla'/2$，$\beta_2 = kmb'/2$。由于边长为 a' 和 b' 的矩形是遮挡，所以 P 点的合成复振幅为

$$E = E_1 - E_2 = C\left[ab\left(\frac{\sin\alpha_1}{\alpha_1}\right)\left(\frac{\sin\beta_1}{\beta_1}\right) - a'b'\left(\frac{\sin\alpha_2}{\alpha_2}\right)\left(\frac{\sin\beta_2}{\beta_2}\right)\right]$$

因此 P 点的强度为

$$I = C^2 \left[ab\left(\frac{\sin\alpha_1}{\alpha_1}\right)\left(\frac{\sin\beta_1}{\beta_1}\right) - a'b'\left(\frac{\sin\alpha_2}{\alpha_2}\right)\left(\frac{\sin\beta_2}{\beta_2}\right)\right]^2$$

令 $\alpha_1 = \alpha_2 = \beta_1 = \beta_2 = 0$，可以得到场中心的强度分布

$$I_0 = C^2 (ab - a'b')^2$$

因而 P 点的强度又可写为

$$I = \frac{I_0}{(ab - a'b')^2}\left[ab\left(\frac{\sin\alpha_1}{\alpha_1}\right)\left(\frac{\sin\alpha\beta_1}{\beta_1}\right) - a'b'\left(\frac{\sin\alpha_2}{\alpha_2}\right)\left(\frac{\sin\alpha\beta_2}{\beta_2}\right)\right]^2$$

例题 7-4　请导出不等宽双缝的夫琅和费衍射光强分布,如例题 7-4 图所示,双缝的缝宽分别为 a 和 $2a$,两缝中心间距为 $d = 2.5a$。

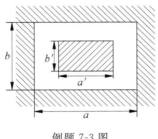

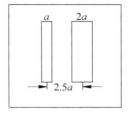

例题 7-3 图　　　　　　　　　　例题 7-4 图

解　把每个单缝看作一个整体,直接写出其复振幅分布公式,然后将两个复振幅求和,再取总复振幅的共轭就可以得到光强分布。

两个单缝的复振幅分别为

$$E_1 = A_1\frac{\sin\alpha}{\alpha}e^{ikr_{01}},\quad \alpha = \frac{\pi a}{\lambda}\sin\theta,\quad E_2 = A_2\frac{\sin\alpha'}{\alpha'}e^{ikr_{02}},\quad \alpha' = \frac{\pi 2a}{\lambda}\sin\theta$$

由于缝宽发生改变,所以复振幅中的振幅项和相位项都将发生相应的改变,有

$$A_2 = 2A_1,\alpha' = 2\alpha,\Delta r = r_{01} - r_{02} = 2.5a\sin\theta,\delta = \frac{2\pi}{\lambda}2.5a\sin\theta = 5\alpha,可得$$

$$E_2 = 2A_1\frac{\sin 2\alpha}{2\alpha}e^{ikr_{01}}\,\mathrm{e}^{\mathrm{i}5\alpha} = E_1(2\cos\alpha e^{\mathrm{i}5\alpha})$$

因此,两衍射的合复振幅和光强分别为

$$E = E_1(1 + 2\cos\alpha e^{\mathrm{i}5\alpha})$$

$$I = EE^* = I_0\left(\frac{\sin\alpha}{\alpha}\right)^2(1 + 4\cos^2\alpha + 4\cos\alpha\cos 5\alpha)$$

例题 7-5　波长范围从 390nm 到 780nm 的白光垂直入射到每毫米 600 条缝的光栅上。
(1) 求白光第一级光谱的角宽度;
(2) 说明第二级光谱和第三级光谱部分重叠。

解　(1) 光栅的栅距为

$$d = \frac{1}{600}\mathrm{mm} = 1.6 \times 10^{-3}\mathrm{mm}$$

根据光栅方程,波长 390nm 的第一级紫光的衍射角为

$$\theta_1 = \sin^{-1}\frac{\lambda}{d} = \sin^{-1}\left(\frac{390 \times 10^{-6}\mathrm{mm}}{1.6 \times 10^{-3}\mathrm{mm}}\right) = 14°6'$$

波长 780nm 的第一级红光的衍射角为

$$\theta_1' = \sin^{-1}\frac{\lambda'}{d} = \sin^{-1}\left(\frac{78 \times 10^{-6}\mathrm{mm}}{1.6 \times 10^{-3}\mathrm{mm}}\right) = 29°11'$$

所以白光第一级光谱的角宽度为

$$\theta_1' - \theta_1 = 29°11' - 14°6' = 15°5'$$

（2）第二级红光的衍射角为

$$\theta'_2 = \sin^{-1}\frac{2\lambda'}{d} = \sin^{-1}\left(\frac{2 \times 780 \times 10^{-6}\,\text{mm}}{1.6 \times 10^{-3}\,\text{mm}}\right) = 77°6'$$

第三级紫光的衍射角为

$$\theta_3 = \sin^{-1}\frac{3\lambda}{d} = \sin^{-1}\left(\frac{3 \times 390 \times 10^{-6}\,\text{mm}}{1.6 \times 10^{-3}\,\text{mm}}\right) = 47°$$

$\theta_3 < \theta'_2$，也就是说第二级光谱长波部分和第三级光谱短波部分相互重叠。

例题 7-6　一台显微镜的数值孔径 $NA = 0.9$。

（1）试求它的最小分辨距离（以平均波长 $\lambda = 550\text{nm}$ 计算）；

（2）利用油浸物镜使数值孔径增大到 1.5，利用紫色滤光片使波长 λ 减小为 400nm，问它的分辨本领提高了多少？

（3）为利用（2）中获得的分辨本领，显微镜的放大率应设计成多大？

解　（1）显微镜的最小分辨距离为

$$\varepsilon = \frac{0.61\lambda}{NA} = \frac{0.61 \times 550 \times 10^{-6}\,\text{mm}}{0.9} = 3.7 \times 10^{-4}\,\text{mm}$$

（2）当波长为 400nm，数值孔径增大为 1.5 时，最小分辨距离变为

$$\varepsilon' = \frac{0.61\lambda}{NA} = \frac{0.61 \times 400 \times 10^{-6}\,\text{mm}}{1.5} = 1.6 \times 10^{-4}\,\text{mm}$$

分辨率提高的倍数是

$$\frac{\varepsilon}{\varepsilon'} = \frac{3.7 \times 10^{-4}\,\text{mm}}{1.6 \times 10^{-4}\,\text{mm}} = 2.3$$

（3）为了充分利用显微镜物镜的分辨本领，显微镜目镜应把最小分辨放大到眼睛在明视距离观察时能够分辨。人眼在明视距离处的最小分辨距离为

$$\varepsilon_e = 250\text{mm} \times \alpha_e = 250 \times 2.9 \times 10^{-4}\,\text{mm} = 7.25 \times 10^{-2}\,\text{mm}$$

因此这台显微镜的放大率至少应为

$$M = \frac{\varepsilon_e}{\varepsilon'} = \frac{7.25 \times 10^{-2}}{1.6 \times 10^{-4}} \approx 453$$

例题 7-7　有一波带片的焦距为 1m（对应波长为 500nm），波带片有 10 个奇数开带，试求波带片的直径。

解　由于波带片有 10 个奇数开带，因而可推知波带片包含的波带总数为 $j = 19$。因此波带片的直径为

$$D = 2\rho = 2\sqrt{jf\lambda} = 2\sqrt{19 \times 10^3 \times 500 \times 10^{-6}} = 6.2\text{mm}$$

习题

7.1　俗话说"从门缝看人——把人看扁（贬）了"，从光学的角度来看这句歇后语对吗？

7.2　波长为 546nm 的单色平行光垂直照射到缝宽为 0.1mm 的单缝上，在缝后置一个焦距为 50cm，折射率为 1.54 的凸透镜，试求：

（1）中央亮条纹的宽度；

（2）若将该装置浸入水中，则接收屏应该怎样移动，移动多少距离，此时中央亮条纹的

宽度将变为多少?

7.3 在不透明细丝的夫琅和费衍射图样中,测得暗条纹的间距为 1.5mm,所用透镜的焦距为 30mm,光波波长为 632.8nm。问细丝直径是多少?

7.4 单色光波垂直入射到一个狭缝系统上,该系统由三条宽为 a、缝间距为 d 的狭缝组成,中间缝上盖有产生 π 相位变化的滤光片,求其夫琅和费衍射强度分布。

7.5 波长范围为 390～770nm 的可见平行光垂直入射到光栅常数为 0.002mm 的夫琅和费衍射光栅上,衍射屏上 1 级光谱的线宽度为 60mm,求会聚透镜的焦距。

7.6 简要分析如习题 7.6 图所示夫琅和费衍射装置如有以下变动时,衍射图样会发生怎样的变化?

(1) 增大透镜 L_2 的焦距;

(2) 减小透镜 L_2 的口径;

(3) 衍射屏作垂直于光轴的移动(不超出入射光束照明范围)。

7.7 白光形成的单缝衍射花样中,其中某一波长的第三个次最大值与波长为 600nm 的光波的第二个次最大值重合。

(1) 求该光波波长;

(2) 试分析衍射条纹中央亮纹的颜色(白色还是彩色);

(3) 中央亮纹边缘的颜色(是白色还是彩色),及其排布情况(红外紫内还是红内紫外),并说明理由。

7.8 如习题 7.8 图所示,在宽度为 b 的狭缝上放一折射率为 n、折射角为 α 的小光楔,由平面单色波垂直照射,求夫琅和费衍射图样的光强分布。

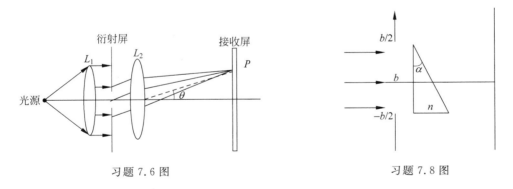

习题 7.6 图　　　　　　　　　　习题 7.8 图

7.9 波长 $\lambda = 563.3$nm 的平行光正入射直径 $D = 2.6$mm 的圆孔,与孔相距 $r_0 = 1$m 处放一屏幕。问:

(1) 屏幕上正对圆孔中心的 P 点是亮点还是暗点?

(2) 要使 P 点变成与(1)相反的情况,至少要把屏幕向前(同时求出向后)移动多少距离?

7.10 请导出外径和内径分别为 a 和 b 的圆环的夫琅和费衍射强度公式,并求出当 $b = \dfrac{a}{2}$ 时:

(1) 圆环衍射与半径为 a 的圆孔衍射图样的中心强度之比;

(2) 圆环衍射图样第一个暗环的角半径。

7.11　一束直径为 2mm 的氦氖激光($\lambda=632.8$nm)自地面射向月球,已知地面和月球相距 3.76×10^5km,问:

(1) 在月球上得到的光斑有多大?

(2) 如果用望远镜用作为扩束器将该扩展成直径为 4m 的光束,该用多大倍数的望远镜? 将扩束后的光束再射向月球,在月球上的光斑为多大?

7.12　若要使照相机感光胶片能分辨 2μm 的线距:

(1) 感光胶片的分辨率至少是每毫米当时线;

(2) 照相机镜头的相对孔径 D/f 至少有多大?(光波波长为 550nm)

7.13　一台显微镜的数值孔径为 0.9,问:

(1) 它用于波长 $\lambda=450$nm 时的最小分辨距离是多少?

(2) 若利用油浸物镜使数值孔径增大到 1.5,分辨率提高了多少倍?

(3) 显微镜的放大率设计范围为多大?(设人眼的分辨角距离范围为 $2'\sim4'$)。

7.14　若要求显微镜能分辨相距 3.75×10^{-7}m 的两点,用波长为 550nm 的可见光照明。试求:

(1) 此显微镜物镜的数值孔径为多少?

(2) 若要求此两点放大后的视角为 2 分,则该显微镜的放大本领是多少?

7.15　在双缝夫琅和费衍射实验中,所用光波波长 $\lambda=632.8$nm,透镜焦距 $f=50$cm,观察到两相邻亮条纹之间的距离 $e=1.5$mm,并且第四级亮纹缺级。试求:

(1) 双缝的缝距和缝宽;

(2) 第 1,2,3 级亮纹的相对强度。

7.16　一出射波长为 600nm 的激光平面波,投射到一双缝上,通过双缝后,在距离双缝 100cm 的屏幕上,观察到屏幕上光强分布如习题 7.16 图所示,求双缝的缝宽和缝间距。

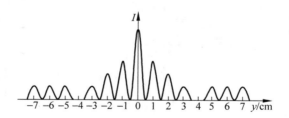

习题 7.16 图

7.17　有一如习题 7.17 图所示的多缝衍射屏,缝数为 $2N$,缝宽为 b,缝间不透明部分的宽度依次为 b 和 $3b$。试求:

(1) 正入射情况下;

(2) 遮住奇数缝情况下;

(3) 遮住偶数缝的情况下,该衍射屏的夫琅和费衍射强度分布公式。

7.18　如习题 7.18 图所示,衍射屏的三个平行透光狭缝的宽度都为 a,缝间不透明部分分别为 $2a$ 和 a,求单色平行光正入射时夫琅和费衍射的光强分布。

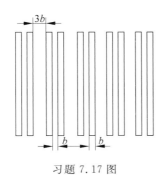

习题 7.17 图

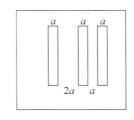

习题 7.18 图

7.19 一块光栅的宽度为 10cm,每毫米内有 500 条缝,光栅后面放置的透镜焦距为 500mm。问:

(1) 它产生的波长 $\lambda=632.8$nm 的单色光的 1 级和 2 级谱线的半宽度是多少?

(2) 若入射光是波长为 632.8nm 和波长之相差 0.5nm 的两种单色光,它们的 1 级和 2 级谱线之间的距离是多少?

7.20 如何理解增大缝数 N 能提高光栅的分辨本领,而不能提高角色散? 减少光栅常数能提高光栅的角色散而不能提高光栅的分辨本领?

7.21 一块 300 条/mm 的闪耀光栅宽度为 260mm,闪烁角 $\gamma=77°12'$,光束垂直于槽面入射,求:

(1) 对波长 $\lambda=500$nm 的光的闪耀级次和分辨本领;

(2) 自由光谱范围;

(3) 请将其与空气间隔为 1cm,锐度为 25 的 F-P 干涉仪的分辨本领和自由光谱区进行比较。

7.22 设计一块光栅,要求:

(1) 使波长 $\lambda=600$nm 的第 2 级谱线的衍射角 $\theta\leqslant30°$;

(2) 色散尽可能大;

(3) 第 3 级谱线缺级;

(4) 在波长 $\lambda=600$nm 的 2 级谱线处能分辨 0.02nm 的波长差。

在选定光栅的参数后,问在透镜的焦面上只可能看到波长 600nm 的几条谱线?

7.23 为在一块每毫米 1200 条刻线的光栅的 1 级光谱中分辨波长为 632.8nm 的一束氦氖激光的模结构(两个模之间的频率差为 450MHz),光栅需要有多宽?

7.24 如习题 7.24 图所示,一宽度为 2cm 的衍射光栅上刻有 12000 线,现以波长为 500nm 的单色平行光正入射,将折射率为 1.5 的劈状玻璃片置于光栅的前面,玻璃片的厚度从光栅的一端到另一端,由 1mm 均匀变薄到 0.5mm。试求第一级相对于没有放玻璃片的最大的方向改变值。

7.25 如习题 7.25 图所示,单色点光源(波长 $\lambda=500$nm)安放在离光阑 1m 远的地方,光阑上有一个内外半径分别为 0.5mm 和 1mm 的通光圆环。考察点 P 离光阑 1m(SP 连线通过圆环中心并垂直于圆环平面),问在 P 点的光强和没有光阑时的光强之比是多少?

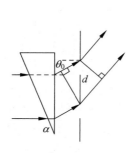

习题 7.24 图

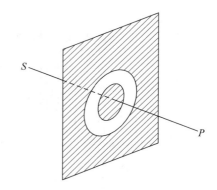

习题 7.25 图

第8章

光的偏振与晶体光学基础

学习目标

掌握各种偏振光(线偏振光、圆偏振光、椭圆偏振光和部分偏振光)的概念以及它们之间的联系和区别;了解偏振光和自然光的表征的区别和联系;理解偏振光的产生方法;掌握单轴晶体的光轴、主截面和光线面的意义,掌握波矢面、折射率椭球概念;理解寻常光和非常光的性质;理解波的折射定律;掌握单轴晶体中寻常光和非常光的传播;掌握单轴晶体中惠更斯作图法确定光的传播方向;掌握波片的概念以及各种波片的应用;理解偏振的琼斯矩阵表示;了解偏振光的干涉;了解晶体的电光、磁光和声光效应和旋光性。

光的电磁理论预言了光是一种电磁波,而且是横波。光的干涉和衍射现象充分显示了光具有波动性,但还不能由此确定光是横波还是纵波,因为不管是和横波还是纵波都同样能产生干涉和衍射现象。而光的偏振现象和光在各向异性晶体中的双折射现象则进一步从实验上证实了光的横波性。光的偏振在激光技术、光信息处理、光通信等领域中有着广泛和重要的应用。本章从光的电磁理论出发,讨论光在各向异性晶体中的传播规律。

8.1 偏振光概述

8.1.1 偏振光和自然光

在与传播方向垂直的平面内光矢量可能有各式各样的振动状态,该平面内的具体振动方式称为光的偏振态。光的偏振态可分为自然光、完全偏振光(包括线偏振光、圆偏振光、椭圆偏振光)和部分偏振光。

1. 自然光

光的振动方向随时间完全无规则地随机分布,这就是自然光的情形。从普通光源(如太阳、电灯等)发出的即为自然光。由于自然光是由大量原子分子自发辐射产生的,因而其振动方向是杂乱无章的。宏观看来,自然光中包含了所有方向的振动,从统计的角度看,振动对于光的传播方向是对称的,在与传播方向垂直的平面上,无论哪一个方向的振动都不比其他方向更占优势(见图 8.1.1(a))。自然光可以用两个相互垂直的、大小相等的光矢量

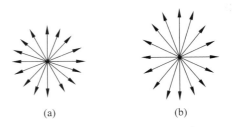

(a)   (b)

图 8.1.1 自然光和部分偏振光

来表示,这两个光矢量的位相是毫无关联的。

2. 偏振光

光矢量的振动方向随时间有规律变化,这就是完全偏振光的情形。按光矢量端点轨迹不同,可以将偏振光分为线偏振光、圆偏振光和椭圆偏振光三种类型。如果光矢量的振动方向在传播过程中(指在自由空间中传播)保持不变,只是其大小随位相改变,这种光叫做线偏振光,其光矢量的矢端轨迹是一直线。线偏振光的光矢量与传播方向组成的面称为振动面。

任一完全偏振光都可以由两个频率相同而振动方向相互垂直的线偏振光来合成,其偏振态取决于二个光波之间的位相关系。如图 8.1.2 所示,光源 S_1 和 S_2 发出两个频率相同而振动方向互相垂直的单色光波,其振动方向分别平行于 x 轴和 y 轴,并沿 z 轴方向传播。考察它们在 z 轴方向上任一点 P 处的叠加。两光波在该处产生的光振动可表示为(假定 S_1 和 S_2 振动的初相位为零)

$$E_x = a_1\cos(kz_1 - \omega t) \tag{8.1.1}$$

$$E_y = a_2\cos(kz_2 - \omega t) \tag{8.1.2}$$

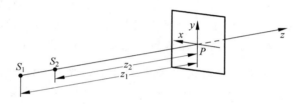

图 8.1.2 振动方向互相垂直的光波的叠加

根据叠加原理,P 点处的合振动为

$$\boldsymbol{E} = x_0 E_x + y_0 E_y = x_0 a_1\cos(kz_1 - \omega t) + y_0 a_2\cos(kz_2 - \omega t) \tag{8.1.3}$$

易见,合振动的大小和方向都是随时间变化的,由式(8.1.1)和式(8.1.2)消去参数 t,求得合振动矢量末端运动轨迹方程为

$$\frac{E_x^2}{a_1^2} + \frac{E_y^2}{a_2^2} - 2\frac{E_x E_y}{a_1 a_2}\cos(\alpha_2 - \alpha_1) = \sin^2(\alpha_2 - \alpha_1) \tag{8.1.4}$$

式中,$\alpha_1 = kz_1$,$\alpha_2 = kz_2$,一般说来,这是一个椭圆方程式,表示在垂直于光传播方向平面上,合振动矢量末端的运动轨迹为一椭圆,且该椭圆内接于边长为 $2a_1$ 和 $2a_2$ 的长方形(见图 8.1.3)。

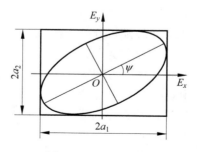

图 8.1.3 偏振椭圆

可以证明,椭圆长轴与 x 轴的夹角 ψ 为

$$\tan 2\psi = \frac{2a_1 a_2}{a_1^2 - a_2^2}\cos\delta \qquad (8.1.5)$$

式中$\delta = \alpha_2 - \alpha_1$是振动方向平行于$y$轴的光波与振动方向平行于$x$轴的光波的相位差。

把合矢量以角频率ω周期旋转,其矢量末端运动轨迹为椭圆的光称为椭圆偏振光。因此,两个频率相同、振动方向互相垂直且具有一定相位差的光波的叠加,一般可得到椭圆偏振光。由式(8.1.4)可知,椭圆的形状取决于两叠加光波的振幅比a_2/a_1和相位差$\delta = \alpha_2 - \alpha_1$,$\delta$表示$E_y$相对$E_x$的相位差,从而可得到合振动的不同的偏振状态(参见图8.1.4)。

(1) $\delta = 0$或$\pm 2\pi$的整数倍时,式(8.1.4)变为

$$E_y = \frac{a_2}{a_1}E_x \qquad (8.1.6)$$

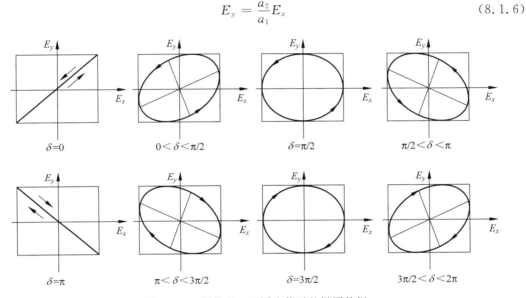

图 8.1.4　相位差δ不同取值时的椭圆偏振

表示合矢量末端的运动沿着一条经过坐标原点其斜率为a_2/a_1的直线进行,其合成光波是线偏振光(见图8.1.4)。

(2) $\delta = \pm\pi$奇数倍时,有

$$E_y = -\frac{a_2}{a_1}E_x \qquad (8.1.7)$$

表示其矢量末端运动经过坐标原点沿斜率为$-a_2/a_1$直线行进,其合成光波也是线偏振光(见图8.1.4)。

(3) $\delta = \pm\dfrac{\pi}{2}$的奇数倍时,有

$$\frac{E_x^2}{a_1^2} + \frac{E_y^2}{a_2^2} = 1 \qquad (8.1.8)$$

这是一个正椭圆方程,其椭圆的长、短轴分别在x、y坐标轴上,表示合成光波是椭圆偏振光(见图8.1.4)。椭圆偏振光在传播过程中,光矢量的大小和振动方向均规则变化,光矢量的矢端轨迹为一个椭圆。上式中若同时有,$a_1 = a_2 = a$,则

$$E_x^2 + E_y^2 = a^2 \qquad (8.1.9)$$

这时合矢量末端运动轨迹是一个圆,因此合成光波是圆偏振光。圆偏振光在传播过程中,光

矢量的大小不变,振动方向规则变化,光矢量端点轨迹为一个圆。

(4)当 δ 取其他值时,由式(8.1.4)可知,合成光波为任意取向的椭圆偏振光(见图8.1.4),其长轴方位 ψ 由式(8.1.5)决定。

椭圆(或圆)偏振光有右旋和左旋之分。通常规定当对着光的传播方向(即沿 $-z$ 方向)看去,合矢量顺时针方向旋转时为右旋偏振光,反之为左旋偏振光。偏振光的旋向可以由两叠加光波的相位差来决定,即当 $\sin\delta<0$ 时,为右旋;而当 $\sin\delta>0$ 时为左旋。这可以从分析式(8.1.4)在相隔 1/4 周期时对应的值看出。

除了自然光和完全偏振光之外,还有一种偏振状态介于两者之间的光。这种光的振动虽然也是各个方向都有,但不同方向上的强度不等,某一个方向的振动比其他方向占优势,这种光叫做部分偏振光,如图8.1.1(b)所示。光矢量沿垂直方向的振动比其他方向更占优势,强度用 $I_{\max}$ 表示,光矢量沿水平方向上的振动较之其他方向上处于劣势,强度用 $I_{\min}$ 表示。部分偏振光可以看做是由一个线偏振光和一个自然光混合而成,其 $I_{\max}$ 和 $I_{\min}$ 两者相差越大,部分偏振光的偏振程度就越高。通常用偏振度 P 来衡量部分偏振光偏振程度的大小,其定义为

$$P=\frac{I_{\max}-I_{\min}}{I_{\max}+I_{\min}}\tag{8.1.10}$$

对于自然光,各方向的强度相等,$I_{\max}=I_{\min}$ 故 $P=0$。对于线偏振光,$P=1$。部分偏振光的偏振度值介于 0 和 1 之间。偏振度的值越接近于 1,其光束的偏振化程度就越高。

8.1.2　从自然光获得偏振光的方法

从自然光中获得线偏振光的方法主要有以下三种:利用反射和折射产生偏振光;利用二向色性产生偏振光;利用晶体的双折射产生偏振光。本节只讨论前两种方法,第三种方法留在下一节再讨论。

1. 由反射和折射产生线偏振光

从光的电磁理论我们知道,自然光在两种介质分界面上的反射和折射时,可以把它分解为两个部分,一部分是光矢量平行于入射面的 p 波,另一部分是光是矢量垂直于入射面的 s 波。由于两个波的反射系数不同,因此反射光和折射光一般地就成为部分偏振光。当入射角等于布儒斯特角时,反射光成为光矢量垂直入射面振动的线偏振光,透射光是偏振度很高的部分偏振光。在激光技术中经常用这种办法来减少反射光能的损失,例如外腔式气体激光管就是按照布儒斯特角封装的(称为布儒斯特窗)。这样,平行分量通过窗片时,没有反射损失,因而这种振动的光能够产生激光。相反,垂直分量通过窗片时,却有相当大的反射损失(一般 15% 左右),这样垂直分量就不能有激光产生(损耗大于增益)。

让光通过一个由多片玻璃叠合而成的片堆(见图8.1.5),使入射角等于布儒斯特角,这样经过多次的反射和折射,可以使折射光具有很高的偏振度,并且反射光的强度也比较大。

根据由反射和折射产生偏振光的原理,还可以制成一种叫做偏振分光镜的器件。如图8.1.6所示,偏振分光镜是把一立方棱镜(如 $n_3=1.55$ 的玻璃)沿着对角面切开,并在两个切面上交替

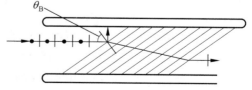

图 8.1.5　用玻璃片堆获得偏振光

地镀上高折射率的膜层(如 ZnS)和低折射率的膜层(如 MgF_2),再胶合成立方棱镜。自然光以 45°角入射到多层膜系上,经多层膜起偏后,两振动方向相互垂直的线偏振光沿正方向输出。为了获取光束的最大偏振度,必须合理选取玻璃棱镜的折射率和膜层的材料、厚度及层数,并使光线在相邻膜层界面上的入射角等于布儒斯特角,以使反射光为线偏振光。

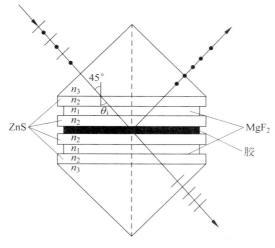

图 8.1.6　偏振分光镜

在偏振光分光镜中,如果镀膜的层数很多,分光镜产生的反射光和折射光的偏振度是很高的。

2. 利用二向色性产生线偏振光

二向色性是指某些各向异性的晶体对不同振动方向的偏振光有不同的吸收本领的性质。晶体的二向色性还与波长有关,具有选择吸收特性,因此当振动方向互相垂直的两束线偏振白光通过晶体后呈现出不同的颜色。在天然晶体中,电气石具有最强烈的二向色性。1mm 厚的电气石可以把一个方向振动的光全部吸收掉,使透射光成为振动方向与该方向垂直的线偏振光,并且由于选择吸收,而使出射光呈蓝色。

此外,有些本来各向同性的介质在受到外界作用时会产生各向异性,它们对光的吸收本领也随着光矢量的方向而变,把介质的这种性质也叫做二向色性。目前广泛使用的获得偏振光的器件,是一种人造的偏振片,叫做 H 偏振片,它就是利用二向色性来获得偏振光的。其制作方法是,把聚乙烯醇薄膜在碘溶液中浸泡后,在较高的温度下拉伸 3～4 倍,再烘干制成。浸泡过的聚乙烯醇薄膜经过拉伸后,碘—聚乙烯醇分子沿着拉伸方向规则地排列起来,形成一条条导电的长链。碘中具有导电能力的电子能够沿着长链方向运动。入射光波电场的沿着长链方向的分量推动电子,对电子做功,因而被强烈地吸收;而垂直于长链方向的分量不对电子做功,能够透过。这样,透射光就成为线偏振光。偏振片(或其他偏振器件)允许透过的电矢量的方向称为它的透光轴;显然,偏振片的透光轴垂直于拉伸方向。

除了 H 偏振片外,还有一种 K 偏振片也用的很广。它是把聚乙烯醇薄膜放在高温炉中,通以氯化氢作为催化剂,除掉聚乙烯醇分子中的若干个水分子,形成聚合乙烯的细长分子,再单方向拉伸而制成。这种偏振片的最大特点是性能稳定,能耐高温。

人造偏振片的面积可以做得很大,厚度很薄,通光孔径角几乎是 180°,而且造价很低廉。因此,尽管透射率较低且随波长改变,它还是获得了广泛的应用。

3. 利用双折射晶体产生线偏振光

自然光在双折射晶体内传播会被分解为光矢量互相正交的两束线偏振光,当滤去其中的一束光,就可以得到需要的线偏振光。当前最为重要的偏振器件是利用晶体的双折射制成的。在以后几节中将进一步讨论晶体的双折射特性及晶体偏振器件。

8.1.3 马吕斯定律和消光比

对产生偏振光的器件需要检验其质量,即自然光通过这些偏振器件是否产生完全的线偏振光。可以取一个同样的器件,让光相继通过两个器件。例如,在图 8.1.7 所示的实验装置中,P_1 和 P_2 就是两片相同的偏振片,前者用来产生偏振光(成为起偏器),后者用来检验偏振光(称为检偏器)。当它们相对转动时,透过两片偏振片的光强 I 就随着两偏振片的透射光轴的夹角 θ 而变化,有

$$I = I_0 \cos^2\theta \tag{8.1.11}$$

称为马吕斯定律,式中 I_0 是入射光强。可知,当两偏振器透光轴平行($\theta = 0$)时,透射光强最大,为 I_0;当两偏振器透光轴互相垂直时,如果偏振器是理想的,则透射光强为零,没有光从检偏器出射,称此时检偏器处于消光位置,同时说明从起偏器出射的光是完全线偏振光;当两偏振器相对转动时,随着 θ 的变化,可以连续改变透射光强。因此两偏振器装置也可用作连续可调的减光装置。

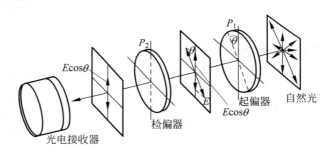

图 8.1.7 验证马吕斯定律的实验装置

实际的偏振器件往往不是理想的,自然光透过后得到的不是完全的线偏振光,而是部分偏振光。因此,即使两个偏振器件的透射光轴互相垂直,透射光强也不为零。把这时的最小透射光强与两偏振器件透光轴互相平行时的最大透射光强之比称为消光比。人造偏振片的消光比约为 10^{-3}。消光比与最大透射比(透过的最大光强与入射光强之比)是评价偏振器性能的主要参数。消光比越小,最大透射比越大,其偏振器质量越高。

8.2 晶体的双折射

当一束单色光在各向同性介质(例如空气和玻璃)的界面折射时,会出现一束折射光,且遵守折射定律。但是,当一束单色光在各向异性晶体的界面折射时,会出现两束折射光,这种现象叫做双折射。下面以双折射现象非常显著的方解石(冰洲石)为例,讨论晶体的双折射现象。

方解石的化学成分是碳酸钙($CaCO_3$),天然方解石晶体的外形为平行六面体,如图 8.2.1

所示。每个表面都是锐角为 $78°8'$，钝角为 $101°52'$ 的菱形。六面体有八个顶角，由三面钝角组成的一对钝顶角称为钝隅。由于方解石的双折射特性，晶体中的折射光分成两支，所以通过方解石观察物体时可以看到两个像。

1. 寻常光线和非常光线

在双折射现象中，总有一束折射光是遵循折射定律的，即不论入射光方向如何，这束光总是在入射面内，并且折射角的正弦与入射角的正弦之比等于常数，我们把这束光叫做寻常光线或 o 光线。另一束折射光一般情况下不遵循折射定律：一般不在入射面内，折射角与入射角正弦之比不为常数，这束折射光叫做非常光线或 e 光线。在图 8.2.2 所示的实验中，光束垂直于方解石的表面入射，不偏折地穿过方解石的一束光即为 o 光，而在晶体内偏离入射方向（违背折射定律）的一束光就是 e 光。若进一步用检偏器来检验这两束光的偏振态，发现均为线偏振光。

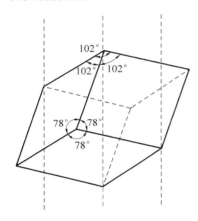

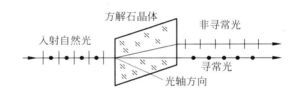

图 8.2.1 方解石晶体（图中虚线表示光轴方向）　　图 8.2.2 方解石晶体双折射现象

2. 晶体光轴

方解石晶体有一个重要的特性，就是存在一个（而且只有一个）特殊方向，当光在晶体中沿着这个方向传播时不发生双折射。晶体内这个特殊方向称为晶体光轴。实验证明，方解石晶体的光轴方向就是从它的一个钝隅所做的等分角线方向，即与钝隅的三条棱成相等角度的那个方向。当方解石晶体的各棱都等长时，钝隅的等分线刚好就是相对的那两个钝隅的连线（见图 8.2.1）。因此如果把方解石的两个钝隅磨平，并使平表面与两个钝隅连线（光轴方向）垂直，那么当光在方解石内沿这一方向传播时，o、e 光的传播方向相同，其传播速度也相同，不产生双折射。必须指出，光轴并不是经过晶体的某一条特定的直线，而是一个方向。

方解石、石英、KDP（磷酸二氢钾）这一类的晶体只有一个光轴方向，称为单轴晶体。自然界的大多数晶体都有两个光轴方向（如云母、石膏、蓝宝石等），称为双轴晶体。另外像岩盐（NaCl）、萤石（CaF）这类属于立方晶系的晶体，都是各向同性的，不产生双折射。

3. 主平面和主截面

通常把晶体中的光线方向与光轴组成的平面称为该光线的主平面。在单轴晶体内，由 o 光线和光轴组成的面叫做 o 光主平面；由 e 光线和光轴组成的面叫做 e 光主平面。一般情况下 o 光主平面和 e 光主平面是不重合的。光轴和晶面法线组成的面为晶体的主截面。当光线在主截面内入射，即入射面与主截面重合时，则 o 光和 e 光都在这个平面内，这个平面也是 o 光和 e 光的共同的主平面。在实用上,都有意选择入射面和主截面重合,以使所研究的双折射现象大为简化。

如果用检偏器来检验晶体双折射产生的 o 光和 e 光的偏振状态,就会发现 o 光和 e 光都是线偏振光,并且,o 光的电矢量与 o 主平面垂直,因而总是与光轴垂直;e 光的电矢量在 e 光主平面内,因而它与光轴的夹角就随传播方向的不同而改变。由于 o 主平面和 e 主平面在一般情况下并不重合,所以 o 光和 e 光的电矢量方向一般也不互相垂直;只有当主截面是 o 光和 e 光的共同主平面时,o 光和 e 光的电矢量才互相垂直。

8.3 双折射的电磁理论

8.3.1 晶体的各向异性与介电张量

1. 晶体的各向异性

晶体的双折射现象,表明晶体在光学上是各向异性的。对不同方向的光振动,在晶体中有不同的传播速度或折射率。从光的电磁理论观点来说,是光波电磁场与晶体相互作用导致晶体在光学上是各向异性的。人为的各向异性是指一些非晶体物质的分子、原子在外界场(应力、电场或磁场)作用下,会出现规则排列,而呈现各向异性。

2. 晶体的介电张量

在电磁场理论中,物质的极化状况采用介电常数 ε 来表示。对于各向同性物质,ε 是一个与方向无关的标量常数(因而其折射率也是一个标量),并且由于电位移矢量 $\boldsymbol{D}$ 和电场强度 $\boldsymbol{E}$ 有如下关系

$$\boldsymbol{D} = \varepsilon \boldsymbol{E} \tag{8.3.1}$$

所以 $\boldsymbol{D}$ 和 $\boldsymbol{E}$ 两个矢量的方向是一致的。但是,在各向异性晶体中,极化是各向异性的,因而 ε 的取值也与电场的方向有关,所以其介电系数对不同方向的光波电矢量有不同的值。事实上,各向异性晶体的介电系数是一个张量,称为介电张量。ε 用张量表示时,有

$$[\varepsilon] = [\varepsilon_{ij}] \tag{8.3.2}$$

其中 $i,j = x,y,z$ 分别对应着直角坐标系的三个坐标方向。此时电位移矢量 $\boldsymbol{D}$ 和电场强度 $\boldsymbol{E}$ 有比较复杂的关系,即

$$D = [\varepsilon]E \tag{8.3.3}$$

或

$$D = \varepsilon_0[\varepsilon_r]E \tag{8.3.4}$$

式中 $[\varepsilon_r]$ 为介质的相对介电张量,它与 $[\varepsilon]$ 的关系为

$$\varepsilon = \varepsilon_0[\varepsilon_r] \tag{8.3.5}$$

在任意直角坐标系 (x', y', z') 中,介电张量 $[\varepsilon]$ 可以用一个二阶矩阵表示,即

$$[\varepsilon] = \begin{bmatrix} \varepsilon_{x'x'} & \varepsilon_{x'y'} & \varepsilon_{x'z'} \\ \varepsilon_{x'y'} & \varepsilon_{y'y'} & \varepsilon_{y'z'} \\ \varepsilon_{z'x'} & \varepsilon_{z'y'} & \varepsilon_{z'z'} \end{bmatrix} \tag{8.3.6}$$

式中矩阵元素 $\varepsilon_{i'j'}$ 称为晶体的介电张量元素。此时电位移矢量 $\boldsymbol{D}$ 和电场强度 $\boldsymbol{E}$ 的关系用矩阵形式可表示为

$$\begin{bmatrix} D_{x'} \\ D_{y'} \\ D_{z'} \end{bmatrix} = \begin{bmatrix} \varepsilon_{x'x'} & \varepsilon_{x'y'} & \varepsilon_{x'z'} \\ \varepsilon_{x'y'} & \varepsilon_{y'y'} & \varepsilon_{y'z'} \\ \varepsilon_{z'x'} & \varepsilon_{z'y'} & \varepsilon_{z'z'} \end{bmatrix} \begin{bmatrix} E_{x'} \\ E_{y'} \\ E_{z'} \end{bmatrix} \tag{8.3.7}$$

或

$$D_{x'} = \varepsilon_{x'x'} E_{x'} + \varepsilon_{x'y'} E_{y'} + \varepsilon_{x'z'} E_{z'}$$
$$D_{y'} = \varepsilon_{y'x'} E_{x'} + \varepsilon_{y'y'} E_{y'} + \varepsilon_{y'z'} E_{z'}$$
$$D_{z'} = \varepsilon_{z'x'} E_{x'} + \varepsilon_{z'y'} E_{y'} + \varepsilon_{z'z'} E_{z'} \tag{8.3.8}$$

可见，D 在任意直角坐标系中的各个分量 $D_{x'}, D_{y'}, D_{z'}$ 都与 E 的分量有关。

一般情况下，由于晶体的对称性，9 个介电张量元素中只有 6 个是相互独立的。若适当选取三个直角坐标轴方向 (x, y, z)，则可将介电张量简化为对角矩阵的形式，即

$$[\varepsilon] = \begin{bmatrix} \varepsilon_x & 0 & 0 \\ 0 & \varepsilon_y & 0 \\ 0 & 0 & \varepsilon_z \end{bmatrix} \tag{8.3.9}$$

于是，相应的 D 和 E 的关系也得到简化

$$\begin{bmatrix} D_x \\ D_y \\ D_z \end{bmatrix} = \begin{bmatrix} \varepsilon_x & 0 & 0 \\ 0 & \varepsilon_y & 0 \\ 0 & 0 & \varepsilon_z \end{bmatrix} \begin{bmatrix} E_x \\ E_y \\ E_z \end{bmatrix} \tag{8.3.10}$$

或

$$D_x = \varepsilon_x E_x, \quad D_y = \varepsilon_y E_y, \quad D_z = \varepsilon_z E_z \tag{8.3.11}$$

可以证明，在任意晶体中，均存在这样 3 个相互正交的方向，当它们依次取为 x, y, z 轴时，该介质的介电张量即可表示为 $(8.3.9)$ 式所示的对角矩阵形式。这三个特殊方向称为晶体的介电主轴，相应的张量元素 $\varepsilon_x, \varepsilon_y, \varepsilon_z$ 称为晶体的主介电常数。由以上讨论得出重要结论：各向异性晶体中，由于一般地，$\varepsilon_x \neq \varepsilon_y \neq \varepsilon_z$，因此 D 和 E 有不同的方向，只有当电场 E 方向沿主轴方向时，D 和 E 才有相同方向。

晶体就其光学性质可分成三类。第一类是三个主介电常数相等，即 $\varepsilon_x = \varepsilon_y = \varepsilon_z$，这时晶体中任何方向上，$D$ 和 E 都平行，这类晶体是光学各向同性的；第二类晶体中有两个主介电常数相等，例如 $\varepsilon_x = \varepsilon_y \neq \varepsilon_z$，此时光轴方向平行于 z 轴，称这类晶体为单轴晶体，如方界石、石英、KDP(磷酸二氢钾)和红宝石等；第三类晶体对应 $\varepsilon_x \neq \varepsilon_y \neq \varepsilon_z$ 的情况，一般有两个光轴方向，称为双轴晶体，如云母、石膏、蓝宝石、硫黄等。

3. 晶体的主折射率

我们已经知道，对于各向同性介质，其相对介电常数 ε_r 等于介质相对于真空的折射率的平方。对于各向异性介质，介电特性的各向异性导致其折射率也具有各向异性。为此，对应于主介电常数，这里引入主折射率的概念，定义为

$$n_i = \sqrt{\varepsilon_{ri}} \quad (i = x, y, z) \tag{8.3.12}$$

显然，主折射率反映了介质对振动方向沿某个介电主轴方向的平面偏振光波的折射特性。其中 $n_x < n_y < n_z$ 对应正晶体，$n_x > n_y > n_z$ 对应负晶体。当 $n_x = n_y = n_z$ 时，即各向同性晶体；当 $n_x \neq n_y \neq n_z$ 时，即双轴晶体；当 $n_x = n_y \neq n_z$ 时，即对应单轴晶体。一般取单轴晶体的主折射率 $n_x = n_y = n_o, n_z = n_e$。

8.3.2 单色平面波在晶体中的传播

光波是一种电磁波,光波在物质中的传播过程可以用麦克斯韦方程组和物质方程来描述。假设在透明非磁性各向异性介质中无自由电荷和传导电流分布,则可以将各向异性晶体中的麦克斯韦方程组及相应的物质方程分别表示为

$$\nabla \times \boldsymbol{E} = -\mu_0 \frac{\partial \boldsymbol{H}}{\partial t}$$

$$\nabla \times \boldsymbol{H} = \frac{\partial \boldsymbol{D}}{\partial t}$$

$$\nabla \cdot \boldsymbol{D} = 0 \qquad\qquad (8.3.13)$$

$$\nabla \cdot \boldsymbol{H} = 0$$

$$\boldsymbol{D} = [\varepsilon]\boldsymbol{E}$$

$$\boldsymbol{B} = \mu\boldsymbol{H} \qquad\qquad (8.3.14)$$

此处请注意与第 5 章中的物质方程的区别与联系,第 5 章公式(5.1.7)中 ε 为标量,而此处考虑晶体中光的传播时,$[\varepsilon]$ 为张量。下面利用麦克斯韦方程组和晶体中的物质方程来分析单色平面波在晶体中传播的特性。

1. 光波与光线

设晶体中传播着一单色平面波,其波矢量为 $\boldsymbol{k}$($\boldsymbol{k}$ 的方向为平面波的法线方向)。这个平面波可表示为

$$\begin{bmatrix} \boldsymbol{E} \\ \boldsymbol{D} \\ \boldsymbol{H} \end{bmatrix} = \begin{bmatrix} \boldsymbol{E}_0 \\ \boldsymbol{D}_0 \\ \boldsymbol{H}_0 \end{bmatrix} \exp[\mathrm{i}(\boldsymbol{k} \cdot \boldsymbol{r} - \omega t)] \qquad (8.3.15)$$

式中 $\boldsymbol{E}_0, \boldsymbol{D}_0, \boldsymbol{H}_0$ 分别为场量 $\boldsymbol{E}, \boldsymbol{D}, \boldsymbol{H}$ 振幅矢量,$\boldsymbol{k}$ 为波矢量,$\boldsymbol{r}$ 为场点位置矢量,ω 为光波的角频率。把式(8.3.15)代入式(8.3.13)第 1 式和第 2 式,得到

$$\frac{1}{\omega}\boldsymbol{k} \times \boldsymbol{E} = \mu_0 \boldsymbol{H} \qquad\qquad (8.3.16\mathrm{a})$$

$$\frac{1}{\omega}\boldsymbol{k} \times \boldsymbol{H} = -\boldsymbol{D} \qquad\qquad (8.3.16\mathrm{b})$$

由以上两式可以看出:$\boldsymbol{D}$ 垂直于 $\boldsymbol{H}$ 和 $\boldsymbol{k}$;$\boldsymbol{H}$ 垂直于 $\boldsymbol{E}$ 和 $\boldsymbol{k}$。因此,$\boldsymbol{D}, \boldsymbol{H}, \boldsymbol{k}$ 构成右手螺旋正交关系。另外,根据能流密度矢量 $\boldsymbol{S}$ 的定义,应该有

$$\boldsymbol{S} = \boldsymbol{E} \times \boldsymbol{H} \qquad\qquad (8.3.17)$$

可见,能流密度矢量 $\boldsymbol{S}$ 与电场强度矢量 $\boldsymbol{E}$ 及磁场强度矢量 $\boldsymbol{H}$ 均正交,且三者构成右手螺旋关系。这样,在各向异性晶体内就存在着两组右手螺旋关系:其一是电位移矢量 $\boldsymbol{D}$ 与磁场强度矢量 $\boldsymbol{H}$ 和波矢量 $\boldsymbol{k}$,其二是电场强度失量 $\boldsymbol{E}$ 与磁场强度矢量 $\boldsymbol{H}$ 和能流密度矢量 $\boldsymbol{S}$。显然,由于矢量 $\boldsymbol{D}, \boldsymbol{k}, \boldsymbol{E}, \boldsymbol{S}$ 均与磁场强度矢量 $\boldsymbol{H}$ 正交,故矢量 $\boldsymbol{D}, \boldsymbol{k}, \boldsymbol{E}, \boldsymbol{S}$ 共面。然而,由于在各向异性晶体中 $\boldsymbol{D}$ 与 $\boldsymbol{E}$ 方向一般不同,故导致 $\boldsymbol{k}$ 和 $\boldsymbol{S}$ 方向也不一致。如图 8.3.1 所示,当 $\boldsymbol{D}$ 和 $\boldsymbol{E}$

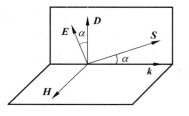

图 8.3.1 各向异性晶体中各
场量的空间取向

之间夹角为 α 时，$\boldsymbol{k}$ 和 $\boldsymbol{S}$ 之间的夹角也为 α。所谓能流方向即光能量传播方向，也就是通常所说的光线方向，而波矢量方向即波面法线方向。

2. 光在晶体中传播的菲涅尔方程

把式(8.3.16a)代入式(8.3.16b)中并消去 $\boldsymbol{H}$，得到

$$\boldsymbol{D} = -\frac{1}{\mu_0 \omega^2} \boldsymbol{k} \times (\boldsymbol{k} \times \boldsymbol{E}) \tag{8.3.18}$$

式(8.3.18)中 $\boldsymbol{k} = k\boldsymbol{k}_0 = n\dfrac{\omega}{c}\boldsymbol{k}_0$，$n$ 是晶体的折射率，$\boldsymbol{k}_0$ 是波矢量 K 方向的单位矢量，所以式(8.3.18)又可以写成

$$\boldsymbol{D} = -\frac{n^2}{\mu_0 c^2} \boldsymbol{k}_0 \times (\boldsymbol{k}_0 \times \boldsymbol{E}) = -\varepsilon_0 n^2 \boldsymbol{k}_0 \times (\boldsymbol{k}_0 \times \boldsymbol{E}) \tag{8.3.19}$$

应用矢量恒等式 $A \times (B \times C) = B(A \cdot C) - C(A \cdot B)$。

式(8.3.19)可写成

$$\boldsymbol{D} = \varepsilon_0 n^2 [\boldsymbol{E} - \boldsymbol{k}_0 (\boldsymbol{k}_0 \cdot \boldsymbol{E})] \tag{8.3.20}$$

以晶体的介电主轴作为三个坐标轴 x,y,z，并取 $\varepsilon_i = \varepsilon_0 \varepsilon_{ri}(i = x,y,z)$，则由式(8.3.20)，电位移矢量沿某个介电主轴方向的分量可表示为

$$D_i = \varepsilon_0 n^2 \left[\frac{D_i}{\varepsilon_0 \varepsilon_{ri}} - k_{0i}(\boldsymbol{k}_0 \cdot \boldsymbol{E}) \right] \quad (i = x,y,z) \tag{8.3.21}$$

整理后得到：

$$D_i = \frac{\varepsilon_0 k_{0i}(\boldsymbol{k}_0 \cdot \boldsymbol{E})}{\dfrac{1}{\varepsilon_{ri}} - \dfrac{1}{n^2}} \quad (i = x,y,z) \tag{8.3.22}$$

利用 $\boldsymbol{D} \cdot \boldsymbol{k}_0 = 0$，由式(8.3.22)得到

$$\frac{k_{0x}^2}{\dfrac{1}{n^2} - \dfrac{1}{\varepsilon_{rx}}} + \frac{k_{0y}^2}{\dfrac{1}{n^2} - \dfrac{1}{\varepsilon_{ry}}} + \frac{k_{0z}^2}{\dfrac{1}{n^2} - \dfrac{1}{\varepsilon_{rz}}} = 0 \tag{8.3.23}$$

这一方程称为菲涅尔方程，它给出了单色平面波在晶体中传播时，光波折射率 n 与光波法线方向 $\boldsymbol{k}_0$ 之间所满足的关系。将菲涅尔方程通分后可以化为一个关于 n^2 二次方程。如果波法线方向 $\boldsymbol{k}_0$ 已知，一般的由这个方程可解得 n^2 的两个独立的实根 n' 和 n''（另外两个负根没有意义略去）。这表明在晶体中对应光波的一个传播方向 $\boldsymbol{k}_0$，可以有两种不同的光波折射率。把 n' 和 n'' 两个根分别代入式(8.3.22)，便可以确定对应于 n' 和 n'' 的两个光波的 $\boldsymbol{E}'$ 和 $\boldsymbol{E}''$；再利用式(8.3.11)，能够求出相应的两个光波的 $\boldsymbol{D}'$ 和 $\boldsymbol{D}''$。分析表明，两个光波都是线偏振光，且它们的 $\boldsymbol{D}$ 矢量相互垂直。

于是，得到关于晶体光学性质的又一重要结论：对于晶体中给定的一个波法线方向，可以有两束线偏振波传播，它们有两种不同的光波折射率或两种不同的波法线速度，且这两个光波的振动面互相垂直；并且，一般情况下，这两个光波 $\boldsymbol{D}$ 与 $\boldsymbol{E}$ 不平行，所以这两列光波有不同的光线方向(见图8.3.2)。这样便一般地从理论上阐明了双折射的存在。

3. 单轴晶体的双折射

在式(8.3.23)中用主折射率替代主介电常数，则菲涅尔方程变为

$$\frac{k_{0x}^2}{\dfrac{1}{n^2} - \dfrac{1}{n_x^2}} + \frac{k_{0y}^2}{\dfrac{1}{n^2} - \dfrac{1}{n_y^2}} + \frac{k_{0z}^2}{\dfrac{1}{n^2} - \dfrac{1}{n_z^2}} = 0 \tag{8.3.24}$$

　　现在应用菲涅尔方程来讨论单轴晶体中光的传播特性。对于单轴晶体,$n_x = n_y = n_o$,$n_z = n_e$,且 $n_o \neq n_e$,此外,单轴晶体主轴 x 和 y 可以在垂直于 z 轴的平面上任意选择。为方便起见,选择给定的波法线方向 $\boldsymbol{k}_0$ 位于 yz 平面内,且与 z 轴的夹角为 θ,如图 8.3.3 所示,则有

$$k_{0x} = 0, \quad k_{0y} = \sin\theta, \quad k_{0z} = \cos\theta \tag{8.3.25}$$

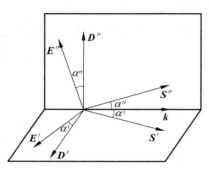 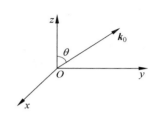

图 8.3.2　对应 $\boldsymbol{k}_0$ 方向的 $\boldsymbol{D}$、$\boldsymbol{S}$、$\boldsymbol{E}$ 的两个可能方向　　　图 8.3.3　单轴晶体中的波矢方向

把这些关系代入菲涅尔方程,可以得到

$$(n^2 - n_o^2)\left[n_o^2(n_o^2\sin^2\theta + n_e^2\cos^2\theta) - n_o^2 n_e^2\right] = 0 \tag{8.3.26}$$

由上式可解得折射率 n 两个不相等的实根

$$n_o^2(\theta) = n_o^2 \tag{8.3.27a}$$

$$n_e^2(\theta) = \frac{n_o^2 n_e^2}{n_o^2\sin^2\theta + n_e^2\cos^2\theta} \tag{8.3.27b}$$

　　这表示在单轴晶体中,对于给定的波法线方向 $\boldsymbol{k}_0$,可以有两种不同折射率的光波。一种光波的折射率 $n_o^2(\theta)$ 与波法线方向 $\boldsymbol{k}_0$ 无关,恒等于 n_o,这个光波是寻常光,即 o 光,与这个光波对应的光线是 o 光线。另一种光波的折射率随波法线 $\boldsymbol{k}_0$ 与 z 轴的夹角 θ 而变,是非常光,即 e 光,与这个光波对应的光线是 e 光线。由式(8.3.27b)容易看出,第二个光波的折射率,当 $\theta = 90°$ 时,$n_e(\theta) = n_e$;而当时 $\theta = 0°$ 时,$n_e(\theta) = n_o$。就是说,当光波沿 z 轴方向传播时,晶体中只可能存在一种折射率的光波,光波在这个方向上传播时不发生双折射。因此对于单轴晶体来说,z 轴就是光轴。

　　下面我们来确定 o 光波和 e 光波的振动方向。对于 o 光波,把 $n = n_o$ 代入式(8.3.22),并利用单轴晶体时,$\varepsilon_{rx} = \varepsilon_{ry} = n_o^2$,$\varepsilon_{rz} = n_e^2$,得到

$$(n_o^2 - n_o^2)E_x = 0$$
$$(n_o^2 - n_o^2\cos^2\theta)E_y + n_o^2\sin\theta\cos\theta E_z = 0$$
$$n_o^2\sin\theta\cos\theta E_y + (n_e^2 - n_o^2\sin^2\theta)E_z = 0 \tag{8.3.28}$$

　　显然,由(8.3.28)第一式给出 $E_x \neq 0$;该方程组中第二、第三个两个方程构成二元齐次方程组,其系数行列式不为零,故只有零解:$E_y = E_z = 0$。于是 o 光的电场强度矢量可以表示为

$$\boldsymbol{E} = E_x \boldsymbol{x}_0 \tag{8.3.29}$$

这表明 o 光波是 $\boldsymbol{E}$ 矢量平行于 x 方向振动的线偏振光。相应的电位移 $\boldsymbol{D}$ 矢量为

$$\boldsymbol{D} = D_x \boldsymbol{x}_0 = \varepsilon_0 \varepsilon_{rx} E_x \boldsymbol{x}_0 = \varepsilon_0 n_o^2 \boldsymbol{E} \quad (D_y = D_z = 0) \tag{8.3.30}$$

这表示,单轴晶体中光波 $\boldsymbol{D}$ 矢量平行于 $\boldsymbol{E}$ 矢量,两者同时垂直于晶体光轴与波矢量 $\boldsymbol{k}$ 所在

的平面 yz 平面,因而 o 光的波面法线与光线方向重合。

再看 e 光波。把 $n=n_e(\theta)$ 代入式(8.3.22),得

$$
\left.\begin{array}{l}
(n_o^2 - n_e^2(\theta))E_x = 0 \\
(n_o^2 - n_e^2(\theta)\cos^2\theta)E_y + n_e^2(\theta)\sin\theta\cos\theta E_z = 0 \\
n_e^2(\theta)\sin\theta\cos\theta E_y + (n_o^2 - n_e^2(\theta)\sin^2\theta)E_z = 0
\end{array}\right\} \tag{8.3.31}
$$

显然,由上式第 1 式,因 $n_e(\theta) \neq n_o$,故 $E_x = 0$,因此也有 $D_x = 0$。对于上式第二和第三式构成的二元齐次方程组,其系数行列式为零,故 E_y 和 E_z 有非零解,也就是说 E_y 和 E_z 不同时为零。这说明,在单轴晶体中 e 光波的 **D** 矢量和 **E** 矢量均位于波矢与晶体光轴所构成的平面内,因而都与 o 光波的 **D** 矢量和 **E** 矢量垂直。但 e 光波的 **D** 矢量和 **E** 矢量并不一定重合,因而 e 光波的波法线和光线方向也不一致。

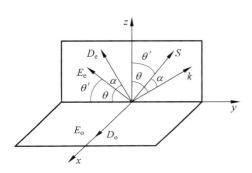

图 8.3.4 晶体中光波各矢量关系

总之,在单轴晶体中,对应于给定的波法线方向 $\mathbf{k}_0$,可以有一个 o 光和一个 e 光传播,它们都是线偏振光,其振动方向互相垂直。o 光的 **D** 矢量和 **E** 矢量互相平行并垂直于波法线与光轴所组成的面,且折射率不依赖于传播方向 $\mathbf{k}_0$,其光线方向与波法线方向一致,类同于各向同性媒质中的传播。而 e 光的 **D** 矢量和 **E** 矢量在光轴与波法线 $\mathbf{k}_0$ 所组成的平面内,但一般 **E** 和 **D** 不一致,其光线方向与波法线方向不重合,且其折射率随传播方向 $\mathbf{k}_0$ 而变。图 8.3.4 给出了各矢量间的方向关系。其中,θ 为 e 光波法线与光轴 z 的夹角,θ' 为 e 光线与光轴 z 的夹角,定义波法线方向与光线方向的夹角为离散角,即离散角 $\alpha = \theta - \theta'$。

对于单轴晶体,o 光的离散角总是等于 0;可以证明,e 光的离散角满足下面的关系:

$$
\tan\alpha = \tan(\theta - \theta') = \frac{\tan\theta - \tan\theta'}{1 + \tan\theta\tan\theta'} = \left(1 - \frac{n_o^2}{n_e^2}\right)\frac{\tan\theta}{1 + \frac{n_o^2}{n_e^2}\tan^2\theta} \tag{8.3.32}
$$

8.4 晶体光学性质的图形表示

在实际工作中,由于晶体光学问题的复杂性,常常需要使用一些如折射率椭球、波矢面、法线面、光线面等表示晶体光学性质的几何图形来说明问题。利用这些图形,再结合一定的作图法,可以比较简单、有效地解决光波在晶体中传播的问题。

8.4.1 折射率椭球

我们已经知道,在晶体介电主轴坐标系中,各向异性晶体的物质方程可以表示为

$$
D_x = \varepsilon_0\varepsilon_{rx}E_x, \quad D_y = \varepsilon_0\varepsilon_{ry}E_y, \quad D_z = \varepsilon_0\varepsilon_{rz}E_z \tag{8.4.1}
$$

因此,可以将各向异性晶体中光波能量密度表示为

$$
w = \frac{1}{2}\mathbf{E} \cdot \mathbf{D} = \frac{1}{2\varepsilon_0}\left(\frac{D_x^2}{\varepsilon_{rx}} + \frac{D_y^2}{\varepsilon_{ry}} + \frac{D_z^2}{\varepsilon_{rz}}\right) \tag{8.4.2}
$$

在不考虑光波在晶体中传播被吸收的情况下,能量密度 w 是一定的,设其等于常数 A,则上式可以写为

$$\frac{D_x^2}{\varepsilon_{rx}} + \frac{D_y^2}{\varepsilon_{ry}} + \frac{D_z^2}{\varepsilon_{rz}} = \mathrm{A} \tag{8.4.3}$$

或

$$\frac{D_x^2}{n_x^2} + \frac{D_y^2}{n_y^2} + \frac{D_z^2}{n_z^2} = \mathrm{A} \tag{8.4.4}$$

作变量代换 $x = D_x/\sqrt{\mathrm{A}}$,$y = D_y/\sqrt{\mathrm{A}}$,$z = D_z/\sqrt{\mathrm{A}}$,代入式(8.4.4),则可得

$$\frac{x^2}{n_x^2} + \frac{y^2}{n_y^2} + \frac{z^2}{n_z^2} = 1 \tag{8.4.5}$$

这个方程代表一个空间椭球,椭球的三个轴线方向即晶体的三个介电主轴方向,它的半轴长度等于晶体在该方向上的主折射率。这个椭球称为折射率椭球,如图 8.4.1 所示。

折射率椭球有以下两点重要性质,它是用来解决实际问题的重要依据。

(1)折射率椭球的任意一条矢径的方向,表示光波电位移 **D** 矢量的一个方向,矢径的长度表示 **D** 矢量沿矢径方向振动光波折射率。因此,折射率椭球的矢径 **r** 可以表示为

$$\boldsymbol{r} = n\boldsymbol{d}_0 \tag{8.4.6}$$

式中,$\boldsymbol{d}_0$ 是 **D** 矢量的单位矢量。

(2)过折射率椭球原点作垂直于某一给定波法线方向 $\boldsymbol{k}_0$ 的一个平面,该平面与椭球的截面为一椭圆(如图 8.4.2 所示)。椭圆的长轴方向和短轴方向就是对应于波法线方向 $\boldsymbol{k}_0$ 的两个允许存在光波的 **D** 矢量($\boldsymbol{D}'$ 和 $\boldsymbol{D}''$)方向,而长、短轴的长度则分别等于两个光波的折射率 $n_o(\theta)$ 和 $n_e(\theta)$。

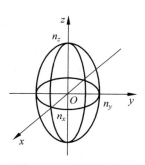

图 8.4.1 折射率椭球

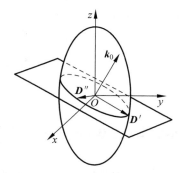

图 8.4.2 折射率椭球及其垂直截面

下面利用折射率椭球来讨论光波在单轴晶体中的传播性质。对于单轴晶体 $n_x = n_y = n_o$,$n_z = n_e$,所以折射率椭球的方程为

$$\frac{x^2}{n_o^2} + \frac{y^2}{n_o^2} + \frac{z^2}{n_e^2} = 1 \tag{8.4.7}$$

这表示一个以 z 轴为回转轴的旋转椭球面。当 $n_o > n_e$ 时,对应于负单轴晶体,旋转椭球呈陀螺(扁)形;当 $n_o < n_e$ 时,对应于正单轴晶体,旋转椭球呈橄榄(长)形。

图 8.4.3 给出(负)单轴晶体的折射率椭球在 3 个坐标平面上的投影形状。

显然,在 xy 平面上,即当 $z=0$ 时,椭球的投影为一个圆(见图 8.4.4 (a)),即

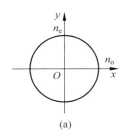 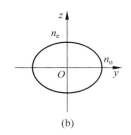 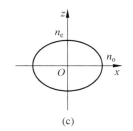

(a)　　　　　　　　(b)　　　　　　　　(c)

图 8.4.3　单轴晶体的折射率椭球在 3 个坐标平面上的投影

$$x^2 + y^2 = n_o^2 \tag{8.4.8}$$

此圆的半径为 n_o。这就是说,当光波沿 z 轴方向传播时,只有一种折射率($n=n_o$)的光波,其 D 矢量可取垂直于 z 轴的任意方向,即 D_1 和 D_2 重合,不发生双折射,故 z 轴为单轴晶体的光轴。

在 yz 平面上,即当 $x=0$ 时,椭球的投影为一个椭圆(见图 8.4.4(b)),即

$$\frac{y^2}{n_o^2} + \frac{z^2}{n_e^2} = 1 \tag{8.4.9}$$

同样在 zx 平面上,即当 $y=0$ 时,椭球的投影也为一个圆(见图 8.4.4(c)),即

$$\frac{x^2}{n_o^2} + \frac{z^2}{n_e^2} = 1 \tag{8.4.10}$$

此时椭圆沿 x 或 y 轴方向的半轴长度均为 n_o,而沿 z 轴方向半轴长度为 n_e。这就是说,当波法线方向垂直于光轴(z 轴)时,晶体内将允许两个线偏振光传播——存在两种传播状态,其一,D 矢量平行于光轴方向,折射率为 n_e;其二,D 矢量垂直于光轴及波法线方向,折射率为 n_o。显然,前者就是 e 光波,后者就是 o 光波。

当波法线与光轴夹角为 θ 时(为简单起见,设 k_0 在 yz 平面内,如图 8.4.2 所示),通过椭球中心 O 的垂直于 k_0 的平面与椭球的截线也是一个椭圆,椭圆截线的两个半轴方向,是对应于波法线方向 k_0 的两个允许的线偏振光波的 D 矢量方向。其中一个光波的 D 矢量之一与光轴正交,即平行于 xy 平面,相应的折射率为 $n_o(\theta)=n_o$;另一个与 z 轴夹角为 $90°\pm\theta$,相应的折射率介于 n_o 和 n_e 之间,由简单几何关系,便可以证明

$$n_e(\theta) = \frac{n_o n_e}{\sqrt{n_o^2 \sin^2\theta + n_e^2 \cos^2\theta}} \tag{8.4.11}$$

一般来说,不同的晶体其 n_o 和 n_e 的大小关系也不同。如前所述,$n_o < n_e$ 的晶体为正单轴晶体;反之,$n_o > n_e$ 的晶体为负单轴晶体。表 8.4.1 列出了一些常用的单轴晶体的折射率。

表 8.4.1　几种单轴晶体的折射率

方解石(负晶体)			KDP(负晶体)			石英(正晶体)		
波长/nm	n_o	n_e	波长/nm	n_o	n_e	波长/nm	n_o	n_e
656.3	1.6544	1.4846	1500	1.482	1.458	1946	1.52184	1.53004
589.3	1.6584	1.4864	1000	1.498	1.463	589.3	1.54424	1.55335
486.1	1.6679	1.4908	546.1	1.512	1.47	340	1.56747	1.57737
404.7	1.6864	1.4969	365.3	1.529	1.484	185	1.65751	1.68988

以上几个结果与上一节由理论分析得出的结果完全一致,但这里的结果是根据折射率椭球的图形得出,具有直观、形象的优点。双轴晶体的光学性质同样可以利用折射率椭球作出分析,这里不做专门讨论。

8.4.2　折射率面和波矢面

折射率椭球需要通过一定的作图过程才可以确定与波法线方向 $\mathbf{k}_0$ 相应的两个特许线偏振光的折射率。为了更直接地表示出与每一个波法线方向 $\mathbf{k}_0$ 相应的两个折射率,人们引入了折射率曲面,折射率曲面上的矢径 $\mathbf{r} = n\mathbf{k}_0$,其方向平行于给定的波法线方向 $\mathbf{k}_0$,长度则等于与该 $\mathbf{k}_0$ 相应的两个波的折射率。因此,折射率曲面必定是一个双壳层的曲面,记作 $(\mathbf{k}_0, n)$ 曲面。实际上,根据 $(\mathbf{k}_0, n)$ 曲面的意义,菲涅尔方程式(8.3.24)就是折射率曲面在主轴坐标系中的极坐标方程,现重写如下:

$$\frac{k_{0x}^2}{\frac{1}{n^2} - \frac{1}{n_x^2}} + \frac{k_{0y}^2}{\frac{1}{n^2} - \frac{1}{n_y^2}} + \frac{k_{0z}^2}{\frac{1}{n^2} - \frac{1}{n_z^2}} = 0 \tag{8.4.12}$$

把矢径长度 $r^2 = x^2 + y^2 + z^2 = n^2$ 和矢径分量关系 $x = nk_{0x}, y = nk_{0y}, z = nk_{0z}$ 代入式(8.4.12),即可得到其直角坐标方程

$$(n_x^2 x^2 + n_y^2 y^2 + n_z^2 z^2)(x^2 + y^2 + z^2) - [n_x^2(n_y^2 + n_z^2)x^2 + n_y^2(n_x^2 + n_z^2)y^2 + n_z^2(n_x^2 + n_y^2)z^2] + n_x^2 n_y^2 n_z^2 = 0 \tag{8.4.13}$$

显然,这是一个四次曲面方程。利用这个曲面可以很直观地得到与 $\mathbf{k}_0$ 相应的两个波的折射率。

对于立方晶体,$n_x = n_y = n_z = n_o$,代入式(8.4.13),得到

$$x^2 + y^2 + z^2 = n_o^2 \tag{8.4.14}$$

显然这个折射率曲面是一个半径为 n_o 的球面,在所有波失 $\mathbf{k}_0$ 方向上,折射率都等于 n_o,在光学上是各向同性的。

对于单轴晶体,有 $n_x = n_y = n_o, n_z = n_e$,代入式(8.4.13),得到

$$(x^2 + y^2 + z^2 - n_o^2)[n_o^2(x^2 + y^2) + n_e^2 z^2 - n_o^2 n_e^2] = 0 \tag{8.4.15}$$

上式可以分解为二个方程

$$x^2 + y^2 + z^2 = n_o^2$$
$$\frac{x^2 + y^2}{n_e^2} + \frac{z^2}{n_o^2} = 1 \tag{8.4.16}$$

显然,第一个方程的图形是半径为 n_o 的球面,第二个方程的图形是旋转椭球面,旋转轴为 z 轴(光轴),而且这两个面在 z 轴上相切。可见单轴晶体的折射率面是一个双层曲面,球面对应 o 光的折射率曲面,旋转椭球面对应于 e 光的折射率曲面。单轴晶体的折射率面在主轴截面上的截线如图 8.4.4 所示。对于正单轴晶体,$n_e > n_o$,球面内切于椭球;对于负单轴晶体,$n_e < n_o$,球面外切于椭球。两种情况的切点均在 z 轴上,故 z 轴为光轴。当与 z 轴夹角为 θ 的波法线方向 $\mathbf{k}_0$ 与折射率曲面相交时,得到长度分别为 n_o 和 $n_e(\theta)$ 的矢径,它们分别是相应于 $\mathbf{k}_0$ 方向的两个特许线偏振光的折射率,其中 $n_e(\theta)$ 可由式(8.4.16)求出:

$$n_e(\theta) = \frac{n_o n_e}{\sqrt{n_o^2 \sin^2\theta + n_e^2 \cos^2\theta}} \tag{8.4.17}$$

上式与用折射率椭球得到的结果式(8.4.11)相同。

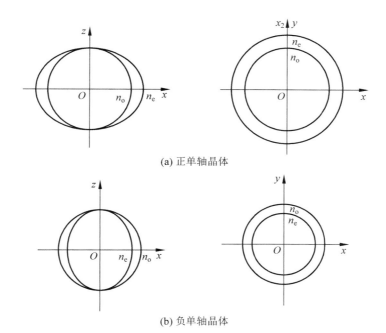

(a) 正单轴晶体

(b) 负单轴晶体

图 8.4.4 单轴晶体的双折射曲面

应注意,折射率曲面虽然可以将任一给定 $\boldsymbol{k}_0$ 方向所对应的两个折射率直接表示出来,但它表示不出相应的两个光的偏振方向。因此,与折射率椭球相比,折射率曲面对于光在界面上的折射、反射问题讨论比较方便,而折射率椭球用于处理偏振效应的问题比较方便。

对于折射率曲面,如果将其矢径长度乘 $\dfrac{\omega}{c}$,则构成一个新曲面的矢径 $\boldsymbol{r} = n\dfrac{\omega}{c}\boldsymbol{k}_0$,这个曲面称为波矢曲面,通常记为 $(\boldsymbol{k}_0, k)$ 曲面。由于波数 k 正比于介质的折射率 n,因此折射率面也等同于这样一个空间曲面,其矢径的长度等于光波的波数 k,矢径的方向即光波的波法线方向。这显然,波矢面与折射率面与具有相同的几何形状,因而数学处理方法相同,所不同的仅在于矢径的长度比例不同。因此,上述波矢面的讨论结果对波矢面完全适用。

对于双轴晶体的情况稍微复杂,此处不做讨论。

8.4.3 法线面

法线面也叫相速度面。从晶体中任一点 O 出发,引各个方向的法线速度矢量 $\boldsymbol{v}_k$,其端点的轨迹就是法线面。因此,法线面的矢径方向平行于某个给定的波法线方向 $\boldsymbol{k}_0$,而矢径长度等于相应的光波的相速度(或法线速度)v_k,若以 $\boldsymbol{r}$ 表示法线面的矢径,则有

$$\boldsymbol{r} = v_k \boldsymbol{k}_0 = \frac{c}{n}\boldsymbol{k}_0 \tag{8.4.18}$$

下面来求法线面的方程。由于矢径 $\boldsymbol{r} = \dfrac{c}{n}\boldsymbol{k}_0$ 和 $\boldsymbol{r} = \dfrac{1}{n}\boldsymbol{k}_0$ 仅差一个常数,给出的曲面形状完全相同,只是大小不同。与折射率面相对应,由矢径 $\boldsymbol{r} = \dfrac{1}{n}\boldsymbol{k}_0$ 确定的空间曲面称为折射率面的倒数面。可见法线面实质上就等价于折射率面的倒数面。为简便起见,从折射率面

的倒数面出发讨论法线面的空间特征。

把矢径长度 $r^2 = x^2 + y^2 + z^2 = \dfrac{1}{n^2}$ 和矢径分量关系 $x = \dfrac{1}{n}k_{ox}$，$y = \dfrac{1}{n}k_{oy}$，$z = \dfrac{1}{n}k_{oz}$ 代入菲涅尔方程(8.4.12)，可得到法线面方程

$$n_x^2 n_y^2 n_z^2 (x^2 + y^2 + z^2) - [n_x^2(n_y^2 + n_z^2)x^2 + n_y^2(n_x^2 + n_z^2)y^2 + n_z^2(n_x^2 + n_y^2)z^2] \times$$
$$(x^2 + y^2 + z^2) + (n_x^2 x^2 + n_y^2 y^2 + n_z^2 z^2) = 0 \tag{8.4.19}$$

显然，这也是一个双层曲面。下面考察法线面在 3 个坐标平面上的投影。在 xz 面上，$y = 0$；xy 面上，$z = 0$；yz 面上，$x = 0$。对于单轴晶体，$n_x = n_y = n_o$，$n_z = n_e$，由式(8.4.19)可得到单轴晶体($n_x = n_y = n_o$，$n_z = n_e$)的法线面在 3 个坐标平面上的投影方程。

$$xz \text{ 平面：} \qquad x^2 + z^2 = \dfrac{1}{n_o^2} \tag{8.4.20}$$
$$n_o^2 n_e^2 (x^2 + z^2)^2 - (n_o^2 x^2 + n_e^2 z^2) = 0$$

$$yz \text{ 平面：} \qquad y^2 + z^2 = \dfrac{1}{n_o^2} \tag{8.4.21}$$
$$n_o^2 n_e^2 (y^2 + z^2)^2 - (n_o^2 y^2 + n_e^2 z^2) = 0$$

$$xy \text{ 平面：} \qquad x^2 + y^2 = \dfrac{1}{n_o^2} \tag{8.4.22}$$
$$x^2 + y^2 = \dfrac{1}{n_e^2}$$

比较式(8.4.20)和式(8.4.21)可知，单轴晶体的法线面在 xz 平面和 yz 平面的投影相同，均由一个半径为 $\dfrac{1}{n_o}$ 的圆和一个四次卵形线构成，如图 8.4.5(a)和图 8.4.5(c)所示，卵形线和圆在 z 轴上相切，除此之外，两者没有交点，因此晶体光轴与 z 轴重合。与折射率面类似，单轴晶体的法线面在 xy 平面上的投影是半径分别为 $\dfrac{1}{n_o}$ 和 $\dfrac{1}{n_e}$ 的同心圆，如图 8.4.5(b)所示。同样将 3 个平面上的图形综合在一起，即得单轴晶体的法线面形状。可以想象，该法线面应该是由一个球面和一个与球面在 z 轴上相切的旋转卵形面构成的双层曲面。对于正单轴晶体，$n_e > n_o$，球面在内；对于负单轴晶体，$n_e < n_o$，球面在外。显然，此球面即 o 光之法线面，而旋转卵形面即 e 光之法线面。

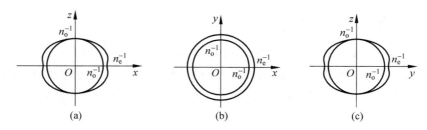

图 8.4.5　负单轴晶体的法线面在坐标平面上的投影

8.4.4　光线面

光波在各向同性媒质中传播时，波面相当于相位面，波的传播方向就是波面的法线方

向,由波矢 k 表示,它既代表波面向前推进的方向,也代表波能流方向。波的速度,即波面沿法线向前推进的速度——相速度。在各向同性介质中,光波波面法线方向就是光波能量传播的方向,所以相速度即光线速度(无色散介质中或单色波情况下)。但是,在各向异性晶体中,波面法线方向与光线方向不一致,因而相应的相速度与光线速度不一致。前面讨论的 3 种曲面均与波法线及相速度有关,但未涉及光线方向及光线速度。所以为了了解光波在晶体中的传播特性,必须知道晶体中光线方向与光线速度等问题。为此,引入光线面概念。

所谓晶体中光波的光线面乃是指从晶体内任一点 O 引向各个方向的光线速度矢量 v_s 之端点的轨迹,光线面的矢径 $r = v_s s_0$,即其矢径方向即光线方向 s_0,矢径大小即相应方向的光线速度之大小 v_s。

利用与前面折射率面类似的讨论,可以得到单轴晶体($v_x = v_y = v_o, v_z = v_e$)的光线面方程

$$(x^2 + y^2 + z^2 - v_o^2)[v_o^2(x^2 + y^2) + v_e^2 z^2 - v_o^2 v_e^2] = 0 \qquad (8.4.23)$$

显然,由此方程给出的光线面形状与折射率面相同,也是一个双层曲面。式(8.4.23)可以进一步分解为两个方程

$$x^2 + y^2 + z^2 = v_o^2$$
$$\frac{x^2 + y^2}{v_e^2} + \frac{z^2}{v_o^2} = 1 \qquad (8.4.24)$$

前者表示一个球面,半径为 v_o,对应于 o 光;后者表示一个以 z 轴为对称轴的旋转椭球面,其半轴长度分别为 v_o 和 v_e,对应 e 光。如图 8.4.6 所示,两曲面在 z 轴方向相切,表明单轴晶体的光线面(双层曲面)只有一对交点,交点的连线就是晶体的光轴,光轴与 z 轴重合。

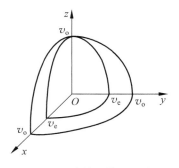

图 8.4.6　单轴晶体的光线面

需要说明的是,在各向异性晶体中,点光源发出的光波的实际波面是光线面。除单轴晶体的 o 光外,这个波面不是等相面。而点光源发出的光波的等相面是法线面。由于法线面与光线面一般不重合,故波面(光线面)一般与等相面不重合。对单轴晶体而言,其 o 光等相面与波面重合,光线速度即法线速度,而 e 光之等相面与波面不重合,两速度不相等,但一般情况下相差很小。

8.5　平面光波在晶体表面的反射和折射

前面已经讨论了光波在晶体中传播的特点,但是在实际问题中还需要知道光波在晶体表面发生折射或内反射时的情况。在一般情况下,对于一定方向入射的平面波,在晶体内有两个不同波法线方向的折射波,它们的方向并不是已知的。本节将讨论光波入射在晶体界面上时,怎样确定光在媒质中折射波和反射波的波法线方向和相应的光线方向。

8.5.1　光在晶体表面的折射和反射定律

当一束单色光入射到各向同性介质的界面上时,将分别产生一束反射光和一束折射光,

并且遵从反射定律和折射定律。当一束单色光入射到两种不同介质分界面反射和折射时，根据电磁场的边界条件导出了入射波、反射波及折射波矢量在分界面上的投影关系，即

$$k_1 \cdot r = k_1' \cdot r = k_2 \cdot r \qquad (8.5.1)$$

式中，r 为界面位置矢量，k_1，k_1'，k_2 分别为入射波、反射波及折射波波矢量。式(8.5.1)的意义在于，在任何两种介质的分界面上，入射波、反射波及折射波的波矢量沿界面方向的投影大小不变，是个常数，由此导出了反射和折射定律。

这里需要说明的是，式(8.5.1)是由电磁场边界条件导出的，并未涉及介质的具体性质，故不仅对各向同性介质的分界面适用，而且对各向异性介质的分界面同样适用。只是对于各向同性介质而言，波法线方向(波矢方向)即光线方向，因而对于各向同性介质的分界面，式(8.5.1)确定的反射和折射定律既决定了光波的波法线方向，又决定了光线方向。对于各向异性介质而言，波法线方向与光线方向一般不一致，因而对于各向异性介质的分界面，式(8.5.1)确定的反射和折射定律，只能决定光波的波法线方向，并不能决定相应的光线方向。换句话说，由式(8.5.1)确定的反射和折射定律对于各向异性介质中可能存在的两个光波波矢量 k_{21} 和 k_{22} 均成立，有

$$k_1 \cdot r = k_1' \cdot r = k_{21} \cdot r = k_{22} \cdot r \qquad (8.5.2)$$

两点说明如下：

① 根据折射定律，由式(8.5.1)规定的折射光波波矢总是位于入射面内，且波矢量 k 在界面上的投影大小不变。对于各向异性介质而言，波法线方向与光线方向一般不一致，因而反射和折射定律是对波法线而言的，其相应的光线一般不在入射面内，并且不遵守折射、反射定律。

② 设 θ_1 为入射角，θ_{21} 和 θ_{22} 分别为两折射光波波矢量与分界面法线的夹角，则由式(8.5.2)可得：

$$k_1 \sin\theta_1 = k_{21} \sin\theta_{21} = k_{22} \sin\theta_{22} \qquad (8.5.3)$$

我们已经知道，由于各向异性晶体中存在双折射现象，不同传播方向对应的波矢量 k_{21} 和 k_{22} 并非常数，因而比值 $\sin\theta_1/\sin\theta_{21}$ 和 $\sin\theta_1/\sin\theta_{22}$ 不是恒量，这与各向同性介质中其比值为常数的情况不同。故通常将各向异性晶体中的折射光波称为非常光。只有在单轴晶体中，才可能存在着一种折射光波(k_{21} 或 k_{22})，其波矢量大小为恒定值，因而比值 $\sin\theta_1/\sin\theta_{21}$ 和 $\sin\theta_1/\sin\theta_{22}$ 也为恒定值，故称为寻常光。

8.5.2　光在单轴晶体中传播方向的确定

考察从各向同性介质向晶体入射的平行光束的情形。可以有两种求取晶体中折射光波方向的方法。

1. 计算法

参考图 8.3.4，利用折射定律和反射定律计算晶体中折射光波和反射光波的波法线的方向，再由离散角关系式求出相应的光线的方向。有关的计算公式如下：

$$n_1 \sin\theta_1 = n_1' \sin\theta_1' = n_2 \sin\theta_2 \qquad (8.5.4)$$

$$n_o^2(\theta) = n_o^2, \quad n_e^2(\theta) = \frac{n_o^2 n_e^2}{n_o^2 \sin^2\theta + n_e^2 \cos^2\theta}$$

$$\tan\alpha = \frac{1}{2} \frac{n_e^2 - n_o^2}{n_o^2 \sin^2\theta + n_e^2 \cos^2\theta} \sin2\theta$$

$$\tan\theta' = \frac{n_o^2}{n_e^2}\tan\theta$$

式中 n_1、n_1' 和 n_2 分别为入射波、反射波、折射波所在媒质的折射率；θ_1、θ_1' 和 θ_2 为相应的波法线(波矢量)与界面法线的夹角；$n_o(\theta)$ 和 $n_e(\theta)$ 分别为单轴晶体中寻常光和非常光波的折射率；θ 是晶体中波法线与光轴的夹角；α 是波法线方向与相应光线方向的夹角(离散角)。

当已知入射光波法线的方向 θ_1 和晶体光轴的方向时,则由式(8.5.4)可求得折射(或反射)光的法线方向及相应的光线方向。

2. 作图法

晶体中非常光的折射率大小与波法线方向有关,因而晶体界面上反射光和折射光方向的函数关系就比较困难。为此,可以采用几何作图法确定反射光、折射光的方向。

(1)光线方向的确定——惠更斯作图法

对于各向同性介质,惠更斯原理指出,任一时刻波前上的每一点都可以看作是发出球面次波的波源,新的波前是这些次波的包络面。据此原理,可以用作图法直接求出射光线或反射光线的方向,这就是惠更斯作图法。对于各向异性晶体,情况就复杂多了。晶体空间对于光的传播来说,是一个偏振化的空间,一束入射光不管其初始偏振性质如何,它一进入晶体,就要按晶体所规定的方式分成取向不同的两种特许的线偏振光,并且这两种振动所产生的次波沿任一方向都以不同的速度传播。因此,在晶体界面上的次波源向晶体内发射的次波波面是双壳层曲面,每一壳层对应一种振动方式,这就是上节介绍的光线曲面。这样,对于两种不同振动方式的次波的包迹,就是各自的波阵面,它们按不同的方向传播,从而形成两束折射光。下面,以单轴晶体为例,说明惠更斯作图法。

讨论平面波斜入射在单轴晶体(设为正晶体)表面且光轴在图面内并与晶面倾斜的一般情况(见图8.5.1)。取入射平面波前 Σ 上 A、A' 两点作为子波源,当 A' 到达界面上 A'' 点时,先前到达晶面上的子波源 A 在晶体中形成以 A 为原点的两个光线面。因为光轴在图面内,故图面就是主截面。图中示出了两个光线面在主截面上的截线。对应 o 光是圆,e 光是椭圆,它们在光轴方向相切。据惠更斯原理,晶体内新的波前是通过 A'' 并垂直于图面的光线面的切平面,于是得到 o 光与 e 光的波前分别为 Σ_o 和 Σ_e。连接 A 点与切点 O,则矢径 $AO(S_o)$ 就是 o 光线的方向,由于 AO 垂直于 Σ_o,它也是 o 光波法线的方向(K_o)。连接 A 点与切点 E,则矢径 $AE(S_e)$ 就是 e 光线的方向,由 A 点作 Σ_e 的垂线可得到 e 光波法线的方向 K_e。

上述惠更斯作图法说明了单轴单体中两个折射光的性质:一般地,o 光线和 e 光线分离,其光波法线也不一致,发生双折射。

平面波垂直入射时,有几种很有实际意义的特殊情况。如图8.5.2所示,图(a)和图(d)中,晶体表面切成与光轴平行,此时 o、e 光线方向一致,并且与它们的波法线方向一致,在界面上发生折射,但是波面 Σ_o 和 Σ_e 并不重合,表明 o、e 光的传播速度不同,透过晶片后,o、e 光间有一相位差,说明发生了双折射。这种取向的晶片可以改变入射光波的偏振性质,利用这种晶片制作的光学元件,在光电子技术中有重要用途。特别要指出图(d)的情况,光轴垂直入射面取向时,主截面中 o、e 光线面的截面是不同半径 v_o 和 v_e 的圆,即使改变入射光的方向,o、e 光线面上对应的矢径大小 v_o 和 v_e 也不变,只是矢径的方向随入射角改变,因此,折射(或反射)定律对 o、e 光线均成立,能如各向同性介质时一样,方便地确定 o、e 光线的方向。图(b)表示光轴垂直于晶面切割,此时 Σ_o 和 Σ_e 重合,o、e 光线重合,且与波法线方向一

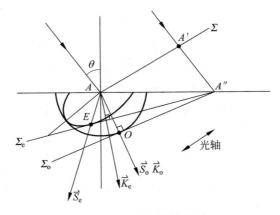

图 8.5.1 惠更斯作图法

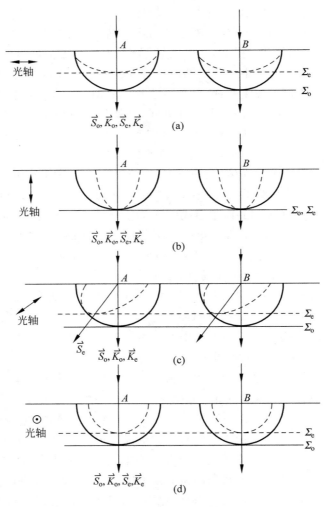

图 8.5.2 惠更斯作图法(垂直界面入射)

致,o、e 光的传播速度与传播方向均相同,不发生双折射。图(c)是光轴与晶面倾斜的情况,o、e 光的波法线依然重合,但 e 光线与 e 光波法线不一致,o、e 光线分离,发生双折射。

显然,光波垂直于晶面入射时,o、e 光的波法线方向一致,且沿着入射光的方向;若同时光轴取向垂直或平行于晶面时,除了图(b)所示光在晶体中沿光轴方向传播不产生双折射外,虽然 o、e 光线方向一致,且与波法线方向一致,但 o、e 光的传播速度不同,因而产生双折射。对于光轴既不垂直也不平行于入射面的普遍情况,e 光线不在入射面内,此时只在一个平面内作图就不够了。

对于晶体内表面上产生的双反射现象,也可以类似的进行讨论。

(2) 波法线方向的确定——斯涅尔作图法

利用折射率曲面也可以确定与入射光相应的反射光、折射光的传播方向。但为了简明起见,通常是采用波矢曲面进行。斯涅尔作图法就是基于折射和反射定律,利用波矢曲面确定光波自某种各向同性介质进入各向异性晶体时,反射光、折射光传播方向的几何作图法。

如图 8.5.3 所示,以光波在晶体面上的入射点 O 为原点,分别画出入射光波的波矢面 Σ 和在晶体中的两个折射光波的波矢面 Σ_1 和 Σ_2,过 O 点延长入射光线(波矢量 k)与 Σ 交于 A 点,过 A 点作晶体表面(即分界面)的垂线,使之与波矢面 Σ_1 和 Σ_2 分别相交于 B、C 两点。显然,该垂线到 O 点的距离正好等于 $k_1 \cdot r$,且连线 OA 与入射光线共面,均位于入射面内,因而 B、C 两点也位于入射面内。于是 O 点与 B、C 两点的连线 OB 和 OC,即决定了晶体中两个折射光波波矢量 k_{21} 和 k_{22} 的方向。应当指出的是,由这个作图法所确定的两个折射波矢 k_{21} 和 k_{22} 只是允许的或可能的两个波矢,至于实际上两个波矢是否同时存在,要看入射光是否包含有各折射光的场矢量方向上的分量。

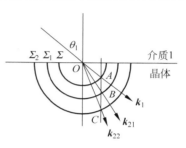

图 8.5.3　斯涅尔作图法

8.6　晶体偏振器件

8.6.1　偏振棱镜

偏振棱镜的制作是以晶体的双折射现象为基础的。这里只介绍比较常用的尼科耳棱镜、格兰棱镜和渥拉斯登棱镜。

1. 尼科耳棱镜

尼科耳棱镜的制法大致如图 8.6.1 所示,取一块长度约为宽度三倍的优质方解石晶体,将两端磨去约 $3°$,使其主截面的角度由 $70°53'$ 变为 $68°$,然后将晶体垂直于主截面即两端面的平面 $ABCD$ 切开,把切开的面磨成光学平面,再用加拿大树胶胶合起来,并将周围图黑,就成为了尼科耳棱镜。

加拿大树胶是一种各向同性物质,它的折射率 n_B 为比寻常光的折射率小,但比非常光折射率要大。例如,对于 $\lambda = 589.3\text{nm}$ 的钠黄光来说,$n_o = 1.6584$,$n_B = $

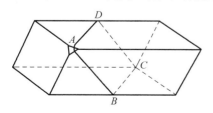

图 8.6.1　尼科耳棱镜

$1.55, n'_e = 1.5159(n'_e$ 是光沿图 7.6.2 中的纵长方向传播时的折射率)。因此,o 光和 e 光在胶合层反射的情况是不同的。对于 o 光来说,它由光密介质(方解石)射到光疏介质(胶层),在这样的条件下,有可能发生全反射。发生全反射的临界角为 $\theta_e = \arcsin \dfrac{n_B}{n_o} = \arcsin$ $\dfrac{1.55}{1.6584} \approx 69°$。当自然光沿棱镜的纵长方向入射时,入射角 $i = 22°$,o 光的折射角 $\gamma \approx 13°$,因此在胶层的入射角约为 $77°$,比临界角大,就发生全反射,被棱镜壁吸收。至于 e 光,由于 $n'_e < n_B$,不发生全反射,可以透过胶层从棱镜的另一端射出。显然,所透出的偏振光的光矢量与入射面平行。

尼科耳棱镜的孔径角约为 $\pm 14°$。如图 8.6.2 所示,虚线表示未磨之前的端面位置,当入射光在 S_1 一侧超过 14°时,o 光在胶层上的入射角就小于临界角,不发生全反射;当入射光 S_2 一侧超过 14°时,由于 e 光的折射率增大而与 o 光同时发生全发射,结果没有光从棱镜出。因此尼科耳棱镜不适用于高度会聚或发散的光束。再说,晶莹纯粹的方解石天然晶体都比较小,制成尼科耳棱镜的有效使用截面都很小,而价格却十分昂贵。但由于它对可见光的透明度很高,并且能产生完善的线偏振光,所以尽管有上述缺点,对于可见光的平行光束(特别是激光)来说,尼科耳棱镜仍然是一种比较优良的偏振器。

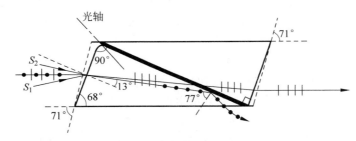

图 8.6.2　尼科耳棱镜的分光

2. 格兰棱镜

尼科耳棱镜的出射光束与入射光束不在同一条直线上,这在仪器中会带来不便。例如,当尼科耳棱镜作为检偏器绕光的传播方向旋转时,出射光束也在打圈子。格兰棱镜是为改进尼科耳棱镜的这个缺点而设计的。图 8.6.3 是它的截面图,它也用方解石制成,不同之处是端面与底面垂直,光轴既平行于端面也平行于斜面,亦即与图面垂直。当光垂直于端面入射时,o 光和 e 光均不发生偏折,它们在斜面上的入射角就等于棱镜斜面与直角面的夹角 θ。

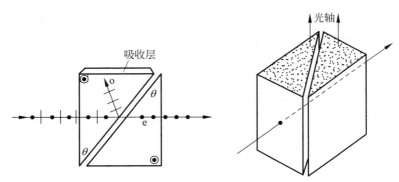

图 8.6.3　格兰棱镜

选择 θ 角对于 o 光来说,入射角大于临界角,发生全反射而被棱镜壁的涂层吸收;对于 e 光来说,入射角小于临界角能够透过,从而射出一束线偏振光。

组成格兰棱镜的两块直角棱镜之间可以用加拿大树胶胶合,这时 $\theta \approx 76°30'$,孔径角约为 $\pm13°$。用加拿大胶胶合有两个缺点,一是加拿大胶对紫外光吸收很厉害,二是胶合层易被大功率的激光束所破坏。在这两种情形下往往用空气层来代替胶合层。这时 $\theta \approx 38°5'$,孔径角约为 $7.5°$。这种棱镜能透过波长短到 210nm 的紫外光。

3. 渥拉斯登棱镜

渥拉斯登棱镜能产生两束互相分开的光矢量互相垂直的线偏振光。如图 8.6.4 所示,它是由两块直角方解石棱镜胶合而成的。这两个直角棱镜的光轴互相垂直,又都平行于各自的表面。

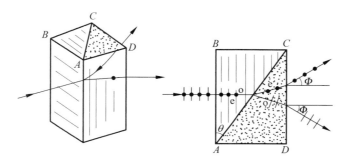

图 8.6.4　渥拉斯登棱镜

当一束很细的自然光垂直入射到 AB 面上时,由第一块棱镜产生的 o 光和 e 光分不开。但以不同的速度前进。由于第二块棱镜的光轴相对于第一块棱镜转过了 $90°$,因此,在界面 AC 处,o 光和 e 光发生了转化,先看光矢量垂直于图面的这支线偏振光,它在第一块棱镜里是 o 光,在第二块棱镜里却成了 e 光。由于方解石的 $n_o > n_e$,这支光在通过界面时是从光密介质进入到光疏介质,因此将远离界面法线传播。再看光矢量平行于图面的这一支光,它在第一块棱镜里是 e 光,在第二块棱镜里却成了 o 光。因此通过界面时是从光疏介质进入光密介质,将靠近法线传播。这样,从渥拉斯登棱镜射出来的是两束夹有一定角度的光矢量互相垂直的线偏振光。不难证明,当棱镜顶角 θ 不很大时,这两支光差不多对称地分开,它们与出射面的法线夹角 Φ 为

$$\Phi = \arcsin[(n_o - n_e)\tan\theta] \tag{8.6.1}$$

制造渥拉斯登棱镜的材料也可以是水晶(即石英)。水晶比方解石容易加工成完善的光学平面,但分出的两束光的夹角要小得多。

8.6.2　波片

波片也称晶片,是由晶体制成的平行平面薄片。如图 8.6.5 所示,由起偏器获得的线偏振光垂直入射到波片上。波片的光轴与其表面平行,设为 y 轴方向。从上一节的讨论中可以看到,这时入射的线偏振光将分解为 o 光和 e 光,它们的光矢量分别为沿 x 轴和 y 轴。习惯上把两轴中的一个称为快轴,另一个称为慢轴,意为光矢量沿快轴的那束光传播得快,光矢量沿着慢轴的那束光传播得慢。例如,对于负单轴晶片,e 光比 o 光速度快,所以光轴方向是快轴,与之垂直的方向是慢轴。由于 o 光和 e 光在波片中的速度是不同的,它们通过波

片后二者之间产生了一定的位相差。设波片的厚度为 d，在波片中 o 光的光程是 $n_o d$，e 光的光程是 $n_e d$，两者的光程差是

$$\Delta = \mid n_o - n_e \mid d \tag{8.6.2}$$

因而位相差是

$$\delta = \frac{2\pi}{\lambda} \mid n_o - n_e \mid d \tag{8.6.3}$$

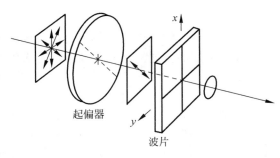

图 8.6.5 波片

可见波片能使光矢量互相垂直的两束线偏振光产生位相相对延迟，故波片也称为位相延迟片或移相片。由光的叠加原理，这样的两束光矢量互相垂直且有一定位相差的线偏振光，叠加结果一般为椭圆偏振光，椭圆的形状、方位、旋向随位相差 δ 改变。下面介绍几种特殊的波片。

1. 1/4 波片

当波片产生的光程差

$$\Delta = \mid n_o - n_e \mid d = \left(m + \frac{1}{4}\right)\lambda \tag{8.6.4}$$

式中 m 为整数，这样的波片叫做 1/4 波片。当入射的线偏振光的光矢量与波片的快轴或慢轴成 $\pm 45°$ 角时，通过 1/4 波片后得到圆偏振光。反过来，1/4 波片也可以使圆偏振光或椭圆偏振光变成线偏振光。

2. 半波片

当波片产生的光程差

$$\Delta = \left(m + \frac{1}{2}\right)\lambda \tag{8.6.5}$$

式中，m 为整数，这样的波片叫半波片或叫 1/2 波片。圆偏振光通过半波片后仍为圆偏振光，但光矢量旋转方向改变。线偏振光通过半波片后仍为线偏振光，但光矢量的方向改变。设入射的线偏振光的光矢量与波片快轴（或慢轴）的夹角为 α，通过晶片后光矢量向着快轴（或慢轴）的方向转过 2α 角（见图 8.6.6）。

3. 全波片

当波片产生的光程差

$$\Delta = m\lambda \tag{8.6.6}$$

式中，m 为整数，则称为全波片。

值得注意的是，所谓 1/4 波片、半波片或全波片都是针对某一特定波长而言的。这是因为一个波片所产生的光程差 $\mid n_o - n_e \mid d$ 基本上是不随波长改变的，因此式(8.6.4)、式(8.6.5)

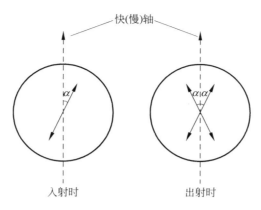

图 8.6.6　线偏振光通过半波片后光矢量的转动

和式(8.6.6)都是只对某一特定的波长才成立的。例如,若光波产生的光程差 $\Delta = 560\mathrm{nm}$,那么对 560nm 波长的光来说,它是全波片。这种波长的线偏振光通过全波片以后仍为线偏振光。但对其他波长来说,它不是全波片,其他波长的线偏振光通过它后一般得到椭圆偏振光。

目前制造波片的材料多为云母。云母是双轴晶体,当光垂直入射时,也分解为光矢量互相垂直的两个分量。由于这两个分量的折射率不同,将产生一定的光程差。云母容易得到很薄的薄片。而且厚度容易控制,所以用来制造波片是很适宜的。另外,经过拉伸的聚乙烯醇薄膜也可以用来制造波片。

8.6.3　补偿器

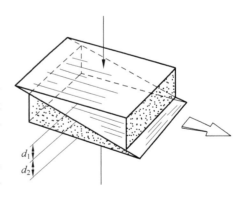

图 8.6.7　巴俾涅补偿器

由之前的分析可以发现波片只能产生固定的位相差,但补偿器可以产生连续改变的位相差。这里只讨论巴俾涅补偿器。如图 8.6.7 所示,它由两块方解石或石英制成的光楔组成,这两块光楔的光轴互相垂直,图中用若干线条和点子表示光轴。对照图 8.6.4 可见,巴俾涅补偿器与渥拉斯登棱镜很相似。当光垂直入射时,分成光矢量互相垂直的两个分量。不过巴俾涅补偿器的楔角很小($2°\sim3°$),厚度也不大,所以这两个分量的传播方向基本上一致。设光在第一块光楔中通过的厚度为 d_1,在第二块光楔中的通过的厚度为 d_2。光矢量沿第一块光楔的光轴方向的那个分量在第一块光楔中属于 e 光,在第二块光楔中却属于 o 光。它在补偿器中的总光程为 $(n_e d_1 + n_o d_2)$;用同样的方法可以得出,光矢量沿第二块光楔的光轴方向的那个分量在补偿器中的总光程为 $(n_o d_1 + n_e d_2)$,两个分量之间的位相差为

$$\delta = \frac{2\pi}{\lambda}[(n_e d_1 + n_o d_2) - (n_o d_1 + n_e d_2)] = \frac{2\pi}{\lambda}(n_e - n_o)(d_1 - d_2) \qquad (8.6.7)$$

当用测微丝杆推动第二块光楔沿箭头方向移动时,$(d_1 - d_2)$ 的值变小,也随之改变。利用补偿器可以精确地测定波片产生的光程差。

8.7 偏振的琼斯矢量表示

8.7.1 琼斯矢量

琼斯(Jones)在1941年用两个正交分量构成的列矩阵表示一个平面矢量,即琼斯矢量。按照琼斯矢量的定义,在xy平面上,单位坐标矢量$\boldsymbol{x}_0$和$\boldsymbol{y}_0$可分别表示为归一化琼斯矢量:

$$\boldsymbol{x}_0 = \begin{bmatrix} 1 \\ 0 \end{bmatrix}, \quad \boldsymbol{y}_0 = \begin{bmatrix} 0 \\ 1 \end{bmatrix} \tag{8.7.1}$$

于是,若平面矢量$\boldsymbol{J}$在两个坐标轴上的投影分量分别为J_x和J_y,则其琼斯矢量表示式为

$$\boldsymbol{J} = J_x \boldsymbol{x}_0 + J_y \boldsymbol{y}_0 = J_x \begin{bmatrix} 1 \\ 0 \end{bmatrix} + J_y \begin{bmatrix} 0 \\ 1 \end{bmatrix} = \begin{bmatrix} J_x \\ J_y \end{bmatrix} \tag{8.7.2}$$

同样,对于任意方向的单位矢量$\boldsymbol{a}$,设其与x轴夹角为φ,则其琼斯矢量表示式为

$$\boldsymbol{a} = \cos\phi \cdot \boldsymbol{x}_0 + \sin\phi \cdot \boldsymbol{y}_0 = \begin{bmatrix} \cos\phi \\ \sin\phi \end{bmatrix} \tag{8.7.3}$$

相应的正交单位矢量为

$$\boldsymbol{a}' = -\sin\phi \cdot \boldsymbol{x}_0 + \cos\phi \cdot \boldsymbol{y}_0 = \begin{bmatrix} -\sin\phi \\ \cos\phi \end{bmatrix} \tag{8.7.4}$$

8.7.2 偏振态的琼斯矢量表示

琼斯矢量是用来描述相干光波的偏振态的。由式(8.7.2)可知,设光振动矢量$\boldsymbol{E}(t)$沿两个坐标方向的投影分别为$E_x(t)$和$E_y(t)$,则其以琼斯矢量表示即

$$\boldsymbol{E}(t) = E_x(t)\boldsymbol{x}_0 + E_y(t)\boldsymbol{y}_0 = \begin{bmatrix} E_x(t) \\ E_y(t) \end{bmatrix} \tag{8.7.5}$$

显然,当$|E_x(t)| = |E_y(t)|$时,上式就是自然光的琼斯矢量表示式;当$|E_x(t)| \neq |E_y(t)|$时,上式则对应于部分偏振光。这样,任意偏振光可以用它的光矢量的两个分量来构成的列矩阵表示,这与普遍的二维矢量可以由它的直角分量构成的一列矩阵表示一样。

对于定态相干光波,通常不考虑时间因子,而只考虑光振动的振幅和随空间变化的相位因子。于是,可将振动方向分别沿水平方向(即平行于x轴)和竖直方向(即平行于y轴)的线偏振光波复振幅表示为

$$\boldsymbol{E}_{\mathrm{h}} = \begin{bmatrix} E_{0x}\mathrm{e}^{\mathrm{i}\phi_x} \\ 0 \end{bmatrix}, \quad \boldsymbol{E}_{\mathrm{v}} = \begin{bmatrix} 0 \\ E_{0y}\mathrm{e}^{\mathrm{i}\phi_y} \end{bmatrix} \tag{8.7.6}$$

同样,两个振动方向正交的线偏振光波之和可表示为

$$\boldsymbol{E} = \boldsymbol{E}_{\mathrm{h}} + \boldsymbol{E}_{\mathrm{v}} = \begin{bmatrix} E_{0x}\mathrm{e}^{\mathrm{i}\phi_x} \\ 0 \end{bmatrix} + \begin{bmatrix} 0 \\ E_{0y}\mathrm{e}^{\mathrm{i}\phi_y} \end{bmatrix} = \begin{bmatrix} E_{0x}\mathrm{e}^{\mathrm{i}\phi_x} \\ E_{0y}\mathrm{e}^{\mathrm{i}\phi_y} \end{bmatrix} \tag{8.7.7}$$

当$E_{0x} = E_{0y}$,$\phi_x = \phi_y$时,可得

$$\boldsymbol{E} = E_{0x}\mathrm{e}^{\mathrm{i}\phi_x} \begin{bmatrix} 1 \\ 1 \end{bmatrix} = \boldsymbol{E}_{45°} \tag{8.7.8}$$

上式表示一个偏振面与水平方向夹角为 $45°$ 的线偏振光。一般情况下,往往只关心光波场的相对振幅和相位,而无须知道其绝对大小。因此,为了简化讨论,可以将光振动的振幅作归一化处理,即用 $\sqrt{E_{0x}{}^2 + E_{0y}{}^2}$ 去除式(8.7.7)中的两个分量,得到

$$\boldsymbol{E} = \frac{1}{\sqrt{E_{0x}{}^2 + E_{0y}{}^2}} \begin{bmatrix} E_{0x} \mathrm{e}^{\mathrm{i}\phi_x} \\ E_{0y} \mathrm{e}^{\mathrm{i}\phi_y} \end{bmatrix} \tag{8.7.9}$$

下面举几个求取偏振光的归一化琼斯矢量的例子。

（1）归一化的线偏振光

$$\boldsymbol{E}_{\mathrm{h}} = \begin{bmatrix} 1 \\ 0 \end{bmatrix}, \quad \boldsymbol{E}_{\mathrm{v}} = \begin{bmatrix} 0 \\ 1 \end{bmatrix} \tag{8.7.10}$$

（2）两个等振幅且相位差为 Γ 的正交线偏振光的叠加

$$\boldsymbol{E}_{\Gamma} = \boldsymbol{E}_{\mathrm{h}} + \boldsymbol{E}_{\mathrm{v}} = \frac{1}{\sqrt{2}} \begin{bmatrix} 1 \\ \mathrm{e}^{\mathrm{i}\Gamma} \end{bmatrix} \tag{8.7.11}$$

（3）光矢量与 x 轴成 θ 角的线偏振光

$$\boldsymbol{E} = \begin{bmatrix} \cos\theta \\ \sin\theta \end{bmatrix} \tag{8.7.12}$$

（4）左右旋圆偏振光

$$\boldsymbol{E}_{\mathrm{L}} = \frac{1}{\sqrt{2}} \begin{bmatrix} 1 \\ \mathrm{i} \end{bmatrix}, \quad \boldsymbol{E}_{\mathrm{R}} = \frac{1}{\sqrt{2}} \begin{bmatrix} 1 \\ -\mathrm{i} \end{bmatrix} \tag{8.7.13}$$

（5）一对振幅相等且同相位的左右旋圆偏振光的叠加

$$\boldsymbol{E} = \boldsymbol{E}_{\mathrm{L}} + \boldsymbol{E}_{\mathrm{R}} = \sqrt{2} \begin{bmatrix} 1 \\ 0 \end{bmatrix} \tag{8.7.14}$$

式(8.7.14)表明,一对同相位的左右旋圆偏振光的叠加构成一平面偏振光,或者说平面偏振光可以分解成一对相位相同的左旋和右旋圆偏振光,这与菲涅尔的解释是一致的。

任意其他偏振态的琼斯矢量都可以用同样的方法求出。用琼斯矢量来表示偏振光,以便于计算两个和多个给定的偏振光叠加。

8.7.3 偏振器件的琼斯矩阵表示

当偏振光通过偏振器件,它的偏振态会发生变化。设一入射光的偏振态为 $\boldsymbol{E}_{\mathrm{i}}$,通过某一光学器件 G 后,透射光偏振态变为 $\boldsymbol{E}_{\mathrm{t}}$,可以认为偏振器件 G 起着 $\boldsymbol{E}_{\mathrm{i}}$ 与 $\boldsymbol{E}_{\mathrm{t}}$ 之间的变换作用,即将光波由一个态(入射时的偏振态)变换到另一个态(透射后的偏振态)。数学上可以将这样一个变换过程用一个变换矩阵表示,即

$$\boldsymbol{E}_{\mathrm{t}} = \begin{bmatrix} A_2 \\ B_2 \end{bmatrix} = \boldsymbol{G} \cdot \boldsymbol{E}_{\mathrm{i}} = \begin{bmatrix} g_{11} & g_{12} \\ g_{21} & g_{22} \end{bmatrix} \cdot \begin{bmatrix} A_1 \\ B_1 \end{bmatrix} \tag{8.7.15}$$

其中变换矩阵 $\boldsymbol{G} = \begin{bmatrix} g_{11} & g_{12} \\ g_{21} & g_{22} \end{bmatrix}$ 称为该器件的琼斯矩阵。已知琼斯矩阵元素,就可以求出透射光波的偏振态为

$$\left. \begin{array}{l} A_2 = g_{11}A_1 + g_{12}B_2 \\ B_2 = g_{21}A_2 + g_{22}B_1 \end{array} \right\} \tag{8.7.16}$$

下面举几个求常用的光学器件琼斯矩阵的例子。

1. 透光轴与 x 轴成 θ 角的线偏振器

入射光在 x 轴和 y 轴上的两个分量分别为 A_1 和 B_1（见图 8.7.1），将它们在线偏振器透光轴方向上投影。入射光通过线偏振器后，A_1 和 B_1 沿透光轴方向的分量分别为 $A_1\cos\theta$ 和 $B_1\sin\theta$，将这两个分量的组合在 x 轴和 y 轴上再一次投影，得到出射光的两个分量 A_2 和 B_2，即

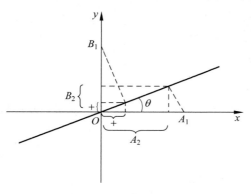

图 8.7.1　线偏振器琼斯矩阵的推导

$$
\begin{aligned}
A_2 &= A_1\cos\theta\cos\theta + B_1\sin\theta\cos\theta \\
&= (\cos^2\theta)A_1 + \left(\frac{1}{2}\sin2\theta\right)B_1 \\
B_2 &= A_1\cos\theta\sin\theta + B_1\sin\theta\sin\theta \\
&= \left(\frac{1}{2}\sin2\theta\right)A_1 + (\sin^2\theta)B_1
\end{aligned}
\tag{8.7.17}
$$

写成矩阵形式为

$$
\begin{bmatrix} A_2 \\ B_2 \end{bmatrix} =
\begin{bmatrix}
\cos^2\theta & \dfrac{1}{2}\sin2\theta \\
\dfrac{1}{2}\sin2\theta & \sin^2\theta
\end{bmatrix}
\begin{bmatrix} A_1 \\ B_1 \end{bmatrix}
\tag{8.7.18}
$$

所以该线偏振器的琼斯矩阵形式是

$$
\boldsymbol{G} =
\begin{bmatrix}
\cos^2\theta & \dfrac{1}{2}\sin2\theta \\
\dfrac{1}{2}\sin2\theta & \sin^2\theta
\end{bmatrix}
\tag{8.7.19}
$$

2. 快轴沿 x 方向的 1/4 波片

1/4 波片对入射偏振光的作用是使其 y 轴的分量 B_1 相对于 x 轴分量 A_1 产生 $\pi/2$ 的相对位相延迟，因此透射光的两个分量为

$$
A_2 = A_1
$$

$$
B_2 = B_1\exp\left(\mathrm{i}\,\frac{\pi}{2}\right) = \mathrm{i}B_1
\tag{8.7.20}
$$

写成矩阵形式为

$$
\begin{bmatrix} A_2 \\ B_2 \end{bmatrix} =
\begin{bmatrix} 1 & 0 \\ 0 & \mathrm{i} \end{bmatrix}
\begin{bmatrix} A_1 \\ B_2 \end{bmatrix}
\tag{8.7.21}
$$

故 1/4 波片的琼斯矩阵为

$$
\boldsymbol{G} =
\begin{bmatrix} 1 & 0 \\ 0 & \mathrm{i} \end{bmatrix}
\tag{8.7.22}
$$

3. 快轴与 x 轴成 θ 角，产生的位相差为 δ 的波片

设入射偏振光为 $\begin{bmatrix} A_1 \\ B_1 \end{bmatrix}$，则两分量在波片快轴和慢轴上的分量和为（见图 8.7.2）

$$A'_1 = A_1\cos\theta + B_1\sin\theta$$

$$B'_1 = -A_1\sin\theta + B_1\cos\theta \qquad (8.7.23)$$

或写成矩阵形式

$$\begin{bmatrix} A'_1 \\ B'_1 \end{bmatrix} = \begin{bmatrix} \cos\theta & \sin\theta \\ -\sin\theta & \cos\theta \end{bmatrix}\begin{bmatrix} A_1 \\ B_1 \end{bmatrix} \qquad (8.7.24)$$

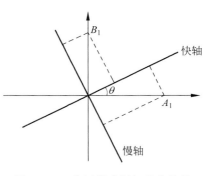

因此,偏振光透过波片后,必须考虑快轴和慢轴上分量的相对相位延迟,于是 A'_1, B'_1 分别为

$$A''_1 = A'_1$$

$$B'' = B'\exp(\mathrm{i}\delta)' \qquad (8.7.25)$$

图 8.7.2　偏振器琼斯矩阵的推导

或者表示为

$$\begin{bmatrix} A''_1 \\ B''_1 \end{bmatrix} = \begin{bmatrix} 1 & 0 \\ 0 & \exp(\mathrm{i}\delta) \end{bmatrix}\begin{bmatrix} A'_1 \\ B'_1 \end{bmatrix} = \begin{bmatrix} 1 & 0 \\ 0 & \exp(\mathrm{i}\delta) \end{bmatrix}\begin{bmatrix} \cos\theta & \sin\theta \\ \sin\theta & -\cos\theta \end{bmatrix}\begin{bmatrix} A_1 \\ B_1 \end{bmatrix} \qquad (8.7.26)$$

这两个分量再分别在 x 轴和 y 轴上投影,得到出射光的琼斯矢量在 x 轴和 y 轴上的两个分量分别为

$$A_2 = A''_1\cos\theta - B''\sin\theta$$

$$B_2 = A''_1\sin\theta + B''_1\cos\theta \qquad (8.7.27)$$

或写成矩阵形式

$$\begin{bmatrix} A_2 \\ B_2 \end{bmatrix} = \begin{bmatrix} \cos\theta & -\sin\theta \\ \sin\theta & \cos\theta \end{bmatrix}\begin{bmatrix} A''_1 \\ B''_1 \end{bmatrix} \qquad (8.7.28)$$

代入列矩阵 $\begin{bmatrix} A''_1 \\ B''_1 \end{bmatrix}$ 的表达式,得到

$$\begin{bmatrix} A_2 \\ B_2 \end{bmatrix} = \begin{bmatrix} \cos\theta & -\sin\theta \\ \sin\theta & \cos\theta \end{bmatrix}\begin{bmatrix} 1 & 0 \\ 0 & \exp(\mathrm{i}\delta) \end{bmatrix}\begin{bmatrix} \cos\theta & \sin\theta \\ -\sin\theta & \cos\theta \end{bmatrix}\begin{bmatrix} A_1 \\ B_1 \end{bmatrix} \qquad (8.7.29)$$

整理后,得到该波片的琼斯矩阵为

$$G = \cos\frac{\delta}{2}\begin{bmatrix} 1 - \mathrm{i}\tan\dfrac{\delta}{2}\cos2\theta & -\mathrm{i}\tan\dfrac{\delta}{2}\sin2\theta \\[2mm] -\mathrm{i}\tan\dfrac{\delta}{2}\sin2\theta & 1 + \mathrm{i}\tan\dfrac{\delta}{2}\cos2\theta \end{bmatrix} \qquad (8.7.30)$$

当 $\theta = 45°$ 时,该波片的琼斯矩阵简化为

$$\boldsymbol{G} = \cos\frac{\delta}{2}\begin{bmatrix} 1 & -\mathrm{i}\tan\dfrac{\delta}{2} \\[2mm] -\mathrm{i}\tan\dfrac{\delta}{2} & 1 \end{bmatrix} \qquad (8.7.31)$$

　　其他偏振器的琼斯矩阵也可以用类似的方法求出。表 8.7.1 列出了一些典型偏振器件的琼斯矩阵。

表 8.7.1 一些典型偏振器件的琼斯矩阵

器　件	琼斯矩阵
线偏振器 { 透光轴在 x 方向	$\begin{bmatrix} 1 & 0 \\ 0 & 0 \end{bmatrix}$
透光轴在 y 方向	$\begin{bmatrix} 0 & 0 \\ 0 & 1 \end{bmatrix}$
透光轴与 x 轴成 $\pm 45°$ 角	$\dfrac{1}{2}\begin{bmatrix} 1 & \pm 1 \\ \pm 1 & 1 \end{bmatrix}$
透光轴与 x 轴成 θ 角	$\begin{bmatrix} \cos^2\theta & \dfrac{1}{2}\sin 2\theta \\ \dfrac{1}{2}\sin 2\theta & \sin^2\theta \end{bmatrix}$
$\dfrac{1}{4}$ 波片 { 快轴在 x 方向	$\begin{bmatrix} 1 & 0 \\ 0 & i \end{bmatrix}$
快轴在 y 方向	$\begin{bmatrix} 1 & 0 \\ 0 & -i \end{bmatrix}$
快轴与 x 轴成 $\pm 45°$ 角	$\dfrac{1}{\sqrt{2}}\begin{bmatrix} 1 & \mp i \\ \mp i & 1 \end{bmatrix}$
一般波片 (产生位相差 δ) { 快轴在 x 方向	$\begin{bmatrix} 1 & 0 \\ 0 & \exp(-i\delta) \end{bmatrix}$
快轴在 y 方向	$\begin{bmatrix} 1 & 0 \\ 0 & \exp(-i\delta) \end{bmatrix}$
快轴与 x 轴成 $\pm 45°$ 角	$\cos\dfrac{\delta}{2}\begin{bmatrix} 1 & \mp\tan\dfrac{\delta}{2} \\ \mp\tan\dfrac{\delta}{2} & 1 \end{bmatrix}$
半波片 { 快轴在 x 方向	$\begin{bmatrix} 1 & 0 \\ 0 & -1 \end{bmatrix}$
快轴与 x 轴成 $\pm 45°$ 角	$\begin{bmatrix} 0 & 1 \\ 1 & 0 \end{bmatrix}$
各向同性位相延迟片(产生相延 φ)	$\begin{bmatrix} \exp(i\varphi) & 0 \\ 0 & \exp(i\varphi) \end{bmatrix}$
圆偏振器 { 右旋	$\dfrac{1}{2}\begin{bmatrix} 1 & i \\ -i & 1 \end{bmatrix}$
左旋	$\dfrac{1}{2}\begin{bmatrix} 1 & -i \\ i & 1 \end{bmatrix}$

　　当光波连续通过一系列光学器件时,若已知各个器件的琼斯矩阵,则最终透射光波与入射光波的琼斯矢量(偏振态)间满足如下关系:

$$\boldsymbol{E}_t = \boldsymbol{G}_N \cdots \boldsymbol{G}_2 \boldsymbol{G}_1 \boldsymbol{E}_i = \boldsymbol{G}\boldsymbol{E}_i \tag{8.7.32}$$

其中矩阵 $\boldsymbol{G} = \boldsymbol{G}_N \cdots \boldsymbol{G}_2 \boldsymbol{G}_1$ 表示整个光学系统的琼斯矩阵,它等于构成系统各个光学器件的琼斯矩阵的乘积。不过应当注意的是,矩阵必须按光波通过的先后顺序依次相乘。

8.8 偏振光的干涉

光波通过晶片时,分成 o、e 两光波,尽管两光波具有相同的频率,从晶片出射时保持恒定的相位差,但这两个光波的振动方向互相垂直,因此不能产生干涉现象。要想使光波通过晶片产生干涉现象,就要使其满足干涉的条件,即能使两束光波具有相同的振动方向。让从晶片出射的这两个光波同时通过一检偏器,在检偏器透光轴上投影的两分量会有相同的振动方向,可以实现偏振光的干涉。本节讨论偏振光干涉的基本规律,这些规律是光电子技术中应用非常广泛的光调制技术的基础。

8.8.1 平行光的偏光干涉

如图 8.8.1 所示的平行偏振光干涉装置中,晶片的厚度为 d,起偏器 p_1 将入射的自然光变成线偏振光,检偏器 p_2 则是将有一定相位差、振动方向互相垂直的线偏振光引到同一振动方向上,使其产生干涉。如果起偏器与检偏器的偏振轴相互垂直,称这对偏振器为正交偏振器,如果互相平行,就叫平行偏振器,其中以正交偏振器最为常用。

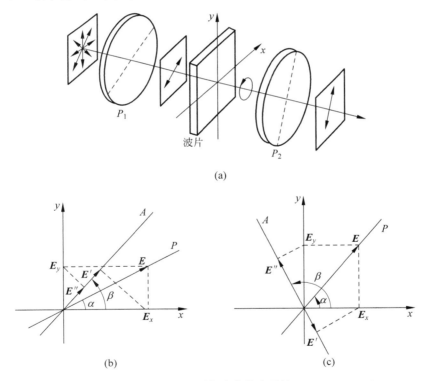

(a)

(b)　　　　　　　　　　　　　　(c)

图 8.8.1　平行光的偏光干涉

设晶片的快慢轴分别沿 x 轴和 y 轴方向,起偏器的透光轴 p_1 与 x 轴的夹角为 α,检偏器的透光轴 p_2 与 x 轴的夹角为 β。设透过起偏器的线偏振光的振幅为 a,它在快慢轴上的投影分别为 $a\cos\alpha$ 和 $a\sin\alpha$,这两个分量由晶片射出后产生的位相差为

$$\delta = \frac{2\pi}{\lambda} \mid n_\text{o} - n_\text{e} \mid d \tag{8.8.1}$$

这两个分量的复振幅为

$$\boldsymbol{E}_x = a\cos\alpha$$

$$\boldsymbol{E}_y = a\sin\alpha \cdot \text{e}^{i\delta} \tag{8.8.2}$$

这样两束光合成的结果一般为椭圆偏振光。椭圆的形状、方位和旋向随位相差 δ 改变。但是几乎所有的接收器都只对光强度有反应,对光的偏振态的改变是探测不出来的。现在在晶片后面再加一个检偏器,情况就不同了。检偏器只让电矢量平行于透光轴 p_2 的分量透出来。这样,合成光通过检偏器后,E_x 和 E_y 沿透光轴 p_2 方向的分量可以表示为

$$E' = E_x\cos\beta = a\cos\alpha\cos\beta$$

$$E'' = E_y\sin\beta = a\sin\alpha\sin\beta\text{e}^{i\delta} \tag{8.8.3}$$

自检偏器透出来的这两个分量的振动方向和频率相同,位相差一定,因而发生干涉。干涉后的强度可用下式表示

$$I = \mid E' + E'' \mid^2 = a^2\cos^2(\alpha - \beta) - a^2\sin2\alpha\sin2\beta\sin^2\left(\frac{\pi \mid n_\text{o} - n_\text{e} \mid d}{\lambda}\right) \tag{8.8.4}$$

现在来分析得到的结果。第一项与晶片的参数无关,只取决于透光轴 p_1 和 p_2 之间的相对方位,它是在不存在晶片的条件下由马吕斯定律所决定的背景光;上式中的第二项表明干涉强度与偏振器透光轴 p_1 和 p_2 相对晶片快慢轴方位有关,同时取决于晶片的性质,代表了由于晶片各向异性所引起的干涉效应。这一项与波长及晶片的厚度有关。现在分析几种常见情况。

1. 起偏器与检偏器相互正交 $\left(\beta = \alpha + \dfrac{\pi}{2}\right)$

由式(8.8.4)得强度分布为

$$I_\perp = I_0\sin^2 2\alpha\sin^2\left(\frac{\pi \mid n_\text{o} - n_\text{e} \mid d}{\lambda}\right) = I_0\sin^2 2\alpha\sin^2\frac{\delta}{2} \tag{8.8.5}$$

式中 $I_0 = a^2$。分析式(8.8.5),若 δ 为定值情况下,当 $a = 0, \dfrac{\pi}{2}, \pi, \dfrac{3\pi}{2}, \cdots, \dfrac{m\pi}{2}$($m$ 为整数)时,因为 $\sin2\alpha = 0$,则 $I_\perp = 0$。表明偏振器透光轴与晶片的快(慢)轴方向一致时,干涉光强有极小值。此时绕 z 轴转动晶片一周,可看到有四次光强为零的位置。

当 $a = \dfrac{\pi}{4}, \dfrac{3\pi}{4}, \cdots, (2m+1)\dfrac{\pi}{4}$ 时,即晶片快(慢)与轴偏振器透光轴成 45°时,有 $I_\perp = I_0\sin^2\dfrac{\delta}{2}$,光强有极大值。此时转动晶片一周,出现四个最亮的位置。在研究晶片时,一般都采用这种取向状态。

注意到相位差 δ 对光强的影响,当 $\delta = 0, 2\pi, \cdots, 2m\pi$ 时,$I_\perp = 0$,得暗纹,晶片起着全波片的作用。当 $\delta = \pi, 3\pi, \cdots, (2m+1)\pi$ 时,$I_\perp = I_0\sin^2 2\alpha$,得亮纹,晶片起着半波片的作用。

由上面分析可知,当 $\delta = (2m+1)\pi$,且 $a = (2m+1)\dfrac{\pi}{4}$ 时,有最大的干涉光强 $I_\perp = I_0$。

2. 起偏器与检偏器相互平行 $(\beta = \alpha)$

由式(8.8.4)得强度分布为

$$I_{//} = I_0 \left(1 - \sin^2 2\alpha \sin^2 \frac{\delta}{2} \right) \tag{8.8.6}$$

且有 $I_{\perp} + I_{//} = I_0$。这说明两种情况下干涉光强的极大值条件与极小值条件正好相反。

以上讨论的是入射光为单色光的情况。如果入射光是白光,则 $I_{\perp}$ 和 $I_{//}$ 应是其中每种单色光的干涉强度的非相干叠加,即对每种单色光分别应用式(8.8.5)和 式(8.8.6),然后对所有波长成分求和

$$I_{\perp（色）} = \sum_i (I_0)_i \sin^2 2\alpha \sin^2 \frac{\delta_i}{2} \tag{8.8.7}$$

$$I_{//（色）} = \sum_i (I_0)_i - \sum_i (I_0)_i \sin^2 2\alpha \sin^2 \frac{\delta_i}{2} \tag{8.8.8}$$

显然,不同波长的单色光由于通过晶片后的相位差不同,所以对出射总光强的贡献不同。对 $I_{\perp}$ 而言,凡是波长为

$$\lambda_i = \left| \frac{n_o - n_e}{m} \right| d \tag{8.8.9}$$

的单色光,干涉强度为零,即干涉光强中不包含这种波长成分的单色光。凡是波长为

$$\lambda_i = \left| \frac{2(n_o - n_e)}{2m+1} \right| d \tag{8.8.10}$$

的单色光,干涉强度为极大。因此 $I_色$ 已不包含所有入射光波长,这时透射光不再是白光,而是色泽鲜艳的色彩(干涉色)。易知,平行偏振器时干涉场的色彩与垂直时成互补色。这种干涉现象称为色偏振。显然干涉色与一定的光程差或相位差相对应,对于单轴晶体,则与晶片双折射 $n_o - n_e$ 和晶片厚度 d 有关。反之,利用干涉色可求出光程差或双折射率或厚度。色偏振现象是检验双折射现象的极灵敏的方法,在光测弹性学和应力分析中得到应用。

8.8.2 会聚偏振光的干涉

对于不同厚度的晶片,平行光的偏振光干涉现象,在干涉场中只能显示出强度上有所差别,欲使产生和薄板等倾干涉现象那样的明暗相间的干涉条纹,需要用会聚偏光代替平行偏光。在会聚光的条件下,偏振光以不同的入射条件射入晶片,随着晶片的切法不同,位相差的变化不仅与入射角的大小有关,而且随入射面取向不同而改变,所以产生的干涉花样就比较复杂。下面讨论单轴晶片的光轴与表面垂直并且两偏振器 N_1、N_2 的透光轴相互正交的简单情况。

观察晶片在会聚偏振光照明下的干涉条纹的装置如图 8.8.2 所示。从光源 S 发出的光经透镜 L_1 准直为平行光,通过起偏器(尼科耳棱镜)N_1 后被短焦距透镜 L_2 高度会聚,经过晶片 C 后又有一个类似的透镜 L_3 使光束再变成平行,在检偏器 N_2 后用另一个透镜 L_4 使从晶片透出的平行光线会聚在毛玻璃 M 上。

显然,所观察到的干涉条纹与晶片的光轴方向有关,也与两偏振器透光轴之间的夹角有关。这里主要讨论一种最常见的情形,即单轴晶片的光轴与表面垂直并且与两偏振器的透光轴正交的情形。

图 8.8.3(a)表示会聚光经过晶片时的详细情形。沿着光轴前进的那条居中光线,不发生双折射。至于其他光线,因为与光轴夹一个角度,所以会发生双折射。从同一条入射光线

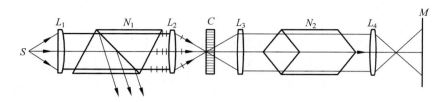

图 8.8.2　会聚偏振光干涉装置

分出的 o 光和 e 光在射出晶片后仍然是平行的,因此在透过检偏器 N_2 后就会聚在屏幕 M 上的同一点。由于 o 光和 e 光在晶片中的速度不同,在射出晶片后会有一定的位相差,而且由于都经检偏器 N_2 射出,在屏幕上振动方向也相同,所以发生干涉。从对称性考虑容易知道,沿以光轴为轴线的圆锥面入射的所有光线,例如图 8.8.3(b)中以为 D 顶点、顶角为 i 的圆锥面上的所有光线,在晶体中经过的距离相同,所分出的 o 光和 e 光的折射率也相同,光程差都是相等的。干涉色是由光程差决定的,因此所有这些光线形成同一干涉色的条纹,它们在屏幕上的轨迹是一个圆,在图 8.8.3(c)中用圆环表示。随着光线倾角(入射角)的增大,在晶片中经过的距离增加,而 o 光和 e 光的折射率差也增加,所以光程差随倾角非线性上升,从中心向外干涉条纹将变得越来越密。这些干涉环称为等色线。另一个方面还要注意到,参与干涉的这两支光的振幅是随入射面相对于正交的两偏振器的透光轴的方位而改变的。这时由于在同一圆周上,由光线与光轴所构成的主平面的方向是逐点改变的。在图 8.8.3(c)中,光轴与图平面垂直,达到某点的光线与光轴所购成的主平面就是通过该点沿半径方向并垂直于图面的平面。例如,在 S 点,OS 平面就是主平面;在 P 点,OP 就是主平面等。参与干涉的 o 光和 e 光的振幅就随主平面的方位而改变。我们来分析,在 S 点的 o 光和 e 光的振幅。达到 S 点的光在透过起偏器 N_1 时,它的光矢量沿的透光轴方向即图面中竖直方向。在晶片中它分解为在主平面 OS 上的分量(e 光)和垂直于主平面的分量(o 光),然后经过检偏器 N_2 时在投影到 N_2 的透光轴 OA 上。它们的大小为 $A_{2e} =$

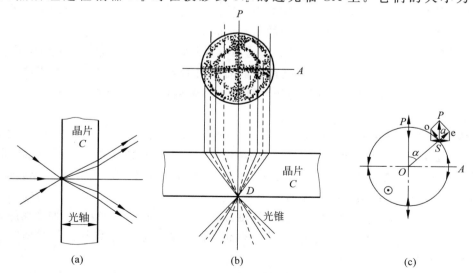

图 8.8.3　会聚偏振光通过晶片

$A_{2o} = A\sin\alpha\cos\alpha$，式中 α 为 OS 与起偏器 N_1 的透光轴 OP 之夹角。当入射面趋近于起偏器或检偏器的透光轴时，即 S 点趋近于 P 或 A 时，$\alpha \to 0$ 或 $90°$，A_{2e} 和 A_{2o} 这两部分都趋近于零，因此在干涉图样中会出现暗的十字形，如图 8.8.4 所示，通常把这个十字形称为十字刷。

正向平行偏振光的干涉那样，如果把检偏器的透光轴转到与起偏器平行，则干涉图样的每一方面正好与上面所述的情形互补，这时暗十字刷变成了亮十字刷。对于用白光照明的干涉图样，各圆环的颜色则变换成它的互补色。

如果晶片的光轴与表面不垂直，当晶片旋转时，十字刷的中心会打圈。如果把晶片切成它的表面与光轴平行，则干涉条纹是双曲线形的。另外，由于这种情形下的光程差比较大，应当用单色光照明；用白光会看不到干涉条纹。

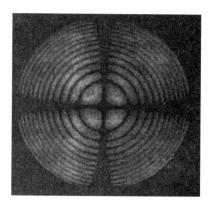

图 8.8.4　会聚偏振光的干涉图

会聚偏振光干涉的最常应用在矿物学中，地质工作者常使用偏光干涉显微镜测干涉图样，鉴定矿物标本，或确定矿物晶体的光轴、双折射率和正负光性等。

8.9　晶体的电光、磁光和声光效应及旋光性

光波在与介质发生相互作用过程中，能够使介质中的带电粒子在平衡位置附近作微小的高频受迫振动。但由于光波场的强度较弱，这种相互作用的效果微乎其微。因此，一般认为介质的宏观介电特性在光波电磁场作用下保持不变。但存在其他较强外场的作用时，情况就变得复杂化。这里所说的外场，可以是恒定的电场、磁场或频率远低于光频的电磁场，也可以是声波等引起应力场等。外场的作用将引起介质中束缚电荷分布的显著变化，从而影响微观结构的对称性，使介质由各向同性变成各向异性，或使介质原有的各向异性发生变化，从而导致光波在介质中的传播特性发生改变。这种由外加电场、磁场及声场引起的光学效应分别称为电光、磁光及声光效应。这些效应这些年在激光技术、光学信息处理和光通信等领域的应用非常广泛。

8.9.1　电光效应

我们知道光波在介质中的传播规律受到介质折射率分布的制约。理论和实验均证明：晶体介质的介电系数与晶体中的电荷分布有关，当晶体上施加电场之后，将引起束缚电荷的重新分布，并可能导致离子晶格的微小形变，其结果将引起介电系数的变化，最终导致晶体折射率的变化，所以折射率成为外加电场的函数，这时晶体折射率的变化可用施加电场 E 的幂级数表示，即

$$\Delta n = n - n_0 = c_1 E + c_2 E^2 + \cdots \tag{8.9.1}$$

式中，c_1 和 c_2 为常量，n_0 为未加电场时的折射率。式(8.9.1)中第一项称为线性电光效应或泡克耳斯(Pockels)效应；第二项是电场的二次项，称为二次电光效应或克尔(Kerr)效

应。对于大多数电光晶体材料,一次效应要比二次效应显著,可略去二次项。只有在具有对称中心的晶体中,因不存在一次电光效应,二次电光效应才比较明显。

1. 泡克耳斯(Pockels)效应

对电光效应的分析和描述有两种方法:一种是电磁理论方法,但数学推导相当繁复;另一种是用几何图形——折射率椭球体的方法,这种方法直观、方便,故通常都采用这种方法。

在晶体未加外电场时,主轴坐标系中,折射率椭球由如下方程描述

$$\frac{x^2}{n_x^2} + \frac{y^2}{n_y^2} + \frac{z^2}{n_z^2} = 1 \tag{8.9.2}$$

式中 x, y, z 为介质的主轴方向,也就是在晶体内沿着这些方向上的电位移 D 和电场强度 E 它互相平行; n_x, n_y, n_z 为折射率椭球的主折射率。利用该方程可以描述光波在晶体中的传播特性。

当晶体施加电场后,其折射率椭球就发生变形,椭球方程变为

$$\left(\frac{1}{n^2}\right)_1 x^2 + \left(\frac{1}{n^2}\right)_2 y^2 + \left(\frac{1}{n^2}\right)_3 z^2 + 2\left(\frac{1}{n^2}\right)_4 yz + 2\left(\frac{1}{n^2}\right)_5 zx + 2\left(\frac{1}{n^2}\right)_6 xy = 1 \tag{8.9.3}$$

比较式(8.9.2)和式(8.9.3)可知,由于外电场的作用,折射率椭球各系数 $1/n^2$ 随之发生线性变化,其变化量正比于电场,定义为

$$\Delta\left(\frac{1}{n^2}\right)_i = \sum_{j=1}^{3} \gamma_{ij} E_j \tag{8.9.4}$$

式中, γ_{ij} 称为线性电光系数; $i = 1, 2, \cdots, 6$; $j = 1, 2, 3$。式(8.9.4)可以用张量的矩阵形式表示为

$$\begin{bmatrix} \Delta\left(\frac{1}{n^2}\right)_1 \\ \Delta\left(\frac{1}{n^2}\right)_2 \\ \Delta\left(\frac{1}{n^2}\right)_3 \\ \Delta\left(\frac{1}{n^2}\right)_4 \\ \Delta\left(\frac{1}{n^2}\right)_5 \\ \Delta\left(\frac{1}{n^2}\right)_6 \end{bmatrix} = \begin{bmatrix} \gamma_{11} & \gamma_{12} & \gamma_{13} \\ \gamma_{21} & \gamma_{22} & \gamma_{23} \\ \gamma_{31} & \gamma_{32} & \gamma_{33} \\ \gamma_{41} & \gamma_{42} & \gamma_{43} \\ \gamma_{51} & \gamma_{52} & \gamma_{53} \\ \gamma_{61} & \gamma_{62} & \gamma_{63} \end{bmatrix} \begin{bmatrix} E_x \\ E_y \\ E_z \end{bmatrix} \tag{8.9.5}$$

式中, E_x, E_y, E_z 是电场沿 x, y, z 方向的分量。具有 γ_{ij} 元素的 6×3 矩阵称为电光张量,每个元素的值由具体的晶体决定,它是表征感应极化强弱的量。下面以常用的 KDP(KH_2PO_4)晶体为例进行分析。KDP 类晶体是负单轴晶体,因此有 $n_x = n_y = n_o$, $n_z = n_e$。由于对称性,这类晶体的电光张量元素只有 $\gamma_{41}, \gamma_{52}, \gamma_{63}$ 为非零,且 $\gamma_{41} = \gamma_{52}$。因此(8.9.5)式可写成

$$\Delta\left(\frac{1}{n^2}\right)_1 = 0, \quad \Delta\left(\frac{1}{n^2}\right)_2 = 0, \quad \Delta\left(\frac{1}{n^2}\right)_3 = 0$$

$$\Delta\left(\frac{1}{n^2}\right)_4 = \gamma_{41} E_x, \quad \Delta\left(\frac{1}{n^2}\right)_5 = \gamma_{41} E_y, \quad \Delta\left(\frac{1}{n^2}\right)_6 = \gamma_{63} E_z \tag{8.9.6}$$

将式(8.9.6)代入式(8.9.3),便得到晶体加外电场 E 后新的折射率椭球方程式

$$\frac{x^2}{n_o^2} + \frac{y^2}{n_o^2} + \frac{z^2}{n_e^2} + 2\gamma_{41}yzE_x + 2\gamma_{41}xzE_y + 2\gamma_{63}xyE_z = 1 \qquad (8.9.7)$$

由上式可看出,外加电场导致折射率椭球方程中交叉项的出现,这说明加电场后,椭球的主轴不再与 x,y,z 轴平行,因此,必须找出一个新的坐标系,使式(8.9.7)在该坐标系中主轴化,这样才可能确定电场对光传播的影响。为了简单起见,令外加电场的方向平行于 z 轴,即 $E_x = E_y = 0, E_z = E$,于是式(8.9.7)变成

$$\frac{x^2}{n_o^2} + \frac{y^2}{n_o^2} + \frac{z^2}{n_e^2} + 2\gamma_{63}xyE_z = 1 \qquad (8.9.8)$$

为使椭球方程不含交叉项,应寻求一个新的通常称为感应主轴坐标系 (x',y',z')。分析式(8.9.8)可知,因为方程中 x,y 可以互换,所以新椭球的另外二个主轴 x',y' 必定是 x,y

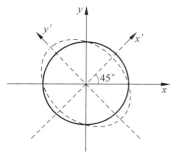

图 8.9.1　加电场后折射率椭球的变化

轴的角平分线,即在 $z=0$ 的平面内 x,y 轴转过 $45°$ 角的方向上(如图 8.9.1 所示)。在新的主轴坐标系 (x',y',z') 中,方程式(8.9.8)变为

$$\left(\frac{1}{n_o^2} + \gamma_{63}E_z\right)x'^2 + \left(\frac{1}{n_o^2} - \gamma_{63}E_z\right)y'^2 + \frac{z^2}{n_e^2} = 1 \qquad (8.9.9)$$

这就是 KDP 类晶体沿 z 轴加电场之后的椭球方程。新椭球主轴的半长度分别为 $\frac{1}{n_{x'}^2} = \frac{1}{n_o^2} + \gamma_{63}E_z$, $\frac{1}{n_{y'}^2} = \frac{1}{n_o^2} - \gamma_{63}E_z$, $\frac{1}{n_{z'}^2} = \frac{1}{n_e^2}$。由于 γ_{63} 很小(约 10^{-10} m/V),一般有 $\gamma_{63}E_z \ll \frac{1}{n_o^2}$,利用微分式 $\mathrm{d}\left(\frac{1}{n^2}\right) = -\frac{2}{n^3}\mathrm{d}n$,得到

$$n_{x'} = n_o - \frac{1}{2}n_o^3\gamma_{63}E_z$$

$$n_{y'} = n_o + \frac{1}{2}n_o^3\gamma_{63}E_z$$

$$n_{z'} = n_e \qquad (8.9.10)$$

由此可见,KDP 晶体沿 z 轴加电场时,由单轴晶体变成了双轴晶体,折射率椭球的主轴绕 z 轴旋转了 $45°$ 角,此转角与外加电场的大小无关,其折射率变化与电场成正比,这是利用电光效应实现光调制、调 Q、锁模等技术的物理基础。

在实际应用中,常用的电光效应有两种方式:一种是电场方向与光束在晶体中的传播方向一致,称为纵向电光效应;另一种是电场与光束在晶体中的传播方向垂直,称为横向电光效应。

(1) 纵向电光效应

仍以 KDP 类晶体为例进行分析,沿晶体 z 轴加电场后,如果光波沿 z 方向传播,则其双折射特性取决于椭球与垂直于 z 轴的平面相交所形成的椭圆。在式(8.9.9)中,令 $z=0$,得到该椭圆的方程为

$$\left(\frac{1}{n_o^2} + \gamma_{63}E_z\right)x'^2 + \left(\frac{1}{n_o^2} - \gamma_{63}E_z\right)y'^2 = 1 \qquad (8.9.11)$$

这个椭圆的长、短半轴分别与 x' 和 y' 重合，x' 和 y' 也就是两个分量的偏振方向，相应的折射率为 $n_{x'}$ 和 $n_{y'}$ 由式(8.9.10)决定。

当一束线偏振光沿着 z 轴方向入射晶体，且 E 矢量沿 x 方向，进入晶体后即分解为沿 x' 和 y' 方向的两个垂直偏振分量(见图 8.9.2)。由于两偏振分量的折射率不同，则沿 x' 方向振动的光传播速度快，而沿 y' 方向振动的光传播速度慢，它们经过长度为 L 的空间距离的光程分别为 $n_{x'}L$ 和 $n_{y'}L$，这样两偏振分量的相位延迟分别为

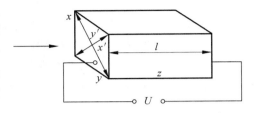

图 8.9.2　纵向电光效应

$$\varphi_{x'} = \frac{2\pi}{\lambda} n_{x'} L = \frac{2\pi}{\lambda} L \left(n_{\mathrm{o}} - \frac{1}{2} n_{\mathrm{o}}^3 \gamma_{63} E_z \right)$$

$$\varphi_{y'} = \frac{2\pi}{\lambda} n_{y'} L = \frac{2\pi}{\lambda} L \left(n_{\mathrm{o}} + \frac{1}{2} n_{\mathrm{o}}^3 \gamma_{63} E_z \right) \tag{8.9.12}$$

因此，当这两个光波穿过晶体后将产生一个相位差

$$\Delta\varphi = \varphi_{y'} - \varphi_{x'} = \frac{2\pi}{\lambda} L n_{\mathrm{o}}^3 \gamma_{63} E_z = \frac{2\pi}{\lambda} n_{\mathrm{o}}^3 \gamma_{63} V \tag{8.9.13}$$

式中的 $V = E_z L$ 是沿 z 轴加的电压。由以上分析可见，这个相位延迟完全是由电光效应造成的双折射引起的，所以称为电光相位延迟。当电光晶体和传播的光波长确定后，相位差的变化仅取决于外加电压，即只要改变电压，就能使相位成比例地变化。在一般情况下，这两个分量 $E_{x'}$ 和 $E_{y'}$ 合成为一束椭圆偏振光。根据公式(8.8.5)，从检偏器透射出来的光强为

$$I = I_0 \sin^2 \frac{\Delta\varphi}{2} = I_0 \sin^2 \left(\frac{\pi}{\lambda} n_{\mathrm{o}}^3 \gamma_{63} V \right) \tag{8.9.14}$$

这里，I_0 为射到晶体上的光强。以透射光强的相对值 I/I_0 为纵坐标，以位相差或电压为横坐标，可以把强度公式(8.9.14)用图 8.9.3 表示出来。这条曲线称为晶体的透射率曲线。它定量地反映了透射率随外加电压的变化。

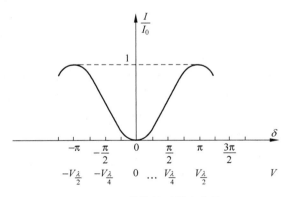

图 8.9.3　晶体的透射率曲线

在式(8.9.13)中，当光波的两个垂直分量 $E_{x'}$ 和 $E_{y'}$ 的光程差为半个波长(相应的相位差为 π)时所需要加的电压，称为"半波电压"，通常以 V_{π} 或 $V_{\frac{\lambda}{2}}$ 表示。由式(8.9.13)得到

$$V_{\pi} = \frac{\lambda}{2 n_{\mathrm{o}}^3 \gamma_{63}} \tag{8.9.15}$$

于是

$$\Delta\varphi = \frac{\pi V}{V_\pi} \tag{8.9.16}$$

半波电压是表征电光晶体性能的一个重要参数,这个电压越小越好,特别是在宽频带高频率情况下,半波电压越小,需要的调制功率就越小。表 8.9.1 给出了某些电光晶体的半波电压和电光系数。

（2）横向电光效应

仍以 KDP 类晶体为例进行分析。如果沿 z 轴方向加电场,光束传播方向垂直 z 轴并与 x 轴或 y 轴成 45°角,这种运用方式一般采用 45°-z 切割晶体,如图 8.9.4 所示。

表 8.9.1 某些电光晶体的半波电压和电光系数

晶 体	$\gamma/(\mathrm{m \cdot V^{-1}})$	n_o	$U_\lambda\Omega/\mathrm{kV}$
ADP($\mathrm{NH_4 H_2 PO_4}$)	8.5×10^{-12}	1.52	9.2
KDP($\mathrm{KH_2 PO_4}$)	10.6×10^{-12}	1.51	7.6
KDA($\mathrm{KH_2 A_5 O_4}$)	-13.0×10^{-12}	1.57	-6.2
KD·P($\mathrm{KD_2 PO_4}$)	-23.3×10^{-12}	1.52	-3.4

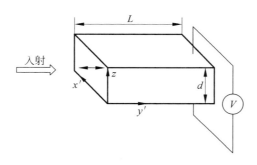

图 8.9.4 横向电光效应

设光波垂直于 $x'z$ 平面入射,E 矢量与 z 轴 45°角,进入晶体($y'=0$)后即分解为沿 x' 和 z 方向的两个垂直偏振分量。相应的折射率分别为

$$n_{x'} = n_o - \frac{1}{2} n_o^3 \gamma_{63} E_z$$

$$n_{z'} = n_e \tag{8.9.17}$$

传播距离 L 后两偏振分量的相位延迟分别为

$$\varphi_{x'} = \frac{2\pi}{\lambda} n_{x'} L = \frac{2\pi}{\lambda} L \left(n_o - \frac{1}{2} n_o^3 \gamma_{63} E_z \right)$$

$$\varphi_z = \frac{2\pi}{\lambda} n_z L = \frac{2\pi}{\lambda} L n_e \tag{8.9.18}$$

因此,当这两个光波穿过晶体后将产生一个相位差

$$\Delta\varphi = \varphi_z - \varphi_{x'} = \frac{2\pi}{\lambda}(n_e - n_o)L + \frac{\pi}{\lambda} L n_o^3 \gamma_{63} E_z = \Delta\varphi_0 + \frac{\pi}{\lambda} n_o^3 \gamma_{63} \left(\frac{L}{d} \right) V \tag{8.9.19}$$

式中,L 为光波传播方向晶体的长度,d 为外加电压方向(z 方向)的晶体宽度。由式(8.9.18)可见,在横向运用条件下,光波通过晶体后的相位差包括两项:第一项与外加电场无关,是

由晶体本身自然双折射引起的；第二项即为电光效应相位延迟。

比较 KDP 晶体的纵向和横向电光效应两种情况，可以得到如下两点结论：

第一，横向时，存在自然双折射产生的固有相位延迟，它们和外加电场无关。因为自然双折射(晶体的主折射率 n_o 和 n_e)受温度的影响严重，所以对相位差的稳定性影响很大，实验表明，KDP 晶体的 $\Delta(n_o - n_e)/\Delta T \approx 1.1 \times 10^{-5}/℃$，对于 $0.6328\mu m$ 的激光通过 30mm 的 KDP 晶体，在温度变化 1℃时，将产生约 1.1π 的附加相位差。为了克服这个缺点，在横向运用时，一般均需采取补偿措施。通常采用光学长度严格相等、光轴方向互相垂直的两块晶体串联形式。如图 8.9.5(a)所示，z 向加电场时，前一块中的 o、e 光在后一块中变为 e、o 光，光先后通过两块晶体时，自然双折射及温度变化产生的相位延迟被抵消，而电光延迟累积相加。

第二，横向应用时，无论采用哪种方式，总的相位延迟不仅与所加电压成正比，而且与晶体的长宽比 $\frac{L}{d}$ 有关，因此可以通过控制晶体的长宽比来降低半波电压，这是它的一个优点。纵向运用时，为改善外加电压高的缺点，可以采用多块晶体串接的形式，见图 8.9.5(b)，各晶体上电极并联(即光学上串联)，此时电光相位延迟累加，而电压可降为单块晶体时的 $\frac{1}{N}$(N 为块数)。

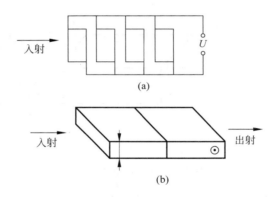

图 8.9.5 (a) 横向运用的并联形式，(b) 纵向运用的串联形式

2. 二次电光效应(克尔效应)

二次电光效应时指自然界中许多光学各向同性的固体、液体和气体在强电场(电场方向与光传播方向垂直)作用下会变成各向异性，而且电场引起的双折射和电场强度的平方成正比。克尔效应可以存在于所有电介质中，某些极性液体(如硝基苯)和铁电晶体的克尔效应很大。在此，只讨论晶体的二次电光效应。

所有晶体都具有二次电光效应。但是在没有对称中心的晶体中，它们的线性电光效应远较二次电光效应显著，所以对于这类晶体的二次电光效应一般不予考虑。在具有对称中心的晶体中，它们最低阶的电光效应就是二次电光效应，但我们感兴趣的只是属于立方晶系的那些晶体的二次电光效应。因为这些晶体在未加电场时，在光学上是各向同性的，这一点在应用上很重要。

图 8.9.6 是观察克尔效应的典型装置，这种装置中的电光介质大多是硝基苯($C_6H_5NO_2$)和硝基甲苯($C_5H_7NO_2$)。在两平行平板之间加上高电压，在电场作用下，由于分子的规则排列，这些介质就表现出像单轴晶体那样的光学性质，光轴的方向就与电场的方向对应。当

线偏振光沿着与电场垂直的方向通过介质时,分解为两束线偏振光。一束的光矢量沿着电场方向,另一束的光矢量与电场垂直。两束线偏振光的折射率之差 Δn 与电场强度 E 的平方成正比:

$$\Delta n = n_{//} - n_{\perp} = k\lambda E^2 \tag{8.9.20}$$

式中,λ 是光在真空中的波长,k 叫做该物质的克尔常数。表8.9.2列出了一些液体的克尔常数。

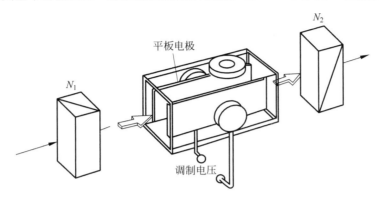

图 8.9.6　克尔效应的实验装置

表 8.9.2　克尔常数($20^{\circ}C$,$\lambda = 589.3nm$)

物质名称	$k(10^{-12}$厘米·伏$^{-2})$	物质名称	$k(10^{-12}$厘米·伏$^{-2})$
C_6H_6	0.7	H_2O	5.2
CS_2	3.5	$C_5H_7NO_2$	137
$CHCl_3$	-3.9	$C_6H_5NO_2$	244

这样两束折射率不同的线偏振光通过介质后产生的光程差为

$$\Delta = \Delta nl = k\lambda E^2 l \tag{8.9.21}$$

式中:l 为光在介质中经过的长度。若两平行板之间的距离为 h,所加电压为 V,则 $E = \dfrac{V}{h}$,于是位相差为

$$\delta = \frac{2\pi}{\lambda}\Delta nl = 2\pi kl \frac{V^2}{h^2} \tag{8.9.22}$$

如果检偏器与起偏器正交,而且与电场方向成 $45°$ 角,透射光的相对强度为

$$\frac{I}{I_0} = \sin^2(\delta/2) = \sin^2\left(\pi kl \frac{V^2}{h^2}\right) \tag{8.9.23}$$

由上式可见,系统输出光强随电场强度而改变。这样一来,若把一个信号电压加在克尔盒的两极上,系统的输出光强就随信号而变化。或者说,电信号通过上述系统可以转换成受调制的光信号。这就是利用偏振光干涉系统进行光调制的原理。显然,这个系统也可以用做电光开关;未加电压时,系统处于关闭状态(没有光输出);一旦接通电源,系统就处于打开状态。硝基苯克尔盒建立电光效应的时间(弛豫时间)极短,约为 $10^{-9}s$ 的数量级,因此它适宜作为高速快门,应用于高速摄影等领域。

硝基苯克尔盒的缺点是要以万伏以上的高电压,并且硝基苯有剧毒、容易爆炸。近年来在人工晶体的研究和生产技术方面有很大的进展,已经可以生产处一批优质的晶体,它们具有很强的电光效应。克尔盒逐渐被这下列晶体所代替,这些晶体中最典型的是 KDP(磷酸二氢钾)、ADP(磷酸二氢氨)、SBN(铌酸锶钡)。

3. 电光效应的应用

由电光效应的分析可以发现,无论哪种运用方式,在外加电场作用下的电光晶体都相当于一个受电压控制的波片,改变外加电场,便可改变相应的线偏振光的电光延迟,从而改变输出光的偏振状态。正是由于这种偏振状态的可控性,使其在光电子技术中获得了广泛的应用。下面简单介绍电光调制和电光偏转技术激光的光强调制。

1) 电光调制

外加电场作用下的电光晶体,它的相位延迟随外加电场的大小而变,随之引起偏振态的变化,从而使得检偏器出射光的振幅或强度受到调制。这就是电光调制器的工作原理。

在图 8.9.2 或图 8.9.4 的装置中,如果把信号电压加在晶体上,输出光强就随信号而变化。根据透射率曲线(见图 8.9.3),用作图的方法,可以直观地说明光强是如何随信号变化的,就像根据晶体管的特性曲线可以从输入电压求出输出电流一样。在图 8.9.7(a)中,V

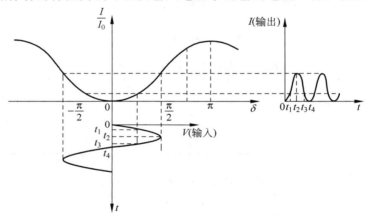

(a) 不带1/4波片

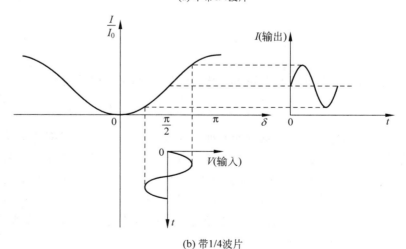

(b) 带1/4波片

图 8.9.7 电光调制器的特性

表示外加电压，I 表示用作图法求得的输出光强。由于调制器的工作点是在透射率曲线的非线性部分，使得输出光信号的波形失真，而且由于透射率曲线对于 $+\delta$ 和 $-\delta$ 是对称的，因而输出的光信号的调制频率是外加电压的两倍。为了使输出信号的波形真实地反映原来信号电压的波形，就必须让调制器工作在透射率曲线的接近直线的部分，即在 $\delta = \dfrac{\pi}{2}$ 附近。为此需要在 KDP 晶体前放置一个 1/4 波片并让它快、慢轴也与入射线偏振光的光矢量成 45° 角。这样，偏振光在射到晶体前，它的两个正交等幅的分量就具有 $\dfrac{\pi}{2}$ 位相差，这就是说将调制器的工作点移到了透射率曲线的线性部分。这时若在 KDP 晶体上施加信号电压，只要它的幅度不太大，输出光强的调制频率就等于外加电压的频率，输出光强的变化规律也与信号电压相同。这点从图 8.9.7(b) 很容易看出。上述调制器可用于激光通信或激光电视，也可用于测定高电压及用作电光开关。

2）电光偏转

利用电光效应实现光束偏转的技术称为电光偏转技术。数字（阶跃）式偏转是在特定的

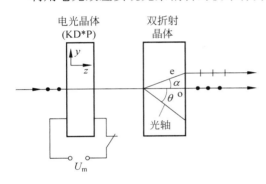

图 8.9.8　数字式电光偏转器

间隔位置上使光束离散。这种偏转器由起偏器、电光晶体和双折射晶体组成。图 8.9.8 是一级一维数字式电光偏转器原理图。采用 z 向切割的 KDP 或 KDP* 晶体的纵向电光效应。光沿着电光晶体 z 轴方向传播，双折射晶体的光轴、起偏器透光轴和电光晶体的 x 轴或 y 轴均在图面内。电光晶体上不加电压时，入射光在双折射晶体内作为 o 光无偏转地通过；当施加半波电压时，则同样的入射光通过电光晶体后其光矢量转过 90°，再进入双折射晶体时变为 e 光而发生折射，这两束光平行出射，但在空间位置上发生分离。这样通过在电光晶体上加或不加半波电压，可以达到控制光束分别占据其一位置的目的。

显然，通过适当的组合可以控制出射光占据更多的位置，也可拼成 x—y 二维电光偏转器，能在二维空间控制光斑的位置。数字式偏转器在光学信息处理和存储技术中有很好的应用前景。

8.9.2　磁光效应

1. 晶体的固有旋光效应

在某些晶体和某些液体中，单色线偏振沿光轴方向光通过后，其振动面随着光在该物质中传播距离的增大而逐渐旋转，这就是旋光现象。但也有特殊情况，当光在各向同性介质中传播，或在单轴晶体中沿光轴方向传播时，都不发生双折射现象，线偏振光通过这些介质后，其光振动方向也不改变。1811 年，阿喇果（Arago）在研究石英晶体的双折射特性时发现：一束线偏振光沿石英晶体的光轴方向传播时，其振动平面会相对原方向转过一个角度，如图 8.9.9 所示。稍后，比奥（Biot）在一些蒸汽和液态物质中也观察到了同样的旋光现象。实验证明，晶体中的旋光现象有下列性质。

（1）一定波长的线偏振光通过旋光介质时,光振动方向转过的角度 θ 与在该介质中通过的距离 l 成正比,即

$$\theta = \alpha l \qquad (8.9.24)$$

比例系数 α 表征了该介质的旋光本领,称为旋光率,它与光波长、介质的性质及温度有关。实验发现,旋光系数与波长平方成反比,即不同波长的光波在同一旋光物质中其光矢量旋转的角度不同,这种现象称为旋光色散。对于旋光的液体,转角 θ 还与溶液的浓度成正比。据此,通过测定转角 θ 可以测定溶液的浓度。表 8.9.3 给出了几种物质的旋光系数。

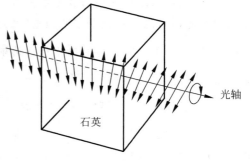

图 8.9.9　旋光现象

表 8.9.3　几种物质的旋光系数

物　　　质	$a/(') \cdot \mathrm{mm}^{-1}$
辰砂 HgS	+32.5
石英 SiO_2	+21.75
尼古丁菸碱(液态)10～30℃	−16.2
胆甾相液晶	1800

（2）不同旋光介质光振动动矢量的旋转方向可能不同,并因此将旋光介质分为左旋和右旋。当对着光线观察时,使光振动矢量顺时针旋转的介质叫右旋光介质,逆时针旋转的介质叫左旋光介质。例如,葡萄糖溶液是右旋光介质,果糖是左旋光介质。自然界存在的石英晶体既有右旋的,也有左旋的,它们的旋光本领在数值上相等,但方向相反;它们的分子组成相同,但分子排列是镜像对称的。

（3）当光传播方向改变时,物质的左旋或右旋的性质不变。因此,如果通过晶体的偏振光从镜面上反射后再通过同一晶体,则振动面就恢复到原来的方向。

（4）对各向异性晶体,旋光率 α 是光传播方向与晶体光轴夹角的函数。但对大多数晶体,偏离光轴的旋光性已被双折射性所掩盖,所以对于晶体一般是指沿光轴。

1825 年菲涅尔对旋光现象提出了一个唯象的解释。根据他的假设,可以把进入晶片的线偏振光看做是左旋圆偏振光和右旋圆偏振光的组合。设线偏振光刚入射到旋光物质上时光矢量是沿水平方向的,利用矩阵方法可以把菲涅尔假设表示为

$$\begin{bmatrix} 1 \\ 0 \end{bmatrix} = \frac{1}{2} \begin{bmatrix} 1 \\ i \end{bmatrix} + \begin{bmatrix} 1 \\ -i \end{bmatrix} \qquad (8.9.25)$$

菲涅尔还假设,左旋和右旋圆偏振光在旋光物质中传播速度不同,因而折射率也不同。它们的波数分别是

$$k_{\mathrm{L}} = \frac{n_{\mathrm{L}} \cdot 2\pi}{\lambda}, \quad k_{\mathrm{R}} = \frac{n_{\mathrm{R}} \cdot 2\pi}{\lambda} \qquad (8.9.26)$$

式中,n_{L} 和 n_{R} 分别是左旋和右旋圆偏振光的折射率,而是 λ 光在真空中波长。两圆偏振光在晶体中沿着 z 轴(光轴)传播时的琼斯矢量可以表示为

$$\boldsymbol{E}_{\mathrm{L}} = \frac{1}{2} \begin{bmatrix} 1 \\ i \end{bmatrix} \exp(\mathrm{i} k_{\mathrm{L}} z - \omega t)$$

$$\boldsymbol{E}_{R} = \frac{1}{2}\begin{bmatrix} 1 \\ -i \end{bmatrix} \exp(\mathrm{i}k_{R}z - \omega t) \qquad (8.9.27)$$

在旋光物质中经过距离 d 后合成波的琼斯矢量为

$$\boldsymbol{E} = \frac{1}{2}\begin{bmatrix} 1 \\ -i \end{bmatrix} \exp(\mathrm{i}k_{R}d) + \frac{1}{2}\begin{bmatrix} 1 \\ i \end{bmatrix} \exp(\mathrm{i}k_{L}d)$$

$$= \frac{1}{2} \exp\left[\mathrm{i}(k_{R} + k_{L})\frac{d}{2}\right] \left\{ \begin{bmatrix} 1 \\ -i \end{bmatrix} \exp\left[\mathrm{i}(k_{R} - k_{L})\right]\frac{d}{2} + \begin{bmatrix} 1 \\ i \end{bmatrix} \exp\left[-\mathrm{i}(k_{R} - k_{L})\right]\frac{d}{2} \right\}$$

$$(8.9.28)$$

引入 $\psi = \frac{1}{2}(k_{R} + k_{L})d, \theta = \frac{1}{2}(k_{R} - k_{L})d$

合成波的复振幅可以写为

$$\boldsymbol{E} = \exp(\mathrm{i}\psi) \begin{bmatrix} \dfrac{1}{2}\left[\exp(\mathrm{i}\theta) + \exp(-\mathrm{i}\theta)\right] \\ \dfrac{1}{2}\left[\exp(\mathrm{i}\theta) - \exp(-\mathrm{i}\theta)\right] \end{bmatrix} = \exp(\mathrm{i}\psi) \begin{bmatrix} \cos\theta \\ \sin\theta \end{bmatrix} \qquad (8.9.29)$$

它表示光矢量与水平方向成 θ 角的线偏振光。这说明入射的线偏振光的光矢量转过了 θ 角。由式(8.9.25)与式(8.9.28)得到

$$\theta = (n_{R} - n_{L})\frac{\pi d}{\lambda} \qquad (8.9.30)$$

如果左旋圆偏振光传播到得快，$n_{L} < n_{R}$，则，即光矢量是向逆时针方向旋转的；如果右旋一偏振光传播得快，$n_{R} < n_{L}$，则 $\theta < 0$，即矢量是向顺时针方向旋转的，这就说明了左旋光物质与右旋光物质的区别。而且，式(8.9.30)还指出 θ 与 d 成正比，也说明了 θ 与波长 λ 有关(旋光色散)，这些都是与实验相符的。

当然，菲涅尔的理论还不能说明现象的根本原因，不能回答为什么物质中两圆偏振光的传播速度的不同。这个问题必须从分子结构去思考。量子力学理论指出，在研究光与物质相互作用时，不仅仅考虑分子的电矩对入射光的反作用，而且还要考虑到分子有一定的大小和磁矩等次要作用，入射光的旋转就是必然的。

进一步，如果将旋光现象与前面讨论的双折射现象进行对比，就可以看出它们在形式上的相似性，只不过一个是指在各向异性介质中的二正交线偏振光的传播速度不同，一个是指在旋光介质中的二反向旋转的圆偏振光的传播速度不同。因此，可将旋光现象视为一种特殊的双折射现象—圆双折射，而将前面讨论的双折射现象称为线双折射。

2. 磁致旋光效应

磁致旋光效应又称法拉第效应，是介质在强磁场作用下产生旋光的现象。它是通过人工的方法产生旋光现象，与晶体固有的旋光现象不同。

法拉第在 1846 年发现在磁场作用下原来不具有旋光性的介质也产生了旋光性，即能够使线偏振光的振动面发生旋转，这就是磁致旋光效应或法拉第效应。这个发现在物理学史上有着重要的意义，是光学过程与电磁学过程有密切联系的最早证据。

观察法拉第效应的装置结构如图 8.9.10 所示，将样品(例如玻璃棒)的两端抛光，放进螺线管的磁场中，并置于正交偏振器起偏器 P 和检偏器 A 之间。使光束顺着磁场方向通过玻璃样品，此时检偏器 A 能接收到通过样品的光，表明光矢量的方向发生了偏转。旋转的

角度可以由检偏器重新消光的位置测出。实验发现,入射光矢量旋转的角度 θ 与沿着光传播方向作用在非磁性物质上的磁感强度 B 及光在磁场中所通过的物质厚度 l 成正比,即

$$\theta = VBl \tag{8.9.31}$$

式中 V 是物质特性常数,称为维尔德(Verdet)常数,它与波长有关,且非常接近该材料的吸收谐振,故不同的波长应选取不同的材料。大多数物质的 V 值都很小。表8.9.4列出了几种常见磁光介质的维尔德常数。

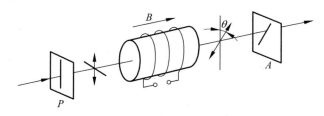

图 8.9.10 法拉第效应装置图

表 8.9.4 几种常见磁光介质的维尔德常数

物 质	(20℃,$\lambda=589.0$nm) $V/[(')\cdot(10^{-4}\text{T}\cdot\text{cm})^{-1}]$
冕玻璃	0.015~0.025
火石玻璃	0.030~0.050
稀土玻璃	0.13~0.27
氯化钠	0.036
金刚石	0.012
水	0.013
TGG 单晶	0.12($\lambda=1064$nm)

实验表明,法拉第效应的旋光方向决定于外加磁场方向,与光的传播方向无关,光束往返通过磁致旋光物质时,旋转角度往同一方向累加,即法拉第效应具有不可逆性,这与具有可逆性的自然旋光效应不同。利用这一性质可使得法拉第效应增强。例如,线偏振光通过天然右旋介质时,迎着光看去,振动面总是向右旋转,所以,当从天然右旋介质出来的透射光沿原路返回时,振动面将回到初始位置。但线偏振光通过磁光介质时,如果沿磁场方向传播,迎着光线看,振动面向右旋转角度 θ,而当光束沿反方向传播时,振动面仍沿原方向旋转,即迎着光线看振动面向左旋转角度 θ,所以光束沿原路返回,一来一去两次通过磁光介质,振动面与初始位置相比,转过了角度 2θ。

3. 磁光效应的应用

(1)磁光调制器

磁光调制与电光调制一样,都是把要传递的信息转换成光载波的强度(振幅)等参数随时间的变化。但磁光调制是将电信号先转换成与之对应的交变磁场,由磁光效应改变在介质中传输的光波的偏振态,从而达到改变光强度等参量的目的。磁光调制器的组成如图8.9.11所示。工作物质(YIG或掺Ca的YIG棒)置于沿 z 轴方向的光路上,它的两端放置了起偏器和检偏器,高频螺旋形线圈环绕在YIG棒上,受驱动电源的控制,用以提供平行于 z 轴的信号磁场。为了获得线性调制,在垂直于光传播的方向上加一恒定磁场 H_{dc},其强度足以使

晶体饱和磁化。工作时,高频信号电流通过线圈就会感生出平行于光传播方向的磁场,入射光通过 YIG 晶体时,由于法拉第旋转效应,其偏振面发生旋转,旋转角正比于磁场强度 H。因此,只要用调制信号控制磁场强度的变化,就会使光的偏振面发生相应的变化。但这里因加有恒定磁场 H_{dc},且与通光方向垂直,故旋转角与 H_{dc} 成反比,于是

$$\theta = \theta_s \frac{H_0 \sin\omega_H t}{H_{dc}} L_0 \tag{8.9.32}$$

式中,θ_s 是单位长度饱和法拉第旋转角;$H_0 \sin\omega_H t$ 是调制磁场。如果再通过检偏器,就可以获得一定强度变化的调制光。

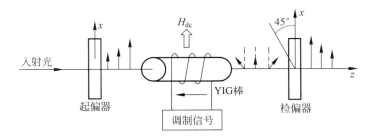

图 8.9.11　磁光调制器示意图

（2）光隔离器

由于法拉第效应的不可逆性,使得它在光电子技术中有着重要的应用。如在激光系统中,为了避免光路中各光学界面的反射光对激光源产生干扰,可以利用旋光方向与光传播方向无关的特点制成光隔离器,使光束只能沿单方向前进,而不能反向传播。这种器件的原理如图 8.9.12 所示,P_1 和 P_2 为偏振器,互成 45°角;F-R 为磁旋光器件。若调节磁场强度和方向,使线偏振光通过隔离器后旋转 45°,这时从左向右传输的光可以通过 P_2,而从右向左的偏振光,经过 P_2 和磁光旋光器后,其振动方向恰与 P_1 的透光轴垂直,因而完全不能通过 P_1。显然,如改变磁场方向,则左行光通过,右行光截止。

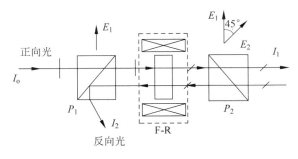

图 8.9.12　光隔离器示意图

8.9.3　声光效应

本节讨论的是由外力引起介质的弹性形变产生的光学效应,称力学光学效应或弹光效应。当光波和声波同时在介质中传播时,会出现两种波之间的相互作用,这种相互作用通过声光介质互相耦合。声波是一种弹性波(纵向应力波),在介质中传播时,使介质产生相应的弹性形变,从而激起介质中各质点沿声波的传播方向振动,引起介质的密度呈疏密相间的交

替分布,因此,介质的折射率也随之发生相应的周期性变化。其中超声场作用的这部分如同一个光学的相位光栅,该光栅间距(光栅常数)等于声波波长。当光波通过此介质时,就会产生光的衍射。其衍射光的强度、频率、方向等都随着超声场的变化而变化。这就是声光效应。它已广泛地应用于光偏转、调制、频移、滤波和频谱分析中,声光器件也成为许多光电子仪器、系统的基础器件。

弹光效应可以采用与电光效应类似的方法进行讨论。各向同性介质在受到应力作用时,介质具有应力方向为光轴的单轴晶体的性质,在应力方向及与之垂直方向上产生折射率差为

$$\Delta\left(\frac{1}{n^2}\right) = PS \tag{8.9.33}$$

式中,P 为材料的弹光系数;S 表示超声波引起介质产生的应变。由式(8.9.33),在应力作用下,介质折射率的变化可近似表示为

$$\Delta n = -\frac{1}{2}n_0^3 PS \tag{8.9.34}$$

n_0 为无声波时介质的折射率。

一个纵声波在声光介质中传播,介质只在纵声波传播方向受到压缩或伸长。设声波的角频率为 ω_s,波矢为 k_s,则沿 x 方向传播的声波方程为

$$a(x,t) = A\sin(\omega_s t - k_s x) \tag{8.9.35}$$

式中,a 为介质质点的瞬时位移,A 为质点位移的振幅。可近似认为,超声波所引起的应变正比于介质粒子沿 x 方向的位移的变化率

$$S = S_0\cos(\omega_s t - k_s x) \tag{8.9.36}$$

由式(8.9.35)得

$$\Delta n = -\frac{1}{2}n_0^3 PS = -\frac{1}{2}n_0^3 PS_0\cos(\omega_s t - k_s x) \tag{8.9.37}$$

因此,介质的折射率为

$$n = n_0 + \Delta n = n_0 - \frac{1}{2}n_0^3 PS_0\cos(\omega_s t - k_s x) \tag{8.9.38}$$

由上式可知,当纵声波在介质中传播时,介质折射率随空间位置和时间呈周期变化,此时介质可视为一运动的声光栅,它以声速移动。因为声速仅为光速的十万分之一,所以对入射光波来说,运动的声光栅可以认为是静止的,不随时间变化。图 8.9.13 给出某一瞬间超声波的情况。

按照声波频率的高低以及声波和光波作用长度的不同,声光相互作用可以分为拉曼-纳斯(Raman-Nath)衍射和布喇格(Bragg)衍射两种类型。

1. 拉曼-纳斯衍射

当超声波频率较低,光波平行于声波面入射(即垂直于声场传播方向),声光相互作用长度 L 较短时,在光波通过介质的时间内,折射率的变化可以忽略不计,此时声光介质可近似看做相对静止的"平面相位栅",产生拉曼-纳斯衍射。由于声速比光速小得多,故声光介质可视为一个静止的平面相位光栅。而且声波长 λ_s 比光波长 λ 大得多,当光波平行通过介质时,几乎不通过声波面,因此只受到相位调制,即通过光密(折射率大)部分的光波波阵面将推迟,而通过光疏(折射率小)部分的光波波阵面将超前,于是通过声光介质的平面波波阵面

出现凸凹现象,变成一个折皱曲面,如图 8.9.14 所示。由出射波阵面上各子波源发出的次波将发生相干作用,形成与入射方向对称分布的多级衍射光,这就是拉曼-纳斯衍射。

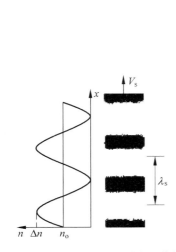

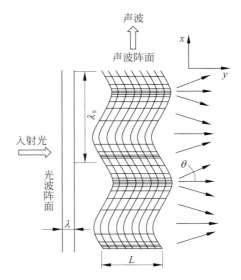

图 8.9.13　超声波在介质中的传播　　　　图 8.9.14　拉曼-纳斯衍射波前图

根据光栅衍射原理,可知各级衍射波最大位方向满足条件

$$\sin\theta - \sin\theta_i = m\frac{\lambda}{\lambda_s} = m\frac{k_s}{k}, \quad m = 0, \pm 1, \pm 2, \cdots \quad (8.9.39)$$

式中 m 表示衍射级,可见在入射光两侧出现与 $m = 0, \pm 1, \pm 2, \cdots$ 相联系的一些衍射极大值。各级衍射光的强度为

$$I_m \propto J_m^2(\upsilon), \upsilon = (\Delta n)kL = \frac{2\pi}{\lambda}\Delta nL \quad (8.9.40)$$

式中 J_m 是 m 阶贝塞尔函数。综述以上分析,拉曼-纳斯声光衍射的结果,使光波在声场外分成一组衍射光,它们分别对应于确定的衍射角 θ_m(即传播方向)和衍射强度,衍射光强由式(8.9.39)决定,是一组离散型衍射光。由于 $J_m^2(\upsilon) = J_{-m}^2(\upsilon)$,故各级衍射光对称地分布在零级衍射光两侧,且同级次衍射光的强度相等,如图 8.9.15 所示。这是拉曼-纳斯衍射的主要特征。

拉曼-纳斯衍射的衍射效率低,目前已较少被应用。

2. 布喇格衍射

当声波频率较高,光束与声波面间以一定的角度斜入射时,声光作用长度 L 较大,光波在介质中要穿过多个声波面,故介质具有"体光栅"的性质。当入射光与声波面间夹角满足一定条件时,介质内各级衍射光会相互干涉,各高级次衍射光将互相抵消,只出现 0 级和 +1 级(或 −1 级)(视入射光的方向而定)衍射光,即产生布喇格衍射,如图 8.9.16 所示。因此,若能合理选择参数,并使超声场足够强,可使入射光能量几乎全部转移到 +1 级(或 −1 级)衍射极值上。因而光束能量可以得到充分利用,所以,利用布喇格衍射效应制成的声光器件可以获得较高的效率。

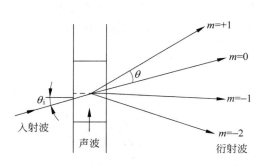

图 8.9.15　拉曼-纳斯衍射示意图

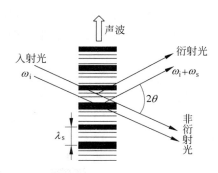

图 8.9.16　布喇格声光衍射

下面从波的干涉加强条件来推导布喇格衍射方程。为此,可把声波通过的介质近似看做许多相距为 λ_s 的部分反射、部分透射的镜面。若是行波超声场,这些镜面将以速度 v_s 沿 x 方向移动(因为 $\omega_s \gg \omega$,所以在某一瞬间,超声场可近似看成是静止的,因而对衍射光的强度分布没有影响)。对驻波超声场则完全是不动的,如图 8.9.17 所示,当平面波光线 1、2 和 3 以角度 θ_i 入射至声波场,在 B、C、E 各点处部分反射,分别产生衍射光 1′、2′ 和 3′。各衍射光相干增强的条件是它们之间的光程差应为波长的整倍数,或者说它们必须同相位。图 8.9.15(a)表示在同一镜面上的衍射情况,入射光 1 和 2 在 B、C 点反射的 1′ 和 2′ 同相位的条件,必须使光程差 $AC - BD$ 等于光波波长的整倍数,即

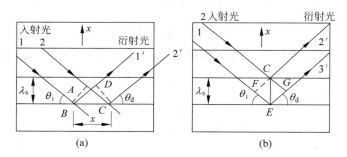

图 8.9.17　布喇格衍射模型图

$$x(\cos\theta_i - \cos\theta_d) = m\frac{\lambda}{n}, \quad m = 0, \pm 1, \pm 2, \cdots \tag{8.9.41}$$

要使声波面上所有点同时满足这一条件,只有使

$$\theta_i = \theta_d \tag{8.9.42}$$

即入射角等于衍射角时才能实现。对于相距 λ_s 的两个不同镜面上的衍射情况,如图 8.9.15(b)所示,由 C、E 点反射的 2′ 和 3′ 光束具有同相位的条件,其光程差 $FE + EG$ 必须等于光波波长的整数倍,即

$$\lambda_s(\sin\theta_i + \sin\theta_d) = m\frac{\lambda}{n}, \quad m = 0, \pm 1 \tag{8.9.43}$$

考虑到 $\theta_i = \theta_d$,所以(取 $m = 1$)

$$\sin\theta_B = \frac{\lambda}{2n\lambda_s} \tag{8.9.44}$$

式中,$\theta_i = \theta_d = \theta_B$,$\theta_B$ 称为布喇格角。可见,只有入射角 θ_i 等于布喇格角 θ_B 时,在声波面上衍

射的光波才具有同相位,满足相干加强的条件,得到衍射极值,上式称为布喇格方程。满足该条件的声光衍射叫布喇格衍射。

由光的电磁理论可以证明,对于频率为 ω 的入射光,其布喇格衍射的 ± 1 级衍射光的频率为 $\omega \pm \Omega$,Ω 是超声波的频率。当入射光强为 I_i 时,相应的零级和 1 级衍射光强分别为

$$I_0 = I_i \cos^2\left(\frac{\nu}{2}\right)$$

$$I_1 = I_i \sin^2\left(\frac{\nu}{2}\right) \tag{8.9.45}$$

式中 ν 是光波穿过长度为 L 的超声场所产生的附加相位延迟。ν 可以用声致折射率的变化 Δn 来表示,即 $\nu = \frac{2\pi}{\lambda}\Delta nL$。这样就有

$$\frac{I_1}{I_i} = \sin^2\left[\frac{1}{2}\left(\frac{2\pi}{\lambda}\Delta nL\right)\right] \tag{8.9.46}$$

可见,当 $\frac{\nu}{2} = \frac{\pi}{2}$ 时,$I_1 = I_i$。这表明,通过适当地控制入射超声功率(因而控制介质折射率变化的幅值(Δn)),可以将入射光功率全部转变为 1 级衍射光功率。根据这一突出特点,可以制作出转换效率很高的声光器件。

3. 声光效应的应用

(1)声光调制器

声光调制是利用声光效应将信息加载于光频载波上的一种物理过程。当光波通过声光介质时,由于声光作用,使光载波受到调制而成为"携带"信息的强度调制波。

由前面的分析可知,无论是拉曼-纳斯衍射,还是布喇格衍射,其衍射效率均与附加相位延迟因子 $\nu = \frac{2\pi}{\lambda}\Delta nL$ 有关,而其中声致折射率差 Δn 正比于弹性应变 S 幅值,而 S 正比于声功率 P_S,故当声波场受到信号的调制使声波振幅随之变化,则衍射光强也将随之做相应的变化。布喇格声光调制特性曲线与电光强度调制相似,如图 8.9.18 所示。衍射效率 η_S 与超声功率 P_S 是非线性调制曲线形式,为了使调制波不发生畸变,则需要加超声偏置,使其工作在线性较好的区域。

对于拉曼-纳斯型衍射,工作声源频率低于 10MHz,图 8.9.19(a)示出了这种调制器的工作原理,其各级衍射光强正比于 $J_m^2(\nu)$。若取某一级衍射光作为输出,可利用光阑将其他各级的衍射光遮挡,则从光阑孔出射的光束就是一个随 ν 变化的调制光。由于拉曼-纳斯型衍射效率低,光能利用率也低,根据式(8.9.39)当工作频率较高时,声光作用区长度 L 太小,要求的声功率很高,因此 拉曼-纳斯型声光调制器只限于低频工作,只具有有限的带宽。

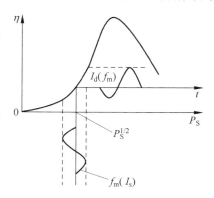

图 8.9.18 声光调制特性曲线

对于布喇格型衍射,其衍射效率由式(8.9.45)给出。布喇格型声光调制器工作原理如图 8.9.17(b)所示。在声功率 P_S(或声强 I_S)较小的情况下,衍射效率 η_S 随声强度 I_S 单调

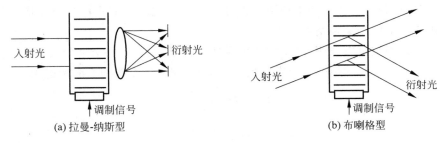

图 8.9.19　声光调制器工作原理

地增加(呈线性关系)。若对声强加以调制,衍射光强也就受到了调制。布喇格衍射必须使光束以布喇格角 θ_B 入射,同时在相对于声波阵面对称方向接收衍射光束时,才能得到满意的结果。布喇格衍射由于效率高,且调制带宽较宽,故多被采用。

(2) 声光偏转器

布喇格声光衍射时,可以通过改变超声波的频率来改变衍射光的偏转方向。在通常应用的声频范围内,布喇格角 θ_B 一般很小,故可将式(8.9.44)近似写成

$$\theta_B = \frac{\lambda}{2n\lambda_s} = \frac{f_s\lambda}{2nv_s} \tag{8.9.47}$$

式中,n 是声光介质的折射率;v_s 声速;f_s 为声波频率。易知,θ_B 与声频 f_s 成简单的线性关系,当 f_s 随时间变化时,θ_B 也将发生变化。利用此原理的布喇格衍射装置构成声光偏转器。

声光偏转器可用作激光电视扫描、x-y 记录仪等快速随机读出装置等。多频声光偏转器还可用作高速激光字母数字发生器,用于计算机、显微胶卷、输出打印机等。

(3) 可调谐声光滤波器

利用声光效应可以制作波长可调谐的光谱滤波器。当满足布喇格衍射条件时,光波长 λ 与声波长 λ_s 之间满足一定的关系。当改变声频(声波长)时,将使相应的最大衍射效率的输出光波长随之改变,从而实现可调谐光谱滤波。

可调谐光谱滤波实际上是声光偏转的一个应用,一般用各向异性介质作为声光介质,此时布喇格衍射条件为

$$\frac{2\pi}{\lambda}(n_2\sin\theta_2 - n_1\sin\theta_1) = \pm\frac{2\pi}{v_s}f_s \tag{8.9.48}$$

式中 n_1、n_2 为入射波与衍射波对应的折射率;θ_1 和 θ_2 为对应的入射角和衍射角;v_s 和 f_s 为声速和声频。声频和调谐波长满足式(8.9.48)的关系。

利用电子学方法改变声频,使声光可调谐滤波器较之光学方法的调谐器更为简单。

8.10　例题解析

例题 8-1　一束自然光以 $30°$ 角入射到玻璃和空气界面,玻璃的折射率 $n=1.54$,试计算:

(1) 反射光的偏振度;

(2) 玻璃空气界面的布儒斯特角;

(3) 以布儒斯特角入射时透射光的偏振度。

解 （1）如例题 8-1 图所示，由折射定律　$n_1\sin\theta_1 = n_2\sin\theta_2$，

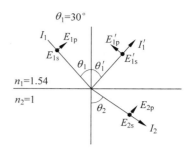

例题 8-1 图

所以　　$\theta_2 = \arcsin(1.54\sin30°) = \arcsin0.77 = 50.35°$

由菲涅尔公式得

$$r_s = \frac{A'_{1s}}{A_{1s}} = -\frac{\sin(\theta_1 - \theta_2)}{\sin(\theta_1 + \theta_2)} = \frac{0.3478}{0.9858} = 0.3528$$

$$r_p = \frac{A'_{1p}}{A_{1p}} = \frac{\tan(\theta_1 - \theta_2)}{\tan(\theta_1 + \theta_2)} = \frac{0.3709}{5.8811} = -0.0631$$

设入射光强为 $I_1 = I_{1s} + I_{1p}$，其中 $I_{1s} = I_{1p}$

所以

$$I'_{1s} = \left(\frac{A'_{1s}}{A_{1s}}\right)^2 I_{1s} = 0.1245I_{1s} = 0.0622I_1$$

$$I'_{1p} = \left(\frac{A'_{1p}}{A_{1p}}\right)^2 I_{1p} = 3.9816 \times 10^{-3} I_{1p} = 1.991 \times 10^{-3} I_1$$

则反射光偏振度 $P = \dfrac{I'_{1s} - I'_{1p}}{I'_{1s} + I'_{1p}} = \dfrac{0.060209}{0.064191} \approx 94\%$。

（2）由布儒斯特定律　$\tan\theta_p = \dfrac{n_2}{n_1} = \dfrac{1}{1.54}$，解得 $\theta_p = 32.9977° \approx 33°$

（3）当入射角 $\theta_1 = \theta_p = 33°$ 时，折射角 $\theta_2 = \arcsin(1.54 \times \sin33°) = 57°$，代入菲涅尔公式得

$$t_s = \frac{2\cos\theta_1\sin\theta_2}{\sin(\theta_1 + \theta_2)} = 1.4067, \quad t_p = \frac{2\sin\theta_2\cos\theta_1}{\sin(\theta_1 + \theta_2)\cos(\theta_1 - \theta_2)} = 1.5399$$

而透射光强分别为 $I_{2s} = t_s^2 I_{1s}$，$I_{2p} = t_p^2 I_{1p}$，

则此时透射光偏振度　　　　$P = \dfrac{I_{2p} - I_{2s}}{I_{2p} + I_{2s}} = \dfrac{1.54^2 - 1.41^2}{1.54^2 + 1.41^2} \approx 9\%$

例题 8-2　选用折射率为 2.38 的硫化锌和折射率为 1.38 的氟化镁镀膜材料，制作用于氦氖激光（$\lambda = 632.8\text{nm}$）的偏振分光镜。试问：分光镜的折射率应为多少；膜层的厚度应为多少？

解

（1）由布儒斯特定律：$\tan\theta_p = \dfrac{n_2}{n_1}$，得布儒斯特角：$\theta_p = \arctan\left(\dfrac{1.38}{2.38}\right) = 30.1°$。

将 θ_p 代入折射定律：$n_3\sin45° = n_1\sin\theta_p$。

得分光镜的折射率：$n_3 = \dfrac{2.38\sin30.1°}{\sin45°} = 1.69$。

（2）膜层厚度应满足干涉加强条件，即 $\Delta = 2nh\cos\theta_2 + \dfrac{\lambda}{2} = m\lambda$（$m$ 为整数）。

对于 $n_2 = 1.38$ 的低折射率膜层，有 $n_1\sin\theta_p = n_2\sin\theta_2$，代入数值得 $\theta_2 = 59.87°$。

故最小膜层厚度 $h_2 = \dfrac{\dfrac{1}{2}\lambda}{2n_2\cos\theta_2} = \dfrac{0.5 \times 632.8}{2 \times 1.38\cos59.87°}\text{nm} = 228.4\text{nm}$。

对于 $n_1 = 2.38$ 的高折射率膜层，其最小膜层厚度为

$$h_1 = \frac{\frac{1}{2}\lambda}{2n_1\cos\theta_p} = \frac{632.8 \times \frac{1}{2}}{2 \times 2.38\cos30.1°}\text{nm} = 76.8\text{nm}$$

例题 8-3　在两个正交偏振镜器之间插入第三个偏振片,入射光为自然光,求:

(1) 当最后的透射光强为入射光强的 1/8 时,第三个偏振片的方位如何?

(2) 若使最后的透光光强为 0,插入的偏振片如何放置?

(3) 能否找到插入偏振片的合适位置使最后透射光强为入射光强的 1/2?

解　如例题 8-3 图所示,设第三个偏振器 p_3 与第一个偏振器 p_1 之间的夹角为 $\theta(0° < \theta < 180°)$,入射光强为 I,则最后的出射光强为

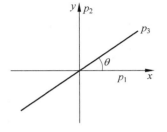

$$I' = \left(\frac{1}{2}I\right)\cos^2\theta\cos^2(90°-\theta) = \frac{I}{8}\sin^2 2\theta$$

(1) 当出射光强 $I' = \frac{1}{8}I$ 时,解得 $\theta = 45°$,或 $\theta = 135°$。

(2) 当 $I' = 0$ 时,解得 $\theta = 0°$,或 $\theta = 90°$。(即 p_3 分别与 p_1 或 p_2 的透光轴方向一致)。

例题 8-3 图

(3) 当 $I' = \frac{1}{2}I$ 时,解得 $\sin^2 2\theta = 4$,无解。故不能找到使最后出射光强等于入射光强 1/2 的 p_3 的位置。

例题 8-4　方解石晶体(负单轴晶体)的光轴与晶面成 30° 角且在入射面内,当钠黄光以 60° 入射角从空气,即入射光正对着晶体光轴方向入射到晶体时,求晶体内 e 光线的折射角? 在晶体内发生双折射吗?

解　本题意情况下的惠更斯作图如例题 8-4 图所示,图中给出了 o 光,e 光的光线面 Σ_o、Σ_e,o 光线(即 o 光波法线)、e 光波法线和 e 光线的方向。

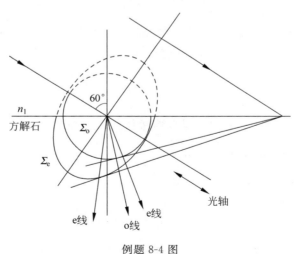

例题 8-4 图

(1) 解题分析:

① 入射光方向平行于光轴,但因光斜入射在晶面上,经晶面折射后,在晶体中并不沿着光轴方向,应存在双折射现象。

② 入射光非垂直入射晶面,一般晶体中 o 光、e 光的波法线方向不一致。

③ 在斜光轴、斜入射的情况下,一般晶体中 o 光线、e 光线的方向不一致,且不能用 o 光线的方向表示 e 光波法线的方向。

综上分析,本题情况下晶体中存在双折射现象。

（2）用解析法具体求解:

对 e 光:先取 e 光波法线与光轴的夹角 θ,设 e 光波法线的折射角为 θ_e,则有 $\theta = 60° - \theta_e$。

由折射定律及式(8.3.27)有 $n_1 \sin\theta_1 = n_e(\theta_e)\sin\theta_e$

$$n_e^2(\theta) = \frac{n_o^2 n_e^2}{n_o^2 \sin^2\theta + n_e^2 \cos^2\theta}$$

联立方程化简后得

$$n_1 \sin\theta_1 = \frac{n_o n_e \sin(60° - \theta)}{\sqrt{n_o^2 \sin^2\theta + n_e^2 \cos^2\theta}}$$

代入数据 $1 \times \sin 60° = \dfrac{1.6584 \times 1.4864 \times \sin(60° - \theta)}{\sqrt{(1.6584)^2 \sin^2\theta + (1.4864)^2 \cos^2\theta}}$

解得 e 光波法线与光轴的夹角 $\theta = 27.61°$。

再由 e 光线与光轴的关系式

$$\tan\theta_o' = \frac{n_o^2}{n_e^2}\tan\theta$$

解得 e 光线与光轴的夹角

$$\theta_e' = \arctan\left(\frac{n_o^2}{n_e^2}\tan\theta\right) = \arctan\left[\left(\frac{1.6584}{1.4864}\right)^2 \tan 27.61°\right] = 33.1°$$

则 e 光线的折射角 $\theta_e = 60° - \theta_e' = 26.9°$。

对 o 光:直接用折射定律,求得 o 光线的折射角 θ_o' 为

$$\theta_o' = \arcsin\left(\frac{\sin\theta_1}{n_o}\right) = \arcsin\frac{\sin 60°}{1.6584} = 31.48°$$

显然,$\theta_o' \neq \theta_e'$,晶体中 o 光线、e 光线的方向并不一致,所以晶体中存在双折射现象。

以上讨论了单轴晶体的双折射现象,对于双轴晶体 $\varepsilon_x \neq \varepsilon_y \neq \varepsilon_z$,方法类似,只是计算比单轴晶体要复杂,这里就不详细讨论了。

例题 8-5   波长 $\lambda = 632.8\text{nm}$ 的氦氖激光垂直入射到方解石晶片,晶片厚度 $d = 0.013\text{mm}$,晶片表面与光轴成 60°角,求(1)晶片内 o 光与 e 光的夹角;(2)o 光与 e 光通过晶片后的位相差(该情况下晶体主折射率为 $n_o = 1.658$,$n_e = 1.486$)。

解   (1)o 光遵循折射定律,故它将不偏折地通过晶片,而 e 光的波法线方向与 o 光相同,故

$$\theta = 90° - 60° = 30°$$

因此 $\theta' = \arctan\left(\dfrac{n_o^2}{n_e^2}\tan\beta\right) = \arctan\left(\left(\dfrac{1.658}{1.486}\right)^2 \tan 30°\right) = 35.7°$

由此得到晶片内 o 光与 e 光的夹角为

$$\alpha = \theta' - \theta = 35.7° - 30° = 5.7°$$

由于 o 光和 e 光都在图面内(如例题 8-5 图所示),所以图面是 o 光与 e 光的共同主平面。o 光的振动方向垂直于图面,以黑点表示。e 光的振动方向在图面内,以线条表示。

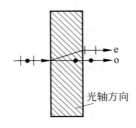

例题 8-5 图

（2）e 光在波法线沿 θ 方向传播时的（波法线）折射率可表示为

$$n(\theta) = \frac{n_o n_e}{\sqrt{n_e^2 \cos^2\theta + n_0^2 \sin\theta}}$$

于是

$$n(30°) = \frac{1.658 \times 1.486}{\sqrt{(1.486)^2 \cos^2 30° + (1.658)^2 \sin^2 30°}} = 1.6095$$

因此 o 光与 e 光通过晶片后的位相差

$$\delta = \frac{2\pi}{\lambda}(n_o - n_e(\theta))d = \frac{2\pi}{632.8 \times 10^{-6}}(1.658 - 1.6095) \times 0.013 \approx 2\pi$$

例题 8-6 构成渥拉斯顿棱镜的直角方解石的顶角 $\theta = 30°$，试求当一束自然光垂直入射时，从棱镜出射的 o 光和 e 光的夹角。

解 光束通过第一块直角棱镜时，o 光和 e 光不分开，但传播速度不同。o 光振动垂直于图面，e 光振动平行于图面。振动垂直于图面的 o 光进入第二块棱镜后为 e 光，传播速度与第一块棱镜内不同，因而在界面上发生折射，折射角可由折射定律求出（注意只有在第 2 块棱镜的光轴垂直入射面的特殊情况下才可应用普通的折射定律）：

$$\frac{\sin\theta_1}{\sin\theta_{2e}} = \frac{n_e}{n_o}$$

得到

$$\theta_{2e} = \arcsin\left(\frac{n_o \sin\theta}{n_e}\right) = \arcsin\left(\frac{1.658 \times \sin 30°}{1.486}\right) = 33°55'$$

这束光在渥拉斯顿棱镜后表面的折射角

$$\Phi_2 = \arcsin\left(\frac{n_e \sin\Phi_1}{n_a}\right)$$

式中，n_a 为空气折射率，Φ_1 为入射角。由图易见 $\Phi_1 = \theta_{2e} - \theta_1 = 3°55'$，因此

$$\Phi_2 = \arcsin(1.486 \times \sin 3°55') = 5°49'$$

再看振动方向平行于图面的那束光，它在第一块棱镜内是 e 光，进入第二块棱镜后为 o 光，在两块棱镜的界面上折射角由下式决定：

$$\frac{\sin\theta_1}{\sin\theta_{2e}} = \frac{n_o}{n_e}$$

得到 $\theta_{2e} = \arcsin\left(\frac{n_e \sin\theta_1}{n_o}\right) = \arcsin\left(\frac{1.486 \times \sin 30°}{1.658}\right) = 26°37'$

这束光在渥拉斯顿棱镜后表面的折射角为

$$\Phi_2' = \arcsin\left(\frac{n_o \sin\Phi_1'}{n_a}\right) = \arcsin\left(\frac{n_o \sin(\theta_1 - \theta_{2e})}{n_a}\right) = \arcsin(1.658 \times \sin 3°23') = 5°37'$$

因此,由棱镜出射的 o 光和 e 光夹角为

$$\Phi = \Phi_2 + \Phi_2' = 5°49' + 5°37' = 11°26'$$

例题 8-7　当通过尼科耳棱镜观察一束椭圆偏振光时,强度随着尼科耳棱镜的旋转而改变,当在强度为极小时,在检偏器(尼科耳)前插入一块 $\frac{1}{4}$ 波片,转动 $\frac{1}{4}$ 波片使它的快轴平行于检偏器的透光轴,再把检偏器沿顺时针方向转动 20° 就完全消光。

(1) 该椭圆偏振光是右旋的还是左旋的?

(2) 椭圆长短轴之比是多少?

解　(1) 椭圆偏振光可视为一个光矢量沿长轴方向的线偏振光和一个位相相差 π/2 的光矢量沿短轴方向的线偏振光的合成。设短轴方向为 x 轴,长轴方向为 y 轴(见例题 8-7 图)。

按题意,插入快轴沿 x 轴的 $\frac{1}{4}$ 波片后,透射光为线偏振光,其振动方向与 x 轴成 70° 角。因而光矢量沿 y 方向振动和光矢量沿 x 方向振动的位相差变为零。由于快轴沿 x 轴的波片产生 y 方向振动相对于 x 方向振动 $-\pi/2$ 的位相延迟角,所以椭圆偏振光的 y 方向振动对 x 方向振动的位相差应为 $\pi/2$。这是右旋椭圆偏振光。

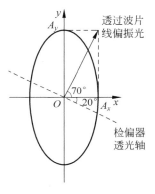

例题 8-7 图

(2) 由例题 8-7 图可知,椭圆长轴和短轴之比为

$$\frac{A_y}{A_x} = \tan 70° = 2.747$$

例题 8-8　一束线偏振的钠黄光($\lambda = 589.3\text{nm}$)垂直通过一块厚度为 $1.618 \times 10^{-2}\text{mm}$ 的石英波片。波片折射率为 $n_o = 1.54424$,$n_e = 1.55332$,光轴沿轴 x 方向(见例题 8-8 图)。问当入射线偏振光的振动方向与 x 轴成 45° 角时,出射光的偏振态怎样? 若入射线偏振光的振动方向与 x 轴成 $-45°$ 角时,出射光的偏振态如何? 如果线偏振光的振动方向与 x 轴成 30° 角,出射光的偏振态又怎样?

解　(1) 入射线偏振光在波片内产生的 o 光和 e 光在出射波片时的位相延迟角为

$$\delta = \frac{2\pi}{\lambda}(n_e - n_o)d$$

$$= \frac{2\pi \times (1.55335 - 1.54424) \times 1.618 \times 10^{-2}}{589.3 \times 10^{-6}} = \frac{\pi}{2}$$

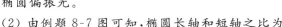

例题 8-8 图

可见该石英波片是 1/4 波片,并且 o 光和 e 光的振幅分别为

$$A_o = A\sin\alpha = A\sin 45°$$
$$A_e = A\cos\alpha = A\cos 45°$$

式中,A 为入射光振幅,可见 $A_o = A_e = A'$。因此在波片后表面 o 光和 e 光合成可表示为

$$E = E_e + E_o = x_0 A'\cos\left(kz - \omega t + \frac{\pi}{2}\right) + y_0 A'\cos(kz - \omega t)$$

其中：x_0，y_0 为单位矢量，显然这是右旋圆偏振光。

（2）若入射线偏振光的振动方向与 x 轴成 $-45°$ 角时，o 光和 e 光的振幅仍相等（$A_0 = A_e = A'$），且波片产生的位相延迟角也为 $\pi/2$。但此时 o 光和 e 光有一附加位相差 π：在波片前表面，当 e 光振动取正向时，o 光振动取负向，反之亦然。因此，在波片后表面上，o 光和 e 光的合成表示为

$$E = x_0 A' \cos\left(kz - \omega t + \frac{\pi}{2}\right) + (-y_0)A' \cos(kz - \omega t)$$

$$= x_0 A' \cos\left(kz - \omega t + \frac{\pi}{2}\right) + y_0 A' \cos(\omega t + \pi)$$

显然这是左旋圆偏振光。

（3）当线偏振光的振动方向与 x 轴成 $30°$ 角时，o 光和 e 光的振幅分别为

$$A_0 = A\sin\alpha = A\sin 30° = 0.5A$$
$$A_e = A\cos\alpha = A\cos 30° = 0.866A$$

由于该石英波片是 1/4 波片，因此，o 光和 e 光的合成是一个右旋椭圆偏振光，偏振椭圆的长轴沿光轴方向，长半轴和短半轴之比为 0.866/0.5。

例题 8-9 导出长、短轴之比 2∶1，长轴沿 x 轴的右旋和左旋椭圆偏振光的琼斯矢量，并计算两个偏振光相加的结果。

解 对于长、短轴之比为 2∶1，长轴沿 x 轴的右旋椭圆偏振光，其二个正交分量的复振幅分别为

$$E_x = A_x e^{ikz} = 2a e^{ikz}$$
$$E_y = A_x e^{i(kz+\delta)} = a e^{i\left(kz-\frac{\pi}{2}\right)}$$

振幅归一化因子为 $\qquad \sqrt{A_x^2 + A_y^2} = \sqrt{(2a)^2 + a^2} = \sqrt{5}\,a$

所以，这一偏振光的归一化琼斯矢量为

$$E_R = \frac{a}{\sqrt{5}\,a}\begin{bmatrix} 2 \\ e^{-i\frac{\pi}{2}} \end{bmatrix} = \frac{1}{\sqrt{5}}\begin{bmatrix} 2 \\ -i \end{bmatrix}$$

如果所求偏振光是左旋的，$\delta = \pi/2$，因此其琼斯矢量为

$$E_L = \frac{1}{\sqrt{5}}\begin{bmatrix} 2 \\ e^{i\frac{\pi}{2}} \end{bmatrix} = \frac{1}{\sqrt{5}}\begin{bmatrix} 2 \\ i \end{bmatrix}$$

两偏振光相加结果为

$$E = E_R + E_L = \frac{1}{\sqrt{5}}\begin{bmatrix} 2 \\ -i \end{bmatrix} + \frac{1}{\sqrt{5}}\begin{bmatrix} 2 \\ i \end{bmatrix} = \frac{4}{\sqrt{5}}\begin{bmatrix} 1 \\ 0 \end{bmatrix}$$

合成波时光矢量沿 x 轴的线偏振光，它的振幅是椭圆偏振光 x 分量振幅的 2 倍。

例题 8-10 自然光通过透光轴与 x 轴夹角为 $45°$ 的线起偏器后，相继通过 $\frac{1}{4}$ 波片、半波片和 $\frac{1}{8}$ 波片，波片的快轴均沿 y 轴。试用琼斯矩阵计算透射光的偏振态。

解 自然光通过线偏振器后成为线偏振光，其琼斯矢量为

$$\begin{bmatrix} A_1 \\ B_1 \end{bmatrix} = \frac{1}{\sqrt{2}}\begin{bmatrix} 1 \\ 1 \end{bmatrix}$$

如透射光用琼斯矢量 $\begin{bmatrix} A_2 \\ B_2 \end{bmatrix}$ 表示，则有

$$\begin{bmatrix} A_2 \\ B_2 \end{bmatrix} = \boldsymbol{G} \begin{bmatrix} A_1 \\ B_1 \end{bmatrix}$$

其中 $\boldsymbol{G}$ 是波片组的琼斯矩阵，它由三块波片的矩阵乘积计算，即

$$\boldsymbol{G} = \begin{bmatrix} 1 & 0 \\ 0 & e^{-i\frac{\pi}{4}} \end{bmatrix} \begin{bmatrix} 1 & 0 \\ 0 & -1 \end{bmatrix} \begin{bmatrix} 1 & 0 \\ 0 & -i \end{bmatrix} = \begin{bmatrix} 1 & 0 \\ 0 & e^{i\frac{\pi}{4}} \end{bmatrix}$$

因此

$$\begin{bmatrix} A_2 \\ B_2 \end{bmatrix} = \frac{1}{\sqrt{2}} \begin{bmatrix} 1 & 0 \\ 0 & e^{i\frac{\pi}{4}} \end{bmatrix} \begin{bmatrix} 1 \\ 1 \end{bmatrix} = \frac{1}{\sqrt{2}} \begin{bmatrix} 1 \\ e^{i\frac{\pi}{4}} \end{bmatrix}$$

透射光是长轴在一、三象限的左旋椭圆偏振光。

例题 8-11　一束线偏振的黄光($\lambda = 589.3\text{nm}$)垂直经过一块厚度为 $1.618 \times 10^{-2}\text{cm}$ 的石英晶片，折射率为 $n_o = 1.54428$, $n_e = 1.55335$，试求以下三种情况时出射光的偏振态：

(1) 入射光的振动方向与晶片光轴成 $45°$；

(2) 入射光的振动方向与晶片光轴成 $-45°$；

(3) 入射光的振动方向与晶片光轴成 $30°$。

解　因石英晶体为正晶体，则其慢轴方向与光轴方向一致，以晶体光轴(慢轴)为 x 轴建立坐标系，则快轴与 y 轴重合。晶片的位相延迟

$$d = \frac{2\pi}{\lambda} \mid n_o - n_e \mid d = \frac{2\pi}{589.3} \mid 1.54428 - 1.55335 \mid \times 1.618 \times 10^2 \times 10^6 \approx \frac{\pi}{2}$$

则该晶片为 $\frac{\lambda}{4}$ 波片，其琼斯矩阵为 $\begin{bmatrix} 1 & 0 \\ 0 & -i \end{bmatrix}$

(1) $\boldsymbol{E}_\lambda = \frac{1}{\sqrt{2}} \begin{bmatrix} 1 \\ 1 \end{bmatrix}$, $\boldsymbol{E}_出 = \frac{1}{\sqrt{2}} \begin{bmatrix} 1 & 0 \\ 0 & -i \end{bmatrix} \begin{bmatrix} 1 \\ 1 \end{bmatrix} = \frac{1}{\sqrt{2}} \begin{bmatrix} 1 \\ -i \end{bmatrix}$，是右旋圆偏光

(2) $\boldsymbol{E}_\lambda = \frac{1}{\sqrt{2}} \begin{bmatrix} 1 \\ -1 \end{bmatrix}$, $\boldsymbol{E}_出 = \frac{1}{\sqrt{2}} \begin{bmatrix} 1 & 0 \\ 0 & -i \end{bmatrix} \begin{bmatrix} 1 \\ -1 \end{bmatrix} = \frac{1}{\sqrt{2}} \begin{bmatrix} 1 \\ i \end{bmatrix}$，是左旋圆偏光

(3) $\boldsymbol{E}_\lambda = \begin{bmatrix} \cos 30° \\ \sin 30° \end{bmatrix} = \frac{1}{2} \begin{bmatrix} \sqrt{3} \\ 1 \end{bmatrix}$, $\boldsymbol{E}_出 = \frac{1}{2} \begin{bmatrix} 1 & 0 \\ 0 & -i \end{bmatrix} \begin{bmatrix} \sqrt{3} \\ 1 \end{bmatrix} = \frac{1}{2} \begin{bmatrix} \sqrt{3} \\ -i \end{bmatrix}$，是右旋椭圆偏光。

例题 8-12　通过检偏器观察一束椭圆偏振光，其强度随着检偏器的旋转而改变。当检偏器在某一位置时，强度为极小，此时在检偏器前插一块 $\lambda/4$ 片，转动 $\lambda/4$ 片使它的快轴平行于检偏器的透光轴，再把检偏器沿顺时针方向转过 $20°$ 就完全消光。试问：

(1) 该椭圆偏振光是右旋还是左旋？

(2) 椭圆的长短轴之比？

解　设 $\lambda/4$ 波片的快轴在 x 轴方向，建立如例题 8-12 图所示坐标系。根据题意知：椭圆偏光的短轴在 x 轴上。

设入射椭圆偏振光琼斯矢量为　$\boldsymbol{E}_\lambda = \begin{bmatrix} A_1 \\ A_2 e^{i\delta} \end{bmatrix}$,

又已知快轴沿 x 方向上 $\lambda/4$ 波片的琼斯矩阵为　$\boldsymbol{G} = \begin{bmatrix} 1 & 0 \\ 0 & i \end{bmatrix}$, 则经 $\lambda/4$ 波片后

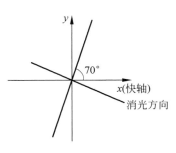

例题 8-12 图

$$\boldsymbol{E}_{\text{出}} = \boldsymbol{G}\boldsymbol{E}_\lambda = \begin{bmatrix} 1 & 0 \\ 0 & i \end{bmatrix}\begin{bmatrix} A_1 \\ A_2 e^{i\delta} \end{bmatrix} = \begin{bmatrix} A_1 \\ A_2 e^{i\left(\delta+\frac{\pi}{2}\right)} \end{bmatrix}$$

$\boldsymbol{E}_{\text{出}}$ 向检偏器的投影为 $A_1\cos20° - A_2 e^{i\left(\delta+\frac{\pi}{2}\right)}\cos70° = 0$

解得 $\delta = -\dfrac{\pi}{2}$，$\dfrac{A_2}{A_1} = \dfrac{\cos20°}{\cos70°} = 2.747$。

因此椭圆偏振光为右旋，其长短轴之比为 2.747。

例题 8-13 两块偏振片透光轴夹角为 $60°$，中间插入一块由方解石晶体制成的 $\lambda/4$ 波片，波片的光轴平分上述夹角，光强为 I_0 的自然光垂直入射，求通过第 2 个偏振片后的光强。

解 建立如例题 8-13 图所示坐标系。设 p_1 透光轴为 x 轴方向。自然光经 p_1 成为振

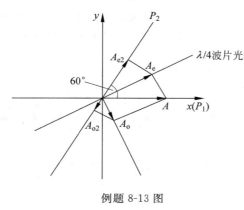

幅为 A 的线偏振光，$A\sqrt{\dfrac{I_0}{2}}$。因为方解石晶体为负晶体，其快轴方向与光轴方向平行，线偏振光沿快慢轴分解得

$$A_e = A\cos30° = \frac{\sqrt{3}}{2}\sqrt{\frac{I_0}{2}} = \sqrt{\frac{3I_0}{8}},$$

$$A_o = A\sin30° = \frac{1}{2}\sqrt{\frac{I_0}{2}}\sqrt{=\frac{I_0}{8}}$$

经过 $\lambda/4$ 波片后，o 光与 e 光的位相差为 $\delta_o = 2m\pi + \dfrac{\pi}{2}$。

例题 8-13 图

再向 p_2 轴分解得 $A_{e2} = A_e\cos30° = \dfrac{3}{4}\sqrt{\dfrac{I_0}{2}}$，$A_{o2} = A_o\cos60° = \dfrac{1}{4}\sqrt{\dfrac{I_0}{2}}$

此时 o 光与 e 光附加位相关 $\delta_1 = \pi$。

透过 p_2 后的两偏振光相干，其光强

$$I = I_1 + I_2 + 2\sqrt{I_1 I_2}\cos\delta = I_1 + I_2 + 2\sqrt{I_1 I_2}\cos\frac{3\pi}{2} = \left(\frac{3}{4}\sqrt{\frac{I_0}{2}}\right)^2 + \left(\frac{1}{4}\sqrt{\frac{I_0}{2}}\right)^2 = \frac{5}{16}I_0$$

例题 8-14 在直角坐标系中，设起偏器的透光轴 P_1 与 x 轴的夹角为 α，检偏器的透光轴 P_2 与 x 轴的夹角为 β，波片 W 的厚度为 d，入射波片的线偏振光的振幅为 A。试求从检偏器射出的干涉光光强的表示式。

解 若入射到波片的线偏振光的振幅为 A，则从波片透出的沿着 x 轴和 y 轴的方向振动的两束光(晶片内的 e 光和 o 光)的复振幅分别为

$$\widetilde{E}_x = A\cos\alpha, \quad \widetilde{E}_y = A\sin\alpha\exp(i\delta)$$

式中，$\delta = \dfrac{2\pi}{\lambda}|n_e - n_o|d$ 是波片的位相延迟角。这两束光通过检偏器时，只有光矢量平行于检偏器透光轴 P_2 的分量透过。两个分量分别为

$$\widetilde{E}' = \widetilde{E}_x\cos\beta = A\cos\alpha\cos\beta$$

$$\widetilde{E}'' = \widetilde{E}_y\sin\beta = A\sin\alpha\sin\beta\exp(i\delta)$$

这两个分量的方向相同，位相差恒定，其干涉光强应为

$$I = A^2\cos^2\alpha\cos^2\beta + A^2\sin^2\alpha\sin^2\beta + 2A^2\cos\alpha\cos\beta\sin\alpha\sin\beta\cos\delta$$

将 $\cos\delta = 1 - 2\sin^2\dfrac{\delta}{2} = 1 - 2\sin^2\left[\dfrac{\pi(n_e - n_o)d}{\lambda}\right]$ 代入上式，化简为

$$I = A^2\cos^2(\alpha - \beta) - A^2\sin2\alpha\sin2\beta\sin^2\left[\dfrac{\pi(n_e - n_o)d}{\lambda}\right]$$

习题

8.1　在各向异性介质中，沿同一光线方向传播的光波有几种偏振态？它们的 D、E、k、s 矢量间有什么关系？

8.2　线偏振光垂直入射到一块光轴平行于界面的方解石晶体上，若光矢量的方向与晶体主截面成 $30°$、$45°$ 和 $60°$ 的夹角，求 o 光和 e 光从晶体透射出来后的强度比？

8.3　自然光以 θ_B 入射到 10 片玻璃片叠成的玻璃堆上，求透射光的偏振度 P？

8.4　通过偏振片观察部分偏振光时，当偏振片绕入射光方向旋转到某一位置上，透射光强为极大，然后再将偏振片旋转 $30°$，发现透射光强为极大值的 $4/5$。试求该入射部分偏振光的偏振度 P 及该光内自然光与线偏振光强之比？

8.5　使自然光相继通过三个偏振片，第一个与第三个偏振片的透光轴（从偏振片透出的偏振光的振动方向）正交，第二个偏振片的透光轴与第一片透光轴成 $30°$ 角。若入射自然光的强度 I_0 为最后透出的光强是多少？

8.6　一束钠黄光以 $50°$ 角方向入射到方解石晶体上，设光轴与晶体表面平行，并垂直于入射面。问在晶体中 o 光和 e 光夹角为多少？（对于钠黄光，方解石的主折射率 $n_o = 1.6584$，$n_e = 1.4864$）

8.7　电解石对 o 光的吸收系数为 3.6cm^{-1}，对 e 光的吸收系数为 0.8cm^{-1}，将它做成偏振片。当自然光入射时若要得到偏振度为 98% 的透射比，问偏振片需要做成多厚？

8.8　若想使一束线偏振光的振动方向旋转 $90°$，可以采用什么方法？简单说明理由。

8.9　一单轴晶体的光轴与界面垂直，试说明折射光线在入射面内，并证明：$\tan\theta_e' = \dfrac{n_o\sin\theta_i}{n_e\sqrt{n_e^2 - \sin^2\theta_i}}$ 其中，θ_i 是入射角；θ_e' 是 e 折射光线与界面法线的夹角。

8.10　如习题 8.10 图所示，方解石晶体的光轴与晶面成 $30°$ 角且在入射面内，当波长为 589.3nm 的光（$n_o = 1.6584$，$n_e = 1.4864$）以 $60°$ 入射角（即入射光正对着晶体光轴方向）入射到晶体时，求晶体内 e 光线的折射角？在晶体内发生双折射吗？

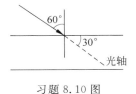

习题 8.10 图

8.11　设正入射的线偏振光振动方向与半波片的快、慢轴成 $45°$，试画出在半波片中距离入射表面为：①$0$，②$d/4$，③$d/2$，④$3d/4$，⑤d 的各点处两偏振光叠加振动形式。按迎着光射来的方向观察。

8.12　用一石英薄片产生一束椭圆偏振光，要使椭圆的长轴或短轴在光轴方向，长短轴之比为 $2:1$，而且是左旋的。问石英片应多厚？如何放置？（$\lambda = 0.5893\mu\text{m}$，$n_o = 1.5442$，$n_e = 1.5533$）。

8.13　两块偏振片透射方向夹角为 $60°$，中央插入一块 $1/4$ 波片，波片主截面平分上述

夹角。今有一光强为 I_0 的自然光垂直波面入射,求通过第二个偏振片后的光强?

8.14 一块厚度为 0.04mm 的方解石晶片,其光轴平行于表面,将它插入正交偏振片之间,且使主截面与第一个偏振片的透振方向成 $\theta(\theta \neq 0°, 90°)$ 角。试问哪些光不能透过该装置?

8.15 通过检偏器观察一束椭圆偏振光,其强度随着检偏器的旋转而改变。当检偏器在某一位置时,强度为极小,此时在检偏器前插一块 $\frac{\lambda}{4}$ 片,转动 $\frac{\lambda}{4}$ 片使它的快轴平行于检偏器的透光轴,再把检偏器沿顺时针方向转过 20°就完全消光。试问:

(1) 该椭圆偏振光是右旋还是左旋?

(2) 椭圆的长短轴之比?

8.16 一束右旋圆偏振光垂直入射到一块石英 $\frac{1}{4}$ 波片,波片光轴沿 x 轴方向,试求透射光的偏振态? 如果圆偏振光垂直入射到一块 $\frac{1}{8}$ 波片,透射光的偏振状态又如何?

8.17 为了决定一束圆偏振光的旋转方向,可将 $\frac{\lambda}{4}$ 片置于检偏器之前,再将后者转至消光位置。此时 $\frac{\lambda}{4}$ 片快轴的方位是这样的:须将它沿着逆时针方向转 45°才能与检偏器的透光轴重合。问该圆偏振光是右旋还是左旋?

8.18 为测定波片的相位延迟角 δ,采用如习题 8.18 图所示的实验装置:使一束自然光相继通过起偏器、待测波片、$\lambda/4$ 波片和检偏器。当起偏器的透光轴和 $\lambda/4$ 波片的快轴设为 x 轴,待测波片的快轴与 x 轴成 45°角时,从 $\lambda/4$ 片透出的是线偏振光,用检偏器确定它的振动方向便可得到待测波片的相位延迟角。试用琼斯计算法说明这一测量原理。

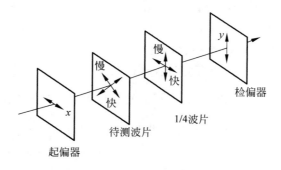

习题 8.18 图

8.19 将一块 $\frac{\lambda}{8}$ 片插入两个正交的偏振器之间,波片的光轴与两偏振器透光轴的夹角分别为 $-30°$ 和 $40°$,求光强为 I_0 的自然光通过这一系统后的强度是多少?(不考虑系统的吸收和反向损失)

8.20 在两个正交偏振器之间插入一块 $\frac{\lambda}{2}$ 片,强度为 I_0 的单色光通过这一系统。如果将波片绕光的传播方向旋转一周,问:

(1) 将看到几个光强的极大和极小值? 相应的波片方位及光强数值。

（2）用 $\frac{\lambda}{4}$ 片和全波片替代 $\frac{\lambda}{2}$ 片，又如何？

8.21　导出透光轴与 x 轴成 θ 角的线偏振器的琼斯矩阵？

8.22　导出相位延迟角为 δ，快轴为 x 轴成 α 角的波片的琼斯矩阵？

8.23　在两个偏振面正交放置的偏振器之间，平行放一厚 0.913mm 的石膏片。当 $\lambda_1 = 0.583\mu m$ 时，视场全暗，然后改变光的波长，当 $\lambda_2 = 0.554\mu m$ 时，视场又一次全暗。假设沿快、慢轴方向的折射率在这个波段范围内与波长无关，试求这个折射率差。

8.24　在两个前后放置的尼科耳棱镜中间插入一块石英的 $\frac{1}{4}$ 波片，两棱镜的主截面夹角为 60°，波片的光轴方向与两棱镜主截面都成 30°角。问当光强为 I_0 的自然光入射这一系统时，通过第二个尼科耳棱镜的光强是多少？

8.25　一块厚度为 0.05mm 的方解石波片放在两个正交的线偏振器之间，波片的光轴方向与两偏振器透光轴之间的夹角为 45°，问（1）在可见光范围内（780~390nm）哪些波长的光不能通过这一系统？（2）若转动第二个偏振器，使其透振方向与第一个偏振器相平行，哪些波长的光不能通过？

8.26　若取 $V_s = 616m/s$，$n = 2.35$，$f_s = 10MHz$，$\lambda_0 = 0.6328\mu m$，试估算发生拉曼-纳斯衍射所允许的最大晶体长度 $L_x = ?$

8.27　考虑熔融石英中的声光布喇格衍射，若取 $\lambda_0 = 0.6238\mu m$，$n = 1.46$，$V_s = 5.97 \times 10^3 m/s$，$f_s = 100MHz$，计算布喇格角 θ_B？

8.28　为了降低电光调制器的半波电压，用 4 块 z 切割的 KD*P 晶体连接（光路串联，电路并联）成纵向串联式结构，试求：

（1）为了使 4 块晶体的电光效应逐块叠加，各晶体的 x 和 y 轴应如何取向？

（2）若 $\lambda = 0.628\mu m$，$\gamma_{63} = 2.36 \times 10^{-12} m/V$，计算其半波电压，并与单块晶体调制器比较。

第 9 章

傅里叶光学及全息术

学习目标

理解平面波的复振幅分布和空间频率的概念和关系；掌握透镜相位变换作用以及透镜的傅里叶变换性质和成像性质；了解相干成像系统分析及相干传递函数，了解非相干成像系统分析及光学传递函数；掌握阿贝成像理论与波特实验；理解全息术的干涉记录和衍射再现的原理，了解白光干涉原理。

光学系统本质上是传输和采集信息的系统，或简言之是用来成像的。即从物平面上的复振幅分布或光强分布得到像平面上的复振幅分布或光强分布。从通信理论的观点来看，可以把物平面上的复振幅分布或光强分布看作是输入信息，把像平面叫做输出平面。光学系统的作用在于把输入信息转变为输出信息，只不过光学系统所传递和处理的信息是随空间变化的函数，而通信系统传递与处理的信号是随时间变化的函数。从数学的角度来看，二者没有实质差别。

光学系统和通信系统的相似性，不仅在于两者都是用来传递和变换信息，而且在于这两种系统都具有一些相同的基本性质，如线性和(时)空间不变性等，因此都可以用傅里叶分析(频谱分析)方法来描述和分析。通信理论的许多经典的概念和方法，如滤波、噪声中信号的提取、相关、卷积等，被移植到光学中来。傅里叶光学就是采用傅里叶分析和线性系统理论分析研究光学问题，包括光的传播、衍射、成像和变换等。

9.1 平面波的复振幅分布和空间频率

把一个在空间呈正弦或余弦的物理量在某个方向上单位长度内重复的次数称为该方向上的空间频率。

如图 9.1.1 所示，一单色平面光波，其波矢量 $\boldsymbol{k}$ 表示光波的传播方向，其大小为 $k=2\pi/\lambda$，方向余弦为 $\cos\alpha,\cos\beta,\cos\gamma$。在任意时刻，与波矢量相垂直的平面上振幅和位相为常数的光波称为平面波。

若空间某点 $P(x,y,z)$ 的位置矢量为 $\boldsymbol{r}$，则平面波从 O 点传播到 P 点的位相为 $\boldsymbol{k}\cdot\boldsymbol{r}$，该点复振幅的一般表达式为

$$\begin{aligned} E(x,y,z) &= A\exp(\mathrm{i}\boldsymbol{k}\cdot\boldsymbol{r}) \\ &= A\exp[\mathrm{i}k(x\cos\alpha + y\cos\beta + z\cos\gamma)] \end{aligned} \tag{9.1.1}$$

由于方向余弦满足恒等式 $\cos^2\alpha+\cos^2\beta+\cos^2\gamma=1$，故 $\cos\gamma=\sqrt{1-\cos^2\alpha-\cos^2\beta}$，这样

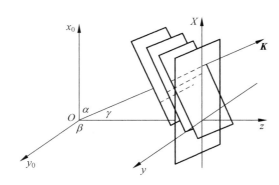

图 9.1.1　平面波在 $x-y$ 平面上的等位相线

式(9.1.1)可表示为

$$E(x,y,z) = A\exp(\mathrm{i}kz\ \sqrt{1-\cos^2\alpha-\cos^2\beta}) \cdot \exp[\mathrm{i}k(x\cos\alpha + y\cos\beta)] \quad (9.1.2)$$

令

$$A' = A\exp(\mathrm{i}kz\ \sqrt{1-\cos^2\alpha-\cos^2\beta}) \quad (9.1.3)$$

于是复振幅可写为

$$E(x,y) = A'\exp[\mathrm{i}k(x\cos\alpha + y\cos\beta)] \quad (9.1.4)$$

可见,在 $z=z_0$ 平面上的等相位线方程为

$$x\cos\alpha + y\cos\beta = C \quad (9.1.5)$$

式中,C 表示某一常量。不同 C 值所对应的等位相线是一些平行直线。图 9.1.1 中用虚线表示出相位值相差 2π 的一组等位相线。它们是一组平行等距的斜直线,是复振幅相位值相差 2π 的周期性分布波面与 $z=z_0$ 平面的交线。

令 x、y 和 z 方向上的空间频率分别为

$$f_x = \frac{\cos\alpha}{\lambda}, \quad f_y = \frac{\cos\beta}{\lambda}, \quad f_z = \frac{\cos\gamma}{\lambda} \quad (9.1.6)$$

平面波的复振幅的一般表达式变为

$$E(x,y,z) = A'\exp[\mathrm{i}2\pi(xf_x + yf_y + zf_z)] \quad (9.1.7)$$

如图 9.1.2 所示,一平面波的波矢量为 $\boldsymbol{k}$,频率为 ν,其等位相面为平面,并与波矢量 $\boldsymbol{k}$ 垂直。图中画出了由原点起沿波矢量方向每传播一个波长 λ 周期性重复出现的两个等位相面。由于 $\boldsymbol{k}$ 的方向余弦为 $\cos\alpha,\cos\beta,\cos\gamma$,则复振幅振荡周期(波长 λ)在 x,y,z 轴上的投影分别为

$$X = \frac{\lambda}{\cos\alpha}, \quad Y = \frac{\lambda}{\cos\beta}, \quad Z = \frac{\lambda}{\cos\gamma} \quad (9.1.8)$$

振荡周期 (X,Y,Z) 的倒数即为空间频率,表示在 x、y、z 轴上单位距离内的复振幅周期变化的次数。这就是平面波空间频率的物理意义。

从以上讨论可以看出,空间频率与平面波的传播方向有关,波矢量 $\boldsymbol{k}$ 与 x 轴的夹角 α 越大,则 λ 在 x 轴上的投影就越大,即在 x 方向上的空间频率就越小。因此,空间频率不同的平面波对应不同的传播方向。

显然,三个空间频率不能相互独立,由于

$$\lambda^2 f_x^2 + \lambda^2 f_y^2 + \lambda^2 f_z^2 = 1 \quad (9.1.9)$$

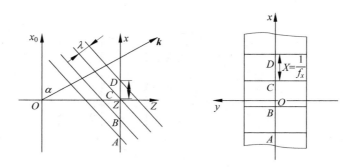

图 9.1.2　传播矢量 **k** 位于 $x_0 - z$ 平面的平面波在 $x - y$ 平面上的空间频率

因此

$$f_z = (\sqrt{1 - \lambda^2 f_x^2 - \lambda^2 f_y^2})/\lambda \tag{9.1.10}$$

这样平面波的复振幅即平面波方程可以写为

$$E(x,y,z) = A'\exp[\mathrm{i}2\pi(xf_x + yf_y)]\exp\left(\mathrm{i}\frac{2\pi}{\lambda}z\sqrt{1 - \lambda^2 f_x^2 - \lambda^2 f_y^2}\right)$$

$$= E(x,y,0)\exp\left(\mathrm{i}\frac{2\pi}{\lambda}z\sqrt{1 - \lambda^2 f_x^2 - \lambda^2 f_y^2}\right) \tag{9.1.11}$$

式中

$$E(x,y,0) = A\exp[\mathrm{j}2\pi(xf_x + yf_y)] \tag{9.1.12}$$

为 $z=0$ 平面上的复振幅。式(9.1.11)说明,在任一距离 z 的平面上的复振幅分布,由在 $z=0$ 平面上的复振幅和与传播距离及方向有关的一个复指数函数的乘积给出。

由式(9.1.9)还可得到

$$f_x^2 + f_y^2 + f_z^2 = \frac{1}{\lambda^2} = f^2 \tag{9.1.13}$$

式中,$\frac{1}{\lambda} = f$ 表示平面波沿传播方向的空间频率。上式表明空间频率的最大值是波长的倒数。

在传统的物理光学中,讨论光波的传播、衍射、叠加及成像等现象时,都是研究在一定的物理条件下,光场中各点的复振幅或光强与空间坐标的函数关系,这种表达与分析方法称为在空间域中的分析。而对于一个平面上的复振幅分布,利用傅里叶分析方法把它分解为具有不同空间频率的诸基元周期结构的线性叠加,每个基元周期结构对应一列沿一定方向传播的单色的平面波。因此,对于光波的各种现象的分析也可以放在空间频率域中进行,即研究光波的平面波成分的组成或空间频谱的变化,称为在空间频率域中的分析。空间域中的分析和空间频率域中的分析是完全等效的,在频域中进行分析体现了傅里叶光学的基本分析方法。

9.2　透镜的傅里叶变换性质和成像性质

将透镜紧贴夫琅和费衍射孔时,在其后焦面上可以观察到夫琅和费衍射图样,这可看作透镜的傅里叶变换性质。另外,透镜还有成像功能。可见透镜是成像系统以及光信息处理系统的最基本、最重要的原件。本节研究透镜的傅里叶变换性质和成像性质。

9.2.1　透镜的相位变换作用

透镜由透明物质制成,如果忽略透镜对光能量的吸收和反射损失,透镜则只改变入射光波的空间相位分布,因而它可以看作是相位型衍射屏。在单色平面波垂直照射衍射屏的情况下,夫琅和费衍射分布函数就是屏函数的傅里叶变换。

考察一会聚透镜对点光源的成像。如不考虑透镜像差和孔径衍射的影响,透镜的作用是使点物成点像也就是使一发散的球面波变为会聚的球面波。如图 9.2.1 所示的无像差正薄透镜对点光源的成像过程。取 Z 轴为光轴,轴上单色点光源 s 到透镜顶点 o_1 的距离为 p,不计透镜的有限孔径所造成的衍射,透镜将物点 s 成完善像于 s' 点。s' 点到透镜顶点 o_2 的距离为 q。过透镜两顶点 o_1 和 o_2,分别垂直于光轴作两参考平面 p_1 和 p_2。由于考虑的是薄透镜,光线通过透镜时入射和出射的高度相同。从几何光学的观点看,

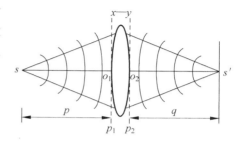

图 9.2.1　透镜的相位变换作用

图 9.2.1所示的成像过程是点物成点像;从波面变换的观点看,透镜将一个发散球面波变换成一个会聚球面波。

为了研究透镜对入射波面的变换作用,引入透镜的复振幅透过率函数 $t(x,y)$,它定义为

$$t(x,y) = \frac{E_1'(x,y)}{E_1(x,y)} \tag{9.2.1}$$

式中 $E_1(x,y)$ 和 $E_1'(x,y)$ 分别为 p_1 和 p_2 平面上的光场复振幅分布。

在傍轴近似下,位于 S 点的单色点光源发出的发散球面波在 P_1 平面上造成的光场分布为

$$E_1(x,y) = A\exp(\mathrm{i}kp)\exp\left[\mathrm{i}\frac{k}{2p}(x^2 + y^2)\right] \tag{9.2.2}$$

式中 A 为常数,表明在傍轴近似下,平面 P_1 上的振幅分布是均匀的,发生变化的只是相位。次球面波经透镜变换后向 s' 会聚,忽略透镜的吸收,它在 P_2 平面上造成的复振幅分布为

$$E_1'(x,y) = A\exp(-\mathrm{i}kq)\exp\left[-\mathrm{i}\frac{k}{2q}(x^2 + y^2)\right] \tag{9.2.3}$$

将式(9.2.2)和式(9.2.3)代入式(9.2.1),得到透镜的复振幅透过率或相位变换因子为

$$t(x,y) = \frac{E_1'(x,y)}{E_1(x,y)} = \exp\left[-\mathrm{i}\frac{k}{2}(x^2 + y^2)\left(\frac{1}{p} + \frac{1}{q}\right)\right] \tag{9.2.4}$$

由透镜成像的高斯公式,可知

$$\frac{1}{p} + \frac{1}{q} = \frac{1}{f} \tag{9.2.5}$$

式中 f 为透镜的像方焦距,位于透镜的相位变换因子可简单地表达为

$$t(x,y) = \exp\left[-\mathrm{i}\frac{k}{2f}(x^2 + y^2)\right] \tag{9.2.6}$$

以上结果表明,通过透镜的相位变换作用,把一个发散球面波变换成了会聚球面波。当一个

单位振幅的平面波垂直于 P_1 面入射时,它在 P_1 面上造成的复振幅分布为

$$E_1(x,y) = 1 \tag{9.2.7}$$

在 P_2 平面上造成的复振幅分布为

$$E_1'(x,y) = E_1(x,y)t(x,y) = \exp\left[-\mathrm{i}\,\frac{k}{2f}(x^2 + y^2)\right] \tag{9.2.8}$$

透镜之所以具有相位变换的能力,从根本上讲是因为透镜本身的厚度变化,使入射光波通过透镜不同厚度时,产生不同的相位延迟,类似于相位物体的作用。

值得注意的是,上述讨论没有考虑到透镜的有限孔径。为了表示透镜的有限孔径效应,可以引入光瞳函数

$$P(x,y) = \begin{cases} 1 & \text{透镜孔径内} \\ 0 & \text{其他} \end{cases} \tag{9.2.9}$$

在考虑了透镜的孔径效应之后,透镜的透射系数可以表示为

$$t(x,y) = P(x,y)\exp\left[-\mathrm{i}\,\frac{k}{2f}(x^2 + y^2)\right] \tag{9.2.10}$$

透镜对光波的相位变换作用,是由透镜本身的性质决定的,与入射光波复振幅 $E_1(x,y)$ 的具体形式无关。

9.2.2　透镜的傅里叶变换性质

一定方向传播的平面波经过凸透镜后,能够会聚在后焦面某一点上,显然该点的振幅和位相与这个平面波的振幅和位相密切相关。而且这个点在后焦面上的位置和平面波的传播方向是一一对应的。

透镜之所以能够用于傅里叶变换,根本原因在于它具有能对入射波前施加位相调制能力,或者说是透镜的二次位相因子在起作用。下面就最常用的单色点光源照明下的傅里叶变换光路作出讨论。观察平面均选在透镜的后焦面。讨论时暂不考虑透镜孔径的有限大小,以便我们把注意力集中在透镜的傅里叶变换性质上。最后再来考虑透镜有限孔径的影响。所有讨论都是在衍射理论的基础上展开的。

1. 透镜的傅里叶变换

如图 9.2.2 所示,要变换的透明片置于薄透镜前方 d_0 处,其复振幅透过率为 $t(x_0,y_0)$,这个位置称为输入面。位于光轴上的单色点光源 S 与透镜的距离为 p。点光源的共轭像面 $x-y$ 与透镜的距离为 q,它是输出面。这里的 p、q 和 d_0 均用正值,并假设薄透镜的孔径不受限制,即抽象认为孔径是无穷大。

在傍轴近似下,由单色点光源发出的球面波在物的前表面上的场分布为

$$E_0 = A_0 \exp\left[\mathrm{i}k\,\frac{x_0^2 + y_0^2}{2(p - d_0)}\right] \tag{9.2.11}$$

透过物体,从输入面上出射的光场为

$$E = A_0 t(x_0,y_0)\exp\left[\mathrm{i}k\,\frac{x_0^2 + y_0^2}{2(p - d_0)}\right] \tag{9.2.12}$$

从输入面出射的光场到达透镜平面,按菲涅尔衍射公式,其复振幅分布为

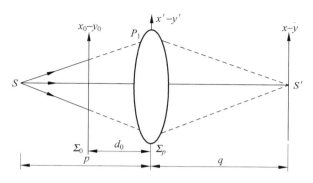

图 9.2.2　物体在透镜之前的傅里叶变换

$$E_1(x',y') = \frac{A_0}{\mathrm{i}\lambda d_0}\iint\limits_{\Sigma_0} t(x_0,y_0)\exp\left[\mathrm{i}k\,\frac{x_0^2+y_0^2}{2(p-d_0)}\right]$$

$$\cdot\exp\left[\mathrm{i}k\,\frac{(x'-x_0)^2+(y'-y_0)^2}{2d_0}\right]\mathrm{d}x_0\,\mathrm{d}y_0 \tag{9.2.13}$$

这里略去了常数相位因子，Σ_0 为物体函数所在的范围。通过透镜后的场分布为

$$E_1'(x',y') = E_1(x',y')P(x',y')\exp\left(-\mathrm{i}k\,\frac{x'^2+y'^2}{2f}\right) \tag{9.2.14}$$

式中 $P(x',y')$ 为式(9.2.9)所定义的光瞳函数。这样可得到输出面上，即光源 s 的共轭面上的光场分布为

$$E(x,y) = \frac{1}{\mathrm{i}\lambda q}\iint\limits_{\Sigma_\mathrm{p}} E_1(x',y')\exp\left(-\mathrm{i}k\,\frac{x'^2+y'^2}{2f}\right)$$

$$\cdot\exp\left[\mathrm{i}k\,\frac{(x-x')^2+(y-y')^2}{2q}\right]\mathrm{d}x'\,\mathrm{d}y' \tag{9.2.15}$$

式中 Σ_p 为光瞳函数所确定的范围。将 $E_1(x',y')$ 的表达式代入上式，得

$$E(x,y) = -\frac{A_0}{\lambda^2 q d_0}\iiiint\limits_{\Sigma_0\,\Sigma_\mathrm{p}} t(x_0,y_0)\exp\left[\mathrm{i}\,\frac{k}{2}(\Delta_x+\Delta_y)\right]\mathrm{d}x_0\,\mathrm{d}y_0\,\mathrm{d}x'\,\mathrm{d}y' \tag{9.2.16}$$

式中

$$\Delta_x = \frac{x_0^2}{p-d_0} + \frac{(x'-x_0)^2}{d_0} - \frac{x'^2}{f} + \frac{(x-x')^2}{q}$$

$$= x_0^2\left(\frac{1}{p-d_0}+\frac{1}{d_0}\right) + x'^2\left(\frac{1}{d_0}+\frac{1}{q}-\frac{1}{f}\right) + \frac{x^2}{q} - \frac{2x_0 x'}{d_0} - \frac{2x x'}{q}$$

$$= \frac{fq x_0^2}{d_0[q(f-d_0)+fd_0]} + \frac{x'^2[q(f-d_0)+fd_0]}{d_0 fq} + \frac{x^2}{q} - \frac{2x_0 x'}{d_0} - \frac{2x x'}{q}$$

$$= \left\{x_0\sqrt{\frac{fq}{d_0[q(f-d_0)+fd_0]}} - x'\sqrt{\frac{q(f-d_0)+fd_0}{d_0 fq}} + x\sqrt{\frac{fd_0}{q[q(f-d_0)+fd_0]}}\right\}^2$$

$$+ \frac{(f-d_0)x^2}{q(f-d_0)+fd_0} - \frac{2fx_0 x}{q(f-d_0)+fd_0} \tag{9.2.17}$$

$$\Delta_y = \left\{y_0\sqrt{\frac{fq}{d_0[q(f-d_0)+fd_0]}} - y'\sqrt{\frac{q(f-d_0)+fd_0}{d_0 fq}} + y\sqrt{\frac{fd_0}{q[q(f-d_0)+fd_0]}}\right\}^2$$

$$+ \frac{(f-d_0)y^2}{q(f-d_0)+fd_0} - \frac{2fy_0 y}{q(f-d_0)+fd_0} \tag{9.2.18}$$

在上面的化简中,应用了物像共轭关系的高斯公式 $1/p+1/q=1/f$。式(9.2.16)要分别对物面和光瞳平面积分。首先完成对光瞳平面的积分:

$$E_p = \iint\limits_{\Sigma_p} \exp\left[\mathrm{i}\frac{k}{2}(\Delta_x + \Delta_y)\right]\mathrm{d}x'\mathrm{d}y' \tag{9.2.19}$$

由于不考虑透镜有限孔径的影响,对 Σ_p 积分可扩展到无穷。做变量代换,令

$$\alpha = q(f-d_0) + fd_0$$

$$\bar{x} = \left(\sqrt{\frac{fq}{d_0\alpha}}x_0 - \sqrt{\frac{\alpha}{d_0 fq}}x' + \sqrt{\frac{fd_0}{q\alpha}}x\right)$$

$$\bar{y} = \left(\sqrt{\frac{fq}{d_0\alpha}}y_0 - \sqrt{\frac{\alpha}{d_0 fq}}y' + \sqrt{\frac{fd_0}{q\alpha}}y\right) \tag{9.2.20}$$

$$\mathrm{d}\bar{x} = -\sqrt{\frac{\alpha}{d_0 fq}}\mathrm{d}x', \quad \mathrm{d}\bar{y} = -\sqrt{\frac{\alpha}{d_0 fq}}\mathrm{d}y'$$

于是 E_p 的简化积分为

$$E_p = \frac{d_0 fq}{\alpha}\exp\left[\mathrm{i}k\frac{(f-d_0)}{2\alpha}(x^2+y^2)\right]\exp\left[-\mathrm{i}k\frac{f}{\alpha}(x_0 x + y_0 y)\right]$$
$$\times \iint_{-\infty}^{\infty}\exp\left[\mathrm{i}\frac{k}{2}(\bar{x}^2+\bar{y}^2)\right]\mathrm{d}\bar{x}\mathrm{d}\bar{y} \tag{9.2.21}$$

利用积分公式

$$\int_{-\infty}^{\infty}\mathrm{e}^{-ax^2}\mathrm{d}x = \sqrt{\frac{\pi}{a}} \tag{9.2.22}$$

得到 E_p 为

$$E_p = \frac{\mathrm{i}\lambda fqd_0}{\alpha}\exp\left[\mathrm{i}k\frac{f-d_0}{2\alpha}(x^2+y^2)\right]\exp\left[-\mathrm{i}k\frac{f}{\alpha}(x_0 x + y_0 y)\right] \tag{9.2.23}$$

代入式(9.2.16),得

$$E(x,y) = c'\exp\left\{\mathrm{i}k\frac{(f-d_0)(x^2+y^2)}{2[q(f-d_0)+fd_0]}\right\}\iint_{-\infty}^{\infty} t(x_0,y_0)$$
$$\times \exp\left[-\mathrm{i}k\frac{f(x_0 x + y_0 y)}{q(f-d_0)+fd_0}\right]\mathrm{d}x_0\mathrm{d}y_0 \tag{9.2.24}$$

这就是输入面位于透镜前,计算光源共轭面上场分布的一般公式。由于照明光源和观察平面的位置始终保持共轭关系,因此,q 由照明光源位置决定。当照明光源位于光轴上无穷远,即平面波垂直照明时,$q=f$,这时观察平面位于透镜后焦面上。另外,输入面的位置决定了 d_0 的大小,下面讨论输入面的两个特殊位置。

1) 输入面位于透镜前焦面

这时 $d_0=f$,由式(9.2.24)得到

$$E(x,y) = c'\iint_{-\infty}^{\infty} t(x_0,y_0)\exp\left(-\mathrm{i}k\frac{x_0 x + y_0 y}{f}\right)\mathrm{d}x_0\mathrm{d}y_0 \tag{9.2.25}$$

在这种情况下,衍射物体的复振幅透过率与衍射场的复振幅分布存在准确的傅里叶变换关系,并且只要照明光源和观察平面满足共轭关系,与照明光源的具体位置无关。也就是说,不管照明光源位于何处,均不影响观察平面上空间频率与位置坐标的关系,始终为

$$f_x = x/(\lambda f), \quad f_y = y/(\lambda f) \tag{9.2.26}$$

2）输入面紧贴透镜

这时 $d_0 = 0$，由式（9.2.24）得到

$$E(x,y) = c' \exp\left(ik \frac{x^2 + y^2}{2q}\right) \iint_{-\infty}^{\infty} t(x_0, y_0) \exp\left(-ik \frac{x_0 x + y_0 y}{q}\right) dx_0 dy_0 \tag{9.2.27}$$

在这种情况下，衍射物体的复振幅透过率与观察平面上的场分布，不是准确的傅里叶变换关系，有一个二次相位因子。观察平面上的空间坐标与空间频率的关系为

$$f_x = x/(\lambda q), \quad f_y = y/(\lambda q) \tag{9.2.28}$$

其值随 q 的值而不同。也就是说，频率的空间尺度上能按一定的比例缩放，这对光学信息处理的应用带来一定的灵活性，并且也利于充分利用透镜孔径。

2. 透镜孔径的影响

迄今为止，我们对透镜傅里叶变换性质的讨论都假设透镜孔径无穷大，并没有考虑有限大小的透镜孔径会限制波面，产生衍射效应。通常用光瞳函数式（9.2.9）描述透镜的有限孔径，透镜的复振幅透过率则为

$$t(x,y) = P(x,y) \exp\left[-i \frac{k}{2f}(x^2 + y^2)\right] \tag{9.2.29}$$

对于输入面紧贴透镜的情况比较简单，可直接将式 $E_t(x,y,0) = E_i(x,y,0)t(x,y)$ 进行计算，其中 $E_t(x,y,0)$ 表示输入面紧贴透镜的情况下出射光场复振幅，$E_i(x,y,0)$ 表示入射光场复振幅。对于物在透镜后方，物面上被照明的区域是透镜的孔径会沿会聚光锥在物面上的投影。透镜孔径的衍射效应可以用在物面上孔径投影的衍射效应做等效替代。也就是说，透镜的孔径效应表现为式（9.2.27）的被积函数增加一个形如 $P\left(\frac{q}{q-d_0} x_0, \frac{q}{q-d_0} y_0\right)$ 的因子。物在透镜前时，用几何光学近似，也就是考虑物面与透镜之间的距离 d_0 相对于透镜直径 D 而言不是很大的情况。这时光波从物到透镜之间的传播可看作直线传播，并忽略透镜的孔径衍射。这样的条件，在实用的绝大多数问题中都是能得到满足的，于是有

$$E(x,y) = c' \exp\left[ik \frac{(f-d_0)(x^2 + y^2)}{2f^2}\right] \iint_{-\infty}^{\infty} t(x_0, y_0) P\left(x_0 + \frac{d_0}{f} x, y_0 + \frac{d_0}{f} y\right)$$

$$\times \exp\left(-ik \frac{x_0 x + y_0 y}{f}\right) dx_0 dy_0 \tag{9.2.30}$$

9.2.3 透镜的成像性质

这里只讨论透镜对点物成像。如图 9.2.3 所示，点物位于距透镜无穷远的光轴上，在紧靠透镜前平面上的光场分布为一常数，设为 1。光波透过透镜后，如果不考虑透镜的有限孔径，在紧靠透镜后平面上的光场分布则是

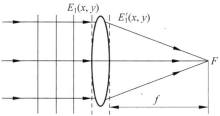

$$E_1'(x,y) = t(x,y) = \exp\left[-i \frac{k}{2f}(x^2 + y^2)\right] \tag{9.2.31}$$

图 9.2.3 透镜对无穷远点物成像

上式表明单色平面波经过透镜后变成了会聚球面波，这个球面会聚于透镜的焦点，因而透镜的

焦点就是无穷远点物的像点。这一结果与几何光学理论的结果一致。同样的讨论表明,有限距离处点物发出的发散球面波通过透镜后将变成会聚球面波,会聚点在满足几何光学成像定理的像点处。

可以看出,透镜的成像本领是透镜对入射光波的相位产生调制作用的结果,正是透镜的二次相位因子改变了入射波的相位分布,使得入射平面波变为会聚球面波。从这一点看也容易明白,在透镜用于傅里叶透镜变换时,正是透镜的相位调制作用使得物体平面场分布的各个频率分量会聚于透镜后焦面,从而在后焦面上得到物体的频谱。所以,透镜的相位调制作用不仅是透镜具有成像本领的根本原因,也是透镜能够用于傅里叶变换的根本原因。

上述讨论,没有考虑透镜的有限孔径,也就是把透镜看作无限大,从而得到与几何光学相一致的结果。那么在傍轴近似下,可以证明,当考虑透镜的有限孔径时,则有

$$E(x,y) = A\exp\left(\mathrm{i}k\frac{x^2+y^2}{2l'}\right)FT\{P(x,y)\} \tag{9.2.32}$$

上式表明,在像面上的场分布由透镜孔径的夫琅和费衍射图样给出,其中心在几何像点,l'为几何像点的像距。另外,在采用球面波照明时,透镜仍然可起傅里叶变换作用,只是这时频谱面不在后焦面,而位于点光源的像面。

需要注意的是,在实际的成像光学系统中,成像透镜一般是多个透镜组合成的复杂透镜,容易证明,只要成像透镜具有把一个发散球面波变换为一个会聚球面波的性能,它就应该有一个与薄透镜相同的透射系数。因此,在没有像差的情况下,前面的讨论不仅适用于薄透镜这样的成像透镜,也适用于其他复杂的透镜系统。

9.3　相干成像系统及相干传递函数

光学系统的成像及其质量评价是传统光学研究的一个中心问题。即使是一个没有像差的完善光学系统,由于系统对光束的限制,它对点物所成的像也是一个由系统孔径决定的衍射光斑。推广到对扩展物体成像,则是这些点物衍射斑像的叠加。如果系统还存在像差,则像差还会影响衍射斑的能量分布,降低像质。随着傅里叶分析方法的应用,产生了光学传递函数理论。光学传递函数可以定量描述物体频谱中各个频率成分经过光学系统的传播情况,它可以从本质上反映物像之间的变化,能较为科学地评价成像质量。

相干成像系统对复振幅是线性的,对衍射受限系统,像面上的复振幅分布与物体的理想几何像的复振幅分布关系为

$$E_\mathrm{i}(x,y) = E_\mathrm{g}(x,y) * h(x,y) \tag{9.3.1}$$

其中$h(x,y)$为相干光学成像系统的点扩散函数。对上式两边进行傅里叶变换,并由卷积定理得

$$G_\mathrm{i}(f_x,f_y) = G_\mathrm{g}(f_x,f_y)H_\mathrm{c}(f_x,f_y) \tag{9.3.2}$$

式中$G_\mathrm{i}(f_x,f_y)$、$G_\mathrm{g}(f_x,f_y)$分别为像和几何像复振幅的频谱,$H_\mathrm{c}(f_x,f_y)$为相干光学成像系统点扩散函数的傅里叶变换,即系统的传递函数。这里定义为相干光学成像系统的相干传递函数 CTF。

由于

$$h(x,y) = FT\{P(\lambda d_i \tilde{x}, \lambda d_i \tilde{y})\} \tag{9.3.3}$$

因此由傅里叶变换的性质得

$$H_c(f_x, f_y) = FTFT\{P(\lambda d_i \tilde{x}, \lambda d_i \tilde{y})\} = P(-\lambda d_i f_x, -\lambda d_i f_y) \tag{9.3.4}$$

其中负号是由一个函数连续两次傅里叶变换所产生的,它与光瞳坐标的指向有关。若使坐标指向反向,则式中负号消失。这并不影响所研究的问题,故上式可改写为

$$H_c(f_x, f_y) = P(\lambda d_i f_x, \lambda d_i f_y) \tag{9.3.5}$$

这表明,光学成像系统的相干传递函数就等于光瞳函数,只不过将光瞳函数 $P(x,y)$ 中的空间坐标变量 x,y 用频率域变量 $\lambda d_i f_x, \lambda d_i f_y$ 代替即可。此外,由于光瞳函数 $P(x,y)$ 的取值不是 1 就是 0,因此 $P(\lambda d_i f_x, \lambda d_i f_y)$ 的取值也为 1 或 0。也就是说,相干光学成像系统允许一定空间频率范围内的光波无衰减地通过系统,而超过此频率范围的光波不能通过。这一特性表明,相干光学成像系统是一低通滤波器,通频带由光瞳尺寸决定。

9.4 非相干成像系统及光学传递函数[*]

9.4.1 非相干成像系统的光学传递函数(OTF)

非相干系统是光强度的线性系统,应该考虑物和像的光强分布关系。类似地可以把物的光强分布函数看作是一系列 δ 函数的线性组合,每一个 δ 函数代表一个点物的光强分布。假定点扩散函数的分布形式是空间不变时,以 $I_i(x_i, y_i)$ 和 $I_g(\tilde{x}_0, \tilde{y}_0)$ 分别表示像和物的光强分布,以 $h_1(x_i - \tilde{x}_0, y_i - \tilde{y}_0)$ 表示强度点扩散函数,则非相干线性空不变成像系统的物像关系满足下述卷积积分

$$\begin{aligned}
I_i(x_i, y_i) &= k \iint_{-\infty}^{\infty} I_g(\tilde{x}_0, \tilde{y}_0) h_1(x_i - \tilde{x}_0, y_i - \tilde{y}_0) \mathrm{d}\tilde{x}_0 \mathrm{d}\tilde{y}_0 \\
&= k I_g(x_i, y_i) * h_1(x_i, y_i)
\end{aligned} \tag{9.4.1}$$

式中,k 是常数,它不影响 I_i 的分布形式:

$$h_1(x_i, y_i) = |\tilde{h}(x_i, y_i)|^2 \tag{9.4.2}$$

上式表明,在非相干照明下,线性空不变成像系统的像强度分布是理想像的强度分布与强度点扩散函数的卷积,系统的成像特性由 $h_1(x_i, y_i)$ 表示,而 $h_1(x_i, y_i)$ 又由 $\tilde{h}(x_i, y_i)$ 决定。

对于非相干照明下的强度线性空不变系统,在频域中来描述物像关系更加方便。将式(9.4.1)两边进行傅里叶变换得

$$A_i(f_x, f_y) = A_g(f_x, f_y) H_1(f_x, f_y) \tag{9.4.3}$$

其中

$$\begin{aligned}
A_i(f_x, f_y) &= FT\{I_i(x_i, y_i)\} \\
A_g(f_x, f_y) &= FT\{I_g(x_i, y_i)\} \\
H_1(f_x, f_y) &= FT\{h_1(x_i, y_i)\}
\end{aligned} \tag{9.4.4}$$

由于 $I_i(x_i, y_i), I_g(x_i, y_i)$ 和 $h_1(x_i, y_i)$ 都是强度分布,为非负实函数,因而其傅里叶变换必有一个常数分量即零频分量,而且它的幅值大于任何非零分量的幅值。决定像的清晰与否的,主要不是包括零频分量在内的总光强有多大,而在于携带有信息那部分光强相对于零频分量的比值有多大,所以更有意义的是 $A_i(f_x, f_y), A_g(f_x, f_y), H_1(f_x, f_y)$ 相对于各自零频分量的比值。得到归一化频谱为

$$A_i(f_x, f_y) = \frac{A_i(f_x, f_y)}{A_i(0,0)} = \frac{\iint_{-\infty}^{\infty} I_i(x_i, y_i)\exp[-\mathrm{j}2\pi(f_x x_i + f_y y_i)]\mathrm{d}x_i \mathrm{d}y_i}{\iint_{-\infty}^{\infty} I_i(x_i, y_i)\mathrm{d}x_i \mathrm{d}y_i} \tag{9.4.5}$$

$$A_g(f_x, f_y) = \frac{A_g(f_x, f_y)}{A_g(0,0)} = \frac{\iint_{-\infty}^{\infty} I_g(x_i, y_i)\exp[-\mathrm{j}2\pi(f_x x_i + f_y y_i)]\mathrm{d}x_i \mathrm{d}y_i}{\iint_{-\infty}^{\infty} I_g(x_i, y_i)\mathrm{d}x_i \mathrm{d}y_i} \tag{9.4.6}$$

$$H(f_x, f_y) = \frac{H_1(f_x, f_y)}{H_1(0,0)} = \frac{\iint_{-\infty}^{\infty} h_1(x_i, y_i)\exp[-\mathrm{j}2\pi(f_x x_i + f_y y_i)]\mathrm{d}x_i \mathrm{d}y_i}{\iint_{-\infty}^{\infty} h_1(x_i, y_i)\mathrm{d}x_i \mathrm{d}y_i} \tag{9.4.7}$$

由于 $A_i(f_x, f_y) = A_g(f_x, f_y)H_1(f_x, f_y)$ 并且 $A_i(0,0) = A_g(0,0)H_1(0,0)$，所以得到的归一化频谱满足公式

$$A_i(f_x, f_y) = A_1(f_x, f_y)H(f_x, f_y) \tag{9.4.8}$$

$H(f_x, f_y)$ 称为非相干成像系统的光学传递函数(OTF)，它描述非相干成像系统在频域的效应。

当把 $\iint_{-\infty}^{\infty} h_1(x_i, y_i)\mathrm{d}x_i \mathrm{d}y_i$ 归一化为 1 时，光学传递函数就是强度点扩散函数的傅里叶变换，一般可以将 $H(f_x, f_y)$ 写为

$$H(f_x, f_y) = m(f_x, f_y)\exp[\mathrm{j}\phi(f_x, f_y)] \tag{9.4.9}$$

可以得出

$$m(f_x, f_y) = \frac{|H_1(f_x, f_y)|}{H_1(0,0)} = \frac{|A_i(f_x, f_y)|}{|A_g(f_x, f_y)|} \tag{9.4.10}$$

$$\phi(f_x, f_y) = \phi_i(f_x, f_y) - \phi_g(f_x, f_y) \tag{9.4.11}$$

通常称 $m(f_x, f_y)$ 为调制传递函数(MTF)，$\phi(f_x, f_y)$ 为相位传递函数(PTF)。前者描写了系统对各频率分量对比度的传递特性，后者描述了系统对各频率分量施加的相移。

由此可见，光学传递函数的模 $m(f_x, f_y)$ 表示物分布中频率为 f_x, f_y 的余弦基元通过系统后振幅的衰减($m(f_x, f_y) \le 1$)，或者说 $m(f_x, f_y)$ 表示频率为 f_x, f_y 的余弦物通过系统后调制度的降低，因此把 $m(f_x, f_y)$ 叫调制传递函数。而 $H(f_x, f_y)$ 的辐角 $\varphi(f_x, f_y)$ 则表示频率为 f_x, f_y 的余弦像分布相对于物(理想像)的横向位移量，所以把 $\varphi(f_x, f_y)$ 叫做相位传递函数。

9.4.2　衍射受限系统的 OTF

对于相干照明的衍射受限系统，已知

$$H_c(f_x, f_y) = P(\lambda d_i f_x, \lambda d_i f_y) \tag{9.4.12}$$

P 只有 1 和 0 两个值，可得

$$H(f_x, f_y) = \frac{\iint_{-\infty}^{\infty} P(\lambda d_i \alpha, \lambda d_i \beta) P[\lambda d_i(f_x + \alpha), \lambda d_i(f_y + \beta)]\mathrm{d}\alpha \mathrm{d}\beta}{\iint_{-\infty}^{\infty} P(\lambda d_i \alpha, \lambda d_i \beta)\mathrm{d}\alpha \mathrm{d}\beta} \tag{9.4.13}$$

令 $x = \lambda d_i f_x, y = \lambda d_i f_y$，积分变量的替换不会影响积分结果，于是得 $H(f_x, f_y)$ 与 $P(x, y)$ 的如下关系

$$H(f_x, f_y) = \frac{\iint_{-\infty}^{\infty} P(x,y)P(x+\lambda d_i f_x, y+\lambda d_i f_y)\mathrm{d}x\mathrm{d}y}{\iint_{-\infty}^{\infty} P^2(x,y)\mathrm{d}x\mathrm{d}y} \tag{9.4.14}$$

对于光瞳函数只有 1 和 0 两个值的情况,分母中的 P^2 可以写成 P。公式表明衍射受限系统的 OTF 是光瞳函数的自相关归一化函数。

上式提供了由光瞳函数直接计算 OTF 的方法。一般情况下光瞳函数只有 1 和 0 两个值,式中分母是光瞳(如图 9.4.1(a)所示)的总面积 S_0,分子代表中心位于 $(-\lambda d_i f_x,$ $-\lambda d_i f_y)$ 的经过平移的光瞳与原光瞳的重叠面积 $S(f_x, f_y)$,求衍射受限系统的 OTF 只不过是计算归一化重叠面积,即

$$H(f_x, f_y) = \frac{S(f_x, f_y)}{S_0} \tag{9.4.15}$$

如图 9.4.1(b)所示,重叠面积取决于两个错开的光瞳的相对位置,也就是和频率 (f_x, f_y) 有关。对于简单几何形状的光瞳不难求出归一化重叠面积的数学表达式。对于复杂的光瞳,可用计算机计算在一系列分立频率上的 OTF。

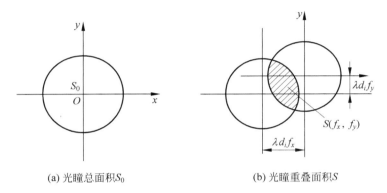

(a) 光瞳总面积 S_0 (b) 光瞳重叠面积 S

图 9.4.1 衍射受限系统 OTF 的几何解释

从上述的几何解释,不难了解衍射受限系统 OTF 的一些性质。

(1) $H(f_x, f_y)$ 是实的非负函数。因此衍射受限的非相干成像系统只改变各频率余弦分量的对比,而不改变它们的相位。即只需考虑 MTF 而不必考虑 PTF。

(2) $H(0,0)=1$。当 $f_x = f_y = 0$ 时,两个光瞳完全重叠,归一化重叠面积为 1,这正是 OTF 归一化的结果,这并不意味着物和像的平均(背景)光强相同。由于吸收、反射、散射及光阑挡光等原因,像面平均(背景)光强总要弱于物面光强。但从对比度考虑,物像方零频分量的对比度都是单位值,无所谓衰减,所以 $H(0,0)=1$。

(3) $H(f_x, f_y) \leqslant H(0,0)$。这一结论很容易从两个光瞳错开后重叠的面积小于完全重叠面积得出。

(4) $H(f_x, f_y)$ 有一截止频率。当 f_x, f_y 足够大,两光瞳完全分离时,重叠面积为零。此时 $H(f_x, f_y)=0$,即在截止频率所规定的范围之外,光学传递函数为零,像面上不出现这些频率成分。

9.5　阿贝成像理论与波特实验

9.5.1　阿贝成像理论

1873 年阿贝(E. Abbe)首次提出了一个与几何光学成像传统理论完全不同的成像理论。该理论认为相干照明下显微镜成像过程可分作两步：首先,物平面上发出的光波经物镜,在其后焦面上产生夫琅和费衍射,得到第一次衍射像；然后,该衍射像作为新的相干波源,由它发出的次波在像平面上干涉而构成物体的像,称为第二次衍射像。因此该理论也常被称为阿贝二次衍射成像理论,简称为阿贝成像理论。

图 9.5.1 是上述成像过程的示意图。其中物平面(x_0,y_0)用相干平行光照明,在透镜后焦面即频谱面(x_f,y_f)上得到物的频谱,这是第一次成像过程,实际上是经过了一次傅里叶变换；由频谱面到像面(x',y'),实际上是完成了一次夫琅和费衍射过程,等于又经过了一次傅里叶变换。当像平面取反向坐标时,后一次变换可视为傅里叶逆变换。经上述两次变换,像平面上形成的是物体的像。

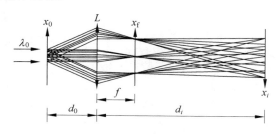

图 9.5.1　阿贝二次成像理论示意图

根据傅里叶分析可知,频谱面上的光场分布与物的结构密切相关,原点附近分布着物的低频信息,即傅里叶低频分量；离原点较远处,分布着物的较高的频率分量,即傅里叶高频分量。

9.5.2　波特实验

波特实验证明了阿贝成像理论。图 9.5.2 所示为阿贝-波特实验原理图,物面采用正交光栅(细丝网状物),由相干单色平行光照明；频谱面上放置滤波器,以各种方式改变物的频谱结构,在像平面上可观察到各种与物不同的像。图 9.5.2 表示部分实验内容及结果。

由实验结果归纳出几点结论如下：

(1) 实验充分证明了阿贝成像理论的正确性：像的结构直接依赖于频谱的结构,只要改变频谱的组分,便能够改变像的结构；

(2) 实验充分证明了傅里叶分析的正确性：

① 频谱面上的横向分布是物的纵向结构的信息(图(b))；频谱面上的纵向分布是物的横向结构的信息(图(c))；

② 零频分量是一个直流分量,它只代表像的本底(图(d))；

③ 阻挡零频分量,在一定条件下可使像发生衬度反转(图(e))；

④ 仅允许低频分量通过时,像的边缘锐度降低；仅允许高频分量通过时,像的边缘效应增强；

⑤ 采用选择型滤波器,可望完全改变像的性质(图(f))。

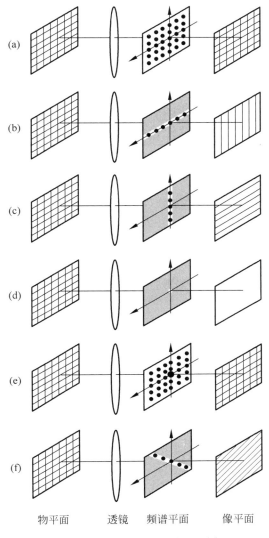

图 9.5.2 阿贝波特实验原理图

9.5.3 空间频谱滤波系统

空间频率滤波是相干光学处理中一种最简单的方式,它利用了透镜的傅里叶变换特性,把透镜作为一个频谱分析仪,利用空间滤波的方式改变物的频谱结构,继而使像得到改善。空间滤波所使用的光学系统实际上就是一个光学频谱分析系统,其形式有许多种,这里介绍常见的两种类型。

1. 三透镜系统

三透镜系统通常称为 $4f$ 系统。三个透镜的相互关系如图 9.5.3 所示,其中 L_1、L_2、L_3 分别起着准直、变换和成像的作用;滤波器置于频谱平面(即变换透镜 L_2 后焦面)。为讨论方便,令三透镜焦距均相等。设物的透过率为 $t(x_1, y_1)$,滤波器透过率为 $F(f_x, f_y)$,则频谱

面后的光场复振幅为

$$u'_2 = T(f_x, f_y) \cdot F(f_x, f_y) \tag{9.5.1}$$

其中

$$T(f_x, f_y) = \mathcal{F}\{ t(x_1, y_1) \} \tag{9.5.2}$$

$$f_x = x_2/\lambda f_2$$

$$f_y = y_2/\lambda f_2 \tag{9.5.3}$$

$\mathcal{F}\{\ \}$为傅里叶变换算符,f_x, f_y为空间频率坐标,λ为单色点光源波长,f_2是变换透镜 L_2 的焦距。输出平面由于实行了坐标反转(如图 9.5.3 所示),得到的应是 u'_2 的傅里叶逆变换,即

$$\begin{aligned}
u'_3 &= \mathcal{F}^{-1}\{u'_2\} \\
&= \mathcal{F}^{-1}\{T(f_x, f_y) \cdot F(f_x, f_y)\} \\
&= \mathcal{F}^{-1}\{T(f_x, f_y)\} * \mathcal{F}^{-1}\{F(f_x, f_y)\} \\
&= t(x_3, y_3) * \mathcal{F}^{-1}\{F(f_x, f_y)\}
\end{aligned} \tag{9.5.4}$$

式(9.5.4)表示输出平面得到的结果,是物的几何像与滤波器逆变换的卷积,用"*"表示卷积运算。由此可知,改变滤波器的振幅透过率函数,可望改变几何像的结构。

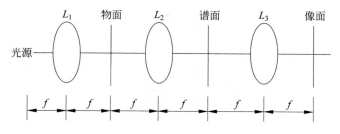

图 9.5.3   三透镜光学频谱分析系统

2. 二透镜系统

若取消准直透镜 L_1,直接用单色点光源照明,可以用两个透镜构成空间滤波系统。图 9.5.4(a)、(b)是两种二透镜系统的示意图。图 9.5.4(a)中,单色点光源 S 与频谱面对于 L_1 是一对共轭面($1/d_o + 1/d_i = 1/f_1$),物面和像面分别置于 L_1 前焦面和 L_2 后焦面。图 9.5.4(b)是另一种二透镜系统,单色点光源与频谱面相对于 L_2 仍保持共轭关系,但物面放在 L_1 后紧贴透镜放置;在 L_2 前紧贴透镜放置频谱面;像面和物面对于 L_2 又是一对共轭面。根据透镜的傅里叶变换性质可知,与 4f 系统一样,在这两种系统中,频谱面得到的是物的傅里叶谱,而像面上的光场复振幅仍满足公式(9.5.4)所示关系。实际系统中,为了消除像差,很少使用单透镜实现傅里叶变换,而多用透镜组。

9.5.4   空间滤波的傅里叶分析

设图 9.5.2 中光栅透光的矩形孔的边长分别为 l 和 m,相邻两孔之间的距离分别为 p 和 q,并设其中一个矩形孔中心位于坐标原点处,则光栅的振幅透射系数函数可以表示为

$$t(x_0, y_0) = \mathrm{rect}\left(\frac{x_0}{l}, \frac{y_0}{m}\right) * \mathrm{comb}\left(\frac{x_0}{p}, \frac{y_0}{q}\right) \tag{9.5.5}$$

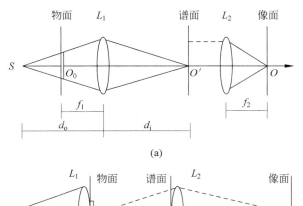

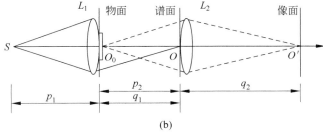

图 9.5.4 二透镜空间滤波系统

用单位振幅的相干平面波垂直入射照明光栅,则光栅后表面的复振幅分布为

$$E(x_0, y_0) = t(x_0, y_0) = \text{rect}\left(\frac{x_0}{l}, \frac{y_0}{m}\right) * \text{comb}\left(\frac{x_0}{p}, \frac{y_0}{q}\right) \tag{9.5.6}$$

若光栅面为有限大小,则可引入光瞳函数 $P(x_0, y_0)$,这时光栅后表面的复振幅分布为

$$E(x_0, y_0) = t(x_0, y_0)$$
$$= \left[\text{rect}\left(\frac{x_0}{l}, \frac{y_0}{m}\right) * \text{comb}\left(\frac{x_0}{p}, \frac{y_0}{q}\right)\right]P(x_0, y_0) \tag{9.5.7}$$

频谱面上光波场复振幅分布即为 $U(x_0, y_0)$ 的傅里叶变换

$$E(f_x, f_y) = FT\{E(x_0, y_0)\}$$
$$= FT\left\{\text{rect}\left(\frac{x_0}{l}, \frac{y_0}{m}\right) * \text{comb}\left(\frac{x_0}{p}, \frac{y_0}{q}\right)\right\} \tag{9.5.8}$$
$$= C\text{sinc}(lf_x, mf_y)\text{comb}(pf_x, qf_y)$$

如果在频率域内取如图 9.5.5(a)所示的长、宽分别为 L、M 的矩形孔滤波器

$$H(f_x, f_y) = \text{rect}(f_x/L, f_y/m) \tag{9.5.9}$$

作为二元滤波器,置于频谱面,则无限光栅经二元滤波器后的复振幅分布为

$$E'(f_x, f_y) = E(f_x, f_y)H(f_x, f_y)$$
$$= C[\text{sinc}(lf_x, mf_y)\text{comb}(pf_x, qf_y)]\text{rect}\left(\frac{f_x}{L}, \frac{f_y}{M}\right) \tag{9.5.10}$$

然后经过第二次傅里叶变换,如果坐标反向,则相当于进行一次傅里叶变换,在输出面上得到处理后的像光波场为

$$E_i(x_i, y_i) = FT^{-1} \left\{ c \left[\mathrm{sinc}(lf_x, mf_y) \mathrm{comb}(pf_x, qf_y) \right] \mathrm{rect}\left(\frac{f_x}{L}, \frac{f_y}{M} \right) \right\}$$

$$= \left[\mathrm{sinc}\left(\frac{x_i}{l}, \frac{y_i}{m} \right) * \mathrm{comb}\left(\frac{x_i}{p}, \frac{y_i}{q} \right) \right] * \left[LM\mathrm{sinc}(Lx_i, My_i) \right] \qquad (9.5.11)$$

$$= \left[\mathrm{sinc}\left(\frac{x_i}{l} \right) * \mathrm{comb}\left(\frac{x_i}{p} \right) \right] * \left[L\mathrm{sinc}(Lx_i) \right]$$

$$\times \left[\mathrm{sinc}\left(\frac{y_i}{m} \right) * \mathrm{comb}\left(\frac{x_i}{q} \right) \right] * \left[M\mathrm{sinc}(My_i) \right]$$

如果滤波器是水平狭缝,即 $L \to \infty$(足够大),而 $M \to 0$(足够小),则上式中的 $L\mathrm{sinc}(Lx_i) = \sin(\pi Lx_i)/\pi x_i \to \delta(x_i)$,而 $M\mathrm{sinc}(My_i)$ 在足够大的坐标区间内趋于 1,从而 $[\mathrm{sinc}(y_i/m) * \mathrm{comb}(y_i/q)] * 1 = $ 常数。这样,像面上的光波场复振幅分布为

$$E_i(x_i, y_i) = \mathrm{sinc}\left(\frac{x_i}{l} \right) * \mathrm{comb}\left(\frac{x_i}{p} \right) \qquad (9.5.12)$$

根据式(9.5.11),在 x 方向上将出现宽度为 l,周期为 q 的垂直于 x 轴的条纹像,在 y 方向上无变化。这说明水平狭缝滤波会得到垂直方向条纹的像结构。

同理可知,垂直狭缝滤波可得到水平方向条纹的像结构。

上述分析同样可以解释阿贝-波特实验中出现的像对比度反转现象。如果在频谱面内放置图 9.5.5(b)所示的二元滤波器,则滤波函数可写成

$$H(f_x, f_y) = \mathrm{rect}\left(\frac{f_x}{L}, \frac{f_y}{M} \right) - \mathrm{rect}\left(\frac{f_x}{R}, \frac{f_y}{S} \right) \qquad (9.5.13)$$

仍考虑滤波器为水平狭缝,即 $L \to \infty$,而 $M \to 0$。这时像面上的光波场复振幅分布为

$$E_i'(x_i, y_i) = \left[\mathrm{sinc}\left(\frac{x_i}{l} \right) * \mathrm{comb}\left(\frac{x_i}{p} \right) \right] * \left[L\mathrm{sinc}(Lx_i) - R\mathrm{sinc}(Rx_i) \right]$$

$$= \mathrm{sinc}\left(\frac{x_i}{l} \right) * \mathrm{comb}\left(\frac{x_i}{p} \right) - \mathrm{sinc}\left(\frac{x_i}{l} \right) * \mathrm{comb}\left(\frac{x_i}{p} \right) * R\mathrm{sinc}(Rx_i)$$

$$(9.5.14)$$

如果滤波器中心的遮挡部分很小,只阻断频谱中的零频分量,则有 $R \to 0$,$R\mathrm{sinc}(Rx_i) \to 1$,$\mathrm{sinc}(x_i/l) * \mathrm{comb}(x_i/p) * [R\mathrm{sinc}(Rx_i)]$ 为一常数 C'。所以,像面的复振幅分布为

$$E_i'(x_i, y_i) = \mathrm{sinc}\left(\frac{x_i}{l} \right) * \mathrm{comb}\left(\frac{x_i}{p} \right) - C' \qquad (9.5.15)$$

即为光栅像减去一个常数。最后得到对比度翻转的像面光强分布。

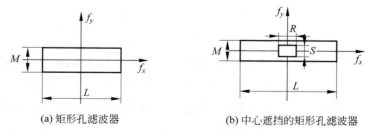

(a) 矩形孔滤波器   (b) 中心遮挡的矩形孔滤波器

图 9.5.5   二元滤波器

9.5.5   滤波器的种类及应用举例

滤波器分为振幅型和相位型两类,可根据需要选择不同的滤波器。

1. 振幅型滤波器

振幅型滤波器只改变傅里叶频谱的振幅分布,不改变它的位相分布,通常用 $F(f_x,f_y)$ 表示。它是一个振幅分布函数,其值可在 $0\sim1$ 的范围内变化。如滤波器的透过率函数表达为

$$F(f_x,f_y)=\begin{cases}1 & \text{孔内}\\ 0 & \text{孔外}\end{cases} \tag{9.5.16}$$

则称其为二元振幅型滤波器。根据不同的滤波频段又可分为低通、高通和带通三类,其功能及应用举例如下:

(1) 低通滤波器:用于滤去频谱中的高频部分,只允许低频通过。图9.5.6给出了它的一般结构,具体形状及尺寸可根据需要自行设计,以阻挡高频为目的。

低通滤波器主要用于消除图像中的高频噪声。例如电视图像照片、新闻传真照片等往往含有密度较高的网点,由于周期短、频率高,它们的频谱分布展宽。用低通滤波器可有目的地阻挡高频成分,以消除网点对图像的干扰,但由于同时损失了物的高频信息而使像边缘模糊。图9.5.6(b)是一张带有高频噪声的照片,经低通滤波后这种噪声被成功地消除了,如图9.5.6(c)所示。

(2) 高通滤波器:用于滤除频谱中的低频部分,以增强像的边缘,或实现衬度反转。其大体结构如图9.5.7所示,中央光屏的尺寸由物体低频分布的宽度而定。

高通滤波器主要用于增强模糊图像的边缘,以提高对图像的识别能力。由于能量损失较大,所以输出结果一般较暗。

(3) 带通滤波器:用于选择某些频谱分量通过,阻挡另一些分量。

(a) 低通滤波器结构

(b) 带有高频干扰的输入图像　(c) 滤波后的输出图像

图9.5.6　用低通滤波器消除图像中的高频干扰

图9.5.7　高通滤波器结构示意图

2. 位相型滤波器

位相型滤波器只改变傅里叶频谱的位相分布,不改变它的振幅分布,其主要功能是用于观察位相物体。所谓"位相物体"是指物体本身只存在折射率的分布不均或表面高度的分布不均匀。位相滤波器主要用于将位相型物转换成强度型像的显示。例如用相衬显微镜观察透明生物切片;利用位相滤波系统检查透明光学元件内部折射率是否均匀,或检查抛光表面的质量等。

9.5.6　空间滤波的应用

对图像的不同区域分别用取向不同(θ角不同)的光栅进行调制,用白光照射,并在谱面

上加以适当的滤波器,可在输出面上得到所需的彩色图像。光学系统采用 $4f$ 系统,具体过程如下。

1. 被调制的物的制备

物的样品如图 9.5.8(a)所示。若要使花、叶、背底三个区域呈现三种不同的颜色,可在同一张胶片上曝三次光,每次只曝其中一个区域,并在其上覆盖某一取向的 Ronchi 光栅,三次分别取三个不同的取向,如图中线条所示。将这样的调制片输入 $4f$ 系统,用白色平行光照明。

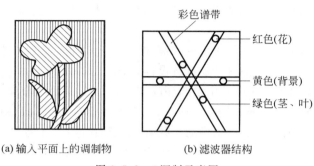

(a) 输入平面上的调制物　　　　(b) 滤波器结构

图 9.5.8　θ 调制示意图

2. 空间滤波

由于物被不同取向的光栅所调制,所以在频谱面上得到的将是取向不同的带状谱,物的三个不同区域的信息分布在三个不同的方向上互不干扰,这就为空间滤波创造了便利条件;又由于用白光照明,所以各级频谱呈现出的是色散的彩带,由中心向外按波长从小到大的顺序排列,这就使"赋予"图像以特定的不同色彩成为可能。图 9.5.9(a)是在频谱面上摄取的彩色频谱照片。选用一带通滤波器,实际上是一个被打了孔的光屏,如图 9.5.8(b)所示(图中只画出了正、负一级谱)。在代表花、叶、背底信息的谱带上分别在红色、绿色、黄色位置打孔,使这三种颜色的谱通过,其余颜色的谱均被挡住。有时为增强光通量,往往在二级、三级谱的位置上打孔。为避免因色区形状与孔的形状不匹配而引起"混频"现象,可在孔上放置相应的滤色片,以提高色纯度。

3. 输出

在像平面上可得到彩色图像:红花、绿叶、黄背景。若改变滤波器上孔的位置,可变换出各种不同的颜色搭配,图 9.5.9(b)、(c)是在输出平面上摄取的彩色图像照片,它们分别对应不同结构的滤波器。

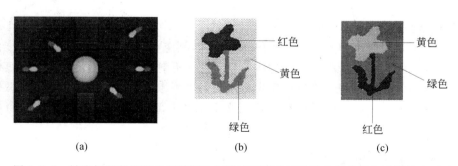

(a)　　　　　　　　(b)　　　　　　　　(c)

图 9.5.9　被光栅调制的物的频谱照片与采用不同的滤波器获得的彩色图像输出照片

9.6 全息术

与普通照相不同,全息照相有两个突出的特点,一是三维立体性,二是可分割性。

所谓三维立体性,是指全息照片再现出来的像是三维立体的,具有如同观看真实物体一样的立体感,这一性质与现有的立体电影有着本质的区别。

所谓可分割性,是指全息照片的碎片照样能反映出整个物体的像来,并不会因为照片的破碎而失去像的完整性。

全息照相之所以具有上述特点,是因为全息照相与普通照相的方法截然不同。普通照相在胶片上记录的是物光波的振幅信息(仅体现于光强分布),而全息照相在记录振幅信息的同时,还记录了物光的位相信息,"全息"(Holography)也因此而得名。

全息术最初是由英国科学家丹尼斯·盖伯(Dennis Gabor)于1948年提出来的,他的目的是想利用全息术提高电子显微镜的分辨率,在布喇格(Bragg)和泽尼克(Zernike)的研究基础上,盖伯找到了一种避免位相信息丢失的技巧。但是由于这种技术要求高度相干性及高强度的光源而一度发展缓慢。整个20世纪50年代,一些科学家大大扩展了盖伯的理论并加深了对这一新的成像技术的理解。直到1960年第一台激光器问世,解决了相干光源问题,继而在1962年美国科学家利思(Leith)和乌帕特尼克斯(Upatnieks)提出了离轴全息图以后,全息技术的研究才获得突飞猛进的发展,并越来越为人们所重视。

纵观历史,全息术的发展可分为四个阶段,第一阶段是萌芽时期,是用汞灯作光源,摄制同轴全息图,称为第一代全息;第二阶段是用激光记录、激光再现的离轴全息图,称为第二代全息;第三阶段是激光记录、白光再现的全息图,称为第三代全息,主要包括白光反射全息、像全息、彩虹全息、真彩色全息及合成全息等,使光全息术在显示领域充分展现其优越性;第四阶段是用白光记录、白光再现的全息图,称为第四代全息,这是一个极具诱惑力的方向,正在吸引着人们去研究,去探索。

下面我们介绍一下全息术的原理。当人眼接收到不失真的物光波的全部信息,两眼产生视差的结果,便看到了三维立体像。眼睛只要能接收到物光波,便产生看见物体的视觉,而该物体是否真实存在,眼睛并不能觉察。如果物本身并不存在,则眼睛看到的就称为"像"。许多光学系统成像虽具有三维立体性,却是实时"器件",不能称为"照片"。只有那些没有实物存在时仍能显示出与实物一样的三维立体像的东西,才能称为"立体照片"。"立体照片"能将实物发出的物光波的全部信息"冻结"其上,需要时,又能在特定的光照条件下将物光波"复活",使其继续向前传播,再现出像来。在全息术中这种"照片"就称为"全息图"(Hologram)。把"冻结"物光波的过程称为"波前记录",而把"复活"信息称为"波前再现"。

9.6.1 波前记录

干涉场的分布与波面位相可以说是一一对应的。由此可以推知,利用干涉场的条纹可以"冻结"住位相信息。利用感光材料来记录干涉场的条纹,可以达到"冻结"物光波位相信息的目的。具体方法是在物光波到达感光板的同时,用另一束已知振幅及位相,并能与物光相干的光波(称为参考光)同时照射感光板曝光后,感光板上记录到的是两者相干涉的条纹。由一一对应关系可知,物光波的振幅和位相信息以干涉条纹的形状、疏密和强度的形式"冻结"在感光的全息干板上。这就是波前记录的过程,这里用干板或胶片进行分析。

如图 9.6.1(a)所示,全息干板 H 上设置 x,y 坐标,设物波和参考波的复振幅分别为

$$O(x,y) = O_0(x,y)\exp[j\phi_0(x,y)]$$
$$R(x,y) = R_0(x,y)\exp[j\phi_r(x,y)] \tag{9.6.1}$$

其中 O_0、ϕ_0 分别是物光波到达全息干板 H 上的振幅和位相分布,R_0、ϕ_r 分别是参考光波的振幅和位相分布。干涉场光振幅应是两者的相干叠加,H 上的总光场为

$$U(x,y) = O(x,y) + R(x,y) \tag{9.6.2}$$

干板记录的是干涉场的光强分布,曝光光强为

$$I(x,y) = U(x,y) \cdot U^*(x,y)$$
$$= |O|^2 + |R|^2 + O \cdot R^* + O^* \cdot R \tag{9.6.3}$$

经线性处理后,底片的透过率函数 t_H 与曝光光强成正比

$$t_H(x,y) \propto I(x,y) \tag{9.6.4}$$

略去一个无关紧要的比例常数,上式可直接写成

$$t_H(x,y) = |O|^2 + |R|^2 + O \cdot R^* + O^* \cdot R \tag{9.6.5}$$

这样得到的底片就是全息照片,又称全息图。一般说来,这是一种最初级的全息照片。

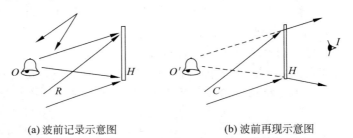

(a) 波前记录示意图　　　　(b) 波前再现示意图

图 9.6.1　波前记录与再现示意图

9.6.2　波前再现

1. 波前再现原理

波前再现是使记录时被"冻结"在全息干板上的物波前在特定条件下"复活",构成与原物波前完全相同的新的波前继续传播,形成三维立体像的过程。波前再现需借助于照明光波(见图 9.6.1(b)),而该照明光波必须满足一定的条件才有可能再现原物的波前,通过数学模型可进一步了解这一条件。

设照明光波表示为

$$C(x,y) = C_0(x,y)\exp[j\phi_c(x,y)] \tag{9.6.6}$$

其中 C_0、ϕ_c 分别为振幅和位相分布。当用 $C(x,y)$ 照射全息图 H 时,透过 H 后的光振幅 $U'(x,y)$ 由下式确定

$$U'(x,y) = C(x,y) \cdot t_H(x,y)$$

将式(9.6.5)和式(9.6.6)的关系代入,得到

$$U'(x,y) = C_0(x,y)\exp[j\phi_c(x,y)] \cdot [|O|^2 + |R|^2 + O \cdot R^* + O^* \cdot R]$$
$$= C_0 O_0^2 \exp[j\phi_c(x,y)] + C_0 R_0^2 \exp[j\phi_c(x,y)]$$

$$+ C_0 O_0 R_0 \exp[j(\phi_o - \phi_r + \phi_c)]$$
$$+ C_0 O_0 R_0 \exp[-j(\phi_o - \phi_r - \phi_c)] \qquad (9.6.7)$$

式(9.6.7)称为全息学基本方程,其中方程右边各项的意义为:

第一、二项:与再现光相似,它具有与 $C(x,y)$ 完全相同的位相分布,只是振幅分布不同,因而它将以与再现光 $C(x,y)$ 相同的方式传播。

第三项:包含物的位相信息,但还含有附加位相。这一项最有希望重现物光波。

第四项:包含物的共轭位相信息。这一项有可能形成共轭像。

以上四项均是衍射的结果,能否得到与原物相同的像,还要取决于 $C(x,y)$ 的选择。

2. 波前再现的几个特例

1) $C(x,y) = R(x,y)$

即再现光与参考光相同,也就是说用原参考光再现。这时有 $C_0(x,y) = R_0(x,y)$, $\phi_c = \phi_r$,(9.6.7)式变为以下形式

$$U'(x,y) = R_0(O_0^2 + R_0^2)\exp[j\phi_r] + R_0^2 O_0 \exp[j\phi_o]$$
$$+ R_0^2 O_0 \exp[-j(\phi_o - 2\phi_r)] \qquad (9.6.8)$$

从式(9.6.8)可明显看出,第一、二项合并为一项,保留了参考光的信息;第三项与原物光波基本无两样,只增加了一个常数因子。因此,正是第三项再现了物光波,所成的像称为原始像(虚像);第四项为共轭项,它除了与物波共轭外,还附加了一个位相因子,因而这一项成为畸变了的共轭像,是实像。图 9.6.2 给出了这种情况。有时也把原始像称为一级像,把共轭像称为负一级像,而把保留照明光成分的项称为零级。

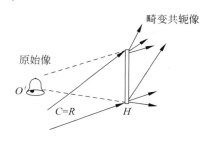

图 9.6.2　用原参考光作为照明光再现的情况

2) $C(x,y) = R^*(x,y)$

称为共轭再现,即采用与参考光共轭的光波再现(见图 9.6.3)。这时有 $C_0(x,y) = R_0(x,y)$, $\phi_c = -\phi_r$,式(9.6.7)变为

$$U'(x,y) = R_0(O_0^2 + R_0^2)\exp[-j\phi_r] + R_0^2 O_0 \exp[j(\phi_o - 2\phi_r)]$$
$$+ R_0^2 O_0 \exp[-j\phi_o] \qquad (9.6.9)$$

由式(9.6.9)可见,第一、二项合并,仍保留了参考光的特征;第三项是畸变了的虚像;第四项是与原物相像的实像,但出现了景深反演,即原来近的部位变远了,原来远的部位变近了,我们称其为赝像。赝像给人的感觉是颇为有趣的。图 9.6.3(a)给出了这种情况。共轭光的获得有两个途径,一种是采用逆光路,一种是采用轴对称光路,如图 9.6.3(b)所示。

3) 其他情况

如再现光既不同于参考光又不与参考光共轭,则要看偏离 $R(x,y)$ 的程度而定,分以下三种情况讨论:

(1) 照射角度的偏离:如再现光与参考光波面形状相同,只是相对全息图的入射角有偏离。偏离角小时仍出现再现像;随着角度的增大,再现像由畸变直至消失。可见,全息图只在一个有限的角度范围内能再现物波前。利用这一特性,可采用不同角度的参考光在同一张全息片上记录多重全息图,再现时只要依次改变再现光角度,便可依次显示出不同的像来。

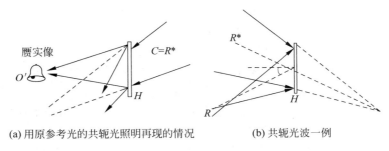

(a) 用原参考光的共轭光照明再现的情况　　(b) 共轭光波一例

图 9.6.3　赝像的产生

（2）波长的改变：如再现光与参考光只是波长存在差异，则再现像会出现尺寸上的放大或缩小，同时改变与全息图的相对距离。

（3）波面的改变：前面曾介绍的共轭波再现便是一例。一般情况下，再现光波面的改变都会使原始像发生畸变。然而，在有些情况下却恰恰需要这种畸变，以后再介绍。

以上全息记录和再现原理已经充分说明全息照片能够再现出三维立体像。同时由于全息图上每一点都记录物上所有点发出的波的全部信息，因此每一点都可以在参考光照射下再现出像的整体。当然，对再现像有贡献的点越多，像的亮度越高。另外，由于点越多，再现时的照明孔径也越大，像的分辨率就越高，可以观察三维立体像的视角也越宽。

前面已经反复研究了式(9.6.7)中四项的特性，还应当注意到，在全息图上这四项是相互重叠在一起的。由于光是独立传播的，再现时在全息图上相互重叠的、由式(9.6.7)表示的四项将分别沿三个不同方向传播。只要这些方向之间夹角比较大，离开全息图不远就可以分离开来，在不同方向上观察，这四项产生的图像并不会互相干扰。这就是利思和乌帕特尼克斯提出离轴全息图的原理。但是在激光器问世以前，离轴全息并不能实现。因为在图 9.6.1(a)所示的记录光路中，如用普通光源，在全息底片上便不能保证光程差都在相干长度以内。初期的全息图，即盖伯全息图，只能采用如图 9.6.4 所示的同轴光路。物光波、参考光波和再现光波沿同一方向传播，以保证相干性的要求。这种情况下，式(9.6.7)中四项再现的结果相互重叠，不能分离。在再现光和共轭像的背景下，很难得到高质量的再现像。因此全息术的快速发展是在发明离轴全息图以后。

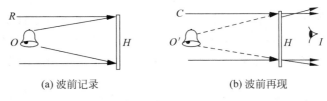

(a) 波前记录　　　　　　　(b) 波前再现

图 9.6.4　同轴全息图的记录和再现

光全息术是利用光的干涉原理，借助于参考光将物光波的复振幅记录在感光材料上，近40 年来，全息技术的研究日趋广泛深入，逐渐开辟了全息应用的新领域，成为近代光学的一个重要分支。

9.7　例题解析

例题 9-1　求方形光瞳的相干传递函数。

解　设相干成像系统的出射光瞳为边长 l 的正方形,则光瞳函数为

$$P(x,y) = \text{rect}\left(\frac{x}{l}, \frac{y}{l}\right) = \text{rect}\left(\frac{x}{l}\right)\text{rect}\left(\frac{y}{l}\right)$$

于是得到相干传递函数

$$H_c(f_x, f_y) = P(\lambda d_i f_x, \lambda d_i f_y) = \text{rect}\left(\frac{f_x}{l/\lambda d_i}\right)\text{rect}\left(\frac{f_y}{l/\lambda d_i}\right)$$

即

$$H_c(f_x, f_y) = \begin{cases} 1 & |f_x| \leqslant \dfrac{l}{2\lambda d_i} \quad |f_y| \leqslant \dfrac{l}{2\lambda d_i} \\ 0 & |f_x| > \dfrac{l}{2\lambda d_i} \quad |f_y| > \dfrac{l}{2\lambda d_i} \end{cases}$$

把 H_c 取值开始为零时对应的频率称为截止频率。方形光瞳在 f_x 和 f_y 方向上截止频率均为 $f_{x0} = f_{y0} = l/2\lambda d_i$,其通频带如例题 9-1 图(a)所示。显然,沿例题 9-1 图(b)所示 $\theta = 45°$ 方向上,其截止频率最大,是 f_x 或 f_y 方向的 $\sqrt{2}$ 倍,即 $f_{x\theta 0} = \sqrt{2} f_{x0} = \sqrt{2} l/(2\lambda d_i)$。

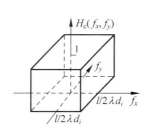 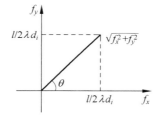

(a) 方形光瞳的传递函数　　　　　(b) 45°方向上的相干传递函数

例题 9-1 图

例题 9-2　求圆形光瞳相干传递函数。

解　当光学成像系统的出射光瞳为直径等于 l 的圆孔时,其光瞳函数为圆域函数

$$P(x,y) = \text{circ}\left(\frac{\sqrt{x^2 + y^2}}{l/2}\right)$$

则相干传递函数为

$$H_c(f_x, f_y) = \text{circ}\left(\frac{\sqrt{f_x^2 + f_y^2}}{l/(2\lambda d_i)}\right)$$

即

$$H_c(f_x, f_y) = \begin{cases} 1 & \sqrt{f_x^2 + f_y^2} \leqslant \dfrac{l}{2\lambda d_i} \\ 0 & \sqrt{f_x^2 + f_y^2} > \dfrac{l}{2\lambda d_i} \end{cases}$$

此时,截止频率 $f_{x0} = l/(2\lambda d_i)$,如例题 9-2 图所示。

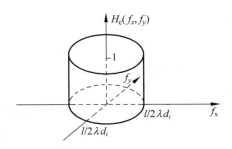

例题 9-2 图　圆形光瞳的传递函数

为了对截止频率 f_{x0} 的大小有一数量级的概念,设光学系统圆形光瞳直径为 20mm,像距 d_i 为 100mm,照明波长为 632.8nm,则可求得 f_{x0} 为 $168l/\mathrm{mm}$。

例题 9-3　衍射受限非相干成像系统的光瞳为边长 l 的正方形,求其光学传递函数。

解　此时的光瞳函数可表示为

$$P(x,y) = \mathrm{rect}\left(\frac{x}{l}\right)\mathrm{rect}\left(\frac{y}{l}\right)$$

显然光瞳总面积 $s_0 = l^2$,当 $P(x,y)$ 在 x,y 方向分别位移 $-\lambda d_i f_x$,$-\lambda d_i f_y$ 以后,得 $P(x+\lambda d_i f_x,y+\lambda d_i f_y)$,从下图可以求出 $P(x,y)$ 和 $P(x+\lambda d_i f_x,y+\lambda d_i f_y)$ 的重叠面积 $S(f_x,f_y)$。由图可得

$$S(f_x,f_y) = \begin{cases} (l-\lambda d_i\mid f_x\mid)(l-\lambda d_i\mid f_y\mid) & \mid f_x\mid\leqslant\dfrac{l}{\lambda d_i},\mid f_y\mid\leqslant\dfrac{l}{\lambda d_i}, \\ 0 & 其他 \end{cases}$$

光学传递函数为

$$H(f_x,f_y) = \frac{S(f_x,f_y)}{S_0} = \wedge\left(\frac{f_x}{2\rho_c}\right)\wedge\left(\frac{f_y}{2\rho_c}\right)$$

式中,$\rho_c = 1/(2\lambda d_i)$ 是同一系统采用相干照明的截止频率。非相干系统沿 f_x 和 f_y 轴方向上截止频率是 $2\rho_c = 1/(\lambda d_i)$,例题 9-3 图(b)表示这个结果。

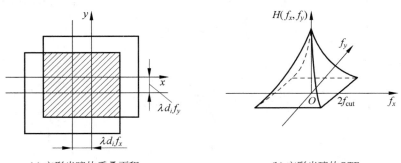

(a) 方形光瞳的重叠面积　　　　　　　(b) 方形光瞳的 OTF

例题 9-3 图　方形光瞳衍射受限 OTF 的计算

习题

9.1　一列波长为 λ 的单位振幅平面光波，波矢量 k 与 x 轴的夹角为 45°，与 y 轴夹角为 60°，试写出其空间频率及 $z=z_1$ 平面上的复振幅表达式。

9.2　一个衍射屏具有下述圆对称振幅透过率函数

$$t(r) = \left(\frac{1}{2} + \frac{1}{2}\cos\alpha r^2\right)\text{circ}\left(\frac{r}{a}\right)$$

（1）这个屏的作用在什么方面像一个透镜？

（2）给出此屏的焦距表达式。

（3）什么特性会严重地限制这种屏用作成像装置（特别是对于彩色物体）？

9.3　一个余弦型振幅光栅，复振幅透过率为 $t(x_0, y_0) = \frac{1}{2} + \frac{1}{2}\cos 2\pi f_0 x_0$ 放在如习题 9.3 图所示的成像系统的物面上，用单色平面波倾斜照明，平面波的传播方向在 $x_0 z$ 平面内，与 z 轴夹角为 θ。透镜焦距为 f，孔径为 D。

（1）求物体透射光场的频谱；

（2）使像平面出现条纹的最大 θ 角等于多少？求此时像面强度分布；

（3）若 θ 采用上述极大值，使像面上出现条纹的最大光栅频率是多少？与 $\theta = 0$ 时的截止频率比较，结论如何？

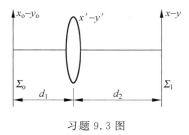

习题 9.3 图

9.4　光学传递函数在 $f_x = f_y = 0$ 处都等于 1，这是为什么？光学传递函数的值可能大于 1 吗？如果光学系统真的实现了点物成点像，这时的光学传递函数怎样？

9.5　如习题 9.5 图所示，在激光束经透镜会聚的焦点上，放置针孔滤波器，可以提供一个比较均匀的照明光场，试说明其原理。

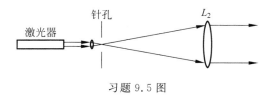

习题 9.5 图

9.6　光栅的复振幅透过率为 $t(x) = \cos^2 \pi f_0 x$ 把它放在 $4f$ 系统输入平面 P_1 上，在频谱面 P_2 上的某个一级谱位置放一块 $\lambda/2$ 位相板，求像面的强度分布。

9.7　两束夹角为 $\theta = 45°$ 的平面波在记录平面上产生干涉，已知光波波长为 632.8nm，求对称情况下（两平面波的入射角相等）该平面上记录的全息光栅的空间频率。

9.8　用全息法将如习题 9.8 图所示的房顶、墙壁和天空三部分制成互成 120°的余弦光栅置于一块玻璃片上,把此片放在 4f 系统的物平面上。用什么方法可使原来没有颜色的房顶、墙壁和天空分别变成红色、黄色和蓝色?

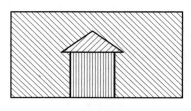

习题 9.8 图

第 10 章

光的度量、吸收、散射和色散

学习目标

了解光通量、发光强度、光照度和光亮度的概念及其单位；理解光视效率函数及其应用；理解光与视觉的关系、颜色的分类以及颜色的表观(明度、色调和饱和度)；掌握光谱的三刺激值和色品图；掌握光的吸收定律和吸收光谱的概念；理解光的色散概念(反常色散、正常色散和零色散)；理解瑞利散射、米氏散射、分子散射和拉曼散射的概念。

10.1 辐射度量与光度量

对于光辐射的测量和探测,有辐射度量和光度量两类系统。辐射度量是只与辐射体有关的量,其基本单位为 W(瓦特)或者 J(焦耳);光度量不仅与辐射体有关,还与人的视觉有关,表示人的视觉系统主观上感受到的那部分光辐射能的强度,其基本单位为坎德拉,记为 cd,坎德拉是国际单位制的七个基本单位之一。

光度量和辐射度量之间存在对应关系,可以利用最大光视效能 K_m 和光视效率 $V(\lambda)$ 进行换算。

10.1.1 辐射度量

辐射度量的各物理量定义如下。

1. 辐射通量

它表示以辐射形式发射、传播或接收的功率,定义为单位时间内通过某一截面的辐射能,单位为 W(瓦),即 $1W = 1J/s$(焦耳每秒),通常用字符 Φ_e 表示。

2. 辐射强度

定义为在给定方向上的立体角内,离开点辐射源(或辐射源面元)的辐射通量 $d\Phi_e$,除以该立体角元 $d\Omega$(见图 10.1.1)。它表示点辐射源或者面辐射源在给定方向上的单位立体角内的辐射通量,通常用字符 I_e 表示,单位为 W/sr(瓦每球面度),表示为

$$I_e = \frac{d\Phi_e}{d\Omega} \tag{10.1.1}$$

3. 辐射出射度

图 10.1.2 所示,面积 dS 的辐射面发出的包含各种波长的辐射通量 $d\Phi_e$,通常用字符 M_e 表示,单位为 W/m²(瓦每平方米),表示为

$$M_e = \frac{\mathrm{d}\Phi_e}{\mathrm{d}S}$$ (10.1.2)

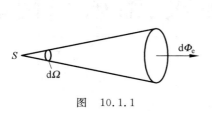

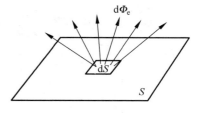

图 10.1.1

图 10.1.2　辐射出射度的定义

4. 辐射照度

如图 10.1.3 所示,它表示投射到接收面上的辐射通量的大小。辐射接收面上一点的辐射照度等于照射在包括该点的一个面元上的辐射通量 $\mathrm{d}\Phi_e$ 除以该面元的面积 $\mathrm{d}A$。通常用字符 E_e 表示,单位为 $\mathrm{W/m^2}$(瓦每平方米),表示为

$$E_e = \frac{\mathrm{d}\Phi_e}{\mathrm{d}A}$$ (10.1.3)

5. 辐射亮度

如图 10.1.4 所示,它表示面辐射源在某方向上辐射强弱的物理量。定义为在给定方向上包含该点的面源 $\mathrm{d}S$ 的辐射强度 $\mathrm{d}I_e$,除以该面元在垂直于给定方向的平面上正投影面积。通常用字符 L_e 表示,单位为 $\mathrm{W/(st \cdot m^2)}$(瓦每球面度平方米),表示为

$$L_e = \frac{\mathrm{d}\Phi_e}{\mathrm{d}A\mathrm{d}\Omega\cos\theta}$$ (10.1.4)

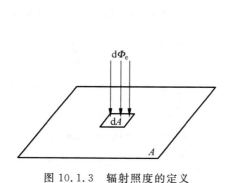

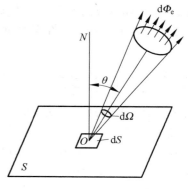

图 10.1.3　辐射照度的定义

图 10.1.4　辐射亮度的定义

10.1.2　光度量

辐射度量和光度量是一一对应的。它们所用的符号也相同,但辐射量常用下角标 e 表示,光度量常用下角标 v 表示。

1. 光通量

能够被人眼视觉系统单位时间内所感受到那部分辐射功率 Q_v 的大小的量度。单位是 lm 说明,通常用字符 Φ_v 表示。

$$\Phi_{\rm v} = \frac{{\rm d}Q_{\rm v}}{{\rm d}t} \tag{10.1.5}$$

2. 发光强度

光源在指定方向上的一个很小的立体角元 ${\rm d}\Omega$ 内所包含的光通量 ${\rm d}\Phi_{\rm v}$ 值,除以这个立体角元。通常用字符 $I_{\rm v}$ 表示,单位为 cd(坎德拉)。发光强度是光学基本量,是国际单位制中七个基本量之一。

$$I_{\rm v} = \frac{{\rm d}\Phi_{\rm v}}{{\rm d}\Omega} \tag{10.1.6}$$

早年发光强度的单位叫做烛光,它是通过一定规格的实物基准来定义的。最初的基准是标准蜡烛,后来用一定燃料的标准火焰灯,以及标准电灯。所有上述标准在一般实验室都不易重复,并且很难保证其客观性和准确度。直到 1979 年第十六届国际计量大会对发光强度的单位坎德拉作了明确的规定:"一个光源发出频率为 540×10^{12} Hz 的单色光,在一定方向的辐射强度为 $(1/683)$ W/sr,则此光源在该方向上的发光强度为 1 坎德拉"。

实际的光源在各个方向的发光强度不是均匀分布的,按发光强度的实际分布以极坐标画出分布曲线,称为发光强度分布曲线,也称配光曲线。图 10.1.5(a)为钨丝灯泡的发光强度曲线,其中零线代表自灯垂直向下的方向,180°线代表自灯指向天花板的方向,图中 20、40、80 等数字用以示意光源的发光强度值。图 10.1.5(b)为 300W 超高压短弧氙灯的发光强度曲线,这种氙灯有发光效率高、寿命长和灯光颜色接近于太阳光的特点。图中 1、2、3、4 等数字用以示意发光强度分布。

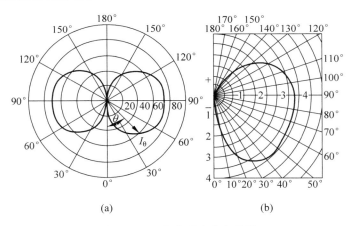

图 10.1.5　发光强度分布曲线

3. 光出射度

为离开光源表面一点处的面元的光通量 ${\rm d}\Phi_{\rm v}$ 除以该面元面积 ${\rm d}S$,通常用字符 $M_{\rm v}$ 表示,单位为 $\rm lm/m^2$。

$$M_{\rm v} = \frac{{\rm d}\Phi_{\rm v}}{{\rm d}S} \tag{10.1.7}$$

4. 光照度

在光接收面上一点处的光照度等于照射在包括该点的一个面元上的光通量 ${\rm d}\Phi_{\rm v}$ 除以该面元的面积 ${\rm d}A$。通常用字符 $E_{\rm v}$ 表示,单位为 lx(勒克斯)。

$$E_{\mathrm{v}} = \frac{\mathrm{d}\Phi_{\mathrm{v}}}{\mathrm{d}A} \qquad\qquad (10.1.8)$$

5. 光亮度

光亮度是用来描述具有有限尺寸的发光体发出的可见光在空间分布的情况；定义为在给定的与发光表面法线 N 成 θ 角的方向上包含该点的面光源 $\mathrm{d}S$ 的辐射强度 $\mathrm{d}I_e$，除以该面元在垂直于给定方向的平面上正投影面积。单位为 $\mathrm{cd/m^2}$（坎德拉/平方米），通常用字符 L_{v} 表示。

$$L_{\mathrm{v}} = \frac{\mathrm{d}\Phi_{\mathrm{v}}}{\mathrm{d}A\,\mathrm{d}\Omega\cos\theta} \qquad\qquad (10.1.9)$$

10.1.3 光视效率

光波作用于人眼，使人有颜色感和亮暗感。"颜色"是视觉对光波的频率的响应，"亮暗"是视觉对通过瞳孔的光功率的响应。对人眼的研究结果表明，视网膜对可见光不同波长的感光灵敏度不同，它对黄绿光的灵敏度最高，而对红光和蓝光、紫光的灵敏度则很低。这表明人的视觉对不同波长光有不同的灵敏度。就是说，人眼对能量相同但波长不同的单色辐射感觉为不同的明亮程度。

设任一波长为 λ 的光和波长为 550nm 的光，产生相同亮暗视觉所需要的辐射通量分别为 $\Delta\epsilon_\lambda$ 和 $\Delta\epsilon_{550}$，则其比值为

$$\upsilon(\lambda) = \Delta\epsilon_{550}/\Delta\epsilon_\lambda \qquad\qquad (10.1.10)$$

称为光视效率函数，也称为视见函数。

一般取波长为 550nm 的视见函数的相对值为 1。对于其他波长的光所要取得与 550nm 光相同的亮暗效果时，所需的辐射通量各不相同。如对于 600nm 的波长来说，视见函数的相对值为 0.631，为了使它引起和 550nm 相等强度的视觉，所需的辐射通量是 550nm 的 1/0.631 倍，即 1.6 倍左右。

实验表明，观察场亮暗不同时，光谱光效率函数也稍有不同。国际照明委员会（CIE）分别于 1924 年和 1951 年确定并正式推荐两种光谱光效率函数：明视觉光谱光效率函数 $V(\lambda)$ 和暗视觉光谱光效率函数 $V'(\lambda)$。如果匹配的单色波长是 380～780nm，将这两种条件下许多观察者的平均实验结果用相对辐射能量与波长的关系作图，就得到了图 10.1.6 所示的 $V(\lambda)$ 和 $V'(\lambda)$ 的函数曲线，图中的函数值已归一化。

由图 10.1.6 可见，$V(\lambda)$ 和 $V'(\lambda)$ 两者峰值所对应波长有所不同，$V(\lambda)$ 的峰值在 $\lambda=5.55\times10^{-7}$ m 处，而 $V'(\lambda)$ 的峰值是在 $\lambda=5.07\times10^{-7}$ m 处，这表示夜晚光是效率函数曲线的峰值向短波方向移动。所以在夜色朦胧时，我们总感觉周围世界笼罩了一层蓝绿的色彩。

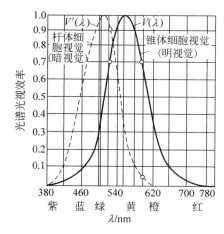

图 10.1.6　明视觉和暗视觉光谱光视效率曲线

眼睛的光谱光视效率也叫视见函数，因此明视觉光谱光视效率和暗视觉光谱光视效率

也可分别称为明视见函数和暗视见函数。

10.1.4　颜色与视觉

颜色是由于各种光谱能量对人的视觉系统的刺激而引起的感觉,是不同波长可见光辐射作用于人的视觉器官后所产生的心理感受。人脑有记忆、联想等功能,因此人观察到的颜色,往往带有有关颜色经验、背景颜色及物体形状等心理因素的影响。所以,颜色是一种和物理、生理及心理学有关的复杂现象。

1. 光与视觉

我们已知可见“光”具有的波长范围是在 $380\sim780$nm 之间。在这区间中,不同波长的辐射进入人眼的颜色感受却不同。例如,波长为 700nm 的辐射所引起的视觉感受是红色,波长为 510nm 的辐射引起的感觉是绿色,波长为 450nm 的辐射引起的感觉是蓝色等。所以,光的颜色与进入人眼的光辐射的光谱功率分布有关,当进入到眼睛的光谱辐射波长发生改变或者它们的相对光谱功率分布发生改变时,人眼对光的颜色感受也随着发生变化。人眼对颜色的感受有着两个任务,一方面它要把物体成像于视网膜上,在视网膜上形成一个清晰的像,另一方面,把视网膜上的物体光辐射通过视神经的作用形成刺激传递到大脑,转变成颜色感受。

2. 颜色的分类

自然界中,各种各样的颜色都必须有光存在,如果没有光则一切颜色也随之消失。对于光源,即本身发光的物体来说,其体现的颜色称为光源色。对光源来讲,白、黑变化相当于光源的亮度变化,亮度很高时呈白色,亮度很低时呈灰色,不发光时则为黑色。

当光照射到物体表面时,由于各种物体对光的透射、吸收和反射能力不同,某些光谱的光被透射、吸收或反射,则入射到人眼的光的颜色也不同,称为物体色。如一个反射物体在日光下反射 $480\sim560$nn 波长的辐射,而相对吸收其他波长的辐射,那么该物体的表面为绿色。当某物体对可见光的长波辐射有较高的反射,而吸收了 580nm 波长以下的大部分短波辐射,该物体的表面呈红色,如果某一物体的表面对可见光的所有波长,其辐射的反射比都在 $80\%\sim90\%$,则该物体表面呈白色。相反,如果反射比均在 4% 以下时,该物体呈黑色。

3. 颜色的表观特征

颜色有三种表观特征,包括明度、色调和饱和度。

(1)明度:是人眼感觉到的物体的明亮程度,它与人眼的视觉特性有关,也与物体本身的特性如反射比、透射比有关。

(2)色调:表示了各种不同的颜色,如红、绿、黄、蓝等。

(3)饱和度:表示了某一颜色彩色的“纯度”。

4. 颜色混合

白光是不同波长的光谱组合两成,通过棱镜时形成色散,产生多种色光。反过来,用适当的几种颜色混合也可以获得白光。

两种或多种颜色可以混合形成新的颜色,例如:把一束红色的光投射到白色的屏幕上,再在这束红光上投射一束绿色的光,在屏幕上产生的颜色是黄色。我们称之为加法混色,简称加混色。我们可以选择几种基本颜色来产生其他的一切颜色,这几种基本颜色我们称为原色。实践证明,采用红、绿、蓝三种颜色作为原色效果最好,以它们作为加混色的原色时可以产生人们在日常生活中所遇到的绝大部分颜色。

颜色也可以相减获得其他颜色,例如:将一块黄色的滤光片和一块蓝色的滤光片重叠后,当白光透过时则变成了绿色。我们称之为减法混色,简称减混色。减法混色中一般所使用的三个原色为加法混色中红、绿、蓝的补色,即青、品、黄三原色,也称为"减红""减绿"和"减蓝"。

5. 光谱三刺激值

实验证明,用红、绿、蓝三种原色可以匹配所有颜色,推广到各种波长的光谱色也不例外。匹配等能光谱色所需的三原色的量称为光谱三刺激值。对于不同波长的光谱色,其三刺激值显然为波长 λ 的函数,一般用 $\bar{r}(\lambda)$、$\bar{g}(\lambda)$ 和 $\bar{b}(\lambda)$ 表示。有以下的光谱色的颜色方程为

$$C(\lambda) \equiv \bar{r}(\lambda)(R) + \bar{g}(\lambda)(G) + \bar{b}(\lambda)(B) \tag{10.1.11}$$

光谱三刺激值 $\bar{r}(\lambda)$、$\bar{g}(\lambda)$ 和 $\bar{b}(\lambda)$ 有可能为负值。等能光谱是指各波长辐射能量相等,只有在此条件下,所得到的光谱色三刺激值才是可比较和有意义的。

加混色实验说明,任何一个颜色可以用线性无关的三个原色适当地相加混合与之匹配,有

$$\bar{c}(C) = \bar{r}(R) + \bar{g}(G) + \bar{b}(B) \tag{10.1.12}$$

式中,$\bar{r}$、$\bar{g}$、$\bar{b}$ 是匹配颜色 C 所需要的三个原色的刺激量,称为颜色 C 的三刺激值。

令 $r = \dfrac{\bar{r}}{\bar{r}+\bar{g}+\bar{b}}$,$g = \dfrac{\bar{g}}{\bar{r}+\bar{g}+\bar{b}}$,$b = \dfrac{\bar{b}}{\bar{r}+\bar{g}+\bar{b}}$,有

$$\frac{\bar{c}}{\bar{r}+\bar{g}+\bar{b}}(C) = r(R) + g(G) + b(B) \tag{10.1.13}$$

r、g、b 称为颜色 C 的色品坐标,很明显 $r+g+b=1$,于是可以用 r、g 作为直角坐标绘制出一个直角坐标图。各种颜色根据它所具有的色品坐标在图中占有一定的位置,如图 10.1.7 所

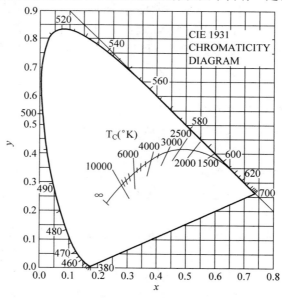

图 10.1.7

示。在颜色研究和量度中,算出待测颜色的三刺激值,就可以求得该颜色在 CIE-RGB 系统中的色品坐标为

$$r = \frac{R}{R+G+B}; \quad g = \frac{G}{R+G+B}; \quad b = \frac{B}{R+G+B} \tag{10.1.14}$$

10.2 光的吸收

所谓光的吸收,就是指光波通过介质后,光强度减弱的现象。除了真空,完全没有吸收的绝对透明介质是不存在的;没有一种介质能对任何波长的光波都是完全透明的,只能对某些波长范围内的光透明,对另一些范围的光不透明。例如石英介质,它对可见光几乎是完全透明的,而对波长自 $3.5\mu m$ 到 $5.0\mu m$ 的红外线却是不透明的。所谓透明,并非没有吸收,只是吸收较少。光的吸收可以通过介质的消光系数 η 描述。

10.2.1 吸收定律

如图 10.2.1 所示,设光强为 I 的平行光在均匀介质中传播,经过薄层 dl 后,由于介质的吸收,光强从 I 减少到 $(I-dI)$。实验表明,dI/I 应与吸收层厚度 dl 成正比,即有

$$\frac{dI}{I} = -\alpha dl \tag{10.2.1}$$

式中,α 为吸收系数,负号表示随着传播距离的增加,光强随之减小。对上式进行积分可得通过厚度为 l 的介质后光强的大小:

$$I = I_0 e^{-\alpha l} \tag{10.2.2}$$

其中,I_0 是 $l=0$ 处的光强,这个关系式就是著名的朗伯(Lambert)定律或吸收定律。

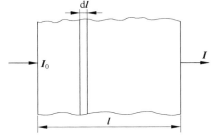

图 10.2.1 介质对光的吸收

吸收系数 α 愈大,光波吸收得愈强烈;当 $l=1/\alpha$ 时,即光波所通过的介质厚度的倒数时,光强减少为原来的 $1/e$,约为 36.8%。若引入消光系数 η 描述光强的衰减,则吸收系数 α 与消光系数 η 有如下关系:

$$\alpha = \frac{4\pi}{\lambda_n}\eta = \frac{4\pi}{\lambda}n\eta \tag{10.2.3}$$

式中 n 为介质的折射率,λ 和 λ_n 分别表示入射光波在真空中和介质中的波长。

由此,朗伯定律可表示为

$$I = I_0 e^{-\frac{4\pi}{\lambda}n\eta l} \tag{10.2.4}$$

不同介质的吸收系数差别很大,对于可见光:

玻璃的 $\alpha \approx 10^{-2} cm^{-1}$,这说明一般来说玻璃是透光的,但也有部分吸收;

金属的 $\alpha \approx 10^6 cm^{-1}$,这说明,非常薄的金属片就能吸收掉通过它的全部光能,因此金属片是不透明的;

一个大气压下空气的 $\alpha \approx 10^{-5} cm^{-1}$,这说明,光在空气中传播时,很少吸收,透明度很高。

实验表明,溶液的吸收系数与溶液的浓度有关,溶液的吸收系数 α 与其浓度 c 成正比,

$\alpha = Ac$,此处的 A 是与浓度无关的常数,它只取决于吸收物质的分子特性。在溶液中的光强衰减规律为

$$I = I_0 e^{-\alpha l}$$
(10.2.5)

上式由比尔(Beer)在 1852 年推出,称为比尔定律。它表示溶液吸收的光能与溶液中吸收物质的分子数成正比。比尔定律仅在溶液浓度较小时成立,在溶液浓度较大时,物质分子之间相互影响,比尔定律不成立。因此,比尔定律的成立的条件是:只有在物质分子的吸收本领不受它周围邻近分子的影响。

10.2.2 吸收光谱

吸收系数 α 是波长的函数,根据 α 随波长变化规律的不同,将吸收分为一般性吸收和选择性吸收。在一定波长范围内,若吸收系数 β 很少,并且近似为常数,这种吸收叫普遍吸收;反之,如果吸收较大,且随波长有显著变化,称为选择性吸收。介质的吸收系数 α 随光波长的变化关系曲线称为该介质的吸收光谱。普遍吸收的光谱是连续光谱,而选择性吸收的光谱为线状光谱、带状光谱或者部分连续光谱。让一束连续光谱的光通过吸收介质,再通过光谱仪将不同波长的光被吸收的情况显示出来,可获得该介质的吸收光谱。图 10.2.2 为钠蒸气的吸收光谱示意图,通过观察物质的吸收光谱,可以进行物质成分的分析。

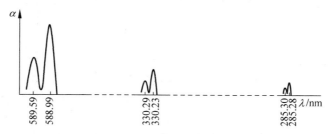

图 10.2.2 钠蒸气的吸收光谱

由于物质的选择性吸收,任何光学材料都有一定的透光极限,波长在透光极限以外的电磁波将被材料强烈吸收,表 10.2.1 列举了一些光学材料的透光极限。

表 10.2.1 常用光学材料的透光极限

材　　料	透光极限(波长/纳米)	
	紫外	红外
冕牌玻璃	350	2000
火石玻璃	380	2500
石英	180	4000
岩盐	175	14500
氟化锂	110	7000

地球大气对可见光、紫外光是透明的,但对红外光的某些波段有吸收,而对另一些波段比较透明。太阳内部发射连续光谱,由于太阳四周大气中的不同元素吸收不同波长的辐射,因而在连续光谱的背景上呈现出一条条黑的吸收线,如图 10.2.3 所示。夫朗和费首先发现,并以字母标志了这些主要的吸收线,它们的波长及太阳大气中存在的相应吸收元素,如

表 10.2.2 所示。

图 10.2.3　大气吸收线

表 10.2.2　大气吸收线的波长及相应的吸收元素

符号	波长/nm	吸收元素	符号	波长/nm	吸收元素
A	759.4～762.1	O	E_1	518.362	Mg
B	636.8～688.4	O	F	486.133	H
C	656.282	H	G	430.791	Fe
D_1	589.592	Na	G	430.774	Ca
D_2	588.995	Na	g	422.673	Ca
D_3	587.552	He	H	396.849	Ca
E_3	526.954	Fe	g	393.368	Ca

10.3　光的色散

介质的折射率随入射光波长而变化的现象叫光的色散。反映折射率与波长的函数关系的曲线称为色散曲线。图 10.3.1 给出了几种色散材料的色散曲线,其中灰色区域为可见光区域。

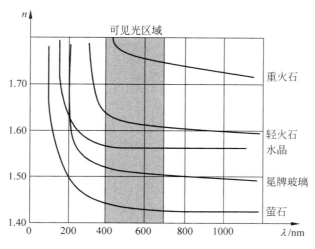

图 10.3.1　几种常用光学材料的色散曲线

介质折射率在波长附件随波长的变化率称为色散率,用 ν 表示。它用来表征介质色散程度,即量度介质折射率随波长变化快慢的物理量。定义为:波长差为 1 个单位的两种光折射率差,即

$$\nu = \frac{\mathrm{d}n}{\mathrm{d}\lambda} = \frac{n_2 - n_1}{\lambda_2 - \lambda_1} = \frac{\Delta n}{\Delta \lambda} \tag{10.3.1}$$

色散率小于零的称为正常色散,色散率大于零的称为反常色散。色散率为零的称为零色散。

描述介质的色散特性,除了采用色散曲线外,还可以利用 1836 年由科希(Cauchy)提出来的经验公式为

$$n = \mathrm{A} + \frac{\mathrm{B}}{\lambda^2} + \frac{\mathrm{C}}{\lambda^4} \tag{10.3.2}$$

式中,A、B 和 C 是与介质有关的常数,可由手册查到。当波长间隔不太大时,可只取上式的前两项

$$n = \mathrm{A} + \frac{\mathrm{B}}{\lambda^2} \tag{10.3.3}$$

可得

$$\nu = \frac{\mathrm{d}n}{\mathrm{d}\lambda} = -\frac{2\mathrm{B}}{\lambda^3} \tag{10.3.4}$$

由于 A、B 都是正值,所以当 λ 增加时,折射率 n 和色散率 ν 都减少,称为正常色散。其具有以下特点:

(1) 波长愈短,折射率愈大;

(2) 波长愈短,折射率随波长的变化率愈大,即色散率|ν|愈大;

(3) 波长一定时,折射率愈大的材料,其色散率也愈大。

1862 年,勒鲁(F.P. Le Roux)用充满碘蒸汽的三棱镜观察到了紫光的折射率比红光的折射率小,由于这个现象与当时已观察到的正常色散现象相反,勒鲁称它为反常色散。实际上,反常色散并不“反常”,它也是介质的一种普遍现象。在固有频率 ω_0 附近的区域,也即光的吸收区是反常色散区。

图 10.3.2 是石英色散曲线,在可见光区域内,测得曲线 PQR 段,可由柯西公式表示。但在红外区,n 值的测量结果比计算结果下降要快得多,偏离为 QR′。图中实线是测量结果,虚线是计算结果。在吸收区,由于光无法通过,n 值也就测不出来了。当入射光波长越过吸收区后,光又可通过石英介质,这时折射率数值很大,而且随着波长的增加急剧下滑。在远离吸收区时,n 值变化减慢,这时又进入了另一个正常色散区,即曲线中的 ST 段,这时科希公式又适用了,不过其常数 A、B 值要相应地

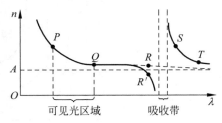

图 10.3.2 石英色散曲线

变化。显然,吸收区所对应的即是所谓的“反常”色散区,而吸收带之间的区域为正常色散区域。

牛顿采用正交棱镜法观察了棱镜的色散,其装置如图 10.3.3 所示。三棱镜 P_1、P_2 的折射棱互相垂直,狭缝 M 平行于 P_1 的折射镜。通过狭缝 S 的白光经透镜 L_1 后,成为平行光,该平行光经 P_1、P_2 及 L_2,汇聚于屏 N 上。如果没有棱镜 P_2,由于 P_1 棱镜的色散所引起的分光作用,在光屏上将得到水平方向的连续光谱 AB。若置入棱镜 P_2,则由 P_2 的分光作用,使得通过 P_1 的每一条谱线都向下移动。若两个棱镜的材料相同,它们对于任一给定

的波长谱线产生相同的偏向。因棱镜分光作用对长波长光的偏向较小,使红光一端 a 下移最小,紫光一端 b 下移最大,结果整个光谱 ab 仍为一直线,但已与 AB 成倾斜角。如果两个棱镜的材料不同,则连续光谱 ab 将构成一条弯曲的彩色光带。

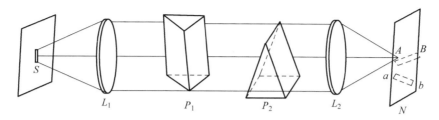

图 10.3.3　色散观察实验装置

10.4　光的散射

介质对光的散射与对光的吸收、色散一样,都是光与物质相互作用的基本过程。当光束通过均匀的透明介质时,除传播方向外,是看不到光的。而当光束通过浑浊的液体或穿过灰尘弥漫的空间时,就可以在侧面看到光束的轨迹,即在光线传播方向以外能够接收到光能。这种光束通过不均匀介质所产生的偏离原来传播方向的现象,称为光的散射。

由于光的散射是将光能散射到其他方向上,而光的吸收则是将光能转化为其他形式的能量,所以从本质上说二者不同,但是在实际测量时,很难区分开它们对透射光强的影响。因此,在实际工作上通常都将这两个因素的影响考虑在一起,将透射光强表示为

$$I = I_0 \mathrm{e}^{-(\alpha+h)l} = I_0 \mathrm{e}^{-\eta l} \tag{10.4.1}$$

式中,h 为散射系数,α 为吸收系数,η 为衰减系数,实际测量中得到的往往是 η。

通常,根据散射光的波矢 k 和波长的变化与否,将散射分为两大类:一类散射是散射光波矢 k 变化,但波长不变化(散射光频率与入射光频率相同),属于这种散射的有瑞利散射,米氏(Mie)散射和分子散射;另一类是散射光波矢 k 和波长(散射光频率与入射光频率不同)均变化,属于这种散射的有喇曼(Raman)散射,布里渊(Brillouin)散射等。

10.4.1　瑞利散射

瑞利在 1871 年提出,如果浑浊介质的悬浮微粒线度为波长的十分之一,不吸收光能,在与入射光传播方向成 θ 角的方向上,单位介质中的散射光强度为

$$I(\theta) \propto \frac{1}{\lambda^4} \tag{10.4.2}$$

式中,$I(\theta)$ 为相应于某一观察方向(与入射光方向成 θ 角)的散射光强度。该式说明,光波长愈短,其散射光强度愈大。

众所周知,整个天空之所以呈现光亮,是由于大气对太阳光的散射,如果没有大气层,白昼的天空也将是一片漆黑。那么,天空为什么呈现蓝色呢? 由瑞利散射定律可以看出,在由大气散射的太阳光中,短波长占优势,例如,红光波长($\lambda = 0.72\,\mu\mathrm{m}$)为紫光波长($\lambda = 0.4\,\mu\mathrm{m}$)的 1.8 倍,因此紫光散射强度约为红光的 $(1.8)^4 \approx 10$ 倍。所以,太阳散射光在大气层内层,蓝色的成分比红色多,使天空成蔚蓝色。另外,为什么正午的太阳基本上呈白色,而旭日和

夕阳却呈红色? 如图 10.4.1 所示,正午太阳直射,穿过大气层厚度最小,阳光中被散射掉的短波成分不太多,因此垂直透过大气层后的太阳光基本上呈白色或略带黄橙色。早晚的阳光斜射,穿过大气层的厚度比正午时厚得多,被大气散射掉的短波成分也多得多,仅剩下长波成分透过大气到达观察者,所以旭日和夕阳呈红色。

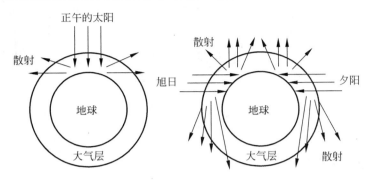

图 10.4.1　太阳光的瑞利散射

10.4.2　米氏散射

瑞利散射研究的是散射粒子远小于波长尺寸,一般小于等于波长的十分之一时的光散射,而当散射粒子的尺寸接近或大于波长时,其散射规律与瑞利散射不同。这种大粒子散射的理论,目前还很不完善。米氏对这种尺寸的球形导电粒子(金属的胶体溶液)所引起的光散射,进行了较全面的研究,并在 1908 年提出了悬浮微粒线度可与入射光波长相比拟时的散射理论,称为米氏散射,对应为大粒子的散射。如图 10.4.2 所示为瑞利散射和米氏散射区域图。

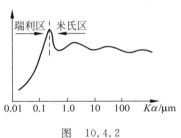

图　10.4.2

米氏散射的主要特点是:

① 散射光强与偏振特性随散射粒子的尺寸变化。

② 散射光强随波长的变化规律是与波长 λ 的较低幂次成反比,即

$$I(\theta) \propto \frac{1}{\lambda^n} \tag{10.4.3}$$

其中,$n=1,2,3$. n 的具体取值取决于微粒尺寸。

③ 散射光的偏振度随 r/λ 的增加而减少,这里 r 是散射粒子的线度,λ 是入射光波长。

④ 当散射粒子的线度与光波长相近时,散射光强度对于光矢量振动平面的对称性被破坏,随着悬浮微粒线度的增大,沿入射光方向的散射光强将大于逆入射光方向的散射光强。

利用米氏散射也可以解释许多自然现象。例如,为什么蓝天中飘浮着白云? 是因为组成白云的小水滴线度接近或大于可见光波长,可见光在小水滴上产生的散射属于米氏散射,其散射光强与光波长关系不大,所以云雾呈现白色。

10.4.3　分子散射

光在浑浊介质中传播时,由于介质光学特性的不均匀性,将产生散射。当悬浮微粒的线度小于 1/10 波长时,称为瑞利散射;当悬浮微粒的线度接近或大于波长时,称为米氏散射。实际中,即使当光在纯净介质中传播时,也能产生光散射现象。这是因为分子热运动引起密度起伏,或因分子各向异性引起分子取向起伏引起光学性质的非均匀所产生光的散射,称为分子散射。通常,纯净介质中由于分子热运动产生的密度起伏所引起折射率不均匀区域的线度比可见光波长小得多,所以分子散射中,散射光强与散射角的关系与瑞利散射相同。例如,理想气体对自然光的分子散射光强为

$$I(\theta) = \frac{2\pi^2(n-1)^2}{r^2 N_0 \lambda^4} I_i (1 + \cos^2\theta) \tag{10.4.4}$$

式中,n 为气体折射率,N_0 为单位体积气体中的分子数目,r 为散射点到观察点的距离,I_i 为入射光强度。由上式可见,对于分子散射仍有

$$I(\theta) \propto \frac{1}{\lambda^4} \tag{10.4.5}$$

但由分子各向异性起伏产生的分子散射光强度,比密度起伏产生的分子散射光强度还要弱得多。

10.4.4　拉曼散射

1928 年,印度科学家拉曼和苏联科学家曼杰利斯塔姆几乎同时分别在研究液体和晶体散射时,发现了散射光中除有与入射光频率 ν_0 相同的瑞利散射线外,在其两侧还有频率为 $\nu_0 \pm v_1$,$\nu_0 \pm v_2$ … 的散射线存在,这种散射现象就是拉曼散射,拉曼也因此获得了 1930 年度诺贝尔物理学奖。

从经典电磁理论的观点看,分子在光的作用下发生极化,极化率的大小因分子热运动产生变化,引起介质折射率的起伏,使光学均匀性受到破坏,从而产生光的散射。由于散射光的频率是入射光频率 ν_0 和分子振动固有频率的联合,所以拉曼散射又叫联合散射。

设入射光电场为

$$E = E_0 \cos 2\pi\nu_0 t \tag{10.4.6}$$

分子因电场作用产生的感应电偶极矩为

$$P = \varepsilon_0 \chi E \tag{10.4.7}$$

式中,χ 为分子极化率。若 χ 为不随时间变化的常数,则 P 以入射光频率 ν_0 作周期性变化,由此得到的散射光频率也为 ν_0,这就是瑞利散射。若分子以固有频率 ν 振动,则分子极化率不再为常数,也随 ν 作周期变化,可表示为

$$\chi = \chi_0 + \chi_\nu \cos 2\pi\nu t \tag{10.4.8}$$

式中,χ_0 为分子静止时的极化率;χ_ν 为相应于分子振动所引起的变化极化率的振幅。将此式代入式(10.4.7),得

$$P = \varepsilon_0 \chi_0 E_0 \cos 2\pi\nu_0 t + \varepsilon_0 \chi_\nu E_0 \cos 2\pi\nu_0 t \cos 2\pi\nu t \tag{10.4.9}$$

$$= \varepsilon_0 \chi_0 E_0 \cos 2\pi\nu_0 t + \frac{1}{2}\varepsilon_0 \chi_\nu E_0 [\cos 2\pi(\nu_0 + \nu)t + \cos 2\pi(\nu_0 - \nu)t]$$

上式表明,感应电偶极矩 P 的频率有三种:ν_0,$\nu_0 \pm \nu$,所以散射光的频率也有三种。频率为 ν_0 的谱线为瑞利散射线;频率为 $\nu_0 - \nu$ 的谱线称为斯托克斯线(Stokes);频率为 $\nu_0 + \nu$ 的谱线称为反斯托克斯线(Anti-Stokes)。

拉曼散射的特点是:

(1)斯托克斯线和反斯托克斯线分别与原始光的频率差相同,但反斯托克斯线相对斯托克斯线出现得少而弱。

(2)不同散射介质的频率差各不一样,如 $\Delta\nu_1' = \nu_0 - \nu_1$,$\Delta\nu_2' = \nu_0 - \nu_2$,$\Delta\nu_3' = \nu_0 - \nu_3 \cdots$,等等。这些频率差的数值与入射光波长无关,只与散射介质有关。

随着激光的出现,利用激光光源进行的拉曼散射光谱研究取得了很大进展。由于其拉曼散射谱中的瑞利谱线很细,其两侧频率差很小的拉曼散射线也清晰可见,因此,使得分子光谱的研究更加精密。特别是当激光强度增大到一定程度时,出现受激拉曼散射效应,而由于受激拉曼散射光具有很高的空间相干性和时间相干性,强度也大得多,所以得到了广泛的应用。相对于这种受激拉曼散射而言,通常将上述的拉曼散射叫自发拉曼散射。

10.5 例题解析

例题 10-1 某种玻璃的吸收系数为 $10^{-2}\,\mathrm{cm}^{-1}$,空气的吸收系数为 $10^{-5}\,\mathrm{cm}^{-1}$。问 1cm 厚的玻璃所吸收的光,相当于多厚的空气层所吸收的光。

解 由朗伯定律知道,经过长度为 l 的介质所吸收的光强为

$$I_0 - I = I_0(1 - e^{-Kl})$$

同样强度的光通过不同的介质,要产生相同的吸收,应满足条件

$$1 - e^{-Kl} = 1 - e^{-K'l'}$$

或

$$Kl = K'l'$$

式中,K、K'、l、l' 分别为玻璃和空气的吸收系数和厚度。故有

$$l' = \frac{Kl}{K'} = \frac{10^{-2} \times 1}{10^{-5}} = 10^3\,\mathrm{cm} = 10\mathrm{m}$$

即 1cm 厚的玻璃所吸收的光能,相当于 10m 厚的空气层所吸收的光能。

例题 10-2 某种玻璃对 $\lambda = 0.4\,\mu\mathrm{m}$ 的光折射率 $n = 1.63$,对 $\lambda = 0.5\,\mu\mathrm{m}$ 的光折射率 $n = 1.58$。假定科希公式为 $n = \mathrm{A} + \mathrm{B}/\lambda^2$,试求这种玻璃对 $\lambda = 0.6\,\mu\mathrm{m}$ 光的色散。

解 首先将题中所给数值代入科希公式,可得

$$1.63 = \mathrm{A} + \frac{\mathrm{B}}{(4 \times 10^{-5})^2}$$

$$1.58 = \mathrm{A} + \frac{\mathrm{B}}{(5 \times 10^{-5})^2}$$

求解该二式,得

$$\mathrm{B} = 2.22 \times 10^{-10}\,\mathrm{cm}^2$$

因此,在 $\lambda = 0.6\,\mu\mathrm{m}$ 处的色散为

$$\frac{\mathrm{d}n}{\mathrm{d}n} = -\frac{2\mathrm{B}}{\lambda^3} = -\frac{2 \times 2.22 \times 10^{-6}}{(6 \times 10^{-5})^3} = -2.06 \times 10^3\,\mathrm{cm}^{-1}$$

例题 10-3　由 A$=1.53974$cm^2,B$=0.45628\times10^{-10}$ cm^2 的玻璃构成的折射棱角为 $50°$ 是棱镜,当棱镜的放置使它对 0.55μm 的波长处于最小偏向角时,计算它的角色散率。

解　顶角为 α 的棱镜,最小偏向角 δ_{m} 满足

$$n\,\frac{\sin\frac{1}{2}(\alpha+\delta_{\mathrm{m}})}{\sin\frac{\alpha}{2}}$$

假设波长为 λ 与 $\lambda+\Delta\lambda$ 两条谱线的偏向角分别为 δ 与 $\delta+\Delta\delta$,则其角距离可用角色散率 D 表示,

$$D=\lim_{\Delta\lambda\to0}\frac{\Delta\delta}{\Delta\lambda}=\frac{\mathrm{d}\delta}{\mathrm{d}\lambda}$$

在最小偏向角附近的角色散率为

$$D=\frac{\mathrm{d}\delta}{\mathrm{d}\lambda}=\frac{\mathrm{d}\delta_{\mathrm{m}}}{\mathrm{d}\lambda}=\frac{\mathrm{d}\delta_{\mathrm{m}}}{\mathrm{d}n}\frac{\mathrm{d}n}{\mathrm{d}\lambda}$$

$$=\frac{1}{\dfrac{\mathrm{d}\delta_{\mathrm{m}}}{\mathrm{d}n}}\frac{\mathrm{d}n}{\mathrm{d}\lambda}=\frac{2\sin\dfrac{\alpha}{2}}{\sqrt{1-n^2\sin^2\dfrac{\alpha}{2}}}\frac{\mathrm{d}n}{\mathrm{d}\lambda}$$

由科希公式得折射率为

$$n=\mathrm{A}+\frac{\mathrm{B}}{\lambda^2}=1.55482$$

$$\frac{\mathrm{d}n}{\mathrm{d}\lambda}=-\frac{2\mathrm{B}}{\lambda^3}=-5.4849\times10^2\,\mathrm{cm}^{-1}$$

将 n 和 $\mathrm{d}n/\mathrm{d}\lambda$ 的数值代入前式,得

$$D=\frac{2\sin\dfrac{50°}{2}}{\sqrt{1-(1.55482)^2\sin^2\left(\dfrac{50°}{2}\right)}}\times(-5.4849\times10^2)$$

$$=-6.1502\times10^2\,\mathrm{rad/cm}$$

例题 10-4　假定在白光中,波长为 $\lambda_1=0.6\mu$m 的红光和波长为 $\lambda_2=0.45\mu$m 的蓝光的温度相等,问色散光中两者比例是多少。

解　按瑞利定律,散射光强度与波长的四次方成正比,故

$$\frac{I_1}{I_2}=\frac{\lambda_2^4}{\lambda_1^4}=\frac{(0.45)^4}{(0.6)^4}=0.32$$

因此观察白光散射时,可看到蓝青色。

例题 10-5　一氦氖激光器发出波长为 632.8nm 的激光束功率为 5mW。求:

(1) 该激光束的光通量;

(2) 若已知激光束的发散角为 1mrad,放电毛细管的直径为 1mm,求其光亮度;

(3) 此激光束照射距离 10m 远的白色屏幕上,求其光照度(已知 632.8nm 的视见函数值为 0.24)。

解　(1)对于波长为 550nm 的光而言,1W 相当于 683lm,对于其他波长的光,1W 相当于 $683\times\upsilon(\lambda)$lm,对应 632.8nm 光而言,其 1W$=683\times0.24=163.9$lm,5mW 相当的光通

量为

$$d\Phi = 5 \times 10^{-3} \times 163.9 = 0.8195 \text{lm}$$

（2）1mrad 发散的激光束的发光强度为

$$I = \frac{d\Phi}{d\Omega} = \frac{d\Phi}{ds/r^2} = \frac{d\Phi}{\pi R^2} r^2 = \frac{d\Phi}{\pi (r\theta)^2} r^2 = \frac{d\Phi}{\pi \theta^2}$$

$$I = \frac{0.8195}{\pi \times (10^{-3})^2} = 2.61 \times 10^5 \, (\text{cd})$$

把毛细管的截面作为发光面，其光亮度为

$$B = I/dS = 3.32 \times 10^{11} \, \text{cd/m}^2$$

（3）激光束在10m远的白屏幕上的光照度为

$$E = \frac{d\Phi}{dS} = \frac{0.8195}{\pi (r\theta)^2} = \frac{0.8195}{\pi (10 \times 10^{-3})^2} = 2.61 \times 10^{-3} \text{lx}$$

习题

10.1　若介质的吸收系数为 0.06/m，光束通过该介质后光强衰减为入射光强的一半，求介质的厚度。

10.2　空气的吸收系数为 10^{-5}/cm，若光束通过 20m 厚的空气与通过 1cm 厚的介质吸收的光强相等，求该介质的吸收系数。

10.3　玻璃相对 400nm 的光波的折射率为 1.66，相对 600nm 的光波的折射率为 1.63，求相对 800nm 的光波的折射率和色散率。

10.4　以波长为 770nm 的红光和波长为 550nm 绿光为例计算说明，虽然人眼对波长为 550nm 的黄绿光最敏感，但指示危险和停止的信号灯都采用红光的原因。

10.5　光束通过长度为 2m 的介质后入射光强减弱了 40%，其中有 25% 是介质的散射造成的，若介质的不均匀性引起的光散射和介质光吸收的规律相同，求介质的吸收系数和散射系数。

10.6　计算波长为 254nm 和 532nm 的两条光谱线的瑞利散射强度之比。

10.7　某介质的吸收系数为 0.32/cm，求透射光强为入射光强的 0.1 时，该介质的厚度为多少？

部分习题参考答案

第 2 章

2.2　$2.25 \times 10^8\,\text{m/s}$；$1.987 \times 10^8\,\text{m/s}$；$1.82 \times 10^8\,\text{m/s}$；$1.97 \times 10^8\,\text{m/s}$；$1.24 \times 10^8\,\text{m/s}$

2.3　2

2.4　1.5

2.5　(1) 200mm,80mm；(2) 200mm,93.99mm

2.6　$r = 5\text{cm}$；凸面镜

2.7　$l_1 \approx 1.39r$

2.16　$l_2' = -30.7\text{cm}$

2.17　100mm,位于物与平面镜中间

第 3 章

3.2　(1) $l' = 100\text{mm}$,透镜边框是孔径光阑,$U_{\max} = 0.245\text{rad} = 14.04°$。圆筒左端面 (或右端面) 是视场光阑,线视场 $2y = 50\text{mm}$,无渐晕。

(2) $l' = 300\text{mm}$,透镜边框是孔径光阑,$U_{\max} = 0.245\text{rad} = 14.04°$。圆筒左端面是视场光阑,线视场 $2y = 50\text{mm}$,有渐晕,渐晕系数为 0.5。

3.3　透镜 1 边框是孔径光阑,分划板是视场光阑,视场角 $2\omega = 22.62°$,透镜 2 边框是渐晕光阑,渐晕系数为 0.3。

3.4　$2\omega = 46.793°, D_2 = 10\text{mm}, D_1 = 23.316\text{mm}$

3.5　$l < -200\text{mm}$ 时圆孔为入射光瞳,$l > -200\text{mm}$ 时镜组为入射光瞳；$2\omega_1 = 11.421°, 2\omega_{0.5} = 43.603°$。

3.6　对准平面 $l = -8.132\text{m}$,近景平面 $l_2 = -4.066\text{m}$。

3.7　(1) 0.5 和 0.85 带光线的球差为 $-0.01125, -0.01203$；(2) 边缘光的初级、高级球差分别为 $-0.06, 0.06$；(3) 最大的剩余球差出现在 0.707 高度带上,数值是 -0.015。

3.9　球差;位置色差;畸变;倍率色差。

3.10　(1) 球差、位置色差是轴上宽光束像差:与孔径有关;(2) 慧差是轴外宽光束像差:与孔径、视场都有关;(3) 像散、场曲:对细光束,与视场有关。对宽光束,与孔径、视场都有关;(4) 畸变:与视场有关;(5) 各种像差均可展开成孔径、视场的级数。(6) 孔径增大,宽光束像差大且难以校正。(7) 视场增大,轴外像差且难以校正。

3.11　球差;位置色差;畸变

3.12　平面反射镜

3.13　蓝;红;黄

3.14　最大投射高度的 0.707 倍处。

第 4 章

4.1 (1) -0.5m；(2) -0.1m；(3) -1m；(4) -1m；(5) -0.11m

4.2 (1) 100mm；(2) 2.25

4.3 (1) 9；(2) 10mm；(3) -22.2mm

4.4 27.532mm,32.051mm

4.5 (1) 190；(2) 0.38

4.6 (1) -30,成倒像；(2) -40mm,30mm；(3) 3.05μm；(4) 1.25mm；(5) 30.2mm

4.7 18.75mm,28.87mm

4.8 (1) 10,10；(2) 17.73mm,16.12mm；(4) 28.9mm,直径 1.5mm

4.9 (1) -25；(2) -5；(3) 0.05

4.11 (1) 28.8mm；(2) 14.89mm；(3) 17.78mm；1.65mm；(4) 19.44mm；17.78mm；16.12mm

4.12 (1) 8；(2) 88.9mm,11.1mm；(3) 12.5mm；(4) 18.4mm；(5) ±0.62mm；(6) 58.4 度；(7) 14mm

4.13 (1) 200mm,25mm；(2) 28.6mm,28.1mm；(3) 19.8mm,21.6mm；(4) ±2.5mm

4.15 (1) 90mm；(2) ∞,-45mm

第 5 章

5.1 $2\pi\times10^3$ rad

5.2 (1) 60 度,(2) 相速度 2×10^8 m/s,振幅 4V/m,频率 4×10^{14} Hz,波长 0.5μm,(3) 1.5

5.3 $r_s=-0.305$, $r_p=0.213$

5.4 1.96662×10^8 m/s, 1.9018×10^8 m/s

5.5 0.83

5.7 $0.916I_0$

5.8 5.1mm

5.9 $53°15'$ 或 $50°13'$

第 6 章

6.1 (1) 直线条纹,$\Delta x=0.3$mm；(2) 直线条纹 $\Delta x=0.25$mm

6.2 6×10^{-3} mm

6.3 $0.015°$

6.4 $d<0.172$mm

6.5 $d=\dfrac{\lambda}{n-1}\left(m+\dfrac{1}{4}\right)$

6.6 $\Delta\nu=1.5\times10^4$ Hz, $\Delta_{max}=2\times10^4$ m

6.7 (1) 亮；(2) 13.4mm；(3) 0.67mm

6.8 $h = \dfrac{\lambda_1 \lambda_2}{4n(\lambda_1 - \lambda_2)}$

6.9 $h = 114.6\text{nm}$；1%

6.10 11

6.11 $\alpha = 5.9 \times 10^{-5}\text{rad}$

6.12 426nm

6.13 $0.707\sqrt{N}\text{mm}, 0.25N\text{mm}$

6.14 (1) $\left| \cos\dfrac{\Delta\lambda}{\lambda^2}\pi\Delta \right|$；(2) $\Delta h = \dfrac{\lambda_1\lambda_2}{2\Delta\lambda}$；(3) $\Delta h = 0.289\text{mm}$

6.15 (1) 1.000271；(2) 2.95×10^{-7}

6.16 599.88nm

6.17 (1) 1.7×10^5；(2) $0.45''$；(3) 2.6×10^7；(4) 1.2×10^5，1.9×10^{-5}nm；
(5) $3 \times 10^4\text{Hz}$

6.18 $6 \times 10^{-2}\text{nm}$

6.19 (1) 33938；18；33920；5mm；(2) 有两套干涉条纹

6.20 (1) 氦灯；(2) 100mm；(3) $\approx 1.49\text{mm}$

6.21 (1) $A_{\min} = 14.43$；(2) $1.097\mu\text{m}$

第 7 章

7.1 错误

7.2 (1) 5.46mm；(2) 远离透镜方向移动 121cm，14mm

7.3 0.126mm

7.4 $I = I_0 \left(\dfrac{\sin\alpha}{\alpha} \right)^2 (2\cos 4\alpha - 1)^2$

7.5 27.5cm

7.6 (1) 增大透镜 L_2 的焦距后，衍射条纹半宽度 $\Delta x = \dfrac{\lambda}{a}f$ 相应变大；(2) 衍射屏上的衍射级次减小；(3) 零级衍射光斑的位置不变，但上半部分的衍射斑数目减少，下半部分的增多。

7.7 (1) 425nm；(2) 白色；(3) 彩色，红外紫内

7.8 $I = I_0 \left(\dfrac{\sin\beta}{\beta} \right)^2$，$\beta = \dfrac{\pi b}{\lambda}[\sin\theta + (n-1)\alpha]$

7.9 (1) 亮点；(2) 前移 250mm，后移 500mm

7.10 (1) $I = E^2 = 4\pi^2 c'^2 \left[\dfrac{a^2 J_1(ka\theta)}{ka\theta} - \dfrac{b^2 J_1(kb\theta)}{kb\theta} \right]^2$；(2) 0.56，0.51 $\dfrac{\lambda}{a}$

7.11 (1) 290.3km；(2) 145.2m

7.12 (1) 500mm^{-1}；(2) $D/f = 0.34$

7.13 (1) 305nm；(2) 1.67 倍；(3) $792 \leqslant M = \dfrac{\varepsilon''}{\varepsilon'} \leqslant 1584$

7.14 (1) 0.895；(2) 447.5 倍

7.15　(1) $d=0.21$mm，$b=0.05$mm；(2) 分别为零级条纹的 $0.81,0.4,0.09$

7.16　1.5×10^{-3}cm，6×10^{-3}cm

7.17　$I=4I_0\left(\dfrac{\sin\beta}{\beta}\cos2\beta\right)^2\left(\dfrac{\sin6N\beta}{\sin6\beta}\right)^2$，$\beta=\dfrac{\pi b\sin\theta}{\lambda}$

7.18　$I=EE^*=I_0\left(\dfrac{\sin\alpha}{\alpha}\right)^2[3+2(\cos4\alpha+\cos6\alpha+\cos10\alpha)]$

7.19　(1) 3.34×10^{-3}mm，4.08×10^{-3}mm；(2) 0.13mm，0.32mm

7.21　(1) 13 级，10^6；(2) 38.5nm；(3) F-P 干涉仪的分别本领为 10^6，自由光谱区为 0.0125nm

7.22　(1) 5 条谱线

7.23　87.8cm

7.24　$\Delta\theta=\theta'-\theta=\begin{cases}0.75°=45'\\-0.75°=-45'\end{cases}$

7.25　4 倍

第 8 章

8.2　$0.3175,0.9526,2.8578$

8.3　94.8%

8.4　$\dfrac{2}{3}$；$\dfrac{1}{2}$

8.5　$0.094I_0$

8.6　$3°31'$

8.7　$d=1.64$mm

8.10　$\theta'_e=26°56'$

8.12　$d=0.061$mm；$\theta=26.565°$

8.13　$\dfrac{5}{16}I_0$

8.14　$\lambda=764.4$mm；$\lambda=688.0$mm；$\lambda=625.5$mm；$\lambda=458.7$mm；$\lambda=430.0$mm；$\lambda=404.7$mm

8.15　(1) 右旋；(2) 2.747

8.16　透射光为线偏振光，光矢量方向和 x 轴成 $-45°$；透射光为右旋椭圆偏振光。

8.17　右旋

8.19　$0.12I_0$

8.20　(1) 当 $\theta=0,\dfrac{\pi}{2},\pi,\dfrac{3}{2}\pi$ 时，$I=0$；当 $\theta=\dfrac{\pi}{4},\dfrac{3\pi}{4},\dfrac{5\pi}{4},\dfrac{7\pi}{4}$ 时，$I_{\max}=\dfrac{1}{2}I_0$。

(2) $\lambda/4$：4 个极大值点 $I_{\max}=\dfrac{I_0}{4}$；4 个极小值点 $I_{\min}=0$；使用全波片时，旋转波片一周都不能得到光强输出。

8.21　$G=\begin{bmatrix}\cos^2\theta & \dfrac{1}{2}\sin2\theta\\[2mm]\dfrac{1}{2}\sin2\theta & \sin^2\theta\end{bmatrix}$

8.22　$G=\cos\dfrac{\delta}{2}\begin{bmatrix}1-\mathrm{i}\tan\dfrac{\delta}{2}\cos2\alpha & -\mathrm{i}\tan\dfrac{\delta}{2}\sin2\alpha\\[2mm]1-\mathrm{i}\tan\dfrac{\delta}{2}\sin2\alpha & 1-\mathrm{i}\tan\dfrac{\delta}{2}\cos2\alpha\end{bmatrix}$

8.23　0.012

8.24　$\dfrac{5}{16}I_0$

8.25　(1) $\lambda=771.8\mathrm{nm}$；$\lambda=707.5\mathrm{nm}$；$\lambda=653\mathrm{nm}$；$\lambda=606\mathrm{nm}$；$\lambda=566\mathrm{nm}$；$\lambda=530\mathrm{nm}$；$\lambda=499\mathrm{nm}$；$\lambda=471\mathrm{nm}$；$\lambda=446\mathrm{nm}$；$\lambda=424\mathrm{nm}$；$\lambda=404\mathrm{nm}$；$\lambda=385\mathrm{nm}$

　　(2) $\lambda=748\mathrm{nm}$；$\lambda=688\mathrm{nm}$；$\lambda=637\mathrm{nm}$；$\lambda=593\mathrm{nm}$；$\lambda=555\mathrm{nm}$；$\lambda=521\mathrm{nm}$；$\lambda=491\mathrm{nm}$；$\lambda=465\mathrm{nm}$；$\lambda=441\mathrm{nm}$；$\lambda=419\mathrm{nm}$；$\lambda=400\mathrm{nm}$

8.26　$L_{\max}=3.5\mathrm{mm}$

8.27　$\theta_\mathrm{B}=0.0036\mathrm{rad}$

8.28　$V_\pi=1.6\mathrm{kV}$

第　9　章

9.1　$f_x=\dfrac{\sqrt{2}}{2\lambda}$，　　$f_y=\dfrac{1}{2\lambda}$，$U(x,y,z_1)=\exp(\mathrm{j}kz_1)\exp\mathrm{j}2\pi\left(\dfrac{\sqrt{2}}{2\lambda}x+\dfrac{1}{2\lambda}y\right)U(0,0,0)$

9.2　(1) 在成像性质和傅里叶变换性质上该衍射屏都有些类似于透镜。

(2) $f_1=\dfrac{k}{2\alpha}=\dfrac{\pi}{\lambda\alpha}$；$f_2=-\dfrac{k}{2\alpha}=-\dfrac{\pi}{\lambda\alpha}$；$f_3=\infty$

(3) 由于该衍射屏有三重焦距,用作成像装置时,对同一物体它可以形成三个像。

9.3　(1) $A(\xi,\eta)=\mathcal{F}\{U_0(x_0,y_0)\}$

$$=\dfrac{A}{2}\left\{\delta\left(\xi-\dfrac{\sin\theta}{\lambda}\right)+\dfrac{1}{2}\delta\left[\xi-\left(f_0+\dfrac{\sin\theta}{\lambda}\right)\right]+\dfrac{1}{2}\delta\left[\xi-\left(-f_0+\dfrac{\sin\theta}{\lambda}\right)\right]\right\}$$

(2) $\theta_{\max}=\arcsin\left(\dfrac{D}{4f}\right)$；$I_i(x_i,y_i)=\dfrac{A^2}{4}\left[\dfrac{5}{4}+\cos2\pi f_0x\right]$

(3) $f_{0\max}=\rho_\mathrm{c}=\dfrac{D}{4\lambda f}$；截止频率提高了一倍,但系统的通带宽度不变。

9.4　不能;对于理想成像,归一化点扩散函数是δ函数,其频谱为常数1,即系统对任何频率的传递都是无损的。

9.6　像平面强度分布为 $I=\dfrac{1}{4}+\dfrac{1}{4}\sin^2(2\pi f_0x_3)$

9.7　$1209.5l/\mathrm{mm}$。

9.8　由于物被不同取向的光栅所调制,所以在频谱面上得到的是取向不同的带状谱,物的三个不同区域的信息分布在三个不同的方向上,互不干扰。当用白光照明时,各级频谱由于色散呈现出彩带,由中心向外按波长从小到大的顺序排列。用一个挡光屏幕(如纸板)作滤波器,安置于频谱面上,在代表屋顶、墙壁、天空信息的谱带上分别选取红色、黄色、蓝色的位置进行打孔,使这三种颜色的谱通过,其余颜色的谱均被挡住。这样在相应的输出像中就可以使房顶变成红的,墙壁变成黄的,天空变成蓝的。

第 10 章

10.1 11.55m

10.2 0.02/cm

10.3 1.62，-3.36×10^{-5}/nm

10.5 0.178/m，0.077/m

10.6 19.2

10.7 7.19cm

参 考 文 献

[1] 玻恩,沃耳夫,杨葭苏译校.光学原理[M].北京:科学出版社,1985.
[2] 李景镇等.光学手册[M].西安:陕西科学技术出版社,1986.
[3] 吴健,严高师.光学原理教程[M].北京:国防工业出版社,2007.
[4] 母国光,战元龄.光学[M].北京:高等教育出版社,2009.
[5] 梁铨庭.物理光学[M].北京:电子工业出版社,2008.
[6] 姚启钧.光学教程[M].北京:高等教育出版社,2008.
[7] 章志鸣,沈元华,陈惠芬.光学[M].北京:高等教育出版社,2009.
[8] 李湘宁.工程光学[M].北京:科学出版社,2005.
[9] 蔡怀宇.工程光学复习指导与习题解答[M].北京:机械工业出版社,2009.
[10] 徐家骅.工程光学基础[M].北京:机械工业出版社,1988.
[11] 孙学珠,张凤林.工程光学[M].天津:天津大学出版社,1988.
[12] 郁道银,谈恒英.工程光学[M].北京:机械工业出版社,2006.
[13] 曹俊卿.工程光学基础[M].北京:中国计量出版社,2003.
[14] 李林.工程光学[M].北京:北京理工大学出版社,2003.
[15] 陈万金.光学教程[M].长春:吉林大学出版社,2010.
[16] 陈家壁,苏显渝.光学信息技术原理及应用[M].北京:高等教育出版社,2009.
[17] 冯其波,谢芳.光学测量技术与应用[M].北京:清华大学出版社,2008.
[18] 廖延标.偏振光学[M].北京:科学出版社,2003.
[19] 钟锡华.现代光学基础[M].北京:北京大学出版社,2003.
[20] 蒋民华.晶体光学[M].济南:山东科学技术出版社,1980.
[21] 安毓英.光电子技术[M].北京:电子工业出版社,2002.
[22] 宣桂鑫.光学教程(第四版)学习指导书[M].北京:高等教育出版社,2008.
[23] 罗曼,金国藩,虞祖良.光学信息处理[M].北京:清华大学出版社,1987.
[24] 杨国寰,母国光.光学信息处理[M].天津:南开大学出版社,1986.
[25] 郑植仁,姚凤凤.光学习题课教程[M].哈尔滨:哈尔滨工业大学出版社,2006.
[26] 张登玉.光学[M].南京:南京大学出版社,2002.
[27] 王楚,汤俊雄.光学[M].北京:北京大学出版社,2001.
[28] 赵刚,胡玉禧.应用光学试题与解析[M].合肥:中国科学技术大学出版社,2010.
[29] 吴强.光学[M].北京:科学出版社,2006.
[30] 李晓彤,岑兆丰.几何光学 像差 光学设计[M].杭州:浙江大学出版社,2003.
[31] 李林,安连生,李全臣.应用光学[M].北京:北京理工大学出版社,2010.
[32] 张以谟.应用光学[M].北京:电子工业出版社,2008.
[33] 袁旭沧.应用光学[M].北京:国防工业出版社,1988.
[34] 石顺祥.物理光学与应用光学[M].西安:西安电子科技大学出版社,2000.
[35] 赵凯华,钟锡华.光学[M].北京:北京大学出版社,1982.
[36] 沙定国.光学测试技术[M].北京:北京理工大学出版社,2010.